国家出版基金项目
NATIONAL PUBLICATION FOUNDATION

现代农业科技专著大系

作物产量性能与

赵明等 著

高产技术

中国农业出版社

编著人员

赵　明　李从锋　张　宾　王志敏

章秀福　马　玮　杨建昌　黄见良

李义珍　齐　华　边少锋　李潮海

刘　鹏　董志强　唐启源　侯海鹏

李建国　孙雪芳

对作物产量进行定量分析是作物科学研究的重要内容。作物产量定量分析主要有三个理论体系。一是产量构成理论体系（Engledow，1923）主要突出了产量形成的最终可观测指标；二是光合性能的分析（Watson，1958；郑广华，1980），主要突出了产量形成的光合物质生产与分配；三是源库分析（1928，Mason 和 Maskill），主要突出了产量形成的物质生产与存贮关系。纵观三个不同产量分析系统，都有明显的特点和不足，在此基础上，本书作者建立以源库分析体系为指导，源与光合性能分析体系相联系，库与产量构成分析体系相联系的三个分析体系的内在关系，即作物产量综合分析的"三合模式"。基于此模式可将产量综合分析划分为不同层次，提出了产量形成层次关系和作物产量生理学研究构架，并进一步对"三合模式"进行定量化与动态化分析，提出了"产量性能"等式，即：$Y = MLAI \times D \times MNAR \times HI = EN \times GN \times GW$。围绕着产量性能 7 个参数的动态模型、不同产量水平产量性能的构成特点、不同栽培技术对产量性能的调节效应、作物产量定量化动态监测和分析进行了研究，形成了作物产量性能优化理论与高产技术体系。

本书以产量性能为主线，分章节阐述了作物高产战略在保障粮食安全中的地位（第一章）、综述了作物产量不同分析体系（第二章）、重点讲述了"三合结构"与产量性能定量分析（第三、五章）以及环境与技术的调节效应（第四、六、七章）、不同作物产量性能优化及其高产技术（第八、九、十章）、作物信息化与高产决策（第十一、十二章）等。在本书撰写过程中，赵明对全书结构和各章节内容进行了总体设计，并负责第一、第二、第五、第六、第七章的撰写工作；李从锋对全书后续整理和编辑、校对、出版以及第八、第十二章的撰写做了大量工作；张宾对作物产量性能方程提出和第三章内容撰写做出了重要贡献；马玮在资料整理和第四章的撰写做了大量工作；侯海鹏、孙雪芳、李建国分别参与了第九、第十、第十一章的资料整理与撰写。参加项目研究的相关单位，中国农业大学王志敏、中国水稻研究所章秀福、扬州大学杨建昌、华中农业大学黄见良、中国农业科学院作物科学研究所董志强、福建农林科学院李义珍、沈阳农业大学齐华、吉林省农业科学院边少锋、河南农业大学李潮海、山东农业大学刘鹏、湖南农业大学唐启源等在本书的关键内容上提供了重要素材。在本书出版之际，对所有的贡献者表示感谢。

本书是研究的阶段性总结与归纳，存在着有许多不足之处，希望得到同行的批评和指教，使其更加完善。

赵　明

2013 年 10 月于北京

【目录】

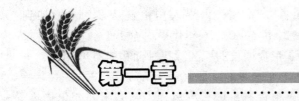

作物生产与高产战略

粮食作为国民经济发展的重要物质条件，是一个国家社会稳定、经济发展的基础和保证。马斯洛的需求层次理论和马克思的经济理论都明确指出，一个社会只有满足了人们的生存需要之后，才能开展其他活动，而生存要解决的首要问题就是吃饭问题，也就是粮食问题。

第一节 粮食生产发展

近半个世纪以来，伴随着新品种的培育、栽培技术的发展以及资源的优化配置，世界粮食单产和总产量都有较大的提高。

一、世界粮食生产发展

(一) 世界粮食生产动态变化

世界粮食生产的发展动态伴随着不同的阶段特征。自 20 世纪 50 年代以来，世界粮食生产可分为迅速发展和缓慢发展阶段，且阶段性变化明显（图 1-1）。

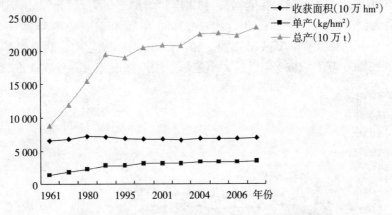

图 1-1　世界谷物收获面积、单产和总产变化情况

（资料来源：FAO. 农业统计年鉴. 1990, 2000, 2001, 2009）

1. 迅速发展阶段　20 世纪 50 年代至 90 年代，世界粮食生产取得了空前的发展。1950—1990 年，世界粮食产量从 6.31 亿 t 增长到 17.81 亿 t，增加了 2.82 倍；同期，世

界人口从 25.55 亿增长到 52.95 亿，增加了 2.07 倍；世界人均粮食从 247kg 增加到 336kg，增加了 1.36 倍。谷物产量增长率在 20 世纪 60～70 年代平均为 3.6%，70～80 年代平均为 3.0%，80～90 年代平均为 2.6%。粮食增长的原因除播种面积略有增加外，主要在于单产的提高。1990 年谷物平均单产为 2.76t/hm²，是 1961 年的 2.04 倍。

2. 缓慢发展阶段 1991—1995 年，世界粮食产量增长率出现不断减缓的变化趋势。1991—2001 年间增长率平均为 0.65%，尤其是 1993 年以来连续 3 年出现减产。在世界 86 个低收入国家（人均 GDP1 345 美元以下）中，有 34 个缺粮国家的人均粮食产量下降。谷物库存量 1991 年为 3.36 亿 t，1995 年为 2.65 亿 t，特别是主要出口国家的库存量由 1991 年的近 2 亿 t 减少到 1995 年的 1.09 亿 t，全球粮食安全系数 1991 年为 19%，1994 年为 18%，1995 年下降到 14%～15%，为历史最低值。这种情况造成世界范围内的粮食危机，发展中国家有 20% 的人口（8.4 亿）得不到足够的粮食，粮食安全问题受到国际广泛关注。

3. 停滞发展阶段 自 1996 年以来，世界粮食产量出现停滞不前甚至下降的趋势。1998—2000 年间，世界粮食产量连续 3 年出现负增长。根据联合国粮农组织（FAO）的统计，1997—1999 年间，全世界共有 8.15 亿人营养不足。因此，粮食生产安全问题成为全球共同关注的世界性问题。

（二）世界不同粮食作物的发展特点

世界各国主要的粮食作物有小麦、水稻、玉米、高粱、黑麦、燕麦、谷子和大麦等。其中小麦、水稻和玉米的播种面积分别占世界谷物总面积的 32%、21% 和 18%，总产量分别占世界谷物总产量的 29%、27% 和 25%，三种粮食作物超过谷物总面积的 70%，超过总产量的 80%，是世界三大粮食作物。

1. 小麦生产的波动 小麦是世界上分布最广、种植面积最大的粮食作物，种植总面积和总产量均为各种粮食之首。根据联合国粮农组织农业统计年鉴分析（图 1-2），1971—1980 年小麦的收获面积大幅度提高，10 年间增加 2 900 万 hm²，达到历史上小麦收获面积的最大值。在 1961—1970 年、1971—1980 年和 1981—1990 年这 3 个 10 年间，小麦单产每公顷分别增加了 405kg、361.5kg 和 706.2kg；小麦总产分别增加了 8 900 万 t、12 900 万 t 和 15 200 万 t。1990 年以后，小麦单产增产幅度不大，仅在 1997 年产量有较

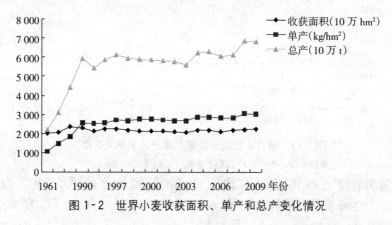

图 1-2 世界小麦收获面积、单产和总产变化情况

大提高,单产超过 2 700kg/hm^2,此后产量一直处于徘徊阶段。至 2004 年,小麦单产又一次提升,超过 2 800kg/hm^2。小麦总产在 1995 年又有较大滑坡,总产比 1990 年减少 4 900 万 t,到 1997 年产量回升,超过 60 000 万 t,此后小麦总产轻微下滑。至 2004 年小麦总产量获历史最高值,达 62 409 万 t。综合分析表明,自 1980 年以后,小麦总产量的提高主要依靠小麦单产的增加。这也表明,今后以提高小麦单位面积的产量来增加总产量,以满足对小麦日益增加的需求,是小麦生产的发展方向。

2. 水稻生产的波动 水稻是世界播种面积和总产量仅次于小麦的重要作物。根据联合国粮农组织农业统计年鉴分析(图 1-3),1961—1999 年,水稻的收获面积一直持续增长,自 1999 年后,又开始缓慢下降,至 2004 年,收获面积开始回升。在 1961—1970 年、1971—1980 年和 1981—1990 年 3 个 10 年间,水稻每公顷单产分别增加 510、368 和 794kg,水稻总产分别增加 10 000、8 100 和 12 300 万 t。1990 年以后,水稻单产增产速度逐渐减小,水稻总产在 2000—2002 年间,因收获面积减少而出现下降。至 2004 年,总产量开始回升,近年不断创造新高。

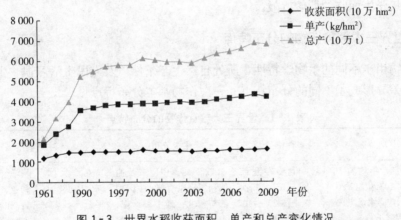

图 1-3 世界水稻收获面积、单产和总产变化情况

3. 玉米生产的波动 玉米是 C4 作物,适应性强,分布广,用途多(饲料、粮食、工业加工、经济、菜果),增产潜力大,在全世界播种面积和总产量仅次于水稻和小麦,居第三位。根据联合国粮农组织农业统计年鉴分析(图 1-4),1961—1997 年玉米的收获面积一直在持续增加,1997—2002 年播种面积略有下降,到 2004 年玉米收获面积又一次增加,达到历史最高值,为 14 514 万 hm^2。在 1961—1970 年、1971—1980 和 1981—1990 年 3 个 10 年间,玉米单产每公顷分别增加 408.4、803.2 和 525kg;玉米总产分别增加 6 100、13 100 和 8 600 万 t。1990 年以后,玉米单产和总产在 1996 年又有一次较大的提高,分别比上年增加 421.3kg 和 7 200 万 t,此后至 2002 年一直处在徘徊阶段,2004 年玉米的播种面积、单产和总产均达到历史最高峰,其中单产突破 4 800kg/hm^2,总产突破 70 000 万 t。

综合分析近 50 年来三大作物的生产概况,随着生产技术水平的提高,生态环境变化和市场调节的变化,种植面积和总产量有升有降,不断波动,依靠单产的增加提升粮食有效供给是发展的总趋势。随着世界人口不断增加,生活水平不断提高,各国工业化进程不断推进,对粮食的需求量会越来越多,对单产的要求也越来越高。同时,随着水土资源不

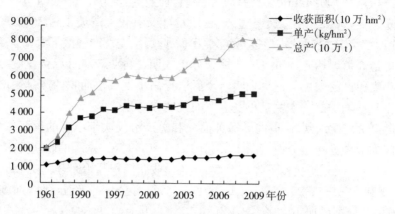

图 1-4 世界玉米收获面积、单产和总产变化情况

断紧缺状况的加剧，作物生产自身系统和外来系统对作物生产系统的污染以及全球化气候变化的问题突显，如何不断提高单产能力，满足社会对粮食需求量的不断增加，是作物育种学家和栽培学家面临的严峻挑战。

（三）世界三大粮食作物的分布特点

三大作物由于不同的生物学特性，所处自然生态条件以及人民生活习惯、生产水平和社会发展的差异形成了不同的分布特点。三大作物基本分布特点见表 1-1。

表 1-1 世界三大粮食作物的分布特点

作物	基本特性	种植范围	主要分布	主产高产国家
小麦	喜温凉，年均温 10～18℃，≥10℃积温 1 800～2 200℃，年降水量 750mm，地形的限制小	主要在北纬 20°～55°，其次在南纬 25°～40° 的温带地区	欧洲西、中、东及西伯利亚平原南部；中国中部与西北；地中海沿岸、土耳其、伊朗、印度河恒河平原；北美中部大平原；南非是一个不连续的小麦分布带	总产大国：中国、美国、俄罗斯、印度、澳大利亚、加拿大、阿根廷等；高产国：比利时、卢森堡、爱尔兰、法国、英国、荷兰、丹麦等，亩 * 产超过 500kg
水稻	喜温，喜光，≥10℃积温：双季早熟品种 2 300～2 500℃，中熟品种 3 000℃，晚熟品种 3 500℃左右	南回归线至北纬 53°	世界各大洲都有水稻生产，其中 90% 的水稻集中在亚洲，美洲次之	总产大国：中国、印度、印度尼西亚、孟加拉国、泰国等；高产国：埃及、澳大利亚、美国、日本、中国、法国等，单产在 5.7 t/hm² 以上
玉米	喜温，短日照作物，适宜的土壤 pH 为 5～8，≥10℃积温 1 900℃ 以上，夏季平均气温大于 18℃ 的地区均可种植	北纬 58° 至南纬 35°～40°	北美洲种植面积最大，亚洲、非洲和中南美洲次之	总产大国：美国（42%）、中国（18%）、巴西（9%）、欧盟（5%）、墨西哥（3%）；高产国：以色列、卡塔尔、荷兰、希腊、美国、加拿大等，单产在 8.0t/hm² 以上

---

* 亩为非法定计量单位，1 亩≈667m²。——编者注

二、中国粮食生产发展

中国人口众多，人均耕地面积很少，粮食需求量很大，粮食问题如果解决得不好，就必然会给国家经济发展和社会稳定带来制约和冲击。中国是人口大国，粮食安全事关国家安全和社会稳定大局。

（一）中国粮食生产动态变化

从各个历史阶段来看，我国粮食发展速度并不均衡，大致可以划分为 5 个阶段（图 1-5）：

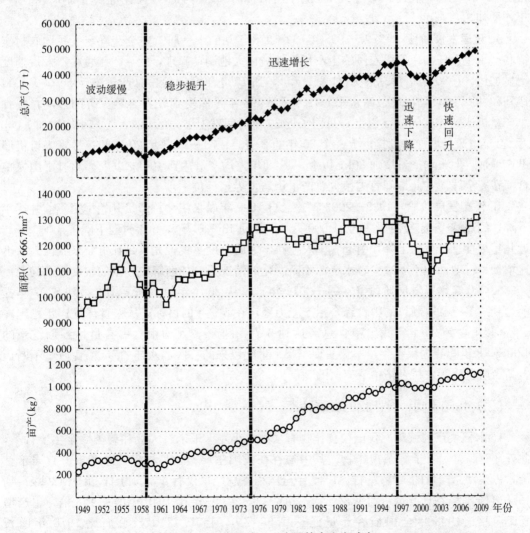

图 1-5　新中国成立后中国粮食生产动态

1. 快速恢复阶段（1949—1958 年）　　1949—1958 年，由于粮食播种面积扩大和单产水平提高，我国粮食生产迅速恢复和发展。1949 年全国粮食总产量为 11 318 万 t，此后全国粮食产量连续 9 年丰收，到 1958 年粮食突破 2 亿 t，粮食增产 8 447 万 t，年均增加 938 万 t。

2. 缓慢发展阶段（1959—1978 年）　1959 年以后的 20 年里，由于历史的原因，粮食生产处于缓慢增长的状态。1959 年全国粮食总产 19 505 万 t，1960 年更是大幅度下降到 14 350 万 t，比 1959 年减少了 5155 万 t，下降了 26.4%。在此后的连续 7 年里，中国粮食总产量跌入 2 亿 t 以下，直到 1966 年再次突破 2 亿 t，此后开始稳步上升。经过 10 年的努力，1976 年全国粮食总产达到 28 631 万 t，1978 年达到 30 477 万 t。这 20 年粮食总产量增加 10 977 万 t，年均增加 549 万 t，是新中国成立初期年均增加量的 59%，粮食增产速度缓慢。再加之人口过快增长的原因，1978 年人均占有粮食仅 318kg，与 1956 年人均 307kg 的水平相比，22 年时间仅增加了 11kg，即使与 1949 年比也只增加 109kg，每年才增加 3.75kg。

3. 迅速发展阶段（1979—1998 年）　1978 年党的十一届三中全会确定了我国农村实行联产承包责任制，广大农民的生产积极性被极大地调动起来，此后，粮食生产发展速度明显加快。1980 年粮食总产为 31 882 万 t，到 1996 年全国粮食总产量突破 50 000 万 t，达到 50 450 万 t，创历史最高水平。1997 和 1998 年虽然受到较大自然灾害的影响，粮食总产量仍达到 49 000 万 t 以上，只用了近 20 年时间就上了 2 亿 t 的台阶，年均增加 1 000 万 t，年均产量增加速度接近上一个 20 年的 2 倍。1979—1998 年 20 年间，尽管人口仍旧迅速增加，但人均产量增加 80kg 以上，1998 年人均产量达到 400kg 以上，超过了国家粮食消费安全线。在此期间我国粮食总产量稳居世界第一位。

4. 停滞发展阶段（1999—2003 年）　自 1999 年以来粮食总产量开始徘徊不前并逐年下降，到 2003 年已经由原来的 51 000 万 t 下降到 43 000 万 t，5 年时间下降了 8 000 万 t。近几年粮食总产量的下降，引起我国农业科学家的高度重视，尤其是在近年来我国人口迅速增加、耕地面积不断减少、水资源不断恶化的情况下，如何解决我国的粮食安全问题。

5. "八连增"发展阶段（2004—2011 年）　从 2004 年粮食恢复增产，到 2007 年提前达到"十一五"制订的粮食综合生产能力稳定在 5 亿 t 的目标；从粮食产量连年稳定在 5 亿 t 以上，到 2011 年我国粮食总产达到 5 712 亿 kg、人均粮食占有量达到创纪录的 426kg，8 年间我国粮食生产不仅实现了半个世纪以来的首次"八连增"，粮食产量不断迈上新台阶也成为农村经济中最突出的亮点。

（二）我国不同粮食作物的发展特点

1. 水稻生产的波动　我国粮食作物有水稻、小麦、玉米、大豆和薯类 5 个主要种类，此外还有高粱、谷子等杂粮作物。其中稻谷在我国主要粮食品种中，总产量一直居于首位，占粮食总产量的 40% 左右。1949 年全国稻谷总产量仅有 4 865 万 t，亩产 126kg；到 1978 年全国稻谷总产量达到 1.37 亿 t，亩产 265kg，总产比 1949 年增长 1.8 倍，单产增长 1.1 倍；1998 年全国稻谷产量已达 1.98 亿 t，亩产 424kg，总产比 1978 年增长 45.1%，比 1949 年增长 3.1 倍；单产比 1978 年增长 60%，比 1949 年增长 2.4 倍。自 1997 年以来，我国稻谷总产和单产均出现下滑的趋势，2003 年总产为 1.67 亿 t，比 1997

年的 2.0 亿 t 下降了 0.33 亿 t，到 2005 年又有所上升，为 1.81 亿 t，仍未突破 1997 年的水平；稻谷单产也在 2003 年降到近几年的最低点，仅为 6061kg/hm²，每公顷产量比 1997 年减少 258kg，比 1998 年减少 305kg。另外，近几年稻谷总产量的降低也与水稻播种面积的减少有关，但是我国稻谷产量一直稳居世界第一位（图 1-6）。

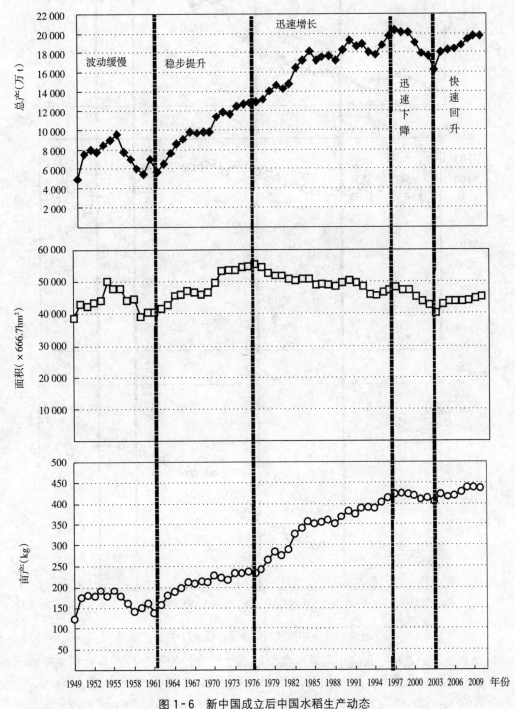

图 1-6　新中国成立后中国水稻生产动态

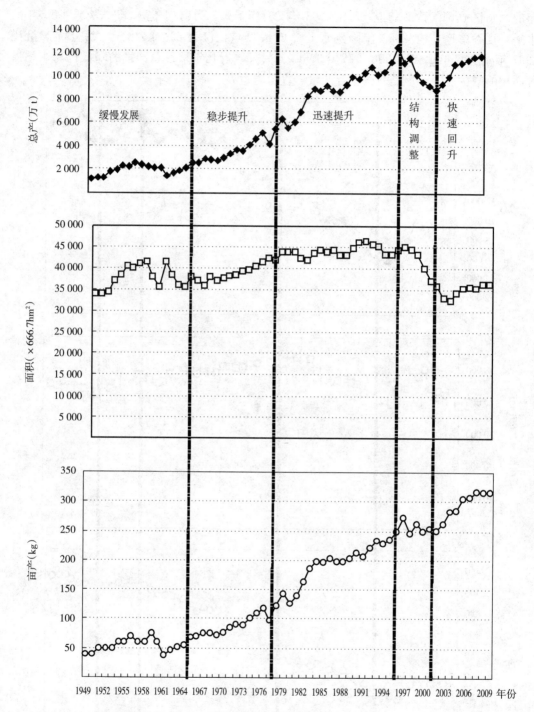

图 1-7　新中国成立后中国小麦生产动态

2. 小麦生产的波动　我国小麦总产量位居主要粮食作物第二位。与水稻生产情况相比，我国小麦生产发展速度更快，据国家统计局的数据，1949—1998 年的 50 年间，小麦总产量增长 6.8 倍，年均增产 196 万 t。1949 年小麦面积为 2 185 万 hm²，占全国粮食作

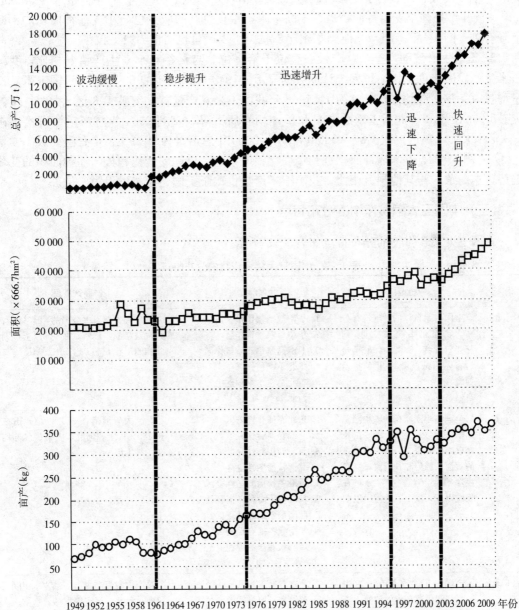

图 1-8 新中国成立后中国玉米生产动态

物总面积的 19.6%，总产量为 1 380 万 t，占全国粮食作物总产量的 12.2%。到 1980 年，面积达 2 884 万 hm²，总产量达 5 520 万 t，分别占粮食作物总面积的 24.8%、总产量的 17.0%。1981 年以来，单位面积产量有较大增加，总产量也大幅度增长。以 1981—1985 年与 1976—1980 年的 5 年平均值比较，种植面积持平（仅增加 0.2%），而单产、总产均增长 46%，年平均增长率为 9.2%，是 20 世纪 50 年代以来增长速度最快时期。自 1985 年以后小麦产量增加缓慢，个别年份有负增长现象。自 1997 年以后，我国小麦总产量和单产呈下滑的趋势，2003 年总产量下降到最低点，为 8 649 万 t，此后开始回升，但仍未突破 1 亿 t 大关；小麦单产也跌入 4 000kg/hm² 以下，至 2004 年才再次超过 4 000kg/hm²。近几年我国小麦播种面积也在不断下降，粮食总产的减少也与小麦播种面积的不断下降有关（图 1-7）。但与其他国家相比，我国小麦产量也居世界第一位。

3. 玉米生产波动　玉米总产量一直位于第三位。与稻谷和小麦生产情况相比，我国玉米生产发展速度更快，国家统计局数据显示：1949—1998 年的 50 年间，我国玉米总产量增长 9.7 倍，年均增产 246 万 t。1998 年我国玉米总产量首次突破 1.3 亿 t 大关，单产突破 5 000kg/hm²。此后玉米总产量和单产均有所下降，直到 2004 年总产量才再次突破 1.3 亿 t 大关，单产再次突破 5 000kg/hm²。2005 年总产量为 1.39 亿 t，有望突破 1.4 亿 t 大关（图 1-8）。玉米播种面积近几年变化幅度不大，总产的变化趋势与播种面积的变化趋势基本一致。与其他国家相比，我国玉米产量仅次于美国，位居世界第二位。

（三）中国三大粮食作物的分布特点

中国三大粮食作物的分布特点如表 1-2 所示。

表 1-2　中国三大粮食作物的分布特点

作物	种植范围	区域划分	主产高产省份
水稻	全国有水条件的地区均有分布。北起北纬 53.27°，南到三亚（北纬 18.09°），东起台湾省，西抵新疆塔里木盆地西缘	1. 华南双季稻作带（区） 2. 华中单双季稻作区 3. 西南高原单双季稻作区 4. 华北单季稻作区 5. 东北早熟单季稻作区 6. 西北单季稻作区	总产大省湖南占全国的 12% 以上；其次是江苏、江西，在 9% 以上；湖北和四川在 8% 以上
小麦	全国冬小麦面积约占小麦总面积的 84%，主要分布在长城以南，岷山、唐古拉山以东的黄河、淮河和长江流域；春小麦约占 16%，主要分布在长城以北，岷山、大雪山以西	1. 东北春播春性麦区 2. 北部春播春性麦区 3. 西北春播春性麦区 4. 北部秋播冬性麦区 5. 黄淮冬秋播弱冬性麦区 6. 长江中下游秋冬播春性麦区 7. 西南秋冬播春性麦区 8. 华南秋冬播春性麦区 9. 新疆秋春播冬春性麦区 10. 青藏秋春播冬春性麦区	总产大省河南在 26% 以上，山东在 18.% 以上，河北、安徽、江苏均在 7% 以上
玉米	全国一年四季都有玉米生长，北起黑龙江省的讷河，南到海南省	1. 北方春播玉米区 2. 黄淮海平原夏播玉米区 3. 西南山地玉米区 4. 南方丘陵玉米区 5. 西北灌溉玉米区 6. 青藏高原玉米区	总产大省有黑龙江、吉林、山东、河南、河北、辽宁等省

三、粮食生产的多元化特征

（一）粮食发展趋势的多元化

1. 粮食发展国际化　经济全球化必然导致粮食生产的全球化。中国粮食产业走向国际化是在自力更生的方针下，从国际市场上进口国内需要的粮食，以平衡供求。出口换取汇率高的粮食品种，既可创汇，又可调节品种，提高中国粮食在国际市场上的地位。到2030年，我国粮食自给率将下降到90%，10%的消费量来自国际市场，通过全球粮食资源的合理配置解决我国粮食的多样化消费。

2. 粮食发展市场化 近几年来，中国粮食区域间网上交易、批发市场的进出口粮和陈化粮的拍卖（包括网上竞价交易）、粮食集贸市场的常年开放等都是粮食市场的发展方向。随着经济全球化和网络化，国内粮食市场和国际粮食市场的联动将会更加紧密，粮食加工企业的发展必然加快粮食的市场化进程。粮食生产不单纯是解决口粮问题，也成为农产品和工业化生产的重要原料。粮食发展的市场化要求粮食生产的规划必须符合粮食市场的需求。

3. 粮食发展一体化及产业化 为适应现代市场经济和现代生产方式，粮食产业的组织经营形式将发生转变，即各产业链之间不再是相互分割，而是通过多种形式相互联结成利益共同体，形成粮食的产业化经营。这是符合市场经济体制需要、转变粮食产业增长的新组织经营形式。发展这种一体化的粮食产业经营，需要突出支柱产业和特色产业，开创产业化经营的新模式。以市场需求为导向，以拥有一定实力的加工、销售企业为龙头，以产权结合为纽带，以科技创新为动力，促进产业结构提升，农业和粮食产业化经营企业将发展"订单生产"，按照市场需求与生产者签订合同，明确粮食品种、数量、质量、价格和收获时间等。通过订单有利于粮食产销衔接，有利于完善粮食专业化服务，有利于粮食产业由粗放型向集约型转变。

（二）粮食生产目标的多元化

1. 粮食生产高产目标 高产是作物生产最重要的目标，也是作物科学的主题，特别是随着世界耕地的不断减少，以靠提高单产满足人类发展对粮食的需求，必然也要走高产之路。此外，一些中低产田随着生产条件改善、农业科技水平的提高，也将发展为高产田，如何实现可持续高产，不断提升作物高产水平是作物科学一直追求的目标。

2. 粮食生产优质目标 随着广大居民群众消费结构和食物结构的改善，人民生活品质的提高，粮食的消费趋向多样化、优质化和保健化，粮食加工业也需要更多的专用品种。所谓优质粮，是指既具备适宜理化指标，又适应市场需求的粮食产品。优质粮的标准是相对的，不同的使用目的所需粮食的标准不同。一个粮食品种优质与否，最终要接受市场的评判。

3. 粮食生产高效目标 联合国粮农组织表示，未来农业生产必须更加高效，以满足不断增长的世界人口的需求。作物生产核心是其高效性，气候变化和自然资源持续减少将阻碍粮食增产，因此粮食生产的高效性具有更加广泛的意义。粮食生产高效性最主要的内容是其资源高效，对生态条件利用的程度，生产投入品的利用（肥料利用、水分利用、劳动力生产效率、农药使用效率）和经济效益（投入产出比）。当今环境保护和可持续发展是全球重视的发展战略。无污染农产品生产已受到全世界高度关注。作物生产要以保护环境为基本条件，实现环境友好和可持续发展也是未来作物生产的重要战略。如何提高作物的高效性就是科学实现作物的资源高效、肥水高效、简化低成本高效和环境友好并同时保证作物生产可持续发展。

(三) 粮食种植方式的多元化

中国是农业古国也是粮食生产与消耗大国，从南到北、从东到西，不同的区域地理与生态条件复杂，生产条件与水平差异较大，区域性的经济发展与状态不平衡，导致粮食种植方式呈现多元化的特点。

1. 种植规模大小差异　中国土地经营与管理多种方式并存，多以农户为单位的个体经营为主，也有规模化的大农场，同时也有企业加农户的联合体、较大规模的土地承包者，还有多农户组织的合伙经营。多种土地经营方式决定了粮食生产规模大小不同。百公顷以上较大面积土地经营的农场和承包者主要分布在东北和青藏，连片大面积作物生产如东北的玉米，黄淮海的冬小麦/夏玉米，长江中下游的水稻。粮食生产规模化经营将成为提高效益和生产效率的重要发展方向。

2. 种植水平参差不齐　按照产量水平的高低可分为中产、低产和高产，近年来为实现大幅度高产突破，在作物栽培领域中提出了超高产，在作物育种方面提出了超级作物等概念。我国低产田、中产田和高产田三者呈现出 1/3 的关系，即面积各占约 1/3，低产比中产低 1/3，中产比高产低 1/3，一般高产比超高产低 1/3。造成产量水平差异有多种因素，严重限制产量的因素包括区域生态条件障碍（干旱、极端温度、光照不足、风、涝渍等）、土壤理化不良（瘠薄、盐碱、沙化、黏重、污染、板结、淹水等）、生物危害（病、虫、草）、技术不佳（品种不适、肥水不合理、耕作不科学）等。随着产量水平的提高，要求的条件与技术更加严格，技术难度也增加，因此，粮食生产过程实际上通过技术措施最大限度地挖掘作物自身与环境生产潜力。

3. 种植模式各具特色　不同区域地理与生态条件的复杂性，生产要求的多样性，我国种植模式呈现出不同特色多元化特点。按年收获次数，中国粮食生产种植模式主要有一熟、两熟和三熟制，一熟制中有不同作物轮作与间—连作物，同一地块有单作与套作，多熟制中种植方式更加复杂，仅粮作多熟就有多种模式，冬小麦/夏玉米、玉米/玉米、早稻/晚稻、小麦/稻、稻/玉米等，此外还有粮油、粮菜、粮饲和粮肥等其他模式，由此构成了中国特色的多熟制特色。

第二节　**粮食安全**

一、粮食安全现状

中国将进一步加大政策和投入支持力度，加快构建供给稳定、储备充足、调控有力、运转高效、符合中国国情的粮食安全保障体系。2004 年以来，中国粮食连续 6 年增产，2009 年粮食总产量达到 5 308 亿 kg，比 2003 年增产 1 001 亿 kg，粮食自给率保持在 95%以上。

1. 粮食安全的提出　粮食安全是人类发展最基本的问题，而且随着世界人口的增多、生活水平的提高，粮食消耗增加，资源潜力的局限，粮食安全问题日益凸显。历史告诫我们，在任何时候粮食安全问题都不能有丝毫放松。从世界范围来看，人类的粮食危机一直存在。在1972—1974年间，世界经历了战后30年来最严重的粮食危机，主要原因是1972—1974年间连续天灾造成粮食减产，同时需求量增加，在世界贸易上出现了接连争夺粮食的现象，并使粮食价格上涨了2倍。由于这次粮食危机，联合国于1974年11月在罗马召开了世界粮食大会，会上通过了《消除饥饿和营养不良世界宣言》；同时，联合国粮农组织（FAO）理事会还通过了《世界粮食安全国际约定》，指出保证世界粮食安全是一项国际性社会责任，各国政府应采纳保证世界谷物库存量最低安全水平（即全年谷物消费量的18%）政策；同时FAO还明确地提出了粮食安全（food security）概念，即"保证任何人在任何时候都能得到为了生存与健康所需要的足够食品"（厉为民、黎淑英，1988）。粮食安全是一个发展的概念，不同时代、不同国家、不同粮食生产能力与经济水平以及不同研究者对粮食安全的认识是不相同的，表1-3是一些代表性的基本概念。

表1-3　粮食安全概念的发展

概念的提出	概念内容
1974年11月，联合国粮农组织（FAO）	保证任何人在任何时候都能得到为了生存与健康所需要的足够食品。
1983年4月，萨乌马（FAO总干事）	粮食安全的最终目标应该是确保所有人在任何时候既能买得到又能买得起他们所需要的基本食品。
1991年粮农组织（FAO）总干事和联合国开发计划署（UNDP）总裁	食物安全意味着所有人随时能够获得保持健康生命所需要的食物。可持续食物安全旨在不损害自然资源的生产能力、生物系统的完整性或环境质量的情况下达到此目标。
1996年粮农组织（FAO）世界粮食安全委员	只有当所有人在任何时候都能在物质上和经济上获得足够、安全、富有营养的食物来满足其积极和健康的膳食需要及食物喜好时，才实现了食物安全。
1996年10月，粮农组织（FAO）世界粮食安全委员	特别指出不消除贫困，不实现持续、有效的经济增长，就不可能推动粮食安全。
1998，黄季焜、Scott Rozelle等	目前大多数人认为粮食安全应满足三个条件：保障足够的粮食供给，保证这种供给的持续稳定性以及确保家庭（住户）水平，特别是贫困阶层对食物的获取能力。

资料来源：厉为民、黎淑英，1988。

　　我国于1992提出自己的食物安全概念（《中国21世纪议程》，1994），即"食物安全是指能够有效地提供全体居民以数量充足、结构合理、质量达标的包括粮食在内的各种食物"。目前国内大多数学者在研究中国粮食问题时，往往还是套用粮农组织（FAO）的概念，即认为粮食安全应满足三个条件：保障足够的食物供给，保证这种供给的持续稳定性以及确保家庭（住户）水平，特别是贫困阶层对食物的获取能力（黄季焜、Scott Rozelle等，1998）。但是，中国所面临的粮食安全问题从背景和性质来讲（如我国是世界上人口最多的国家和发展中大国），都不同于一般的发展中国家，更不同于发达国家，因此简单套用这一概念是不可取的。国内还有学者提出（朱泽，1997），我国粮食安全应是指"国家在其工业化进程中满足人民日益增长的对粮食的需求和粮食经济承受各种不测事件的能力"。总之，粮食安全是一个发展的概念，不同时代、不同国家、不同粮食生产能力与经济水平以及不同研究者对粮食安全的认识是不相同的。粮食安全的概念由最初的建立粮食生产与储备，到提高低收入者收入与购买力，再到现在重视保护和改善生态环境，最终粮食安全概念将是在实现经济、生态、社会可持续发展基础上的粮食安全。粮食安全的概念提出，并被人们广泛认可直接的历史原因是世界粮食危机的发生。

2. 粮食安全与饥饿人口问题 联合国粮农组织《2004 年世界粮食不安全状况》的报告指出，虽然包括中国在内的 30 多个发展中国家已在 20 世纪 90 年代将饥饿人数至少减少了 25%，但世界粮食安全的现状仍不容乐观，解决饥饿问题任重道远。1992—2002 年，发展中国家营养不足人数仅减少了 900 万人。而从 1995 年起，尽管世界长期营养不良人数比例缓慢减少，但绝对人数却增加了 1 800 万人，2000—2002 年间达到 8.52 亿人。根据这份报告，全球每年约有 500 多万儿童因饥饿和营养不良而夭折，同时也使发展中国家因生产力和消费下降而蒙受数以百亿美元计的经济损失。据粗略估计，发展中国家用于治疗营养不良引起的疾病的费用每年约达 300 亿美元，比迄今为止全球基金会用于抗击艾滋病、肺结核和疟疾的费用还高出 5 倍之多。报告同时指出，虽然目前所取得的进展与既定目标相去甚远，但通过采取降低成本提高生产力和增加收入、向受益对象直接提供粮食的双轨战略，加快消除饥饿的速度，改善粮食安全状况，那么仍然可以实现在 1996 年世界粮食首脑会议提出的在 2015 年前将世界饥饿人数减半的目标。

3. 粮食安全研究领域 随着粮食安全概念的形成和发展，国际、国家及民间组织对粮食安全进行了大量的工作。在粮食安全的概念及衡量指标、粮食供求、粮食安全储备、粮食市场及政策、粮食分配及销售体系、粮食援助、粮食贸易等领域都已经取得了重大的进展。特别是在粮食供求模型、粮食库存模型、粮食安全政策、成本与效率评估以及粮食安全预警等方面取得了卓有成效的研究成果。研究结果表明粮食生产的不稳定性是由于生产的季节性、不稳定性、年际变异性以及世界粮价和进口的不确定性引起的（Caslay，1974；Valdes，1981；Svedberg，1984；Chisholm，1982）。

4. 中国粮食安全现状

中国作为拥有 13 亿人口的超级大国，吃饭问题一直是中国政府高度关注的焦点问题。随着社会的发展，农业技术的进步，尤其是生物科技的高速发展，从 20 世纪 90 年代开始，中国的粮食基本已经达到供求平衡。但不可否认的是，中国的粮食安全没有近忧却又不得不考虑远虑，在高通胀压力下以及外国市场的激烈竞争下，如何优化中国的粮食产业结构，如何抵御外部粮食风险，如何守住 18 亿亩粮食红线，已成为中国政府现在最关心的问题。

二、粮食市场与粮食安全

（一）国际粮食市场与粮食安全

1. 粮食生产与消费 从生产现状来看，世界粮食产量在 21 亿～23 亿 t 之间波动。前 10 位的生产大国的粮食产量约占全球的 67% 左右，其中超过 10% 的国家只有中国、美国和印度，三大国家分别大约为 19%、18%、11%，三国之和超过 48%。全球粮食产量结构近些年发生明显变化。主要以玉米为主的饲料粮发展迅速，全球玉米产量达 6.06 亿 t，超过小麦产量 5.87 亿 t，比大米产量高出 2 亿 t。从消费情况看，1980—2000 年，全球三大粮食品种消费稳步而缓慢增长。其中小麦由 20 世纪 80 年代的 4.44 亿 t 增加到 2000 年的 5.89 亿 t，年递增率为 1.7%；玉米消费由 1980 年的 4.22 亿 t 增长到 2000 年的 6.34 亿 t，年递增率为 2.1%；大米消费由 1980 年的 2.75 亿 t 增至 2000 年的 4.01 亿 t，年递增率约为 2.2%。总体分析，全球粮食供求关系发生变化，总生产量徘徊在 18 亿 t 到 20 亿 t 之间，自 1990 年到 2010 年，20 年间粮食增加了 2.3%，而人口增长了 10%。到 2030 年全球粮食产量必须提高 50%，才能满足因人口增长等因素而不断增加的需求。

2. 粮食贸易基本格局 2008—2010 年世界粮食贸易量每年在 2.4 亿 t 左右，三大粮食作物商品贸易量的排序为：小麦＞玉米＞大米，根据 USDA2000 年全球粮食贸易量的统计，小麦贸易量是 1.24 亿 t，占当年生产总量的 21.98%；玉米贸易量为 0.789 亿 t，占当年生产总量的 12.98%；大米贸易量为 0.233 亿 t，占当年生产总量的 7.23%。另外还有 0.41 亿 t 的其他粮食商品贸易。世界主要粮食贸易国主要有三种类型：生产与出口大国（美国）、生产量大进口多国家（中国、印度和俄罗斯）、依赖进口国（日本、韩国、埃及）。不同的粮食作物商品出口国和出口量的基本情况为：①玉米的出口量。美国占全球的 60% 以上，阿根廷、法国和中国大约各占 10% 左右，这四国玉米出口总量占全球玉米贸易量的 90% 以上；②大米出口量。泰国占全球出口量的 20%～25%，越南、美国和中国大约各占 10%～15%，这四国占世界大米出口总量中的 65% 左右；③小麦出口量。美国出口量占全球的 25% 左右，法国、澳大利亚和加拿大各占 15% 左右，这四个国家占全球总量的 67%。2010 年世界粮食储备仍处于较低水平，仅相当于 2000 年储备量的 77.5%，如果再继续下去，将难以应付一旦爆发的饥荒。

3. 粮食库存现状 世界粮食期末一般库存在 3.0 亿～4.0 亿 t 波动，占当年粮食产量和占年度消费量的比例为 15%～20%，低于 18% 的粮食安全线。以 2006 年为例，世界粮食期末库存为 3.75 亿吨，比上年下降 16.2%。占当年粮食产量的 17.1%，占年度消费量的比例为 16.5%，低于 18% 的粮食安全线，粮食库存偏紧再次引起国际市场高度关注。

4. 关注粮食安全 进入 21 世纪，世界粮食安全更加成为热点关注话题，伴随着世界经济、能源、气候的变化，粮食安全进入了新的危机。2010 年，世界粮食储备只够人类维持 50 天左右，大大低于 2007 年年初的 169 天。30 多个国家爆发粮食危机，数亿人面临饥饿威胁，全球经济正在复苏，但粮食安全仍然严峻，根除饥饿任务艰巨。目前，世界饥饿贫困人口已达 10.2 亿，全世界每 6 人中就有 1 人面临饥饿问题，而到 2050 年时世界人口将增加 50%，超过 90 亿，如何保证 90 亿人口的生存，更是要全世界关心、关注。世界粮食安全峰会 2009 年 11 月 16～18 日在意大利罗马联合国粮农组织总部召开，峰会的关键词是"粮食安全"和"消除饥饿"。粮食安全的产需矛盾受多种因素影响，其中既有自然因素、人口增长、资源受限，也有社会因素，其中包括政策导向、市场控制、技术控制能力，还存在其他因素，一些具有生产能力的粮食生产输出国，也扩大粮食消费，进一步加大能源对粮食的消耗，控制全球粮食，农业跨国公司进一步加强了粮食产品的垄断力。2007 年 12 月，美国众议院通过了《新能源法案》，该法案鼓励大幅增加生物燃料乙醇的使用量，计划到 2022 年生产 1362.6 亿 L 的生物燃料。其中，由玉米生产的为 567.75 亿 L，需要消耗约 1.4 亿 t 玉米，保障国家能源安全。美国地球政策研究所经济学家布朗明确指出"世界8亿机动车主和20亿贫困人口将大规模竞争粮食，机动车主想让车动起来，贫困人口则仅仅想吃口饭活下来。"

5. 粮食生产未来总体趋势　总体上看，世界粮食市场需求量持续大于当年产量，期末库存呈现下降趋势，产需缺口对市场的压力逐步加大，国际市场粮食价格不断回升。此外，粮食不平衡状态进一步恶化，发达国家生产的粮食接近全球粮食总产量的一半，少数发达国家生产过剩，多数发展中国家粮食匮乏，发达国家人均年消费粮食700多kg，发展中国家则不足300kg，缺粮最严重的国家正是那些人口增长速度最快的国家。因此，中国应立足当前，着眼长远，从根本上增强我国粮食产业的国际竞争力。

（二）中国粮食市场与粮食安全

1. 粮食生产与消费　新中国成立以来，我国不断提高粮食生产水平，增强粮食安全。以占世界不足10%耕地养活了占世界22%人口，粮食总产由1949年的1.13亿t增加到了1996年的5.12亿t，创历史最高，实现了粮食供求基本紧平衡、丰年有余的历史性转变。但中国粮食生产不断面临着严峻的挑战。2000—2003年，中国粮食耕地面积、播种面积、总产量和人均占有量"四个连年减少"，粮食生产能力连年滑坡，到2003年跌至20年最低水平，人均仅有330kg。由此原因，2003年我国粮食供需缺口达到4 000万t，下半年粮食价格普遍上扬，粮食问题再度引起广泛关注。从2004年之后国家从粮食生产政策、鼓励机制和科技投入采取了一系列的措施，取得了显著成效，2006年粮食生产量恢复增长到4.98亿t，情况大有好转，缩小了生产与需求的差距。但从我国粮食生产状况与经济发展水平看，全国粮食供求处于不稳定状态与低水平安全、区域性粮食安全与不安全并存的状态（刘景辉等，2001，汤安中，2000）。2004年世界粮食出现消费大于生产，2009年更加明显，产需缺口达到650万t，产需矛盾不断加剧，因此中国粮食安全不能依赖于国际市场。

2. 粮食生产任务　由于人口不断增加，生活水平不断提高和工业及饲料用粮增加，中国粮食消费需求持续增长，粮食供求矛盾在逐渐加剧。据多种方案预测，到2020年，总需求量6.5亿~7.0亿t，按90%和95%的自给率计，需达到6.4亿t的粮食生产基本要求，而且这种基本要求的实现，必须克服耕地面积减少、生态环境恶化、气候变化异常、国际贸易影响等不利因素。中国是一个粮食生产与消费大国，其粮食安全不仅关系到本国的经济与社会发展，也直接影响世界的粮食安全。因此，中国粮食生产面临艰巨任务和严峻挑战，必须依靠科技进步保障粮食安全，充分发挥科技是粮食综合生产力的核心，加大高产优质、节本增效、水土可持续利用、防灾减灾等技术攻关和集成，努力提高单位面积产量，保持5亿t粮食生产能力，同时加大技术创新和技术储备，奠定技术基础。

三、中国粮食生产面临多重挑战

1. 粮食生产能力与人口增长的挑战　目前世界人口超过65亿，预计到2025年，人口将达到80亿。中国人口超过13亿，2009年人均粮食占有量385kg，低于1984年。到

2025 年中国人口将达到 16 亿。

2. 耕地资源不断减少　世界耕地面积约为 130 亿 hm²，人均约 0.225hm²，由于土壤退化和人口增加，还会继续减少，粮食生产可用资源空间越来越小。与世界相比，中国耕地面积约为 1.22 亿 hm²，人均不足 0.094hm²，仅相当于世界平均的 40%，不到美国的 13%，而且不断减少，正在接近 1.2 亿 hm² 的警戒线。

"粮以土为本"，耕地是决定粮食供给的基础。我国是一个人多地少的发展中国家，用不到世界 10% 的耕地养活世界 22% 的人口，人地关系一直就很紧张。但是，随着人口增长、工业化和城市化的不断推进，我国的耕地仍然面临着不断被占用的压力，加上保持生态环境退耕的需要，耕地减少的趋势难以逆转。根据国家统计局年报和国土资源部国土资源公报统计，1985—1994 年，我国耕地面积净减少 2 947 千 hm²，平均每年净减少 294.7 千 hm²；1995—2004 年，我国耕地面积净减少 7 382 千 hm²，平均每年净减少 738.2 千 hm²。耕地面积减少速度惊人。据 2005 年国家统计局公报，2005 年耕地面积减少幅度下降，但仍净减少耕地 362 千 hm²。其次，我国耕地质量结构欠佳。在全国耕地面积中，坡度大于 25° 的陡坡耕地有 6 072 千 hm²，占总耕地面积的 4.7%；无灌溉设施的耕地占总耕地面积的 60.2%（国家统计局，2001）。由于复种指数的提高过度消耗了土壤中的有机质，大量化肥、农药以及塑料薄膜的使用严重地影响了土壤的质量，也导致耕地质量不断下降，优质高产田不断减少，劣质低产田逐步增加。另外，我国后备耕地资源不足，开发利用难度大。耕地资源的不断减少是我国农业生产面临的最大难题，它与粮食生产的发展成为不可调和的矛盾。

3. 水资源严重紧缺　世界人均占有水资源量为 11 200m³，耕地水资源占有量 35 620 m³/hm²，而中国人均占有水资源量仅 2 300m³，只相当于世界人均水平的 1/4；耕地水资源占有量 28 500m³/hm²，为世界平均数的 4/5。

我国水资源非常短缺。据水利部估测，我国水资源总量 28.124 亿 m³，占世界第六位，但人均占有量仅为世界平均水平的 1/4。水土资源匹配严重错位进一步引发了水资源的供需矛盾，以秦岭—淮河—昆仑山—祁连山为界，南方水资源占全国总量的 80%，耕地不到全国总耕地面积的 40%；而北方水资源占全国总量的 20%，耕地资源却占了 60%。据统计我国农业用水量占整个用水总量的 70% 左右，而目前我国有灌溉设施的耕地面积还不到全国耕地面积的一半。根据我国水资源公报统计，2004 年全国农作物因旱受灾面积 17 255 千 hm²，其中成灾面积 7 951 千 hm²，因旱损失粮食 231 亿 kg，造成直接经济损失 315 亿元。全国共有 2 340 万城乡人口发生临时饮水困难；2005 年全国农田因旱受灾面积 16 000 千 hm²，成灾面积 8 467 千 hm²，绝收 1 889 千 hm²，造成粮食损失 1 930万 t。全年因旱累计有 2 313 万城乡人口、1 976 万头大牲畜发生临时性饮水困难，76 座城市出现供水紧张。全国因旱造成直接经济损失 1 985.9 亿元。其次，近年来由于化肥、农药过量使用以及随着工业化进程的推进工业废水的大量排放，使我国水资源污染严重，据调查我国有 82% 的人饮用的浅井和江河水水质有不同程度的污染。另外，水资源年际年内变化也很大，且大部分集中在雨季。水资源的供需矛盾将成为影响粮食生产的重要制约因素。

4. "靠天吃饭"粮食增产有限　马克思在《资本论》和其他著作中曾多次论及农业生

产与再生产最基本的两大特点：一是经济生产和自然再生产相交织，二是农业生产时间和劳动时间不一致。这两大特点均充分表明粮食生产要冒很大的自然风险。在我国农业生产中，气候条件对粮食及其他农作物生产依然具有举足轻重的作用。我国无灌溉设施的耕地占总耕地面积的60%以上，大部分地区是"雨养农业"，由于受季风气候的影响，我国年际降水变化大，旱涝等灾害性天气频繁发生。据农业部种植业管理司统计（2006），2005年全国农作物受旱面积0.16亿 hm^2，其中成灾0.08亿 hm^2，绝收188.7万 hm^2，损失粮食138.5亿 kg；因洪涝农作物受灾面积0.11亿 hm^2，其中成灾604.67万 hm^2，绝收146.67万 hm^2，损失粮食137亿 kg；因风雹农作物受灾面积0.07亿 hm^2，其中成灾360万 hm^2，绝收96万 hm^2，损失粮食48.5亿 kg；因低温冻害农作物受灾面积442.67万 hm^2，其中成灾184万 hm^2，绝收28万 hm^2，损失粮食18.8亿 kg。由以上数据看出，气候条件的反复无常也是我国农业生产所面临的困境之一。

5. 环境污染可持续高产面临困境　过量施用农药、化肥和植物生长调节剂导致环境和食品污染，农产品品质下降，也是我国农业生产面临的一大困境。自植物矿质营养学说（德国化学家李比希）提出以来，导致化学肥料在农业生产中的广泛应用，使农作物的产量显著增加。但是长期过量而单纯地施用化学肥料造成土壤板结、土壤酸化或碱化，有机质含量偏低以及一些微量元素的含量发生明显变化，导致土壤质量下降，生产能力降低。有些化肥中还含有有机污染物，如氨水中往往含有大量的酚，特别是利用炼焦厂废气生产出来的氨水，施用农田后，造成土壤的酚污染。大量氮肥的使用导致土壤中硝酸盐和亚硝酸盐含量超标，被植物吸收后，各种作物、蔬菜和牧草中的硝酸盐含量大大增加，致使食品质量下降，严重影响人民的健康。其次是在瑞士科学家缪勒开创的有机合成农药和农药工业以来，农药的使用有效地防治了病虫害的危害，在粮食生产过程中发挥了重要的作用。但是由于农药的使用破坏了生态平衡，致使在病虫害防治过程中对农药的依赖性越来越大。另外，为了控制细菌和真菌等流行病害的发生，大量化学合成农药和抗生素被使用以及在提高作物产量中植物生长调节剂的应用，都对环境和农产品造成不同程度的污染。环境的污染以及残留物在食物链的积累，对食品的质量和安全造成严重的威胁。

6. 高产面临技术挑战　我国在"十一五"期间，农业的科技贡献率为51%左右，而发达国家在60%以上。我国单产水平与高产国家差距较大，水稻亩产413.8kg，仅为高产国家的64.9%；小麦亩产267.3kg，仅为高产国家的47.7%；玉米亩产328.3kg，仅为高产国家的53.4%；良种潜力没得到充分发挥，生产实际产量仅为良种产量潜力的50%。栽培技术增产空间很大。

第三节　粮食高产战略

一、单产是根本，高产是核心

1. 世界粮食安全的选择　世界粮食生产经验表明，粮食增产的途径主要有两种：一种是依靠扩大耕地面积，一种是依靠科技进步提高单位面积产量。但从长期来看，未来世界粮食增产主要依靠农业科学技术进步及其成果在生产中的广泛应用，通过提高单位面积产量来解决。1996 年在罗马举行的世界粮食问题首脑会议上，100 多个国家政府首脑及科学家们明确地提出：今后解决世界粮食问题及食物安全的有效途径，就是推行一次建立在可持续发展基础之上的"新的绿色革命"（new green revolution）。世界许多国家进行高产和超高产研究，引领产量水平的不断提高，进而提高粮食生产能力，可以随时应付动荡的国际粮食市场，防患于未然，是粮食安全的国际重要战略。20 世纪 70 年代日本"作物高产工程"；20 世纪 80 年代以来美国"作物最高产量研究（MYR）"和高产竞赛；20 世纪 90 年代以后国际水稻所（IRRI）提出了突破产量限制的新思路和亩产吨粮的作物理想构型，并进行了超高产水稻的研究；欧洲已普遍开展了农作物高产蓝图设计与集约化栽培管理研究。21 世纪初，世界粮食科技发展的主要趋势是：充分利用生物的遗传潜力，采取现代生物技术和常规技术结合，培育高产、优质、抗逆性好的新品种或者超级品种；开展作物"最大生物产量"研究和"最大经济效益产量"目标设计技术体系突破性研究，力求获得超常规的单位面积产量；重视农田保护和提高土壤肥力，重点是通过土壤培肥和科学施肥，改善土壤物理化学性质，创造作物生产的最佳条件，提高土地生产力；重视保护和有效利用水资源，提高水资源利用率；关注人类营养和健康，建立和完善一套有效的粮食与食物保障体系，以确保人类对粮食和食物的需求与总供给的基本平衡，改善人们的膳食结构；改进粮食的加工、贮运、包装、销售和综合利用等技术，为粮食产业化经营提供技术保证。

2. 高产突破是作物科学的重要命题　世界粮食面临需求刚性增长，粮食生产不利因素限制性增加使得粮食生产能力与需求增长的不平衡性引起了关注。粮食问题，成为全球越来越关注的焦点。2010 年，*Science* 以 "The food crisis isn't over" 为题，*Nature* 以 "How to feed a hungry world" 为题都出版专刊讨论。同时，随着气候变化（Lobell et al.，*Science*，2008），污染加剧及耕地面积减少，在接下来的 20 年这些不利因素将严重威胁作物产量（Tester、Langridge，*Science*，2010），粮食安全形势日益严峻。国际上农业可持续发展的研究热点和重点仍旧是作物高产问题（Matson et al.，*Science*，1997；Cassman，PNAS，1999；Pimentel et al.，2000；Lal，*Science*，2004；Powlson，*Nature*，2005；Lehmann，*Nature*，2007，Galloway et al.，2008；*Nature*，2010；*Science*，2010）。

3. 中国粮食安全的选择　对我国来说，人多地少的矛盾决定了必须实行最严格的土地政策保护耕地，依靠科技进步，提高粮食综合生产能力，通过提高单位面积生产能力来解决我国的粮食安全问题。当前，我国粮食生产能力的提高不但面临严峻的市场挑战，也面临着资源紧缺的限制。随着我国工业化和城市化的快速推进，耕地面积减少呈不可逆转趋势，依靠增加播种面积来提高粮食总产已没有出路。我国以占世界不足 10% 的耕地生产了世界 25% 的粮食，但同时也消耗了世界 20% 的水资源和 30% 的化肥，属于典型的资源消耗型的粮食增产方式，科技贡献率仅有 40% 左右，远低于粮食生产先进国家水平。粮食高产地区普遍存在成本高居不下、粮食生产效益低下的突出问题。从单产水平比较，2001—2005 年我国水稻、小麦、玉米三大作物的平均单产只有 6 207、4 009、4 924kg/hm²，而同期埃及水稻单产 9 558kg/hm²，荷兰小麦单产为 8 399kg/hm²，意大利玉米单产 9 211kg/hm²，我国水稻、小麦、玉米三大作物单产仅为这些高产国家的 64.9%、

47.7％、53.4％，表明我国水稻、小麦、玉米生产水平与国际先进水平相比还有较大差距。

目前，我国主要作物优良品种的覆盖率已达 95％以上，但大面积实际产量水平与高产品种产量潜力的差距至少在一半以上。2004—2005 年，全国 12 省水稻、小麦、玉米三大作物项目区比前三年平均亩增产 49.36kg，是全国同期粮食平均亩增产量 20.1kg 的 2.4 倍，由此说明我国提高三大作物单产具有明显的技术潜力。制约我国粮食大面积均衡持续增产的主要原因是与高产品种相适宜的区域性综合技术的集成化、规范化、标准化、现代化水平低，超高产技术尚不成熟，水肥资源效率低，农田土壤退化严重，病虫害危害加剧，农田抗灾能力不高等。此外，我国长期对农村储粮重视不够，产后损失严重，平均损失率达 8％，而西方发达国家粮食产后损失率一般只有 3％，美国仅为 1％。因此，我国粮食安全的技术战略是必须将粮食安全建立在资源环境可持续发展和经济高效的基础之上，强调从技术上重点解决粮食高产与资源高效利用、地力持续稳定、效益持续增加和产后减损等四大目标的协调，重点围绕提高单位面积产量，充分发挥优良品种潜力，研制和应用超高产优质技术，确保大面积均衡增产和节本增效，实现水土资源的高效利用和可持续发展，提高抗灾减灾和产后减损能力，实现高产与高收益的统一，走出一条以作物生产科技创新体系为主体，以技术集成创新带动大面积均衡增产、资源高效利用的可持续粮食丰产道路。

二、绿色革命的发生

随着作物生产条件不断变化，特别是工业化进程的加快，灌溉条件、化肥的施用、机械化的发展，已有的品种和种植方式不能适应，高产倒伏问题成为进一步高产的主要限制因素，作物科学家很早就开始进行了矮秆抗倒高产品种的选育和栽培技术的改进，日本最早创新了小麦矮秆材料，意大利 1911 年就用日本赤小麦降低株高 130～100cm（Montana）。美国 1940 年开始用日本农林 10 选育出一批矮秆品种（Joss Cambier、Ase）。国际小麦玉米改良中心（CIMMYT）在 1953 年开始进行了小麦矮秆育种，并于 1962 年由 Norman Borlaug 育出了半矮秆、抗锈病、广泛适应性较强的新品种 Pitic62，并在许多国家种植获得了成功，有效地促进当时的世界粮食增长，增产效果是加倍提高产量水平，在缓解粮食紧缺上起了关键性作用，为此 Norman Borlaug 于 1970 年 12 月 11 日获得了诺贝尔和平奖。与此同时，国际水稻研究所（IRRI）也进行了成功的矮秆育种，张德慈以台湾的在来 1 号矮株稻种进行杂交，选育出了 IR8，取得了创纪录的产量。中国也在小麦和水稻的矮秆抗倒高产育种上进行了长期的研究，在生产上发挥了重要作用。

三、杂种优势的突破

利用杂种优势提高作物产量是作物科学重大研究方向。玉米是同株异花授粉作物，最容易进行杂种优势的利用。对于自花授粉的作物水稻和小麦而言，难度较大，但我国科学家在水稻杂种优势利用方面也获得成功，取得了举世瞩目的成就。20 世纪 70 年代初，中国发现"野败"雄性不育株，1973年实现了"三系"配套，组织全国性的攻关大协作。1974年小面积试种，1979年推广500万hm²，增产稻谷35亿kg以上。此后，随着光敏核不育水稻的研制成功，又选育出"两系"杂交稻，提出了超级杂交稻，中国杂交水稻研究始终处于世界领先地位，代表性的科学家袁隆平也被称为"杂交水稻之父"。中国杂交水稻向着超级稻方向发展，目标产量也不断突破，为我国水稻生产发挥了重要作用，也使中国杂交稻为世界的粮食安全做出了贡献。

四、新绿色革命的探索

作物科学家在显著提高产量上，进行了矮秆基因和理想株型的改造，并通过特异遗传原理进行了杂种优势利用。不同的作物在产量提高的途径前后序不同。水稻先矮化理想株型后杂种优势突破；相对而言，小麦在矮化理想株型之后，杂种优势一直处于艰难发展的地步；玉米首先进行杂种优势的利用和理想株型的培育，进一步发展矮化密植的高产株型。进一步大幅提高作物产量，实现产量的新突破，是作物科学界必须面临的重大挑战。不同的科学家在探讨新的高产突破上具有不同的观点。有的认为，自从1960年加倍提高谷物产量的手段已接近于尽头，生物技术将成为进一步增产的希望（Charles C Mann，1999）。有的认为传统的作物育种仍然有许多发展余地，但要重新设计，如中国的超级稻育种，IRRI的新株型（NPT）。还有的科学家明确指出随着农业发展，作物持续期和收获指数的增加可能将引起产量进一步提高（Evans，1993）。与此同时，有的科学家认为所有明显提高产量的方法都已经采用，只剩下光合作用可以考虑（Austin，1999）。赵明（2005）认为新的高产突破难度更大，必须基于抗倒、理想株型和杂种优势基础上，进行高光效高分配相配合的高产突破，重视作物花后物质生产，特别是强化作物体内的C4途径高产高效与抗逆的机制效应，从光合与分配的相对和绝对活性下进行生理育种与栽培的研究（图1-9）。此外，许多科学家不认为产量突破是新的绿色革命的特点，而是以可持续发展、资源高效利用、环境友好生产的高产高效为特点的新绿色革命。由此可见，新的绿色革命还需要再进行较长时间的探索。

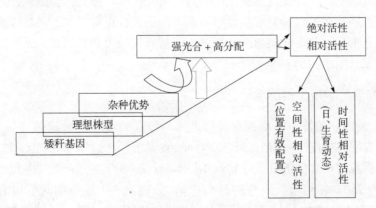

图1-9 进一步高产突破关键性状改造示意图

（赵明，2005）

五、中国粮食安全的高产战略

(一) 国家新增 500 亿 kg 粮食的目标规划

根据《国家粮食安全中长期规划纲要》，2020 年全国粮食消费量将达到 5 725 亿 kg，按照保持国内粮食自给率 95% 测算，国内粮食生产能力应达到约 5 450 亿 kg，比目前（5 亿 t）增加近 450 亿 kg。考虑到农业生产的不确定性和销区产能下降的可能性，未来 10 年全国需要在现有基础上再增加 500 亿 kg 粮食，以确保国家粮食安全。

(二) 从产量层次上提高产量

产量水平层次有不同的理解和划分，基本上可按产量高低划分，特别在科技立项中和生产管理上是重要参考。中国作物产量高低存在明显的不同层次，主要概括为低产、中产和高产，粗略地相对划分产量层次，将低于平均产量 50% 的为低产水平，高于平均产量 50% 的为高产水平，近年来由于产量水平的新变化，可将高于高产水平 30% 的称为超高产。在低产水平与高产水平之间的可称为中产水平。也可以根据产量情况变化进行产量实际水平划分，如小麦亩产低于 200kg 为低产水平，500kg 为高产水平，650kg 以上为超高产水平。水稻的中稻亩产低于 250kg 为低产水平，550kg 为高产水平，750kg 以上为超高产水平。双季稻亩产低于 200kg 为低产水平，450kg 为高产水平，600kg 以上为超高产水平。玉米亩产低于 200kg 为低产水平，550kg 为高产水平，900kg 以上为超高产。在低产与高产之间均为中产。这种划分是相对的，而且不同区域和地区产量变化差别较大，难以十分明确。也可以根据产量数据来源不同，分为光温生产潜力、高产纪录产量、高产区试产量和实际平均产量，也有的初步划分试验产量和农民产量。

从产量高低的层次上划分，我国有 40% 以上的低产田、30% 左右的中产田、不足 30% 的高产田，更加概括性地说，我国中低产田占 70% 以上，进行产量提升，实际增产潜力较大，不足 30% 面积的高产田长期是我国粮食生产的主体，生产了 50% 的粮食总产。不同产量水平的农田有不同的特点。低产田要克服障碍因素，改造条件，提高抗逆境能力，可大幅增产；中产田降低自然变化约束力，集成技术，提高作物适应性，并可向高产水平发展；高产田能满足作物基本生育的需求，保证粮食正常产量和可持续粮食生产，要进一步提高产量水平，并逐渐向超高产过渡，大量研究表明高产田对中低产田具有一定的提升和带动作用（图 1 - 10）。

(三) 作物高产科技工程的全面部署

"十一五"期间，随着人口增长和经济发展，粮食的市场需求量必将呈现刚性增长。根据《中国粮食问题白皮书》，预计到 2010 年粮食需求量将达到 5.5 亿 t。按照 95% 的自给率计算，届时我国粮食供给量要达到 5.4 亿 t，比 2005 年实际产量要新增近 5 000 万 t，年均增长 1 000 万 t，年均增长率要达到 2.0%，分别比"十五"期间平均值高 2.5 倍和 2.2 倍，提高粮食生产能力的任务十分艰巨。为此，国家启动了一系列科技研究与行动，确保我国粮食持续增产丰收。

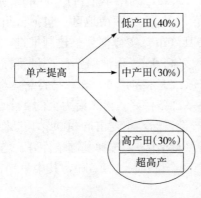

克服障碍因素，改造条件，提高抗逆境能力，大幅增产

降抵自然变化约束力大，集成技术，提高作物适应性，并可向高产和超高产水平发展。

能满足作物基本生育的需求，保证粮食正常产量和可持续粮食生产，在我国粮食供给上不足30%的面积，提供了50%以上的总产。大量研究表明高产对中低产田具有一定的提升和带动作用。

图 1-10　作物高产为主的多层增产示意图

1. 粮食丰产工程　全方位提高粮食生产综合能力从策略上分析主要以层次产量提高为目标，一是通过高产突破的超高产，发挥引领高产升级的作用；二是通过高产技术集成示范大面积高产高效，发挥丰产的主渠道作用；三是中低产田条件改良和抗逆增产技术措施，促进低产田大幅增产丰产。

科技部实施了国家粮食丰产科技工程，东北、华北、长江中下游三大平原12个粮食主产省政府共同推动，突出水稻、小麦、玉米三大作物（占我国粮食总产量的86%），重点在东北（辽宁、吉林、黑龙江和内蒙古）、华北（河南、河北、山东）、长江中下游（湖南、湖北、安徽、四川、江西、江苏）三大平原（总产量占全国的69%，商品量占全国的95%以上），以核心区、示范区、辐射区"三区"建设为手段，围绕水稻、小麦、玉米三大作物增产增效目标，集成了一批丰产技术，创新了一批超高产、资源高效和产后粮食贮藏减损新技术，建立了多部门联合、中央与地方有机结合的联动管理机制，攻关田及核心区、示范区、辐射区"三区"累计落实面积 5 567 万 hm²，累计增产（减损）5 079.11万 t，增产及减损共计增加直接经济效益 852.92 亿元，在促进全国粮食大面积增产增收、保障国家粮食安全方面发挥了重要示范与带动作用，为进一步确保国家粮食持续增产提供了坚实的技术支撑。

2. 粮食高产创建　高产创建是促进大面积均衡增产的重大举措，是科技增粮的重要途径。为实现粮食高产丰收年目标，国务院决定组织实施全国粮食稳定增产行动，并选择基础条件好、增产潜力大的 50 个县（市）、500 个乡（镇），开展整乡整县整建制高产创建试点，在更大规模、更广范围、更高层次上开展高产创建。

（1）整县推进目标　在全国选择 50 个县（市）开展试点。① 黄淮海地区。包括冀鲁豫苏皖 5 省，在重点产粮县（市）选择基础条件好、增产潜力大的 19 个县（市）实行整县整建制推进。小麦玉米两熟区产量目标 1 050kg，其中小麦亩产 500kg，玉米 550kg；稻麦两熟区产量目标 1 100kg，其中水稻亩产 650kg，小麦 450kg；稻油两熟区产量目标：水稻亩产 650kg，油菜 200kg。②东北地区。包括辽吉黑蒙 4 省（自治区），选择基础条件好、增产潜力大的 12 个县（场）实行整县整建制推进。产量目标：水稻亩产 650kg，玉米 700kg，大豆 200kg。③长江中下游地区。包括湘鄂赣 3 省，选择基础条件好、增产潜力大的 7 个县（市）实行整县整建制推进。稻麦两熟区产量目标 1 000kg，其中水稻亩产

600kg，小麦 400kg；双季稻产区产量目标 1 100kg，其中早稻亩产 500kg，晚稻 600kg；稻油两熟区产量目标：水稻亩产 650kg，油菜 200kg。④西南地区。包括云川渝 3 省（直辖市），选择基础条件好、增产潜力大的 5 个县（市）实行整县整建制推进。稻麦两熟区产量目标 1 100kg，其中水稻亩产 650kg，小麦 450kg；稻油两熟区产量目标：水稻亩产 650kg，油菜 200kg；玉米薯类两熟区产量目标：玉米亩产 600kg，马铃薯 2 500kg。⑤西北地区。包括陕甘晋新 4 省（自治区），选择基础条件好、增产潜力大的 4 个县（市），以玉米、马铃薯为主，实行整县整建制推进。产量目标：小麦亩产 400kg，玉米 650kg 或马铃薯 2 500kg。⑥华南地区。包括闽粤桂 3 省（自治区），选择基础条件好、增产潜力大的 3 个县（市）实行整县整建制推进。双季稻产区产量目标 1 000kg，其中早稻亩产 500kg，晚稻 500kg。

（2）整乡推进目标　在全国选择 500 个乡（镇）开展试点。①黄淮海地区。包括冀鲁豫苏皖京津 7 省（直辖市），在重点产能县（市）选择基础条件好、增产潜力大的 170 个乡（镇）实行整乡整建制推进。产量目标 1 150kg，其中小麦亩产 550kg，玉米 600kg。稻麦两熟区产量目标 1 200kg，其中中稻亩产 700kg，小麦 500kg；稻油两熟区产量目标：水稻亩产 700kg，油菜 200kg。②东北地区。包括辽吉黑蒙 4 省（自治区），选择基础条件好、增产潜力大的 97 个乡（镇）实行整乡整建制推进。产量目标：水稻亩产 700kg、玉米 750kg，大豆 200kg。③长江中下游地区。包括湘鄂赣浙沪 5 省（直辖市），选择基础条件好、增产潜力大的 79 个乡（镇）实行整乡整建制推进。稻麦两熟区产量目标 1 200kg，其中中稻亩产 700kg，小麦 500kg；双季稻产区产量目标 1 100kg，其中早稻亩产 500kg，晚稻 600kg；稻油两熟区产量目标：水稻亩产 700kg，油菜 200kg。④西南地区。包括云贵川藏渝 5 省（自治区、直辖市），选择基础条件好、增产潜力大的 80 个乡（镇）实行整乡整建制推进。稻麦两熟区产量目标 1 150kg，其中水稻亩产 650kg，小麦 500kg；稻油两熟区产量目标：水稻亩产 650kg，油菜 200kg；玉米/薯类两熟区产量目标：玉米亩产 700kg，马铃薯 2 500kg。⑤西北地区。包括陕甘宁晋新青 6 省（自治区），选择基础条件好、增产潜力大的 47 个乡（镇），以玉米、马铃薯为主，实行整乡整建制推进。产量目标：小麦亩产 450kg，玉米 700kg 或马铃薯 2 500kg。⑥华南地区。包括闽粤桂琼 4 省（自治区），选择基础条件好、增产潜力大的 27 个乡（镇）实行整乡整建制推进。双季稻产区产量目标 1 100kg，其中早稻亩产 550kg，晚稻 550kg。

以促进粮食稳定发展和农民持续增收为目标，以粮食主产省和非主产省的主产区为重点，以主要粮食作物和重要紧缺品种为重点，以农业综合开发项目县为重点，强化行政推动，依靠科技进步，加大资金投入，集成技术，集约项目，集中力量，把粮食高产创建万亩示范片成功的技术模式、组织方式、工作机制，向整乡（镇）、整县（市）整建制推进，集中打造一批规模化、集约化、标准化的高产示范区，辐射更大范围，带动大面积均衡增产，提高资源利用率和土地产出率。

第二章

作物产量分析基本体系

　　作物产量分析重要的目标是获得高产。然而，产量形成是一个复杂的生物学过程，不同的研究者从不同的学科角度探讨问题与分析产量，只有充分认识产量的形成才能有效地采取措施调控，才能更加有效地获得作物高产高效生产。

　　如何分析作物产量一直是作物科学家必须要了解的基本问题。作物产量的复杂性一是在形成自身生物学过程中层次关系复杂，同时受各种因素影响较大（Loomis，1999），如品种潜力、群体密度、生态条件、种植制度、肥水管理、化学调控等因子均影响最终产量的实现（王勋，2005；郑洪建，2001；于振文，2003；何华，2002；康国章，2003；张上守，2003；李潮海，2001）。作物作为一个有机的整体，各个性状相互联系、相互制约，某一性状的改变会引起其他因素的相应变化。不同的学者从不同的角度和学科领域进行了长期的探索与研究。产量分析理论的形成与发展是作物不断走向高产的关键。在作物的生产实践中，逐步形成了产量构成、光合性能和源库关系三大理论。

　　自从 20 世纪初以来在高产技术途径的探索过程中，逐渐形成了作物产量构成因素分析理论（Engledow 和 Wadham，1923）、光合性能理论（Watson，1958）和作物源库关系分析理论（Blackman，1919）。三大理论的形成及应用增强了人们对作物产量形成原理的深入认识，指导并支撑作物高产生产技术的创新及水平的提升，使作物的潜在产量大幅度提高，对增加粮食单产和总产、保障粮食安全具有重要的理论指导作用。

第一节　产量构成理论体系分析

一、产量构成理论概念与特点

　　20 世纪初 Engledow 和 Wadham（1923）为了揭示控制产量形成的机制，在《禾谷类产量研究》中首次把产量分解为株穗数、单位面积株数、穗粒数和粒重几个构成要素，提出了定量形态的产量分析——产量构成（yield components，YC）理论。该理论指出，作物产量由穗数、穗粒数和粒重三要素构成。产量构成的表达式：

　　　　　　　　　单位面积产量＝单位面积穗数×穗粒数×粒重

　　产量构成分析体系是目前作物科学领域最常用和最基本的产量分析理论。基于产量构成的分析，该理论被广泛应用于不同类型的作物，虽然各个作物的表述方式不同，但实质上均是产量构成的不同形式（表2-1）。作物产量构成的三个因子再进一步分解成若干个更简单的植物学性状，并进一步明确最易改造的要素，以便有针对性地加以改造。如Grafius（1956，1964）建立的谷类作物产品模式和Kerr（1966）提出的棉花产量构成模式等均具有一定的实用价值（Smith et al.，1976）。

表2-1 不同类型作物产量构成表达式

作物类型	产量构成表达式	备 注
禾谷类	产量＝单位面积穗数×单穗粒数×粒重	
豆类	产量＝单位面积株数×单株荚数×每荚粒数×粒重	
薯类	产量＝单位面积株数×每株薯块数×单薯重	
棉花	籽棉产量＝单位面积株数×单株铃数×铃重	皮棉产量＝籽棉产量×衣分

这个分析体系能被广大的作物科学工作者应用因其有明显的优点：一是产量构成分析体系将产量分成了主要的容易观察和测定的形态学性状，具有明显的可操作性；二是产量构成理论的因素可以明确地分为群体性状和个体性状，容易进行群体与个体之间相互作用与影响的分析；三是产量构成的每个因素都可进一步分成下一层次构成因素，容易进行层次之间的研究。以禾谷类作物为例产量各因素分解见表2-2。

表2-2 禾谷类作物产量构成各因素分解表

构成因素	穗数（万/hm²）			穗粒数		粒重
分解因素	基本苗	茎数/株	成穗率	穗花数	结实率	
单位	万/hm²	个	%	个	%	g/1 000 粒

二、产量构成理论重点研究方向

高产的获得来自产量构成中各因素理想的或最佳的组合。产量构成理论在指导作物生产实际中通过不断深入认识作物产量的构成要素，并丰富其理论。

（一）产量构成因素的动态形成过程

20世纪70年代，我国组织了多学科的大协作，系统、全面地研究了主要作物产量构成因子的形成，如在小麦上提出的三大规律（分蘖成穗规律、幼穗发育规律、籽粒灌浆规律）和五项关键技术指标（群体动态指标、施肥技术指标、灌溉技术指标、看苗管理形态指标、生产成本构成指标）。我国的研究逐渐阐明了三要素的形成规律、协调关系、影响因素、潜力分析以及调节机理。

（二）各因素间的相互关系及最佳配置

20世纪60年代，我国研究人员围绕着三因素的形成和其相互间的关系，从群体调节的角度开展了大量的研究，总结出了作物群体自动调节的四大规律，即：①一定的时间性、顺序性，②有一定的限度，③群体的稳定性和个体的变异性，④调节能力与生活力有关。在此基础上明确了人工调节必须以自动调节为基础的思想，且认识到进一步提高作物产量应在增加穗数、粒数的同时努力提高粒重来获得。在实际生产中产量构成因素相互间很难同步增长，某一个或某几个可能成为限制因素。在产量构成因素中，单位面积的穗数是穗粒数和粒重的基础，三者具有一定的相互平衡补偿作用，产量构成因素是在不同时期依次而重叠形成的，各因素都有主要的决定时期，且具有自动调节功能，这种调节主要反映在对群体产量的补偿效应上。由于该法直接涉及收获产量的几个组成性状，便于直观准确地了解产量结构因子的生长发育过程和分析产量结果，且易于观测，受到了作物栽培者的重视，使其不断地发展和完善（户苅义次，1979），至今仍是作物产量研究中常用的基本方法。

（三）环境条件和人工措施对三因素的影响

作物产量构成三因素受品种特性、生态环境条件及栽培管理措施的影响较大。水稻和小麦等单分蘖特性的作物，单位面积穗数受温、光、肥、水等环境条件状况影响较大，栽培技术措施主要是通过作物的生长环境条件调节间接调控穗数；当前推广应用的玉米品种几乎全部为单株成穗，亩穗数主要受种植密度影响，环境条件在一定程度上影响亩穗数，即若生长环境条件适宜，则玉米的双穗率提高，反之则空秆率增加、亩穗数降低。作物产量取决于亩穗数、穗粒数和粒重的乘积。但在不同产量水平下，各构成因素对籽粒产量的贡献不同。如小麦在低产条件下，任何一个因素的提高都会提高作物产量；而高产条件下，粒重是决定产量高低的主要因素（胡延积，1986）。提高作物产量的关键措施，主要是在提高播种质量的基础上，通过实时有效的促控手段，使作物各个关键生育时期的群体和个体发育状况达到较理想的数值区域，促进三因素的协调和作物高产。

三、产量构成理论对生产的指导

上海植物生理研究所殷宏章科研组首先对作物群体结构开展了研究，提出了作物群体概念、群体结构涉及的内容、群体的发展动态、群体与个体的矛盾以及群体的一些形态、生理的数量指标。研究逐渐阐明了三要素的形成规律、协调关系、影响因素、潜力分析以及调节机理。

人们在产量构成理论实践应用中可以通过品种改良、栽培措施及生物、非生物环境调节产量构成因素，这种方法由于通过作物生育状况来解析产量的构成及其测定方法的简易性，至今在作物栽培和育种研究上仍盛行不衰。在产量构成研究的基础上，各地结合当地的具体情况探索和总结出了相应的产量形成促控综合栽培技术体系，为我国农业生产做出了巨大贡献。如山东的小麦精播高产栽培（山东农业大学小麦栽培生理教研组，1984）、江苏的小麦"小、壮、高"（凌启鸿，1983）、浙江的水稻"稀、少、平（稀播、少本播和平稳促进）"高产模式以及杂交水稻"稀播、匀播培育多蘖壮秧"技术等。玉米栽培则采取了以利用紧凑型优良杂交组合，走增加种植密度、增加施肥量，以穗多并兼顾穗齐取胜的技术路线（王纪华，1995）。此外，我国还推广了"水稻叶龄模式栽培法"、"小麦叶龄模式栽培法"等，使对产量形成的促控调节向模式化、指标化方向发展，提高了生产管理水平。目前仍有不少研究者还在探讨各地、各种作物、不同产量水平下产量构成三因素的关系，以寻求主要因子，抓主要矛盾，采取措施，提高产量。

第二节 光合性能产量分析体系

光合性能（photosynthetic characteristics，PC）理论的发展由长期以来多种概念结合与深化而成。Blackman（1919）提出作物干物质的增长恰似银行存款的"复利法则"。据此，Gregory 引入了净同化率（NAR）的概念（植物同化器官光合作用与此期的呼吸作用之差）。此后 Watson（1958）提出了"叶面积指数（LAI）"的概念（叶面积指数指一块地上作物叶片的总面积与占地面积的比值。即，叶面积指数＝绿叶总面积/占地面积），并研究了 LAI 与 NAR 及干物质增长量的关系。Nichiporovich 1954 年提出了生物学产量和经济产量的概念，将经济产量与生物学产量紧密结合起来，并将两者表示为：经济产量＝k×生物学产量，其中 k 为系数，它表示由生物学产量形成经济产量过程中的效率，其与 Donald（1962）所推论的收获指数代表相同的意义。在这些研究基础上，我国学者于1966 年概括了光合性能五因素及与经济产量的关系（郑广华，1980），将光合作用与作物产量相结合，表示为：经济产量＝（光合面积×光合能力×光合时间－消耗）×经济系数，指出作物产量由光合面积、光合时间、光合速率、呼吸消耗和经济系数五因素决定，提出了定量光合生产的产量分析——光合性能理论。至此，光合性能理论基本形成，阐明了光合性能与产量和环境的关系、时空动态变化和作物进化特点，并且在实践中形成了"以光定叶，以叶定穗，以穗定苗"的高产经验。

光合性能理论在指导栽培实践方面日益受到广泛的重视。截至目前为止，关于光合性能理论的研究主要开展了以下几方面的工作：①光合性能各因素间及其与作物产量的相互关系；②光合性能与环境的关系；③作物生育过程中各因素的动态变化；④作物进化和品种更换过程中光合性能的变化；⑤光合速率遗传规律与高光效育种；⑥光合性能的生理基础等。在光合性能因素中，由于较早地知道了干物质积累量的多少主要取决于群体的叶面积及绿叶面积的持续期（户苅义次，1979），因此通过栽培措施如合理密植、间套作、复种、育苗移栽、重视种肥和苗肥、选大粒种、早播防早衰等来扩大光合面积、保持绿色叶片稳定和持久的功能来增加产量就一直是一条行之有效的途径。随着 LAI 的增加，作物的群体结构优化则成为进一步需研究解决的问题。Monsi 和 Saeki（1953，1960）首先提出了作物群体结构层切法，并明确指出了群体消光系数 k 的意义，为从群体光合作用系统的角度理解物质生产奠定了基础。由于群体的结构主要涉及了叶面积、株型、光合速率等因素，因此研究作物群体合理的 LAI 动态至今仍是作物科学中常用的方法。随后许多学者对各因素定量分析，认为提高光合速率是高产的方向，但迄今为止光合作用与产量形成之间的关系仍不十分清楚（Lafitte 和 Travis，1984；Tollenaar 和 Lee，2002；Murchie 等，2002）。

光合生产是作物有机质的唯一来源。作物的经济产量虽然表现为产量因素的组合，但其物质基础 90％来源于光合产物。提高光合产量增加光合生产一直是植物遗传生理学家、育种学家和栽培学家们研究的主题。作物地上部的绿色部分均具有光合作用，但不同的绿色器官生产有机质的能力是不同的。绿色穗虽能进行光合，但因呼吸较强，有机物积累不多；绿色茎鞘又因光补偿点较高，且处于相对较弱的光照度之下，对生物产量的贡献也较小。唯有叶片的形态结构最适于进行光合作用，持续的时间也最长，是作物主要的光合器官。群体的光合生产力主要取决于叶的光合生产力，它包括叶面积的大小（LAI），叶面积持续的天数（LAD）和单位叶面积的净同化率（NAR）等三方面的因素，即，群体光合生产力＝光合势（叶面积×持续天数）×净同化率。

提高光能利用率、缩小光能利用率实际值和理论值之间的差距是提高产量的重要途径。除选育高光效的作物品种外，主要通过延长光合时间、增加光合面积提高光合效率和减少呼吸消耗等途径。光合性能理论只强调了作物群体的物质生产和简单的分配，忽视了合成物质的去向和分配，在解释产量形成中仍显不足，另外该理论与品质的形成关系研究较少。

第三节 作物源库学说分析体系

1928 年 Mason 和 Maskell 通过碳水化合物在棉株内分配方式的研究并从物质运输分配的角度提出了作物的源库学说（source - sink，SS；Smith，1976）。自此人们就常以源库的观点来探索作物高产的途径。直到 20 世纪 60 年代物质运输机理明确以后，关于作物源库对籽粒产量的研究才开始快速发展，在源库概念、源库指标的确定、源库关系研究方法以及源库与产量的形成等方面取得了大量成果。源库学说现已成为研究和解释作物群体协调状况的常用术语和重要的理论工具，这一学说广泛用于探索作物产量形成，特别是作物高产途径，即通过努力扩大作物的光合面积，提高其光合效率，加速其转化和运输功能，并尽可能扩大储藏器官，使光合产物尽可能多地输入产品器官，以提高产量。

一、源库概念的界定

通常是根据碳水化合物输入作物生长中心器官的特点来描述的，一般将生长中心器官定义为库，而将为生长中心器官提供营养物质的器官定义为源。经典的源库理论认为：源（source）是指产生或输出同化物的器官或组织，库（sink）是指利用或储藏同化物的器官或组织。源库间的界限并不十分明显，在作物生长过程中还可相互转化，一般将绿色的茎、鞘、叶等进行光合作用的器官作为源，而将穗（主要是籽粒）作为库（Venkateswar-lu，1987）。近年来更多的人趋向于将根系也作为一个源。源和库并不是独立存在的，而是相互依赖的。赵强基（1995）指出冠层光合生产源库与根冠层矿质营养源库间有着密切的内在联系。生育后期深层根系的养分吸收量增加，对维持齐穗后功能叶的较高光合能力、较大光合势和谷粒充实均起到重要作用（赵强基，1995）。赵全志等（1999）从作物产量生理学和系统学的观点出发，相对于经济产量库容，应将源定义为制造和输送物质能量的供给系，包括叶源、茎鞘源（简称鞘源）和根源 3 部分，三者对产量的贡献大小不同，但都是同样重要的。

二、源库特征指标

源库学说提出后，源库理论一直是抽象、定性的概念，随着源库研究的不断深入，源库理论也在不断地丰富和完善，并向定量型发展。在源库理论的研究中，科学家们一直探索用具体、数量化的源库特征来分析作物的产量形成。以往的研究，通常把叶面积或 *LAI* 作为衡量源的指标，把单位面积的颖花数作为产量库的指标（Wilson，1971）。并认为粒/叶是衡量群体库源关系的一个综合指标（凌启鸿，1993）。由于用叶面积作为源的衡量指标不能反映出源的活性即光合能力，Wilson 将源的强度表达为数量上易变的源大小（常以叶面积衡量）与速率上易变的源活力（常以光合速率衡量）的乘积，库的强度则等于库的大小（单位面积颖花数×粒重）×库的活力。显然，这种方法较之单纯地用叶面积代替源能力更为全面。在库性能方面，以往就穗数、粒数、粒重三因子形成的动态过程，三因子之间的关系与最佳配置及环境条件和人工措施对三因素的影响等方面做了大量的工作，取得了一定经验。近年许多学者开始从基因表达、激素平衡、酶代谢等水平上对产量构成开展了广泛的机理性研究（王纪华，1995；王志敏，1995）。在源性能方面，以往的研究充分证实叶面积、光合时间在物质生产上起着巨大的作用，理想株型增产的重要原因之一也是因为进一步增加了可容纳的叶面积所致。目前，讨论的关键问题是光合速率与产量间的关系（Sharkaway，1965；Hanson，1971；Thorne，1963），越来越多的研究证明了光合速率在进一步提高产量上起着重要作用（分析方法：Ohno，1976；改变生态因子：Arnon，1974；品种演替：Dwyer，1989；育种目标探讨：Austin，1989）。目前不少学者正致力于高光效分子生物学的研究，关于源、库的研究主要集中在同化物分配与产量形成的关系及其调控机制上。随着产量水平的不断提高，源库数量性能的不断挖掘，不论是作物自然变化过程，还是人为选择，作物主要是以不断地提高源库性能的质量去达到更高的产量目标。因此，需要作物栽培与育种工作者有目的地适应这一发展趋势，在充分保证数量因素的基础上，突出质量因素，以源库高性能协调为高产和超高产技术指标来推进作物的生产，使作物产量提高到一个新的水平。在源库关系研究中还提出了数量关系指标。

三、源库关系研究的主要方法

源库关系比较复杂，其研究方法概括起来有以下几种（霍中洋，2002；郑洪建，2001；孙庆泉，1999）：①减源疏库。减源疏库是研究源库关系最常用的一种方法，主要研究光合速率、干物质生产、光合同化物在源库器官中的分配、有关源库关系的酶的活性、产量性状等。这一处理方法直观而简便，但有人认为由于人为减源疏库处理产生的差异多为诱导性的，未必能揭示作物源库关系的内在规律，对用这类方法所取得的结果在解释上要慎重。②同位素示踪。一般用于研究源库器官光合产物在植株各部位的分配或植株不同部位光合^{14}C 的固定能力。③栽培管理技术。由于作物群体的源库特征受品种遗传力控制较小，受栽培条件影响较大，所以栽培技术途径也是研究作物源库关系的一种主要方法。这一方法主要包括生态条件、播期、密度、肥料运筹、水分管理等。④生物化学研究。主要是在不同源库比例下，测定与源、库活性有关的酶的活性和某些代谢产物的含量。⑤作物模拟技术。作物计算机模拟引入了大量植物生理学和生态学机制，并运用数学方法在计算机上实现快速动态分析，但其拟合效果有待改进。

四、源库间平衡调节

作物的生长发育是源库之间相互协调共同作用的结果，其平衡状态是获得高产的重要因素之一。认为库源之间存在着微妙的平衡，两者是相互矛盾的统一体。Wareing（1975）和张晓龙（1982）分别提出用碳氮比和饱满指数作为衡量源库平衡的指标，前者反映植株营养状况，后者反映了光合产物向籽粒运转、积储状况，但对源库的大小和活力未能作出充分的表示。王永锐等（1985）认为输入积是库源协调程度在生理上进行量化的一个好指标。势容比可以作为群体源库关系协调程度的衡量指标，是反映群体光合生产力高低的一个综合指标（王夫玉等，1997）。鲍巨松等（1993）提出用群体库源比值，单位叶面积系数承受潜在库容量和库容量实现率作为衡量群体库源特征的综合指标。徐庆章、王忠孝等（1990）把群体库容量、源的供应能力及其比值作为衡量玉米群体库源关系的特征。刘克礼等（1998）认为，玉米器官维管束的数量和面积能够反应出源库的协调程度，可作为衡量流畅通程度的指标。郭玉秋等（2002）通过品种、密度试验，结果表明各穗型品种能发挥最高群体产量潜力时的库源比均为 1.50 左右。20 世纪 80 年代凌启鸿等（1986）就指出粒叶比是衡量和反映水稻群体源库是否协调的一个指标。90 年代郭文善（1995）和王昭（1998）再次提出用群体粒叶比可以作为衡量群体库源关系是否协调的综合指标，在适宜的 LAI 范围内扩大群体总库容、提高粒叶比有利于获得高产。由于粒叶比既反映了库容的相对大小，又代表源的质量水平和库对源的调运能力，因此现在常将粒叶比作为衡量库源关系是否协调的最常用指标。

五、源库类型划分及产量限制因子研究

随着对产量限制因子研究的深入，农学家们据此对不同品种的源库类型进行了归类。关于产量源库类型的划分未达成共识，有的将其划分为 3 个类型，有的则划分为 4 个类型，另有一些人认为源库关系非常复杂，随生态条件、栽培条件的不同而有所改变。曹显祖等（1987）按源库特征与产量关系将水稻品种划分为源限制型、库限制型和源库协调型。江龙（1998）依据茎鞘物质的输出率和运转率、穗实粒数和千粒重将水稻品种划分为增库增产型、增源增产型、源库互作增产型。而张俊国（1990）又将粳稻品种划分为增库增产型、增源增产型、源库互作型、源库饱和型 4 种类型。王夫玉（1997）根据总颖花数、籽粒充实度、势容比和产量等群体源库特征指标，并结合群体聚类分析结果，将水稻群体划分为 4 种源库类型：库限制型群体、源限制型群体、源库限制型群体、源库优化型群体。杨守仁（1980）、张俊国（1990）、陆卫平等（1997）认为品种的源库类型是其源库特性与产量形成关系在一定生态环境和栽培条件下的反映。屠乃美等（1999）从光周期的角度进行研究的结果表明，在长日照条件下，库器官发育延缓，抽穗延迟；源器官干物质

生产量下降，分配至库器官中的比例减少，大量的非结构性碳水化合物滞留在源器官中；库器官发育畸形，库容量下降，库器官充实受阻。叶永印等（2003）对毕粳 37 号从肥力角度进行研究发现，在不同施肥方法条件下，其源库特征不同。全氮按基肥 20%～40%、蘗肥 30%～50%、穗肥 20%～30% 比例施用，此品种为库限制型；全氮作基肥深施或提高施氮量，此品种为源库限制型；施氮量的 70%～80% 作基肥深施，20%～30% 作穗肥补施，则为源库优化型。

第四节　三个产量分析体系综合分析比较

作物产量分析的三大理论——作物产量构成、光合性能和源库理论，均是从不同角度来认识和分析作物产量形成的，各自形成了相对完整的理论体系。其中作物产量构成主要从收获产品组成性状的形成和结果进行数量分析；光合性能主要从物质生产的角度研究产量的形成；而源库理论主要从物质的分配来认识产量的形成。三大理论各具特色，其各自的优势列于表 2-3。

表 2-3　作物产量三理论的优势（＋）特点分析

三理论	分析项目		
	经济产量	物质生产	物质关系
产量构成（YC）	＋＋	－	
光合性能（PC）	－	＋＋	＋
源库关系（SS）	＋	＋	＋＋

注："＋"表示作用优势明显。

作物产量构成、光合性能和源库理论的形成，在实践中有效地指导了作物产量的提高。以三个理论为基础发展的技术有：水稻"小群体、壮个体、高积累"以及水稻、小麦、玉米通用的增密、保穗、攻粒；棉花密、早、矮技术；玉米以光定叶，以叶定穗，以穗定苗，双穗栽培，高粒叶比指标；水稻、小麦、玉米增源扩库技术、高光效育种等。蒋彭炎（1981，1983）通过系列试验，研制出了水稻"稀、少、平"栽培法。杨惠杰（1999）确信，超高产水稻应具有足够的穗数和穗粒数，建立巨库群体。张旭（1999）通过比较认为，高产早籼稻应有穗数高、穗粒多和谷/秆值大的特征。李义珍（1995）分析了杂交稻高产结构发现，总粒数与产量关系最密切，对增产的贡献率最高，而穗数则是制约总粒数的主要因素。翟利剑（2002）的研究结果表明，在合理的栽培措施下，实现源、库的协调是小麦获得高产的生理基础。

随着作物产量水平的不断提升，作物产量突破的难度越来越大。多数学者认为高产存在突破的空间，但不能确定发展的方向（Charles，1999；Ying，1998；Brancourt - Hulmel，2003）。在当前的产量水平下获得实质性的单产突破，需要多学科联合起来在共同的平台上分工协作、认识作物产量形成这一复杂过程，并且针对其中的关键问题逐一解决（Wollenweber，2005）。要揭示整个作物产量形成的复杂过程，除了研究数量的关系以外，还要研究同化物质的积累与运转过程。单就上述三个产量分析理论的内容来看，作物产量构成、光合性能和源库理论分别着眼于作物产量构成因素、源库关系、光合性能某一方面的单量度分析，尚不能全面系统地分析作物产量的形成。众多的高产实践证明，高密度是实现高产必不可少的关键措施之一。通过增加个体数量来增加群体产量的显著优势成为实现作物高产的基础措施，但密度的增加限制了个体的发育，增密技术缺乏必要的理论支撑。

上述产量分析三理论都以产量形成为目标，又各具特色，三者必然存在着诸多联系，互相弥补，因此要全面、系统地认识产量形成，必然需要三个理论的结合。随着生产的发展，作物产量生理学的问题也越来越为人们所关注。产量分析三理论也在互相渗透、综合发展。特别是源库理论通过物质的流向已逐渐地把光合生产与产量构成有机联系起来，形成一个综合三理论特点的完整理论模式，对进一步指导作物产量的研究及作物产量生理学的发展具有重要的意义。

第三章

作物产量"三合结构"与产量性能定量分析

第一节 作物产量"三合结构"与产量性能定量化

一、作物产量"三合结构"形成

由于作物产量构成、光合性能、源库理论均是以产量形成为目标，三者必然在时间和空间上存在着诸多联系，同时三者又各具特色，互相弥补。作物生长是一个系统的复杂过程，产量的形成是多种因素共同决定的结果，因此对作物产量构成、源库关系和光合性能三者内在联系以及综合性产量分析和研究就显得十分必要。赵明等（1995）在分析三者之间的内在联系基础上将其整合，统一构建了"三合结构"模式理论。"三合模式"是以作物产量构成（yield component）、光合性能（photosynthetic characteristics）、源库理论（source - sink）为基础形成的有机统一的产量分析模式，该理论以源库理论为主题，源与光合性能相连，库与产量构成理论相连，构成了源库不同层次和数量质量性能的产量分析框架（图 3 - 1）。

"三合模式"以源库为中心，将源与光合性能因素相联系，库与产量构成因素相对应，以流（物质、能量、信息）连接各有关性状，构成产量形成的网络关系，将三理论有机地联系起来，使人们能够较全面系统地认识产量形成，弥补了三个理论各自独立存在的不足与缺陷。产量"三合结构"理论指出，作物的品种改良和栽培技术改进主要是沿着从源库的数量性能提高向着质量性能提高的方向发展。基于作物产量形成系统，将系统分为一级、二级、三级…等结构层，形成相应各级子系统，与作物群体—个体—器官—细胞—分子…等的结构层次相对应；二级结构层中的性状被划分成以数量增加为主的数量型性状和以性能改善为主的质量型性状，并按生产中可控的难易程度将各因素进行了排序（赵明，1995）。同时，该理论还不断吸收作物产量形成相关研究的成果而进一步地充实和完善（赵明，1995；赵全志，1999）。基于产量分析"三合结构"可进行多参数系统性分析。如：

叶源数量值（LAD）＝光合面积×光合时间

叶源质量值（NAR）＝光合速率－呼吸速率

叶源总量值＝叶源数量值×叶源质量值

经济库数量值＝穗数×粒数

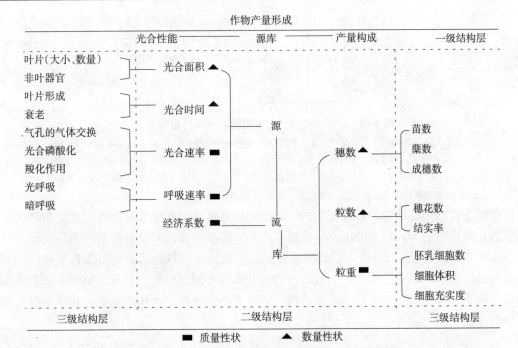

图3-1　作物产量"三合结构"模式理论框架图

(赵明等，1995)

经济库质量值＝粒重

经济库总量值（*HI*）＝经济库数量值×经济库质量值

源库数量比值＝叶源数量值/经济库数量值

源库质量比值＝叶源质量值/经济库质量值

源库总量比值＝叶源总量值/经济库总量值

二、作物产量性能定量化各因素间的关系

"三合结构"模式的建立使作物产量形成过程得以系统、清晰的展现。张宾、赵明（2007）根据"三合结构"模式二级结构层中各因素间的关系，对其进行数学表达，建立定量表达式，提出作物产量性能定量方程。即：

$$MLAI \times D \times MNAR \times HI = EN \times GN \times GW$$

7项指标参数间的相互关系如图3-2。

三、作物产量性能定量方程中参数特点

$MLAI \times D \times MNAR \times HI = EN \times GN \times GW$ 产量性能公式7项指标可全面地反映产量形成过程，各指标存在着可定量的互作关系，明显受作物、品种、栽培、土壤和生态多因素调控。明确产量性能指标的调节效应和定量关系，可指导目标产量的栽培技术体系。"三合结构"定量方程参数可根据其计算方法的不同，分为测定参数和动态参数，其中，

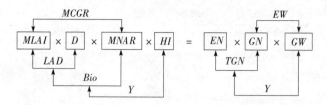

图 3-2　"三合结构"定量方程各参数的相互关系

MLAI：生育期内平均叶面积指数；MNAR：平均净同化率［g/（m²·d）］；LAD：光合势［m²/（d·m²）］；MCGR：平均作物生长率［g/（m²·d）］；Bio：生物产量（g/m²）；Y：籽粒产量（g/m²）；TGN：总粒数；EW：单穗粒重（g）；D：生育期天数（d）；HI：收获指数；EN：收获穗数（穗/hm²）；GN：穗粒数；GW：千粒重

D 可根据生育期记载确定，HI、EN、GN 和 GW 可通过调查或考种获得，这类参数为测定参数；方程中的 $MLAI$ 和 $MNAR$ 在通常情况下需要进行田间动态测定，然后根据 LAI 和 NAR 的动态变化进行计算，这类参数为动态参数。动态参数的测定不仅费工费时，而且其准确性也常因测定的时期、次数以及测定的精度不同而有较大差异。如何准确的获得动态参数 $MLAI$ 和 $MNAR$ 是"三合结构"定量方程中参数定量化的关键。具体求解方程的思路如图 3-3 所示：

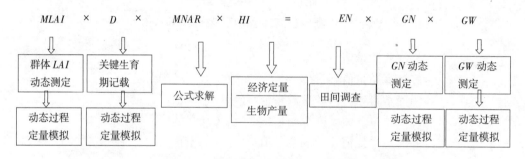

图 3-3　产量性能公式主要参数求解示范

第二节　作物产量性能定量方程各因素动态特征与模拟

于强等（1995）以生育期和干物质重为预报因子的水稻 LAI 的普适增长模型和林忠辉等（2003）玉米 LAI 和相对积温普适增长模型，都需要先确定生育期的 LAI_{max} 才能推算出玉米生育期内逐日的 LAI 值，使得模型在生产实践中的应用相对滞后；小麦 LAI 多采用分段模型（涂修亮等，1999；陈国庆等，2005；曹宏鑫等，2006），但因参数较多而使 LAI 的模拟过程较为繁琐。建立一个能够及时、准确反映作物群体动态变化的 LAI 普适模型，对作物高产实践具有重要的理论和实际意义。

一、不同作物叶面积指数动态变化与定量化分析

（一）不同作物叶面积指数动态变化

为准确预测叶面积指数（LAI）动态变化，并根据预测采取相应的调控措施来获取适

宜的 LAI，LAI 动态模拟模型的运用成为重点。Jones 等（1986）、Carberry 等（1991）和 Birch 等（1998）分别建立了 AUSIM - Maize 和 CERES - Maize 不连续方程模拟作物群体冠层叶面积动态变化。Keating 等（1992）和 Birch（1998）等建立了以玉米叶片数为基本参数的广义方程，提高了方程在品种间的适用性。张旭东等（2006）对夏玉米 4 年不同的生育期和 LAI 测量值分别归一化处理，建立了 LAI 与积温间的归一化模型，实现了多年的叶面积动态变化用同一方程式表达。玉米、水稻和小麦 3 种不同的作物 LAI 的变化趋势基本一致（图 3 - 4），均为缓慢增长、快速增长、快速下降的偏峰曲线，但是不同作物的最大叶面积指数（LAI_{max}）及其到达时间不同，春玉米在出苗后 78d，水稻在出苗后 110d 左右，冬小麦则在出苗后 200d 左右。

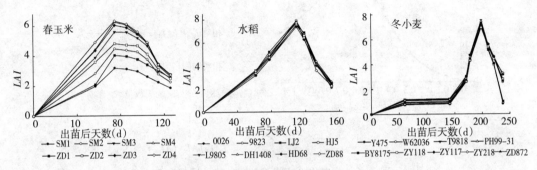

图 3 - 4　3 种作物群体 LAI 动态变化

（二）不同作物 LAI 动态定量分析

1. 一般平均叶面积系数的计算　在产量性能的计算上，如果能够将平均叶面积指数（$MLAI$）得到准确的求解，其他的参数应能得到相应的解决。实际上按照一般的方法必须基于大量的测定、多次的取样，才能求出代表全生育期的叶面积指数（$MLAI$）。如图 3 - 5 所示。

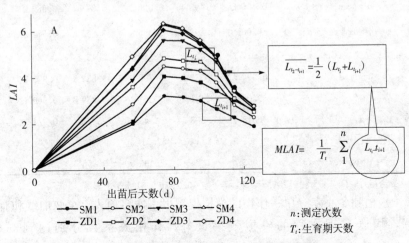

$$\overline{L_{t_2-t_{i+1}}} = \frac{1}{2}(L_{t_i} + L_{t_{i+1}})$$

$$MLAI = \frac{1}{T_t} \sum_1^n L_{t_i}L_{i+1}$$

n：测定次数

T_t：生育期天数

图 3 - 5　基于测定次数的 $MLAI$ 的一般计算

2. 叶面积动态过程归一化处理的 *MLAI* 求解　将最大叶面积系数（LAI_{max}）和出苗至成熟的天数分别作为 1，对数据进行归一化处理，则可以消除或缩小作物间 LAI 和生育期天数的差异。因此，利用归一化数据可以更好地模拟作物的 LAI 动态，有助于建立一个适用于 3 种作物的 LAI 普适模型。具体归一化处理如图 3-6 所示。

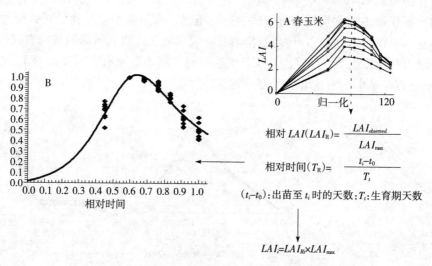

图 3-6　相对化 LAI 模型的归一化处理示意图

3. 归一化处理的叶面积动态最优模型选择　对 3 个作物的归一化数据分别进行模拟，选取模拟效果较好的前 3 个方程列于表 3-1。

表 3-1　春玉米、水稻和冬小麦群体相对化 LAI 模型

作物类型	模拟方程	参　数				相关系数	标准差
		a	b	c	d		
春玉米	$y=(a+bx)/(1+cx+dx^2)$	0.013 4	0.323 4	−2.774 2	2.417 8	0.985 9**	0.054 1
	$y=a+b\cos(cx+d)$	0.485 1	0.495 4	5.020 1	−3.373 7	0.983 2**	0.058 9
	$y=a+bx+cx^2+dx^3$	−0.005 0	1.203 9	2.495 4	−3.255 5	0.972 2**	0.075 6
水稻	$y=(a+bx)/(1+cx+dx^2)$	0.077 7	0.020 5	−2.737 3	2.048 4	0.986 5**	0.052 9
	$y=a+b\cos(cx+d)$	0.397 7	0.532 3	5.706 6	−3.882 5	0.975 5**	0.071
	$y=a+bx+cx^2+dx^3$	−0.003 2	−0.812 0	7.301 7	−6.239 8	0.960 1**	0.090 3
冬小麦	$y=(a+bx)/(1+cx+dx^2)$	0.013 1	0.003 5	−2.451 5	1.527 3	0.971 9**	0.075 7
	$y=a/[1+be(-cx)]$	0.661 5	1 823 034	22.517 0		0.801 9**	0.191 0
	$y=a+bx+cx^2+dx^3$	0.053 7	−1.966 7	7.490 0	−5.158 3	0.773 7*	0.203 9

注：模型中 x 为相对时间，y 为相对 LAI。* 和 ** 指在 0.05 和 0.01 水平上显著。

春玉米、水稻和冬小麦等单一作物的模拟模型以三次多项式、余弦曲线和有理方程模拟效果较好，均以有理方程的模拟效果最好，其相关系数分别达到 0.985 9**、0.986 5** 和 0.971 9**；而余弦曲线和三次多项式的相关系数相对较低，标准差相对较

大（图 3-7）。

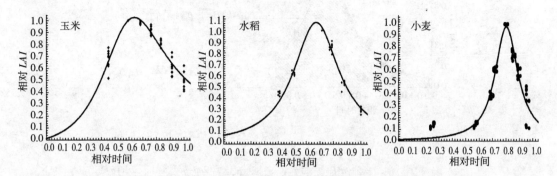

图 3-7 不同作物 $y=(a+bx)/(1+cx+dx^2)$ 的模拟效果

$$y=(a+bx)/(1-cx+dx^2)（分式方程）$$

春玉米：$y=(0.013\ 4+0.323\ 4x)/(1-2.774x+2.417\ 8x^2)（r=0.985\ 8）$

水稻：$y=(0.077\ 7+0.020\ 5x)/(1-2.737\ 44x+2.048\ 4x^2)（r=0.986\ 5）$

冬小麦：$y=(0.020\ 4+0.005\ 0x)/(1-2.293\ 0x+1.336\ 3x^2)（r=0.972\ 8）$

因此，选择有理方程作为相对化 LAI 的动态模拟方程，其通式中，y 为相对 LAI 值；x 为相对时间；a、b、c 和 d 为常数。当 $x=0$ 时，$y=a$，即 a 值为作物出苗期的相对 LAI 值；当 $x=1$ 时，$y=(a+b)/(1+c+d)$，$(a+b)/(1+c+d)$ 即为成熟时作物群体的相对 LAI。方程只有一个峰值，且当 $x\to\infty$ 时，$y\to0$，说明有理方程能够对作物生长进行较合理的解释（图 3-8）。

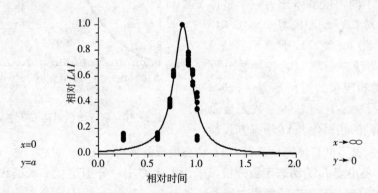

图 3-8 平均叶面积指数模拟 $y=(a+bx)/(1+cx+dx^2)$ 合理分析

4. 基于归一化处理的 $MLAI$ 的求解 全生育期的 $y=(a+bx)/(1+cx+dx^2)$ 的积分值就是相对平均叶面积指数（$MLAI_R$）值，因为全生育期的相对时间为 1，因此对公式求解积分就可得到全生育期的相对平均叶面积指数（$MLAI_R$）值。求出相对平均叶面积指数（$MLAI_R$）值乘以最大叶面积指数就可直接计算出实际平均叶面积指数值，同样将相对天数乘以全生育期天数就得到实际生育期的天数，从而可以得知任意时间的叶面积指数。在实际应用中得知全生育期天数，在开花期调查最大叶面积指数，并在关键时期调查 3～4 次叶面积值，就可计算出全生育期的平均叶面积指数及其和变化参数值，求解任意时间的叶面积指数值（图 3-9）。

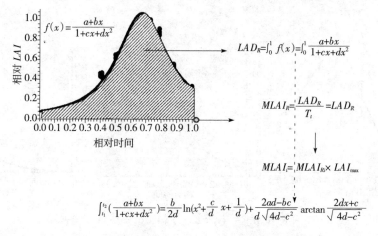

图 3-9　平均叶面积指数（MLAI）的求解方程

（三）不同作物 LAI 动态模拟效果

1. 玉米 LAI 动态定量分析　由春玉米密度处理得到的模拟模型，其相关系数都在 0.99 以上，且各模拟方程的相关系数间差异不大；尽管方程间的 a 值存在差异，但因 a 值很小，对 y 值的影响可以忽略。将不同品种及不同密度群体作为一个整体得到统一的相对 LAI 动态模型 $y=$（0.013 4+0.323 4x）／（1-2.774x+ 2.417 8x^2）（图 3-10）。将统一模型中的各参数分别与表 3-1 中的相应参数进行显著性检验，所得 t 值均小于 $t_{0.05}$，与总体参数无显著差异，说明得到的相对化 LAI 动态方程能够对不同品种及其不同群体密度进行 LAI 动态模拟。

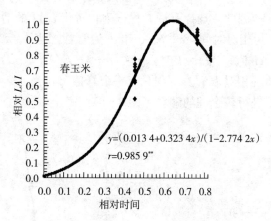

图 3-10　春玉米相对化 LAI 变化曲线

2. 水稻和冬小麦 LAI 动态定量分析　采用上述方法，分别建立了水稻和冬小麦的相对化 LAI 动态模型，其相应的模拟方程曲线如图 3-11。

图 3-11 中冬小麦冬前分蘖期至越冬期 LAI 模拟值偏离实测值。这是由于冬小麦生长过程中有一个较长的越冬期，在此期间冬小麦生长基本停止，干物质积累很少，群体叶面积指数出现不升反降的现象，致使模型对返青期以前的相对 LAI 值模拟效果较差。但从总体来看，模型的模拟效果，特别是返青后模型的模拟效果较好；而且，由于模型中越冬期间的 LAI 高出的部分与冬前 LAI 的减少基本相当，使得整个生育期内的光合势值差异不大。通常情况下，同一地区作物的生长期相对稳定，亦即归一化处理后的数值所代表的生育期天数是基本固定的，因此将任意时刻的相对时间代入模拟方程就可以求出与之相对应的相对 LAI（L_{Ri}），再进一步将相对时间转换为实际的生育期天数；将该生育时期的 LAI 测量值（L_{Mi}）与 L_{Ri} 相比即可获得该作物的模拟 LAI_{max}（L_{Xm}）。L_{Xm} 分别乘以不同

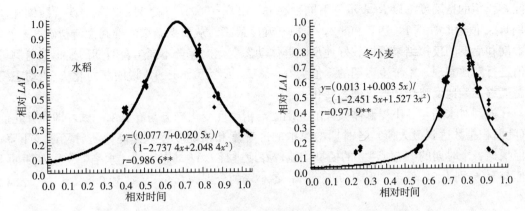

图 3-11 水稻和冬小麦相对化 *LAI* 变化曲线

生育时期的 L_{Ri} 即为相应时期的模拟 LAI（L_{Xi}）。以水稻品种连 9805（生育期 151 d）为例，拔节期（出苗后 78 d）的 L_{Mi} 为 4.76，其相对时间为 0.516 6，代入水稻相对化 LAI 动态模型得 $L_{Ri}=0.666\,1$；再由 $L_{Xm}=L_{Mi}/L_{Ri}$ 得 $L_{Xm}=7.1$；然后将 L_{Xm} 值（7.1）乘以各生育时期所对应的 L_{Ri} 即为相应时期的 L_{Xi}。

分别利用春玉米不同生育时期的 LAI 测量值进行整个生育期间的 LAI 动态模拟。将所得 LAI 模拟值（L_{Xi}）与相应生育时期的 LAI 测量值（L_{Yi}）进行比较，得到线性方程 $L_{Yi}=kL_{Xi}$，系数 k 与 1 的接近程度表明了模拟结果的准确度（图 3-12）。分析图 3-12 发现，春玉米从 7 月 16 日（小喇叭口期前后）到 9 月 12 日（吐丝后 40d 左右），根据任一时期的 L_{Mi} 所得到的 L_{Xi} 均与 L_{Yi} 值比较接近，k 值的变动范围在 0.924 4～1.050 0 之

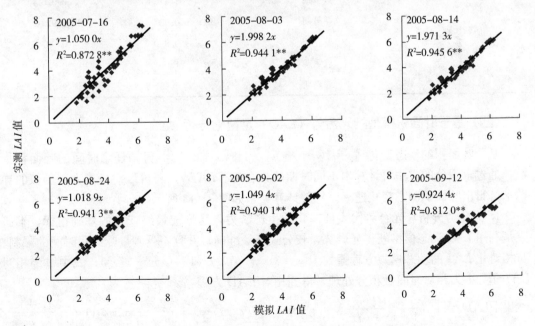

图 3-12 春玉米模拟 *LAI* 值与实测 *LAI* 值的关系

注：＊＊表示在 0.01 水平上显著。

间，模拟的精确度（以 R^2 表示，下同）在 0.812 0～0.945 6 之间；8 月 3 日（抽雄吐丝期），k 值近似等于 1，达 0.998 2，模拟准确度最高。从模拟结果的准确性与精确度来看，前期和后期的模拟结果仍能较好地反映群体动态变化。综合不同生育时期的模拟值与测量值进行对比发现，整个生育期的 k 值为 0.988 7，R^2 为 0.865 9，说明相对化 LAI 动态模型能够准确地反映作物群体动态变化。

模型对水稻与冬小麦群体模拟的准确度与精确度变化趋势与春玉米一致，即在开花前（叶面积指数达到最大值）各时期的模拟的准确度和精确度逐渐提高，随后又逐步下降；但根据各个时期的 L_{Mi} 所建立的模型均能较好地进行 LAI 动态模拟，水稻整个生育期的 k 值与 R^2 分别为 0.982 6** 和 0.990 9**；冬小麦的分别为 0.998 4** 和 0.865 4**（表 3-2）。

表 3-2　水稻、冬小麦不同时期的模拟 LAI 值与实测 LAI 值的关系

作物	生育期	k	决定系数 R^2
水稻	有效分蘖临界期	0.883 8	0.874 0**
	拔节期	1.035 7	0.927 0**
	抽穗期	1.011 4	0.963 9**
	乳熟期	0.977 4	0.954 7**
	蜡熟期	1.026 5	0.930 2**
	完熟期	0.989 8	0.902 8**
冬小麦	返青期	1.136 3	0.817 1**
	拔节期	1.116 8	0.925 4**
	孕穗期	0.937 6	0.929 1**
	开花期	0.990 9	0.927 7**
	乳熟期	1.054 8	0.934 3**
	蜡熟期	0.867 8	0.930 1**

（四）基于叶面积模型的光合势（LAD）定量化分析

基于叶面积的动态变化 $[y=(a+bx)/(1+cx+dx^2)]$ 得知任意时间的叶面积指数，通过求积分的方法可计算出不同时期的光合势（LAD），还可以对分式方程函数的导数求解得出叶面积动态变化速率。相关计算关系如图 3-13 所示。

1. 光合势分析　光合势代表群体物质生产潜力，是形成最终产量的基础指标，本研究是利用 LAI 动态模型获得光合势，较公式算法准确，并且不受测量叶面积时间的限制。对相对化 LAI 的动态模拟方程通式为 $y=(a+bx)/(1+cx+dx^2)$，式中 y 为相对 LAI 值，x 为相对时间做积分处理，得到相对 LAD 方程：

$$相对 LAD = \int_{t_1}^{t_2}\left(\frac{a+bx}{1+cx+dx^2}\right) = \frac{b}{2d}\ln\left(x^2+\frac{c}{d}x+\frac{1}{d}\right) + \frac{2ad-bc}{d}\frac{1}{\sqrt{4d-c^2}}\arctan\frac{2dx+c}{\sqrt{4d-c^2}}$$

$$平均相对 LAD = \frac{相对 LAD}{t_2-t_1}$$

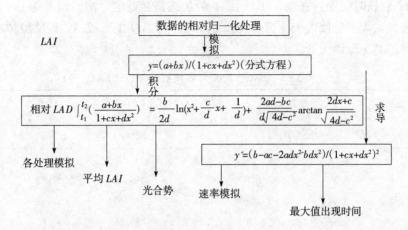

图 3-13　LAI 变化的动态模拟和求积分计算光合势和求导计算变化速率

式中 t_1 和 t_2 均为相对时间，取值范围为 $[0, 1]$。当 $t_1 = 0$、$t_2 = 1$ 时，即得到整个生育期内总的相对 LAD 和平均 LAI。平均相对 LAI 与 LAI_{max} 的乘积则为生育期间的实际平均 LAI；总相对 LAD、LAI_{max} 及生育期天数（D）三者的乘积即为实际的总 LAD。

2. 光合势阶段的划分　相对 LAD 方程的平均 LAI 决定了群体的光合潜力，以平均相对 LAI、最大相对 LAI 为划分点，根据 LAI 变化曲线（图 3-14），可以将全生育期的相对 LAD 分为 Ⅰ、Ⅱ、Ⅲ、Ⅳ区域，而这几个区域分别对应出苗—小喇叭口—大喇叭口、抽雄—蜡熟末—完熟 5 个生育阶段，再利用相对 LAD 方程得到各部分 LAD。这样划分阶段，有利于从群体光合潜力角度分析光合势的特征。

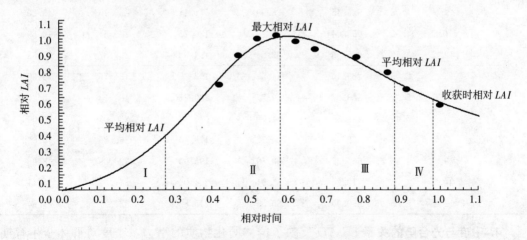

图 3-14　春玉米群体 LAD 不同区域划分

3. 各阶段群体光合势特征分析　按上述方法获得平均相对 LAI 及相对 LAD，经还原为实际平均 LAI、LAD（表 3-3）。各部分 LAD 比较可知，Ⅲ区域 LAD 值最大，LAD Ⅱ值次之，表明各群体这两区域 LAD 对物质同化起到了重要的作用，对产量形成的贡献较大，可见各群体在前后达到平均 LAI 期间的发育为生长关键期，要获得更多的同化物，

使群体 LAI 较长时间维持在大于平均 LAI 的状态是必要的方法。同一部分 LAD 随密度的增加而增大，而当密度大于 9 万株/hm² 时，群体 LAD 提高减弱，说明群体有一定的承载能力，并不是无限增大的。

表 3-3　2005、2006 年不同群体各部分 LAD

年际	品种	密度（×10⁴/ hm²）	平均 LAI	全期 LAD （×10⁴m² · d/hm²）	LAD I （×10⁴m² · d/hm²）	LAD II （×10⁴m² · d/hm²）	LAD III （×10⁴m² · d/hm²）	LAD IV （×10⁴m² · d/hm²）
2005	JD209	4.5	2.73	341.02	50.17	115.00	175.84	0.00
		6	3.39	424.03	60.12	139.82	221.93	2.15
		7.5	3.98	496.99	67.44	162.05	253.93	13.58
		9	4.58	571.90	75.46	183.68	283.86	28.89
		10.5	5.17	646.21	83.57	206.04	316.78	39.83
	ZD958	4.5	2.88	359.64	51.10	124.48	184.06	0.00
		6	3.50	437.37	59.82	145.40	232.03	0.13
		7.5	4.15	518.22	70.27	170.55	267.42	9.99
		9	4.62	577.18	77.92	188.74	288.67	21.84
		10.5	5.16	645.01	84.15	209.24	320.63	30.99
2006	JD209	3	1.81	233.57	39.06	88.67	105.84	0.00
		4.5	2.56	329.74	53.75	121.14	154.85	0.00
		6	3.15	405.86	62.42	140.41	203.02	0.00
		7.5	3.60	464.74	67.75	154.58	241.44	0.97
		9	4.08	526.45	73.99	171.11	266.16	15.20
		10.5	4.33	558.04	77.90	180.75	279.51	19.89
		12	4.69	605.36	82.84	194.03	297.87	30.62
	ZD958	3	2.09	269.16	44.63	102.77	121.76	0.00
		4.5	2.97	383.27	59.77	139.28	184.22	0.00
		6	3.48	449.34	64.79	154.04	230.51	0.00
		7.5	4.05	523.03	74.76	178.40	269.88	0.00
		9	4.53	584.37	80.59	195.90	298.89	8.98
		10.5	4.75	612.36	81.91	204.05	311.99	14.41
		12	5.05	650.99	80.35	215.83	327.17	27.64

4. 密度与光合势的关系　LAD 反映了群体同化物质的潜力，密度对群体全生育期 LAD 及其各时段区域 LAD 均有显著影响，呈直线正相关。从回归方程（表 3-4）的斜率可以看出，密度对群体 LAD 的影响程度依次为全期 LAD ＞ LAD III ＞ LAD II ＞ LAD I ＞ LAD IV，由此可见，提高密度是提高群体 LAD 的重要措施，密度对 LAD III、LAD II 两部分的影响最大，并决定着全生育期 LAD 的建成，同时影响这两部分所在生育期的物质积累。

表 3-4 群体各部分 LAD 与密度回归方程

x（密度）	y（光合势）	方程	R^2
$x_1 \sim x_7$	全期 LAD	$y=42.983x+161.54$	$0.928\,9^{**}$
$x_1 \sim x_7$	$LAD \mathrm{I}$	$y=4.603\,4x+33.163$	$0.907\,5^{**}$
$x_1 \sim x_7$	$LAD \mathrm{II}$	$y=12.415x+68.8$	$0.908\,5^{**}$
$x_1 \sim x_7$	$LAD \mathrm{III}$	$y=21.95x+78.636$	$0.899\,9^{**}$
$x_1 \sim x_7$	$LAD \mathrm{IV}$	$y=4.014\,5x-19.062$	$0.718\,4^{**}$

注：** 相关系数达 0.01 极显著水平。

利用相对化 LAI 动态模型可以进行 LAI 动态模拟，还能够对作物群体 LAD 以及平均 LAI 等重要参数进行估算。由于将作物 LAI 和生育期进行了 0～1 归一化处理，模拟模型的通式从 0 到 1 的积分即为单位土地面积总的相对光合势，亦即整个生育期的平均相对 LAI，其积分形式为：

$$相对\,LAD = \int_{t_1}^{t_2} \left(\frac{a+bx}{1+cx+dx^2} \right) = \frac{b}{2d}\ln\left(x^2+\frac{c}{d}x+\frac{1}{d}\right) + \frac{2ad-bc}{d}\frac{1}{\sqrt{4d-c^2}}\arctan\frac{2dx+c}{\sqrt{4d-c^2}}$$

$$平均相对\,LAD = \frac{相对\,LAD}{t_2-t_1}$$

总相对光合势、LAI_{max} 及生育期天数（D）三者的乘积即为实际的总光合势；相对平均 LAI 与 LAI_{max} 的乘积则为生育期间的 $MLAI$。作物生育期间任一时段的 LAD 可以通过积分求出，所得 LAD 除以持续天数即为该时段的平均 LAI。由此得到三大作物生育期间的 $MLAI$ 和总光合势（表 3-5）。

表 3-5 不同作物生育期内总光合势估算

品种	积分值	最大 LAI	平均 LAI	生育期（d）	总光合势 ($\times10^4 m^2 \cdot d/hm^2$)	产量 (kg/hm²)
玉米（郑单 958）	0.547 4	6.32	3.46	127	439.3	10 436.1
水稻（镇稻 88）	0.498 2	7.67	3.82	158	603.7	11 235.0
小麦（泰山 9818）	0.262 3	7.51	1.97	238	468.9	10 067.1

（五）叶面积动态变化速率定量化分析

基于叶面积动态模型的分式方程进行求导计算，就可以求出不同时期的叶面积变化速率。对不同密度条件下的春玉米叶面积动态变化速率分析结果表明，其变化速率呈 N 形变化趋势，拔节期和大口期为密度响应敏感期。速率最高点对应大口期；最低点对应乳熟期；速率为 0 时对应 LAI 达最大值时期，低密度群体是吐丝扬花期，高密度群体为大口期。高密度群体 LAI 增加和衰减的速率均大于低度密群体（图 3-15）。

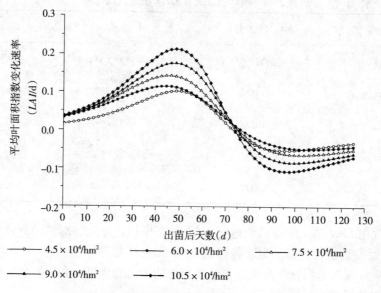

图 3 - 15　春玉米不同密度条件下 *LAI* 变化速率

二、生育期模型的建立与检验

（一）生育时期的划分

作物生育期不仅能体现出作物生长的各个阶段的动态过程，而且要求人们在不同的发育阶段中采用不同的栽培管理措施（孙成明等，2007；郑国清等，1999）。将作物的生育时期根据主要特征划分为 7 个主要时期。以冬小麦和夏玉米为例各生育时期如表 3 - 6 所示。

表 3 - 6　冬小麦和夏玉米主要生育期的划分（月/日）

作物	地点	年份	品种	三叶	拔节	开花	籽粒形成	灌浆	蜡熟	成熟
冬小麦	河北廊坊	2006	藁城 8901	11/8	4/10	5/8	5/15	5/30	6/5	6/8
			烟农 19	11/8	4/10	5/10	5/17	6/1	6/7	6/11
			轮选 987	11/8	4/10	5/12	5/20	6/4	6/11	6/15
	河南焦作	2007	豫麦 49	11/5	3/10	4/18	4/25	5/10	5/25	6/1
夏玉米	河北廊坊	2006	益农 103	7/8	7/18	8/10	8/20	9/5	9/25	10/3
			郑单 958	7/8	7/18	8/12	8/22	9/6	10/3	10/13
			登海 601	7/8	7/18	8/16	8/26	9/10	10/8	10/22
	河南焦作	2007	郑单 958	6/22	7/13	8/5	8/15	8/31	10/2	10/10
			登海 601	6/22	7/13	8/10	8/20	9/5	10/5	10/15

在作物生长模拟研究中，生育期的模拟尤为重要，它控制着作物生长模拟在不同发育阶段相应的子模型或模型参数。因此，精确预测作物生育过程动态规律，对制定相应的农

艺措施有较强的指导意义。针对生育期模型普适性限制，付雪丽、赵明等（2009）采用"归一化"方法将作物不同生育时期的天数均定为 1，则生育过程的各个关键期取值范围为 0～1，当作物的生育期天数一旦确定，作物实际生育过程的各关键期便能准确还原，为预测作物生育期过程提供新的思路与简便方法。对作物的归一化数据进行模拟 6 个高度拟合的方程如表 3-7。

表 3-7 生育时期筛选出的 6 个高度拟合的方程

模拟模型	参数				r	SD
	a	b	c	d		
$y=(ab+cx^d)/(b+x^d)$	−0.014 9	7.438 6	1.225 7	1.812 0	0.933 5	0.141 3
$y=(a+bx)/(1+cx+dx^2)$	−0.029 7	0.188 2	−0.074 1	0.016 4	0.931 2	0.143 6
$y=a+bx+cx^2+dx^3$	−0.029 2	0.197 6	0.006 9	−0.002 0	0.930 9	0.143 9
$y=a+bx+cx^2$	−0.050 6	0.253 6	−0.014 4		0.929 8	0.144 0
$y=a(b-e^{-cx})$	1.541 5	0.966 8	0.174 4		0.928 6	0.145 1
$y=a(1-e^{-bx})$	1.660 2	0.141 1			0.927 0	0.145 6

公式（2）、公式（3）和公式（4）均不能对作物的生育期过程做出合理的解释，而公式（1）、公式（5）和公式（6）中当 $x \to +\infty$ 时，$y \to 1$，成熟期的相对时间约等于 1，符合作物生育期动态规律（图 3-16）。

$$\lim_{x\to\infty}f(x)=\lim_{x\to\infty}[(ab+cx^d)/(b+x^2)]=c \quad (1)$$
$$\lim_{x\to\infty}f(x)=\lim_{x\to\infty}[(a+bx)/(1+cx+dx^2)]=0 \quad (2)$$
$$\lim_{x\to\infty}f(x)=\lim_{x\to\infty}(a+bx+cx^2+dx^3)=+\infty \quad (3)$$
$$\lim_{x\to\infty}f(x)=\lim_{x\to\infty}(a+bx+cx^2)=+\infty \quad (4)$$
$$\lim_{x\to\infty}f(x)=\lim[a(b-e^a)]=ab \quad (5)$$
$$\lim_{x\to\infty}f(x)=\lim_{x\to\infty}[(a(b-e^{-bx})]=a \quad (6)$$

图 3-16 生育期模型的筛选

所以选择 MMF 方程研究冬小麦和夏玉米的生育期动态过程，其共性方程为 $y=(-0.110\ 8x+1.225\ 7x^{1.812\ 0})/(7.438\ 6+x^{1.812\ 0})$，$r=0.933\ 5$（$P<0.01$），标准差小于 0.15，通过该方程可以计算出任意生育期的相对时间。相应的方程曲线如图 3-17 所示。

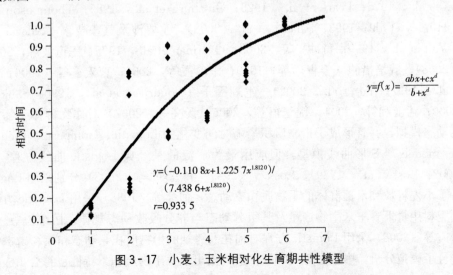

$$y=f(x)=\frac{abx+cx^d}{b+x^d}$$

$$y=(-0.110\ 8x+1.225\ 7x^{1.812\ 0})/$$
$$(7.438\ 6+x^{1.812\ 0})$$
$$r=0.933\ 5$$

图 3-17 小麦、玉米相对化生育期共性模型

（二）生育期模拟效果

见图 3-18。

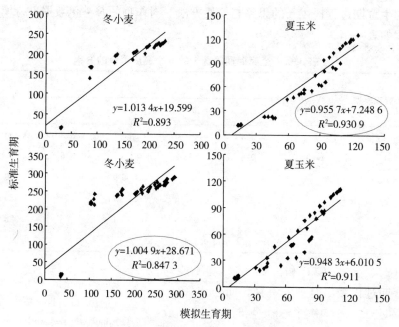

图 3-18 冬小麦和夏玉米的生育期模拟验证

（付雪丽，2009）

三、作物干物质积累定量化分析

作物群体干物质积累（DW）动态是衡量其他性状指标及农艺措施适宜与否的重要依据（朱艳等，2004）。自 1925 年以来，许多学者就对作物群体生长开始了定量化研究（Lotka et al.，1925；Pearl et al.，1925；Ginzburg et al.，1985；Thompson et al.，1992；Huxley et al.，1993；Salazar et al.，2008），主要涉及气象要素（Salazar et al.，2008；Yan et al.，1999；黄冲平等，2003；Overman et al.，1995；王道波等，2005；刘洪等，2008）、栽培措施（姜青珍等，1999；宋珍霞等，2006；曹宏鑫等，2006；Aggarwal et al.，1997；Yu et al.，2002）、生理因子（Goudriaan et al.，1990；Sankaran et al.，2000；孟亚利等，2004；倪纪恒等，2005；汤亮等，2007）对作物群体干物质积累影响的动态模拟，并且形成了干物质积累随时间变化的 Logistic、Gompertz、Richards 和 Chanter models 等 S 形曲线模型，但应用最为广泛的是经典 Logistic 曲线方程（Yu et al.，2002；Loss et al.，1989）。Loss 等（1989）和 Axel 等（2003）分别采用 Logistic 方程分析了小麦籽粒和水稻群体的干物质积累动态，何萍等（1998）采用 Logistic 方程模拟了不同肥料用量下春玉米生物产量及其组分动态与养分吸收动态规律。伍维模等（2002）和宋珍霞等（2006）采用 Logistic 方程对棉花及烤烟的干物质积累动态和氮、磷、钾养分积累进行了模拟分析，廖桂平等（2002）研究指出油菜干物质积累特性也符合 Logistic 曲线特征。但上述模型只适用于分析小麦、玉米、水稻、棉花等单一作物的干物质积累动态特征，且不同作物或同一作物不同生态环境下形成的方程参数差异较大，导致模型不能运用于多种作物的干物质积累共性特征研究。

为提高方程的广适性，"归一化"方法被应用于作物生长模拟模型分析。张旭东等（2006）对夏玉米4年不同的生育期和叶面积指数（LAI）分别归一化处理，建立了LAI与积温间的归一化模型，实现了多年的叶面积动态变化用同一方程式表达（2006）。本课题组采用对水稻、小麦及玉米最大生育期和LAI_{max}归一化的方法，建立了三大作物LAI动态共性模拟模型，实现了模型分析禾谷类作物LAI动态的普遍适用性（2007）。采用相同方法对小麦、玉米灌浆期和DW_{max}归一化处理，建立了小麦、玉米GW动态共性模拟模型（2009）。Yu等（2002）对不同生态环境下的生育期进行归一化处理，实现了多年份的干物质积累动态用同一方程式表达。

利用"归一化"方法（张宾等，2007；付雪丽等，2009），对其DW进行动态模拟，旨在建立一个能够利用任意时刻的干物重和有效生育期便能准确模拟禾谷类作物DW动态的普适模型，为适时定量监测DW的动态特征，及时采取有效的调控，实现成熟期最大干物重积累量与预测目标最为接近。冬小麦、夏玉米干物质积累均呈慢—快—慢的S形曲线变化趋势（图3-19）。冬小麦出苗至出苗后33～177d增重较慢，出苗后177～219 d快速增加，此后缓慢增加，至成熟达最大值（其中，198～206 d亦出现缓慢增加）。但生育期

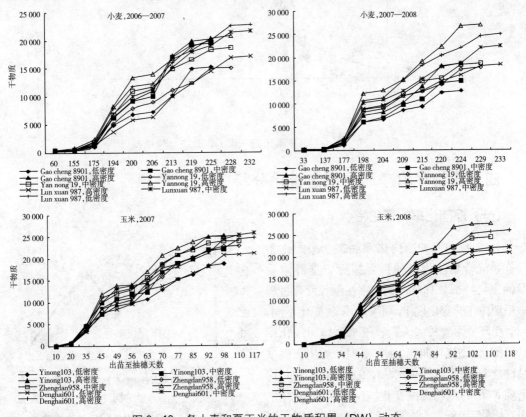

图3-19 冬小麦和夏玉米的干物质积累（DW）动态

不同的品种最大干物重（DW_{max}）和到达 DW_{max} 时间存在差异。其中，藁城 8901 在出苗后 224～225d，烟农 19 在出苗后 228～229d，轮选 987 在出苗后 232～233d 分别达到 DW_{max} 值。

夏玉米出苗后 10～35d 为 DW 缓慢增长期，之后迅速增加至籽粒蜡熟期，达到 DW_{max} 值的时间因品种存在差异，益农 103、郑单 958 和登海 601 分别在出苗后 97～98d、110d 和 117～118d 达到 DW_{max} 值。

对冬小麦 3 个品种和夏玉米 3 个品种的 DW 增重与时间进程进行归一化处理后，得到 Logistic 方程，其相关系数达 0.94 以上，标准差小于 0.05，其共性方程为 $y = 1.096\,4/(1+28.687\,8e^{-5.3919x})$，$r=0.9479$（$P<0.01$），通过该方程可以计算出两种作物生育期内任意相对时间的相对 DW 值，其相应的方程曲线如图 3-20 所示。

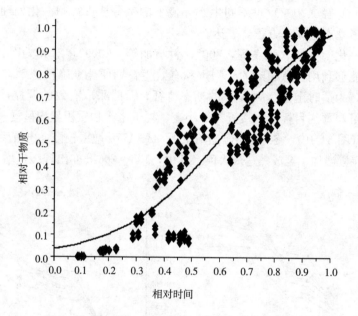

图 3-20　冬小麦、夏玉米归一化 DW 动态共性模型

四、作物平均净同化率定量化分析

（一）净同化率的变化特点

1. 生育期间的净同化率动态　净同化率是作物光合物质生产的重要指标，是群体质量的重要特征。作物净同化率在生长发育过程中呈现内在的变化规律，不同的作物变化不同，同时受环境影响较大。从春玉米群体净同化率（NAR）动态变化曲线（图 3-21）看出，供试品种整个生育过程中的 NAR 变化趋势一致，均呈现 M 形的双峰曲线变化。NAR 高峰期分别为：播种后 18d（3 叶期）到 30d（拔节期）和

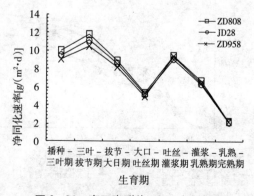

图 3-21　春玉米群体 NAR 动态变化

播种后 67d（吐丝期）到 89d（灌浆末期），且前期 *NAR* 峰值高于后期。转折点出现在播种后 55d（抽雄期）到 66d（吐丝期）。春玉米 *NAR* 在整个生育期呈双峰曲线变化（图 3-22）。

2. 基于生育动态特点的净同化率

模拟 以吐丝期为界，对 *NAR* 动态模拟模型进行筛选，吐丝前期相对化模型为：$y=a+bx+cx^2+dx^3$ $x\in[0,0.5038]$；吐丝后期为：$y=(a+bx)/(1+cx+dx^2)$ $x\in[0.5038,1]$。建立了河北中部春玉米高产群体相对化 *NAR* 模拟模型，吐丝前期模型为：$y=0.004\,9+9.386\,6x-25.442\,9x^2+17.168\,1x^3$ $r=0.998\,5^{**}$；吐丝后期为：$y=(0.023\,7+0.049\,8x)/(1-2.941\,2x+2.311\,7x^2)$

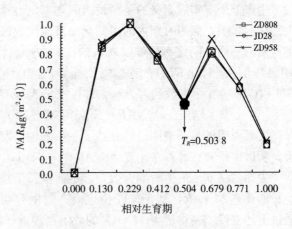

图 3-22　春玉米群体相对 *NAR* 动态变化

$r=0.994\,4^{**}$。利用上述分段模型，能够准确地对春玉米三叶期到完熟期的 *NAR* 进行动态模拟，其中，整个生育期的准确度（以 k 表示）为 0.999 5，精确度（以 R^2 表示）为 0.999 9。说明相对化 *NAR* 动态模型能够准确地反映春玉米群体动态变化。

整个生育期以吐丝期为临界点的相对化 *NAR* 动态模型方程为：

$$\begin{cases} y=0.004\,9+9.386\,6x-25.442\,9x^2+17.168\,1x^3 & x\in[0,0.503\,8] \\ y=(0.023\,7+0.049\,8x)/(1-2.941\,2x+2.311\,7x^2) & x\in[0.503\,8,1] \end{cases}$$

模拟曲线为如图 3-23 所示。

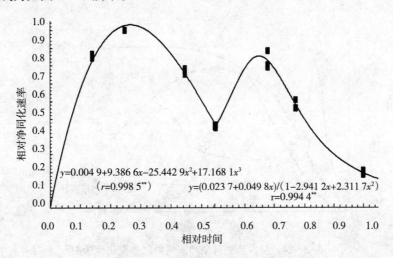

图 3-23　春玉米群体相对 *NAR* 动态变化曲线

吐丝期是两个动态模型建立的临界点，利用吐丝前 3 个品种 *NAR* 动态模型和吐丝后 3 个品种 *NAR* 动态模型临界点值分别与总体临界点值进行显著性检验，所得 t 值均大于 $t_{0.05}$，与总体临界点值无显著差异。说明吐丝前、后两个相对化 *NAR* 动态模型在临界点能够同时进行模拟。

（二）基于产量性能公式的平均净同化率的计算

生产上最有实际意义的是平均净同化率，表示在全生育期的平均状态，对作物产量产生直接的影响，而短时期内的净同化率只能代表该时期状态，特别是参与产量计算时的全生育期的平均净同化率是难以求解的值。在产量性能的公式 7 项指标中，通过动态参数 *MLAI* 通过相对化 *RLAI* 动态模型计算出实际平均叶面积，将 *MLAI*、*D*、*HI*、*EN*、*GN* 和 *GW* 等 6 个参数代入方程，即可求出 *MNAR*。

$$MNAR＝EN×GN×GW/ MLAI×D×HI$$

需要说明的是，前面已经介绍了冬小麦越冬期间生长基本停止、叶面积指数下降的现象，所以本研究在计算冬小麦 *MNAR* 时，未用其生育期总天数，而以冬小麦的有效生长期（去除越冬期后的生育期天数，即冬前生长天数与返青至成熟天数之和）代替。用有效生长期计算 *MNAR*，其 *MLAI* 值也因有效生育期与生育期天数的差异而作了相应换算。通过上述变换，使得所得 *MNAR* 的数值更接近作物群体发育的实际情况。

（三）基于干物质与叶面积动态的净同化率分析

根据群体净同化率的生物学意义，获得净同化率方程 f NAR（x）＝ fDMW（x）'/ fLAI（x）公式，即为：

f NAR（x）＝（$1＋cLx＋dLx^2$）×$aw×bw×cw×$exp（$-cwx$）/$10\,000×LAI_{max}×$（aL＋bLx）× [$1＋bw×$exp（$-cwx$）]^2

公式利用此方程对本试验各群体全生育期净同化率动态进行模拟预测。结合干物质和叶面积的动态模型，归一化动态特征如图 3 - 24 所示。

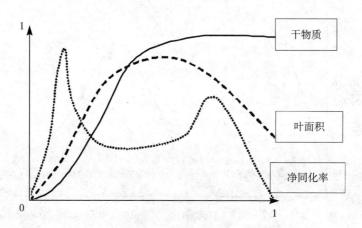

图 3 - 24　植株全生育期净同化率动态变化示意图

随出苗天数的增加，春玉米群体净同化率呈先快速增长和快速降低，再缓慢升高，再快速升高，再缓慢降低的趋势。从出苗至出苗后 30～40d，由于此期间是出苗至拔节期，群体叶面积快速增加，因此净同化率快速下降；此后至出苗 80d 左右，群体此时达到抽雄吐丝期，虽然此期群体叶面积处于快速增长期，但此期也是植株发育的营养快速生长期，因此群体此阶段的净同化率处于缓慢升高趋势；此后至苗后 100d 左右，此时到籽粒乳熟期，群体净同化率在此阶段呈缓慢升高趋势，在此生育期内群体叶面积处于减小阶段，籽粒处于快速灌浆阶段，而籽粒的发育拉动叶片的物质生产提高，因此此期群体净同化率呈快速上升阶段；而此期至籽粒成熟，群体叶面积虽仍处于缓慢下降阶段，但籽粒的灌浆速率处于下降阶段，因此群体净同化率在此期处于缓慢下降阶段。春玉米净同化率此动态趋势，表明了群体在整个生育期的物质生产能力的变化。由于在大田条件下的实际调查中，玉米出苗—拔节期和完熟期的时间较短，易错过最佳的调查时期，净同化速率出现如图3-25所示曲线。

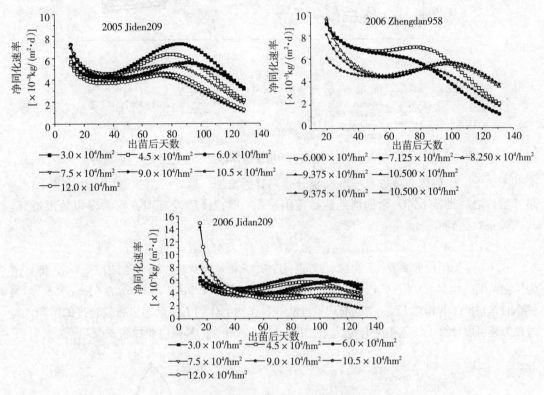

图3-25 春玉米不同群体净同化率动态

（四）穗数（EN）形成的动态特征及定量分析

小麦穗数形成过程中，一定程度上制约着穗粒数及粒重的形成。因而产量三因素中，穗数对产量的作用相对更重要些（耿丽华等，1990）。我国小麦产量从低产到超高产的提高过程是一个以穗数为基础兼顾穗粒数和粒重的不断协调平衡发展的过程。在这个过程中，穗数始终是基础（傅兆麟等，2002；杨金华等，2008；崔振岭等，2008）。玉米最大限度地缩小种植株距，从而获得最大的收获穗数实现高产，成为近年来研究的重点和热点（赵明等，2008）。穗数是群体茎数消长变化过程的最终结果，许多学者针对作物高产合理的穗数进行了大量研究，并提出相应的栽培措施。付雪丽、赵明等（2009）采用"归一化"方法，对3个冬小麦品种群体的分蘖动态及出苗至抽穗天数分别进行归一化处理，建立了一个能够利用任意时刻的群体分蘖数和有效时间便能准确模拟不同地区、不同品种EN动态的普适模型。

冬小麦不同密度群体分蘖动态随生育期天数呈单峰曲线变化，且高密度群体总茎数较

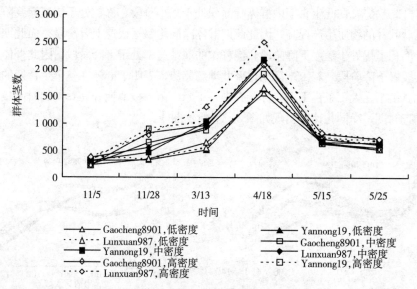

图 3-26　冬小麦不同密度群体穗数动态变化

高（图 3-26）。群体总茎数自三叶期至分蘖期有所增加；返青后迅速增加，至拔节中期达高峰值，之后迅速下降，至抽穗期达稳定值。EN 模拟模型以有理方程的模拟效果最好，其相关系数达到 0.945 5[**]：

$$y= （0.094 5-0.080 4x） / （1-2.287 2x+1.345 2x^2）$$

式中，y 为相对 EN 值；x 为相对时间；a、b、c 和 d 为常数。当 $x=0$ 时，$y=a$，即 a 值为作物苗期的相对 EN 值；当 $x=1$ 时，$y= （a+b） / （1+c+d）$，$（a+b） / （1+c+d）$ 即为成熟时作物群体的相对 EN。说明有理方程能够对作物群体的 EN 动态进行较合理的解释，通过该方程可以计算出任意相对生育时间的相对 EN，其相应的模拟曲线如图 3-27

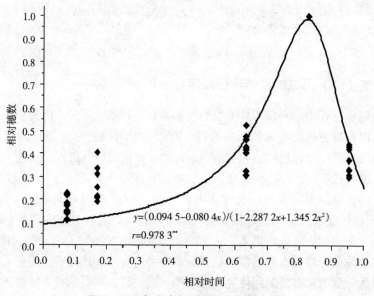

图 3-27　冬小麦相对化 EN 变化曲线

（五）粒重（*GW*）动态特征及其定量分析

灌浆是作物最终决定粒重与产量的重要生育阶段，因此研究作物籽粒的灌浆规律具有重要意义（时晓伟等，2005；张亚洁等，2005）。许多学者研究表明，籽粒干重随开花后天数变化均呈慢—快—慢的 S 形曲线规律（郑洪建等，2001；刘克礼等，2003；李绍长等，2003；王嘉宇等，2007）。付雪丽、赵明等（2009）采用"归一化"方法，建立了一个能够利用最大粒重和灌浆期便能准确模拟禾谷类作物 *GW* 动态的普适模型，为预测 *GW* 形成关键期，及时采取有效的调控，进一步提高粒重潜力提供依据。

冬小麦、夏玉米籽粒灌浆均呈慢—快—慢的 S 形曲线变化趋势（图 3-28），但不同作物或同一作物不同灌浆持续期品种的最大粒重（GW_{max}）和到达 GW_{max} 时间存在差异。冬小麦籽粒开花至花后 7～10d 增重较慢，花后 10～25d 快速增加，此后缓慢增加，至成熟达最大值。其中，藁城 8901 在花后 27～29d、烟农 19 在花后 28～31d、轮选 987 在花后 31～33d 分别达到 GW_{max} 值。

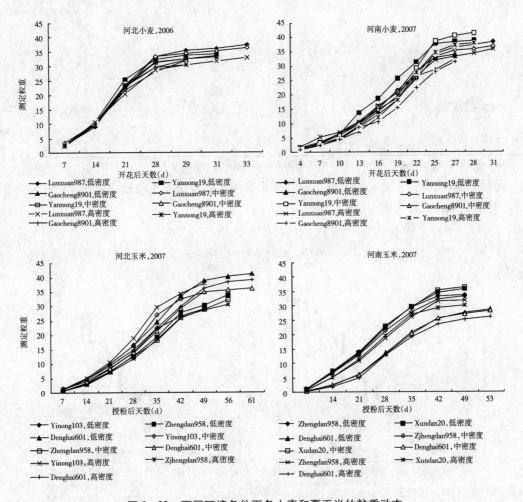

图 3-28　不同环境条件下冬小麦和夏玉米的粒重动态

夏玉米授粉后 10～15d 为 GW 缓慢增长期；达到 GW_{max} 值的时间因地区和品种存在差异，其中，在焦作点，郑单 958 和浚单 20 均在授粉后 49d 左右达最大值，登海 601 在授粉后 53 d 左右达最大值，而在廊坊点，益农 103、郑单 958 和登海 601 分别在授粉后 49d、56d 和 61d 左右达到 GW_{max} 值。

对冬小麦 3 个品种和夏玉米 4 个品种的籽粒增重与时间进程进行归一化处理后，得到多项式、有理方程和 Logistic 方程 3 个拟合方程（表 3-8），其相关系数均达 0.99 以上，标准差小于 0.05。

表 3-8 冬小麦、夏玉米两作物的相对化 GW 共性模型

模型参数	$y=a+bx+cx^2+dx^3$	$y=(a+bx)/(1+cx+dx^2)$	$y=a/(1+be^{-cx})$
A	0.000 058	−0.014 0	1.062 4
B	0.111 4	0.335 0	52.865 3
C	0.618	−1.711 4	6.760 9
D	2.584 7	1.035 0	
E	−2.318 9		
相关系数 r	0.991 8**	0.991 7**	0.991 6**
标准差 SD	0.048 9	0.049 1	0.049 4

注：模型中 x 为相对时间，y 为相对 GW。** 表示相关系数达极显著水平。

为筛选具有生物学意义、能够正确反映作物灌浆过程中粒重动态变化规律的相对化模型，对 3 组拟合方程求极限值：

$$\lim_{x \to \infty} f(x) = \lim_{x \to \infty} [(a+bx)/(1+cx+dx^2)] = 0 \qquad (1)$$

$$\lim_{x \to \infty} f(x) = \lim_{x \to \infty} (a+bx+cx^2+dx^3) = \infty \qquad (2)$$

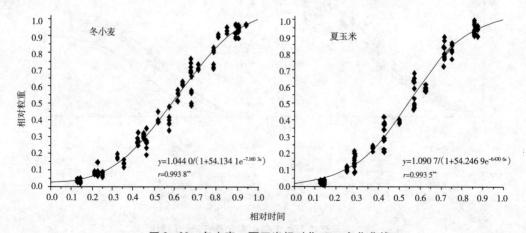

图 3-29 冬小麦、夏玉米相对化 GW 变化曲线

$$\lim_{x\to\infty}f(x)=\lim_{x\to\infty}\left[a+(1+be^{-cx})\right]=a \tag{3}$$

公式（1）和公式（2）均不能对作物的灌浆过程 GW 的变化做出合理的解释，而公式（3）中当 $x\to+\infty$ 时，$y\to a$，a 值即为成熟时的最大粒重相对值，约等于 1，符合作物粒重动态变化规律，故选用 Logistic 方程研究冬小麦、夏玉米的灌浆过程，其相应的方程曲线如图 3-29 所示。其共性方程为 $y=1.062\ 4/(1+52.865\ 3e^{-6.7609x})$，$r=0.991\ 6$（$P<0.01$），通过该方程可以计算出两种作物任意相对灌浆时间的相对 GW 值。分别建立了冬小麦和夏玉米相对化 GW 动态模型（图 3-29）。结果表明，其模拟方程的相关系数也均在 0.99 以上。比较 2 个模拟方程的关键参数值可知，a 值为最大粒重相对值，差别很小；b、c 值差异亦不显著。

五、作物产量性能各主要参数模型

对作物产量性能公式的 7 个参数的动态变化莫测进行模拟，不同的参数动态变化符合不同的模型（表 3-9）。这些模型均有较好的模拟效果，但不同作物、不同品种、不同的栽培技术不改变模型的形式，但改变模型中的参数。

表 3-9　作物产量性能各主要参数模型

产量性能	动态特征	作　物	精确程度
$MLAI$	$y=(a+bx)/(1+cx+dx^2)$	玉米、小麦、水稻	$r>0.97$
D	$y=abx+cxd/b+xd$	玉米、小麦	
$MNAR$	$MNAR=EN\times GN\times GW/MLAI\times D\times HI$	玉米、小麦、水稻	$r>0.95$
HI			
EN	$Y=axebx$	玉米、小麦	$r>0.95$
GN	$Y=ax^2+bx+c$	玉米、小麦	$r>0.90$
GW	$y=a/(1+be-cx)$	玉米、小麦	$r>0.98$

任一时间点的 LAI 模拟数据可作为判断作物群体发展合理与否以及作物群体性能优劣的理论依据。对产量性能各参数值分析认为，提高水稻叶片 $MNAR$，改善群体的物质生产能力，可能是产量进一步提升的关键；适当增加 $MLAI$ 值或促进干物质向穗部的分配可能会增加冬小麦产量；春玉米籽粒产量的提高主要伴随着 $MLAI$ 和 EN 的增加，其产量的提高实质上是 $MCGR$ 的提高增加了单位面积上的 TGN。

六、作物产量性能优化理论与技术体系建立

图 3-30 是作物产量性能优化理论与技术体系示意图。

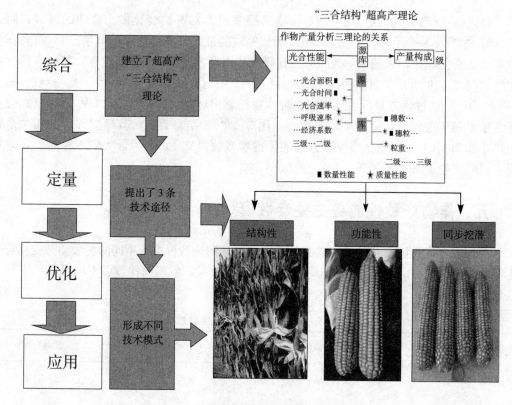

图 3-30 作物产量性能优化理论与技术体系

第四章

作物产量性能优化与环境

作物生长与气象条件密切相关，其产量的高低主要受光照时间、辐射强度、温度（平均气温、气温日较差）、降水量等气象因子的影响。作物产量与气象关系的研究一直是作物高产稳产研究的重点，众多学者进行了大量光热资源与产量关系以及产量形成与生态条件的关系研究（Loomis，1963；竺可桢，1964；齐志，1977；邓根云，1980；于沪宁，1982；张邦琨，1998 张荣铣，1994；关义新，1994；陆卫平，1997），使人们初步认识了气象因素的规律性，在生产实践中的地块选择、季节调整、方法改变等技术措施的运用中起到了重要的指导作用。

第一节 作物产量潜力与高产水平分析

一、我国粮食主产区的气候特点及分布

（一）我国粮食主产区的气候特点

我国粮食主要集中分布在东北、华北、长江中下游地区以及西南山区，大致形成一个从东北向西南的斜长形地带。在这一地带内包括黑龙江、吉林、辽宁、内蒙古、河北、山东、河南、山西、陕西、四川、贵州、广西和云南 13 个省（自治区）。我国粮食主产区根据各地的自然条件、栽培制度等，可以划分为以下五个粮食主产区：

1. 东北平原区 本区大部分位于北纬 40°以北，包括黑龙江、吉林、辽宁全省以及内蒙古东北部。本区属中温带湿润或半湿润气候，无霜期短，冬季温度低，夏季平均气温在 20℃以上，全年平均降水量在 500mm 以上，且降水量的 60％集中在夏季，可以满足玉米抽雄灌浆期对水分的要求，但春季蒸发量大，容易形成春旱。本区的主要粮食作物是玉米和水稻，玉米栽培制度基本上为春播一年一熟制。玉米和水稻生育期间雨水充沛，温度适宜，日光充足，构成了本区玉米和水稻高产的气候基础。

2. 黄淮平原区 本区位于淮河—秦岭以北，包括河南、山东全部，河北中南部，陕西中部，山西南部，江苏、安徽北部。本区属暖温带半湿润气候。除个别高山地区外，每年 4～10 月的日平均气温都在 15℃以上，全年降水量 500～600mm。多数地区日照 2 000h 以上。本区玉米栽培制度主要有两种方式：一是一年两熟制（冬小麦—夏玉米），在山东、河南、河北南部和陕西中部地区多采用之；二是两年三熟制

（春玉米—冬小麦—夏玉米），在北京、河北保定附近，由于气温较低，冬小麦播种期早，多采用之。

3. 西南山地丘陵区 本区东界从湖北襄阳向西南到宜昌，入湖南省常德南下至邵阳，经贵州到云南，北以甘肃白龙江向东至秦岭与黄淮平原区相接，西以青藏高原为界。本区包括四川、云南、贵州全省，湖北、湖南西部，陕西南部，甘肃一小部分。本区属亚热带湿润气候，各地因受地形地势的影响，气候变化较为复杂。除个别高山外，4～10月日平均气温均在15℃以上。全年降水量1 000mm左右，多集中在4～10月份，雨量分布比较均匀，有利于作物生长。

本区栽培制度因受地理环境的影响，主要有3种栽培方式：①高山地区以一熟春玉米为主。②丘陵地区以两年五熟春玉米或一年两熟夏玉米为主。③平原地区以一年三熟秋玉米为主。

其中，两年五熟制、一年两熟制是本区的主要栽培方式。

4. 长江中下游平原区 本区北与黄淮平原春、夏播玉米区相连，西接西南山地丘陵玉米区，东南界为东海、南海，包括广东、广西、浙江、福建、台湾、江西等省、自治区，江苏、安徽两省的南部，湖北、湖南两省的东部。本区属亚热带、热带湿润气候。其气候特点是气温高，霜雪少，生长期长。一般3～10月的平均气温20℃左右，年降水量多，一般均在1 000 mm以上，有的地方达到1 700mm左右。本区为我国水稻主要产区，玉米栽培面积不大，约占全国玉米总播种面积的5％左右。本区玉米栽培制度过去以一年二熟制为主，改制后在部分地区推广秋玉米，此外广西等地种植双季玉米，广东湛江一带种冬玉米。

5. 西北内陆区 本区东以乌鞘岭为界，包括甘肃河西走廊和新疆全部。玉米播种面积约占全国玉米总播种面积的3％。本区属大陆性气候，气候干燥，全年降水量在200mm以下，甚至有的地方全年无雨。北疆及甘肃河西走廊温度较低，但4～10月的平均气温均超过15℃；南疆和吐鲁番盆地温度较高，4～10月的平均气温多在20℃以上。日照充足，生长期短。

（二）我国粮食主产区的气候生态因子分布

1. 我国粮食主产区的温度分布 气温是作物生长的必要条件。温度直接影响作物的生产分布和产量，并通过影响作物的发育速度而影响全生育期的长短及各发育期出现的早晚，而发育期出现的季节不同，又会遇到不同的综合条件，产生不同的影响和后果。温度还影响光、水资源的利用与作物生产的安排及病虫害的发生发展。

农业上常用的界限温度有重要意义。日平均气温稳定通过0℃时，在春季，土壤开始解冻，草木萌动；在秋季，土壤开始冻结，越冬作物停止生长，≥0℃的积温可以反映供作物利用的总的热量状况，其持续日数可代表广义的可能生长期或生长季。5℃时，春小麦已出苗，牧草返青，绿色生长季开始；在秋季树木落叶，停止生长，引黄灌区冬灌，山区冬小麦进入抗寒锻炼期。10℃时，在春季，冬小麦和早春作物进入旺盛生长期；在秋季，喜凉作物光合作用显著减弱，喜温作物停止生长。15℃时，喜温作物进入生长旺盛季节；在秋季，影响喜温作物灌浆成熟。20℃是喜温作物光合作用最适温度的下限，20℃以上的持续时间长，有利于喜温作物抽穗、扬花、灌浆。

我国是世界上季风气候最典型最显著的地区之一。和世界同纬度的其他地区相比，我国冬季气温偏低，是世界上同纬度最冷的地方，而夏季气温又偏高，是世界上同纬度除沙漠地带以外最热的地方，气温年较差大，降水集中于夏季，这些都是大陆性气候的特征。除了青藏高原以外，我国大部分地区的年平均气温大致由南向北递减，等温线与纬线大致平行分布（图4-1）。青藏高原由于海拔高，空气稀薄，气温很低，在高原内部出现0℃闭合等值线，另外内蒙古东北部和黑龙江西北部由于纬度高，年平均温度也低于0℃。长城、天山以北的大部分地区年平均气温低于10℃，华北平原中北部、晋南和关中等地大致在10～14℃，黄淮南部以及长江中下游地区大致在14～18℃，云南南部、两广大部、台湾和闽南一带在18～22℃，华南沿海以及海南年均温在22℃以上，是我国最温暖的地方。我国季风气候显著的特征，为农业生产提供了有利条件，因夏季气温高，热量条件优越，这使许多对热量条件需求较高的农作物在中国种植范围的纬度远比世界上其他同纬度国家偏高，例如水稻可在北纬52°的黑龙江省呼玛县种植，是世界上水稻种植的北界。

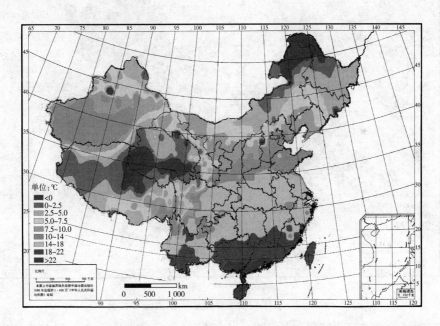

图4-1 我国粮食主产区的温度分布状况

2. 我国粮食主产区降水量的分布 降水量的多少与所处纬度、海陆位置、地形和盛行风向有重要关系。我国位于亚欧大陆东部太平洋西岸，季风气候显著，雨热同期，十分利于作物的生长发育。由于我国地域广大，地形复杂多样，夏季风并不能深入西北，也难以翻越青藏高原，所以我国降水量由东南沿海向西北内陆递减，大兴安岭—阴山—贺兰山—巴颜喀拉山以西北的降水量都低于400mm，有些地区甚至低于50mm，其中南疆的托可逊年降水量仅5.9mm，是我国降水量最少的地方，所以形成了许多沙漠。青藏高原的大部分地区不仅降水量少而且气温低，植物难以生长，在高原的西部和北部有许多荒无人烟的不毛之地。我国降水量最多的地方是台湾东部的火烧寮，年降水量最多达8 409mm，这里处于迎风坡，由于地形抬升作用，暖湿的海风中水汽大量凝结形成丰沛的降水。

降水量空间上分布不均深刻地影响了我国的自然环境，使得我国的粮食主产区集中在400mm降水量线以东南的湿润半湿润地区，在此线以西北由于天然降水已不能满足旱作农业的发展，只有在有河流经过或地下水出露的地方才有灌溉农业，主要发展畜牧业，有大片戈壁和沙漠等难以利用的土地。我国的内蒙古西部、宁夏、甘肃、青海、新疆和西藏的大部分地区降水量都在400mm以下；东北大部分地区降水量都在400mm以上，在辽吉两省的东部可达到800mm以上；长城以南，秦岭—淮河以北大部分地区降水量在400～800mm；云南北部、四川盆地和江淮地区降水量在800～1 200mm；长江中下游及其以南大都在1 200mm以上（图4-2）。

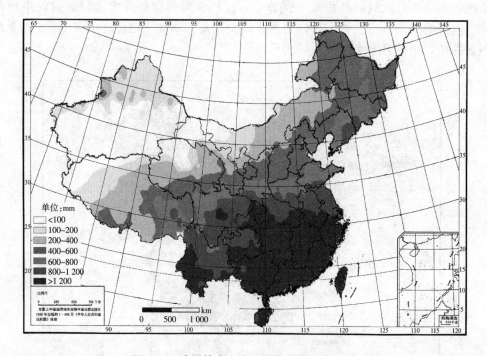

图4-2　我国粮食主产区的降水量分布状况

3. 我国粮食主产区太阳辐射的分布　太阳辐射主要受日地距离、所在地纬度、云量等影响。全球年总辐射大致在2 510～9 210MJ/（m²·年），基本上呈带状分布，只是在热带低纬度地区受到破坏。赤道地区因为云雨较多，年总辐射量大为降低。南北半球的副热带地区，特别是在大陆上的副热带沙漠地区，因为云量最少，总辐射最大，最大值出现在非洲东北部，其数值达9 210 MJ/（m²·年）。我国各地太阳辐射年总量大致在3 350～8 370MJ/（m²·年），最大值出现在青藏高原西南部，高达8 370MJ/（m²·年），最小值出现在四川盆地西南部和贵州北部，仅为3 350～3 768MJ/（m²·年）（图4-3）。

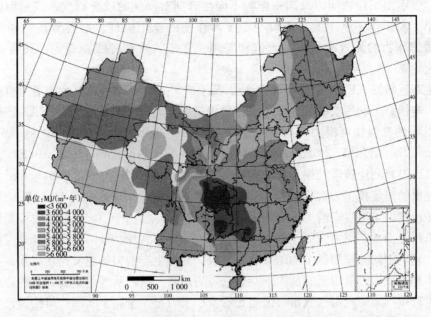

图 4-3　我国粮食主产区的太阳辐射分布状况

二、作物产量生产潜力分析

作物生产潜力主要包括光合生产潜力、光温生产潜力。光合生产潜力指气温、水分、土壤肥力和农业技术措施等因素处在最适宜的条件下，由太阳辐射所确定的作物产量；光温生产潜力指当水分、土壤肥力和农业技术措施等因素处在最适宜的条件下，由太阳光能和气温所确定的作物产量，它是人们经过努力可能实现的作物产量。

（一）作物生产潜力的估算方法

目前光合生产潜力和光温生产潜力的模型比较多，本研究所采用的光合生产潜力模型以及光温生产潜力有其自身的一些特点。在模型中引入了叶面积指数（LAI），其主要解决了两个问题，即区别对待不同作物和不同生育期，同时叶面积指数把土地利用的光热资源和作物利用的光热资源区分开来，使得计算结果相对比较精确。以往研究中相对叶面积系数的取值均采用生育期平均值，例如张宾（2007）借鉴了肖厚军（2004）对超高产作物相对叶面积指数的结论，三大作物取值分别为玉米 0.58，水稻 0.63，小麦 0.61。在本文中利用本实验室所建立的相对叶面积指数动态变化方程。两种方法在计算光合生产潜力上几乎没有差异，在对哈尔滨光合生产潜力计算中，前者比后者高 21.2kg/hm²，而光温生产潜力前者比后者低 3 193.2kg/hm²。可见光温校正模型目前广泛应用的有很多种（陈明荣，1984；于沪宁，1982；Ccellho，1980），主要为分段模型和非线性模型。这些模型没有将作物生育期结合起来，导致模拟值出现偏差。在本文中利用了龙斯玉（1980）提出的温度效能系数方程，"温度三基点"把不同作物以及同一作物不同生育期的品种特性区分开来，并表示出了作物间以及同一作物不同生育期对温度的敏感程度。该模型计算起来相对简单，易操作，基本上可以说明温度对作物的作用机理。本模型在一些参数的取值尚未考虑作物的无效吸收率、光饱和限制、量子效率和呼吸损耗等，还有待进一步细化研究。

与生态区域法（FAZ 模型）、黄秉维以及于沪宁—赵丰收的光温生产潜力模型计算结果相比，本研究所利用模型的计算结果相对偏高。李奇峰（2005）利用 FAZ 模型计算东北地区玉米的光温生产潜力，其中黑龙江为 25 260kg/hm²、吉林 26 790kg/hm² 和辽宁 24 195kg/hm²，哈尔滨 42 056.6kg/hm²、桦甸 38 439.7kg/hm² 与海城 49 658.5kg/hm²；李克煌（1981）利用黄秉维模型计算河南郑州年光合生产潜力为 51 660kg/hm²，并结合他本人提出的温度校正公式得到的年光温生产潜力 34 327.5kg/hm²，该计算结果比本研究单季冬小麦的光温生产潜力还要低；梁佳勇（2004）根据于沪宁—赵丰收模型计算得到的云南宾州光温生产潜力为 27 420kg/hm²，低于本研究中的 65 172.6kg/hm²。从以上分析看出，利用不同的模型得出的结果并不一致。光温生产潜力的意义是在降水、土壤以及栽培技术都不成为限制因子的前提下所能获得的最高产量，从理论上说，这种理想的生态条件在生产中不能完全得到满足，因而光温生产潜力是一个高于实际产量的理论产量。尽管本文利用的模型得出的光合生产潜力以及光温生产潜力的值都远远高于其他模型，但在本研究中发现，吉林桦甸的春玉米已经实现了生育期内光温生产潜力的 90.89%，福建尤溪再生稻的再生季实现了生育期内光温生产潜力的 97.59%。这就说明本研究利用模型的计算结果与实际情况相比仍然偏低，但与其他模型相比，利用该模型计算的结果相对比较理想。本研究利用统一模型对全国所有高产点的光合以及光温生产潜力进行分析，并制订了超高产理论指标，可以对全国各省之间的产量水平以及增产潜力进行横向比较，确定今后农业发展重点省份以及作物发展的优先顺序，为国家粮食安全提供理论支持。根据搜集到的气象资料，选择侯光良、李继由介绍的计算公式（1993）进行计算。

1. 作物光合生产潜力（radiation production potential，*RPP*） 计算公式如下：

$$RPP = f(Q) = \sum Q \times \varepsilon \times \sigma \times (1-\rho) \times (1-\gamma) \times \varphi \times (1-\omega) \times$$
$$(1-X)^{-1} \times H^{-1} \qquad\qquad (4-1)$$

式中：$\sum Q$——作物生育期内单位面积上所投的太阳辐射量（J/m²）；

ε——光合有效辐射系数，取 0.49；

σ——光合器官对光合有效辐射的吸收率，$\sigma = 1 - (\alpha + \beta)$，整个生育期作物群体吸收率可以写出随叶面积增长的线性函数，$\sigma = [1 - (\alpha + \beta)] \times (L_i/L_{max})$，其中，$\alpha$ 为反射率，β 为漏射率，L_i 为某一时段的叶面积指数，L_{max} 为最大叶面积指数，整个生育期内，$\alpha = 0.10$，$\beta = 0.07$，$\sigma = 0.83 \times (L_i/L_{max})$；

ρ——非光合器官的无效吸收率，取 0.10；

γ——光饱和限制率，自然条件下忽略不计；

φ——量子效率，取 0.224；

ω——呼吸耗损率，取 0.30；

X——有机物中含水率，取 0.14；

H——每形成 1kg 干物质所需的热量，取 1.78×10^7（J/kg）。

将各参数值代入上述公式，得到 $RPP = 3.75 \times 10^{-5} \times \sum Q \times (L_i/L_{max})$（kg/hm²）。

$\sum Q$ 值根据翁笃鸣（1964）给出的总辐射计算公式 $\sum Q = Q_0 \times (a+b+S_1)$ 计算如下：

华北地区 $\qquad Q_0 \times (0.105+0.708 S_1)$

华中地区 $\qquad Q_0 \times (0.205+0.475 S_1)$

华南地区 $\qquad Q_0 \times (0.130+0.625 S_1)$

西北地区 $\qquad Q_0 \times (0.344+0.390 S_1)$

其中，a、b 为区域参数；Q_0 为天文辐射（亦称大气上界辐射），可根据各地的分月天文辐射量数值通过查表获得（FAO，1979；唐华俊，1997）；S_1 为日照百分率，即实际日照时数与最大日照时数的比值，最大日照时数可查表获得（FAO，1979；唐华俊，1997）；LAI_i/LAI_{max} 为相对叶面积指数，LAI_{max} 为最大面积指数，LAI_i 为某一时段的叶面积指数，该参数可用相对叶面积指数方程表示。

根据张宾（2007）的研究结论，三大作物相对叶面积指数动态变化模型分别为：

春玉米 $\quad y = (0.013\,4+0.323\,4x) / (1-2.774\,2x+2.417\,8x^2)$

夏玉米 $\quad y = (-0.052\,8+0.617\,8x) / (1-2.784\,0x+2.714\,0x^2)$

冬小麦 $\quad y = (0.013\,1+0.003\,5x) / (1-2.451\,5x+1.527\,3x^2)$

水　稻 $\quad y = (0.077\,7+0.020\,5x) / (1-2.737\,44x+2.048\,4x^2)$

在计算的过程中，将相对生育天数与最大生长天数相乘得到实际生长天数，相对叶面积不变，即可得到作物实际生长的相对叶面积指数。

2. 作物光温生产潜力（thermal production potential，TPP） 可通过对 RPP 进行温度订正得到：

$$TPP = RPP \times f(t) = 3.749\,25 \times 10^{-5} \times \sum Q \times (L_i/L_{max}) \times f(t)$$

$$(4-2)$$

$f(t)$ 为温度订正函数（t 为平均气温）。温度订正函数的线性订正函数（陶毓汾，1993）为：

喜凉作物 $f(t)$ $\begin{cases} 0 & T \leqslant 3℃ \\ (T-3)/17 & 3<T<20℃ \\ 1 & T \geqslant 20℃ \end{cases}$

喜温作物 $f(t)$ $\begin{cases} 0 & T \leqslant 3℃ \\ (T-10)/15 & 10<T<25℃ \\ 1 & T \geqslant 25℃ \end{cases}$

经济产量 $Y_{RPP} = RPP \times HI = 3.749\,25 \times 10^{-5} \times \sum Q \times (L_i/L_{max}) \times HI$

经济产量 $Y_{TPP} = RPP \times f(t) \times HI = 3.749\,25 \times 10^{-5} \times \sum Q \times (L_i/L_{max}) \times f(t) \times HI$

根据当前高产作物的干物质积累、分配特点，本研究中 HI 的取值分别为玉米 0.5、冬小麦 0.48、水稻 0.51、再生稻 0.60。

（二）不同作物的生产潜力分析

1. 我国粮食主产区的生产潜力分析　　根据光合生产潜力和光温生产潜力计算公式，分别计算得到不同高产地区作物生育期的光合生产潜力（*RPP*）、光温生产潜力（*TPP*）。我国高产区的作物光合生产潜力、光温生产潜力及高产纪录见表4-1。由于光合生产潜力是在假设温度、水分和土壤条件完全适宜的情况下按照作物对太阳辐射的利用率计算出来的，因此它的分布趋势和我国太阳辐射的分布趋势是一致的，太阳辐射资源丰富的地方光合生产潜力也高，光能资源少的地方光合生产潜力也低。从图4-4看我国作物的光合生产潜力还是很高的，只要水热条件满足，增产的潜力还是巨大的。最高值出现在青藏高原上，是由于这里海拔高，空气稀薄，水汽含量少加上日照充足，所以太阳辐射强。位于高原东部的四川盆地则是我国光合潜力最低的地方，这里水汽充沛，阴雨日多，大气透明度差，日照时数少，所以太阳辐射很低，导致光合生产潜力低。当然光合生产潜力毕竟只是一种潜力，要想达到这个潜力还需要付出很多努力。现实中的青藏高原是我国人口密度最低的地区之一，很重要的一个原因就是这里高寒缺氧，降水也不多，不适合农业发展。四川盆地尽管光合生产潜力不高，但是由于降水和气温比较适宜，适宜农耕和人类生存，故有"天府之国"的称号。

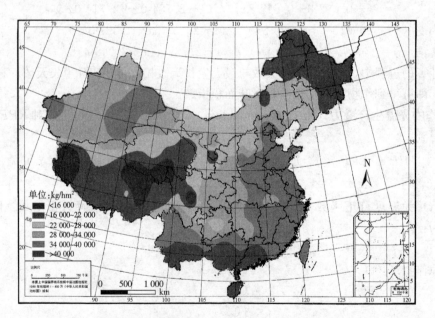

图4-4　我国粮食主产区的光合生产潜力分布

　　光温生产潜力则是一个地区在假设降水和土壤条件完全适宜的情况下单纯由太阳辐射和温度决定的作物产量，是灌溉农业的产量上限。它主要取决于太阳辐射的多寡和温度的高低以及二者的配合情况。太阳辐射的多少直接决定了一个地区光合生产潜力的高低，但是光合生产潜力高的地方，光温生产潜力未必也高。例如青藏高原地区由于地高天寒，很多地方作物根本无法正常生长，使得光合潜力无法发挥，因此反倒成了全国光温生产潜力最低的地方，与之相反，四川盆地的光温生产潜力则较高。四川盆地气候温暖湿润，一年四季都有作物生长，使得太阳辐射的利用率远高于青藏高原地区。我国的华南沿海全年的光温生产潜力最高，也主要得益于这里气温高，是我国热量条件最好的地方，农作物全年都可以生长，水稻一年可以熟三次，不像东北地区一年只能熟一次，因此可以使本来不是太丰富的太阳辐射得到充分的利用（图4-5）。

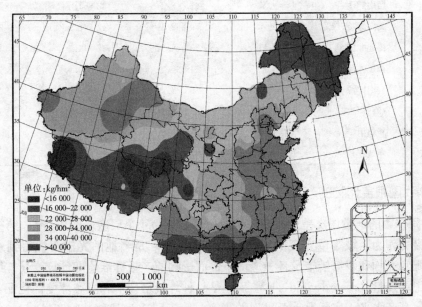

图4-5　我国粮食主产区的光温生产潜力分布

表4-1　全国高产区的作物光合生产潜力、光温生产潜力及高产纪录

地　　区	作物类型	光合生产潜力 （kg/hm²）	光温生产潜力 （kg/hm²）	高产纪录 （kg/hm²）
一熟区　黑龙江哈尔滨	玉米	57 953.7	42 056.6	13 905.0
吉林桦甸	玉米	57 502.8	38 439.7	17 468.3
辽宁海城	玉米	60 256.9	49 658.5	13 264.5
二熟区　山东莱州	小麦	80 610.4	38 815.4	10 539.0
山东莱州	玉米	52 630.9	46 173.1	21 042.9
河南新乡	小麦	65 306.3	40 517.3	9 498.0
河南新乡	玉米	35 375.2	33 361.0	14 574.0
河北吴桥	小麦	72 026.7	38 578.9	9 793.5
河北吴桥	玉米	36 023.8	33 545.6	11 604.8
三熟区　江苏连云港	冬小麦	66 525.3	31 012.1	9 930.0
江苏连云港	水稻	60 795.2	54 149.8	12 975.0
湖北武穴	早稻	46 282.8	33 433.9	10 192.5
湖北武穴	晚稻	43 349.1	41 695.4	9 993.0
浙江江山	早稻	47 291.3	38 645.3	11 017.5

（续）

地　　区	作物类型	光合生产潜力 （kg/hm²）	光温生产潜力 （kg/hm²）	高产纪录 （kg/hm²）
三熟区　浙江江山	晚稻	57 232.9	54 348.0	10 656.0
湖南醴陵	春玉米	41 812.3	33 667.4	9 411.0
湖南醴陵	水稻	49 265.4	47 640.3	9 342.0
福建尤溪	头季稻	53 648.2	47 344.7	14 334.0
福建尤溪	再生稻	14 926.2	14 640.6	8 572.5
特殊生态区　云南涛源	水稻	75 025.4	65 172.6	18 750.0
青海香日德	春小麦	77 952.7	43 697.9	15 195.8
新疆伊宁	春玉米	68 693.8	53 907.8	16 124.7
西藏江孜	冬小麦	15 4702.5	38 876.3	12 547.5

（三）我国粮食作物的产量性能层次差及当量值分析

1. 不同作物的产量层次差分析　作物产量可划分为 4 个层次（图 4-6）：第一个层次光温产量潜力作为区域难以实现的最高标准，这一标准是当地的光温资源得到充分的利用，不因肥水品种和栽培措施及各种逆境条件而影响的产量标准，即计算产量；第二个层次是高产纪录产量（record yield，RY），这是品种与栽培技术和生态环境优化配合下实现有纪录的最高产水平，实际上是可出现的高产；第三层次为品种试验产量（experimental area yield，EAY）或试验产量，品种试验产量是在不进行特意的肥水和栽培技术管理下，良种在一定试验田获得的产量；第四层次为现实产量（farm yield，FY），即当前农民大田的平均产量水平。

由产量的 4 个层次可以得出 3 个产量增加的潜力：①区域试验产量与现实产量之间的差距，即产量差Ⅰ；②高产纪录产量与现实产量之间的差距，即产量差Ⅰ＋Ⅱ；③光温理论产量与现实产量之间的差距，即产量差Ⅰ＋Ⅱ＋Ⅲ。

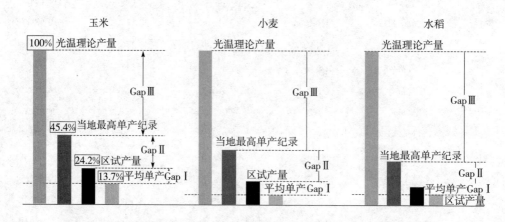

图 4-6　不同作物的产量层次差异分析

2. 不同作物的生产潜力当量值　为了解各地作物对当地光温资源的利用情况，以作物单位面积生物量占光合生产潜力的百分率、生物量占光温生产潜力以及生物量占气候生产潜力的百分率来研究当地的生产状况。为便于叙述，研究中将生物量占光合生产潜力的百分率称为光合生产潜力当量（radiation production potential equivalence，RPPE），将生物量占光温生产潜力的百分率称为光温生产潜力当量（thermal production potential e-quivalence，TPPE）。RPPE 反映了物质生产量与光照条件的关系，TPPE 反映了物质生产量与光照及温度条件的关系。

由表 4-2 可以看出不同熟区以及同一熟区内的光热资源及光热资源分配规律不同。在春玉米一熟区，尽管哈尔滨、桦甸以及海城三地的纬度逐渐降低，但光合生产潜力相当；三地中桦甸的光温生产潜力最低，但却以桦甸的 RPPE 和 TPPE（60.76%、90.89%）最高，其次为哈尔滨（47.99%、66.13%），海城（44.03%、53.42%）最低，说明桦甸光热资源虽相对较少，但其利用率却最高；海城的光热资源利用率还有待提高。TPP 与 RPP 的比值（TPP/RPP）可反映温度对作物产量的影响程度，该值较低表明温度是当地的主要限制因子，因为没有具体的数值作为衡量限制因素的标准，我们只有在同一熟区内进行横向比较。从表 4-2 中看出，海城的 TPP/RPP 最大，依次为哈尔滨和桦甸，说明桦甸地区作物生物产量受限于当地温度条件，温度是该区春玉米生产的一个主要限制性因素，但因桦甸地区虽然光热资源搭配相对比较低，但却获得亩产超过 1 000kg 的产量，说明该地区栽培技术水平较高，使春玉米得以良好地生长，从而获得较高的产量。哈尔滨和桦甸地区虽然相对光热资源条件较好，但生产技术水平还需要进一步提高。RY/TPP 可反映当前作物高产纪录与光温生产潜力的关系，在春玉米一熟区，当前高产纪录约占光温生产潜力的 26.71%～45.44%，其中吉林桦甸地区为 45.44，约占光温生产潜力的 50%。

表 4-2　不同作物的生产潜力当量值比较

	地　区	作物类型	RPPE	TPPE	TPP/RPP	RY/TPP
一熟区	黑龙江哈尔滨	玉米	0.479 9	0.661 3	0.725 7	0.330 6
	吉林桦甸	玉米	0.607 6	0.908 9	0.668 5	0.454 4
	辽宁海城	玉米	0.440 3	0.534 2	0.824 1	0.267 1
二熟区	山东莱州	小麦	0.272 4	0.565 7	0.481 5	0.271 5
	山东莱州	玉米	0.750 6	0.855 6	0.877 3	0.455 7
	河南新乡	小麦	0.303 0	0.488 4	0.620 4	0.234 4
	河南新乡	玉米	0.824 0	0.873 7	0.943 1	0.436 9
	河北吴桥	小麦	0.316 2	0.590 4	0.535 6	0.253 9
	河北吴桥	玉米	0.596 6	0.640 6	0.931 2	0.345 9
三熟区	江苏连云港	冬小麦	0.311 0	0.667 1	0.466 2	0.320 2
	江苏连云港	水稻	0.410 4	0.469 8	0.890 7	0.239 6
	湖北武穴	早稻	0.407 6	0.564 5	0.722 4	0.304 9
	湖北武穴	晚稻	0.435 0	0.452 2	0.961 9	0.239 7
	浙江江山	早稻	0.456 8	0.559 0	0.817 2	0.285 1
	浙江江山	晚稻	0.365 1	0.384 5	0.949 6	0.196 1

（续）

地　区		作物类型	RPPE	TPPE	*TPP/RPP*	*RY/TPP*
三熟区	湖南醴陵	春玉米	0.441 3	0.548 1	0.805 2	0.279 5
	湖南醴陵	水稻	0.379 3	0.392 2	0.967 0	0.196 1
	福建尤溪	头季稻	0.523 9	0.593 6	0.882 5	0.302 8
	福建尤溪	再生稻	0.957 2	0.975 9	0.980 9	0.585 5
特殊生态区	云南涛源	水稻	0.490 0	0.564 1	0.868 7	0.287 7
	青海香日德	春小麦	0.406 1	0.724 5	0.560 6	0.347 7
	新疆伊宁	春玉米	0.469 5	0.598 2	0.784 8	0.299 1
	西藏江孜	冬小麦	0.169 0	0.672 4	0.251 3	0.322 8

在冬小麦—夏玉米二熟区，各高产地区间的光热资源也各不相同，周年光合（光温）生产潜力大小依次是莱州、新乡和吴桥。不同地区在冬小麦和夏玉米间的资源配置上存在差异：莱州冬小麦光热资源小于夏玉米，新乡和吴桥冬小麦资源则大于夏玉米，总体上夏玉米的资源利用率要大于冬小麦。冬小麦季以吴桥的 RPPE 和 TPPE 最高，分别为 31.62% 与 59.04%，RPPE 以莱州最低（27.24），TPPE 以新乡最低（48.74）；夏玉米以新乡的 RPPE（82.4%）和 TPPE（87.37%）最高，吴桥最低，分别为 59.66% 和 64.06%。莱州冬小麦 *TPP/RPP* 仅为 48.15%，吴桥为 53.56%，新乡最高为 62.04%，但莱州的冬小麦产量最高，说明温度是产量的主要限制因子，但因其栽培技术水平较高仍获得较高的冬小麦产量。夏玉米的 *TPP/RPP* 均在 90% 左右，说明夏玉米生长季温度不是产量的主要限制性因素，而日照时数在产量形成中显得更为重要。在冬小麦—夏玉米二熟区，冬小麦的当前高产纪录约占光温生产潜力的 23.44%～25.39%，夏玉米占 34.59%～45.57%。

三熟区种植作物类型不同，其光热资源分配及利用规律亦不相同。武穴与江山的光热资源均以早稻省长季低于晚稻生长季，且江山的光热资源要高于武穴；但从资源利用率来看，各双季稻高产区均以早稻生长季高于晚稻生长季，晚稻光热资源利用率偏低，尤其是浙江江山市，晚稻的 TPPE 不到 40%，但晚稻的 TPP/RPP 在 95% 左右，这表明，晚稻生长季内除受日照时数影响外，还有其他限制因素制约产量的提高；但较低的 TPPE 同时也说明双季稻高产区晚稻产量提高仍有较大的余地。

江苏连云港的冬小麦—水稻种植模式中，冬小麦的光热资源低于二熟区资源量，水稻则高于武穴、长沙生产区。冬小麦的 RPPE 相对较低，但 TPPE 却高于二熟区；水稻的 TPPE（46.98%）则高于江山、武穴以及长沙。说明该地区光热水等生态资源配置较好且其栽培技术水平较高。

湖南醴陵春玉米—晚稻种植区中，春玉米的光热资源低于东北春玉米种植区，晚稻的光热资源高于武穴，低于江山。与东北单季玉米相比较，醴陵的 RPPE（44.13%）以及 TPPE（54.81%）与海城相近，但低于哈尔滨与桦甸；晚稻生长季的 RPPE（37.93%）以及 TPPE（39.22%）略高于浙江江山，但低于武穴。虽然醴陵晚稻光热资源比武穴高，但产量却低于武穴，这说明醴陵的栽培技术还需进一步完善，以获得更高的产量。

尤溪再生稻头季 RPPE 达到 52.39%，TPPE 达到 59.36%，与三熟区早季光热资源利用率相当；再生季的 RPPE 和 TPPE 均在 95% 以上，分别为达到 95.72% 和 97.59%，说明主攻头季稻，进一步深入研究头季稻高产措施是该地区再生稻研究的重点。再生季较高的光温生产潜力说明其光温资源配合较好，这与其再生季的气候特点及再生稻的生长特点有很大关系。

对云南涛源、青海香日德、新疆伊宁、西藏江孜等高产地区的光热资源及作物对资源的利用效率进行分析，这些地区光热资源丰富，有利于高产的形成；但是从各地区作物的 RPPE 和 TPPE 数值来看，其资源利用效率并不比作物主产区高。说明特殊高产区仍有增产的可能，但该地区的栽培技术不宜直接为其他高产地区借鉴、推广，而应进一步研究这些地区高产形成过程中作物与生态作用的内在机制，为高产技术调控提供理论依据。

3. 我国高产区作物超高产指标的制订 因气候资源除光照、温度外，降水量及其季节分配、土壤生态环境也有很大差异，所以综合考虑全国各高产区的超高产纪录，并结合品种、农业投入和技术等因素以及今后主要粮食作物发展趋势，笔者制订了各超高产区的理论产量指标，具体见表 4-3。表中 *RPP* 以及 *TPP* 是根据各超高产地区 20 年（1988—2007）的气象资料计算出来的平均值。根据超高产产量以及表 4-1 中的资料，将各地超高产指标定为其生长季 *RPP* 的百分率或其 *TPP* 的百分率，理论产量指标取上述两者较小的。

表 4-3 全国各高产区生长季内的 *RPP*、*TPP* 以及理论产量

	地 区	作物类型	光合生产潜力	百分率	光温生产潜力	百分率	理论产量
一熟区	黑龙江哈尔滨	玉米	52	15 154.6	77	15 063.2	15 063.2
	吉林桦甸	玉米	65	17 468.3	91	15 106.6	15 106.6
	辽宁海城	玉米	49	15 156.2	62	15 225.4	15 156.2
二熟区	山东莱州	小麦	29	11 201.5	60	10 580.5	10 580.5
		玉米	72	19 950.1	84	19 951.2	19 950.1
	河南新乡	小麦	30	9 855.2	55	9 867.1	9 855.2
		玉米	66	14 824.0	74	14 775.0	14 775.0
	河北吴桥	小麦	32	11 466.2	59	10 690.1	10 690.1
		玉米	60	12 477.9	64	12 397.9	12 397.9
三熟区	江苏连云港	小麦	32	10 174.7	69	9 967.7	9 967.7
		水稻	41	13 293.8	47	12 994.5	12 994.5
	湖北武穴	早稻	49	10 337.1	60	10 272.2	10 272.2
		晚稻	43	10 356.7	46	10 449.8	10 356.7
	浙江江山	早稻	58	12 119.8	67	11 133.1	11 133.1
		晚稻	42	11 326.8	45	11 188.9	11 188.9
	湖南长沙	玉米	50	9 781.4	67	9 743.9	9 743.9
		水稻	43	10 760.5	46	10 874.1	10 760.5
	福建尤溪	头季稻	52	15 236.7	60	14 973.5	14 973.5
		再生稻	77	9 637.4	80	9 516.8	9 516.8

（续）

地 区		作物类型	光合生产潜力	百分率	光温生产潜力	百分率	理论产量
特殊生态区	云南涛源	水稻	52	20 747.9	58	20 555.7	20 555.7
	新疆伊宁	春玉米	48	16 343.0	65	16 285.4	16 285.4
	青海都兰	春小麦	43	15 339.1	79	15 308.7	15 308.7
	西藏江孜	冬小麦	18	13 426.5	70	13 432.7	13 426.5

在东北一熟区，桦甸地区以最低的 RPP 以及 TPP 创造了亩产超过 1 000kg，这说明栽培技术在实现高产的过程中发挥了重要的作用，由此认为哈尔滨和海城在具有较高的 RPP 以及 TPP 的前提下，培创适合当地春玉米生产的栽培技术，亩产应该能够突破 1 000kg，因此初步将哈尔滨春玉米超高产指标定为其生长季 RPP 的 52%（取 HI 为 0.50）或其 TPP 的 77%，理论产量取其中较小的为15 063.2kg/hm²；将海城春玉米超高产指标定为其生长季 RPP 的 49% 或其 TPP 的 62%，理论产量取其中较小的为15 156.2 kg/hm²。

在黄淮海二熟区，莱州、新乡以及吴桥在冬小麦季的 TPP 接近，新乡和吴桥冬小麦产量低于莱州，因此新乡和吴桥在冬小麦生产方面还有进一步增长的潜力，初步将三个地区的理论产量设定为莱州 10 580.5kg/hm²、新乡 9 855.2kg/hm² 以及吴桥 10 690.1kg/hm²。在夏玉米生长季，莱州的光合以及光温资源远远高于新乡以及吴桥，新乡略高于吴桥，在现有产量的基础上初步将莱州的理论产量定为其生长季 RPP 的 72%，19 950.1 kg/hm²。实际生产中，莱州在 2005 年夏玉米已经获得了 21 042.9kg/hm² 的产量，但由于其面积小 （733.7m²），且边行效应严重而使该产量在超高产栽培中实现的可能性比较小，但说明该地区的夏玉米还具有进一步增加的潜力。将新乡生长季 TPP 的 75%，14 775kg/hm² 定为超高产指标；吴桥生长季 TPP 的 64%，12 397.9kg/hm² 定为超高产指标。三地区周年理论产量：莱州 30 530.6kg/hm²、新乡 24 630.2kg/hm²、吴桥 23 088.1kg/hm²，这与目前这些地区的光热资源高低情况相吻合。吴桥在"十一五"粮丰工程项目中承担节水省肥技术研究，因此实现 23 088.1kg/hm² 的理论产量还有一定的难度。

在长江流域三熟区，种植作物种类相对较多。连云港种植作物为冬小麦与水稻，在冬小麦季 RPP 与新乡、吴桥接近，但 TPP 却远远低于这两个地区，就目前产量 9 930kg/hm² 来说，产量进一步增加的难度相对较大，因此将其生长季 TPP 的 69%，9 967.7kg/hm² 作为该地区冬小麦的理论产量。

武穴、江山为早稻、晚稻高产区。就早稻生长季来说，武穴的光热资源要好于江山，RPP 与 TPP 均高于后者，分别将武穴生长季的 60%TPP、江山 67%TPP 作为超高产指标，理论产量分别为 10 272.2kg/hm²、11 133.1kg/hm²。晚稻生长季光热资源与早稻正好相反，江山的光热资源要高于武穴，根据现有的产量水平以及 RPP 和 TPP，晚稻的理论产量分别为武穴 10 356.6kg/hm²（43.5%RPP）；江山 11 188.9kg/hm²（45%TPP）。江山周年光热资源大于武穴，前者周年产量也大于后者。

醴陵地区两季作物分别为春玉米与晚稻，这在长江流域的种植方式来说是一种创新。

春玉米生长季的 RPP 与 TPP 远远低于单季春玉米和夏玉米，就其目前 9 411.0kg/hm² 的产量来说，相对充分发挥了当地光热资源的生产潜力，因此将其理论产量制订为生长季 TPP 的 67%，9 743.9kg/hm²。其晚稻生长季光热资源略高于武穴，但仍低于江山地区。与武穴光热资源相比，醴陵在现有光热资源的基础上，适当改进栽培技术，其晚稻产量还会有进一步的提高，将其高产指标定为生长季 RPP 的 43%，10 760.5kg/hm²。周年理论产量为 20 504.3kg/hm²，该产量略高于"十一五"粮食丰产工程规定的超高产指标2 025 kg/hm²。

尤溪的头季稻和再生稻对于现在作物种植技术来说，无需重新育秧，利用头季稻桩上的潜伏腋芽发苗成穗，实质上是头季生产的延续。我国在再生稻研究方面目前也取得了突破性进展。目前头季稻产量为 14 334kg/hm²，根据获得超高产的 2007 年统计，其 RPP 为 53 648.2kg/hm²，TPP 为 47 344.7kg/hm²，光热资源低于 20 年平均 RPP、TPP，因此认为头季稻的产量有进一步增加的潜力，笔者将生长季 TPP 的 60% 作为超高产理论指标，其产量为 14 973.5kg/hm²。2007 年再生季资源 RPP 以及 TPP 远远低于 20 年平均光热资源量，但其高产产量实现了 RPP 的 95.72% 以及 TPP 的 97.59%，说明其光热资源利用相当充分。根据上述描述将再生季 TPP 的 80%，9 516.8kg/hm² 作为再生稻的超高产理论指标。

在我国特殊生态区云南涛源存在一种现象，该地种植的水稻品种亩产均能突破1 000 kg，但只要离开这个环境，就很难达到高产。云南涛源的地理位置造就了其特殊的气候类型，高产年 2007 年的 RPP、TPP 分别为 75 025.4kg/hm² 与 65 172.6kg/hm²，低于 20 年平均 RPP（78 994.52kg/hm²）、TPP（69 491.79kg/hm²）水平，因此综合考虑目前产量以及栽培技术水平，将超高产指标定为 TPP 的 58%，20 555.7kg/hm²。同时该地区水稻高产的重演性比较大，说明这个地方的气候资源特点值得进一步深入研究。

在特殊生态区伊宁、香日德和江孜这三个曾经出现过超高产的地区，伊宁与香日德高产年出现 RPP 与 TPP 均大于 20 年的平均 RPP 与 TPP，而江孜则大于平均 RPP 与 TPP，根据以上信息将伊宁、香日德与江孜超高产指标定为 16 285.4kg/hm²、15 308.7 kg/hm² 和 13 432.7kg/hm²，香日德的春小麦与江孜的冬小麦亩产目前在全国仍然没有地区可以超越。

4. 不同时期高产区产量开发潜力　明确不同产量层次的差异程度并缩小该差异是作物高产的主要任务。将当地光温产量潜力（TPP）设为第一层次，目前出现的高产纪录（record yield，RY）为第二层次，品种区试产量（EAY）或相对高产试验田产量为第三层次，而实际产量（FY）相当于的第四层次。对三大作物主产区的分析表明（表 4-4），将当地 20 年平均光温生产潜力设定为 100%，高产纪录相当于 TPP 的 37.11% ～ 97.00%，品种区试产量相当于 TPP 的 29.86% ～ 68.30%，实际产量相当于 TPP 的 17.91% ～ 36.79%，不同层次间产量差距很大，大田作物可实现产量仍相当低，说明作物增产的潜力非常大。与区试产量相比，近期潜力开发程度可提高 6.71% ～ 27.92%；与高产纪录相比，中期潜力开发程度可提高 5.01% ～ 35.96%。

从近期开发潜力看，单季玉米平均增产潜力为 25.9%，黑龙江哈尔滨、吉林桦甸、

表 4-4 三大作物产量的生产潜力开发程度

地 区		作物类型	SK_1（%）	SK_2（%）	SK_3（%）	SK_3-SK_2（%）	SK_3-SK_1（%）
玉米	黑龙江哈尔滨	单季玉米	66.1	49.9	23.7	26.3	42.5
	吉林桦甸	单季玉米	90.9	64.0	36.8	27.2	54.1
	辽宁海城	单季玉米	53.4	46.3	24.1	22.2	29.3
	新疆伊宁	单季玉米	59.8	54.7	26.8	27.9	33.0
		平均值	67.6	53.7	27.8	25.9	39.7
	山东莱州	夏玉米	85.6	49.6	27.7	21.9	57.9
	河南新乡	夏玉米	87.4	56.6	33.6	23.0	53.8
	河北吴桥	夏玉米	64.1	53.9	26.6	27.4	37.5
		平均值	79.0	53.4	29.3	24.1	49.7
	湖南长沙	春玉米	54.8	49.8	39.4	10.4	15.4
		总平均值	70.3	53.1	29.8	23.3	40.4
小麦	山东莱州	冬小麦	54.3	42.0	29.0	13.0	25.3
	河南新乡	冬小麦	46.9	38.8	27.8	11.0	19.1
	河北吴桥	冬小麦	59.0	35.6	28.6	7.0	30.4
	江苏连云港	冬小麦	64.0	50.3	30.4	19.9	33.6
	西藏江孜	冬小麦	64.6	44.0	32.9	11.1	31.7
		平均值	57.8	42.1	29.7	12.4	28.0
	青海诺木洪	春小麦	67.0	30.4	18.2	12.0	51.6
	青海香日德	春小麦	69.5	29.9	17.9	12.2	48.8
		平均值	68.3	30.1	18.1	12.1	50.2
		总平均值	60.8	38.7	26.4	12.3	34.4
水稻	湖北武穴	早稻	56.5	40.0	31.1	8.9	25.4
	浙江江山	早稻	54.8	41.1	27.7	13.3	27.1
		平均值	55.6	40.5	29.4	11.1	26.2
	江苏连云港	晚稻	46.1	35.2	28.5	6.7	17.6
	湖北武穴	晚稻	45.2	40.3	26.3	13.9	18.9
	浙江江山	晚稻	37.7	33.1	22.2	10.9	15.5
	湖南长沙	晚稻	39.2	34.0	21.5	12.6	17.8
		平均值	42.1	35.6	24.6	11.0	17.4
	云南涛源	单季稻	55.3	38.6	17.7	20.9	37.6
	福建尤溪	头季稻	58.2	38.5	21.7	16.8	36.5
	福建尤溪	再生稻	97.6	68.3	44.4	23.9	53.2
		总平均值	54.5	41.0	26.8	14.2	27.7

辽宁海城以及新疆伊宁的增产潜力接近，最低为辽宁海城 22.2%，最高为吉林桦甸 27.2%；夏玉米平均增产潜力为 24.1%，山东莱州最低为 21.9%，河北吴桥最高为 27.4%；与单季玉米以及夏玉米相比，湖南醴陵春玉米的增产潜力最小，仅为 10.4%，说明湖南当地农业生产水平相对较高，春玉米增产潜力不大。冬小麦平均增产潜力为 12.4%，其中河北吴桥增产潜力仅为 7%，而江苏连云港还有 19.9% 的增产潜力；青海春玉米平均增产潜力为 12.1%，这样全国冬小麦平均增产潜力为 12.3%。水稻平均增产潜力为 14.2%。其中早稻增产潜力在 10% 左右，晚稻增产潜力为 11%，江苏连云港增产潜力仅为 6.7%；云南涛源由于具备特殊类型的生态条件，具备 20.9% 的增产潜力；再生稻头季有 16.8% 和再生季 23.9% 的增产潜力，可见再生稻的增产潜力非常大，尤其应充分发展再生季水稻的潜力。各种作物的中期发展潜力变化规律与近期比较相近，增产潜力更为可观，其中春玉米全国平均增产 39.7%，夏玉米平均增产 49.7%；冬小麦平均增产分别为 28%；早稻与晚稻增产潜力为 26.2% 和 17.4%，福建再生稻的头季与再生季增产潜力分别为 36.5% 和 53.2%；云南特殊生态区增产潜力为 37.6%。目前从整体上来说，光热资源利用最高的作物依次为玉米、小麦、水稻，其中夏玉米的资源利用率大于春玉米，早稻大于晚稻，再生稻的利用率最高。从全年增产潜力看，增产潜力最大的地区为福建尤溪，依次为山东莱州、河南新乡、河北吴桥、吉林桦甸、江苏连云港、湖北武穴、浙江江山、黑龙江哈尔滨、云南涛源、湖南长沙，辽宁海城增产潜力最低。从总体上考虑，无论近期还是中期，我国三大作物的增产潜力还是非常大的，只要各区增加科技和物资的投入，提高管理水平，作物产量是可以大幅度提高的。在投资的过程中应按照再生稻、玉米、小麦、水稻的顺序进行考虑。

SK_1 为超高产值与 TPP 值的百分率，SK_2 为品种区试产值与 TPP 值的百分率，SK_3 为大田平均产量与 TPP 值的百分率；SK_3—SK_2 表示近期光温生产潜力开发程度，SK_3—SK_1 为中期光温生产潜力开发程度。

5. 气候变化对粮食生产的影响　气候变化是指气候平均值和气候离差值随时间出现统计意义上的显著，如图 4-7、图 4-8 所示。全球气候变化是人们在 21 世纪初要面临的最主要的环境问题之一（Alexandrov V. A. et al, 2000），全球气候背景下中国的生态因素也发生了重大变化。气候变化以温度上升为主要特征，而温度上升会直接影响作物的生长发育，从而影响粮食产量。在过去的 100 年全球平均温度上升了 0.74℃，中国的平均温度上升了 0.79℃，略高于全球平均增

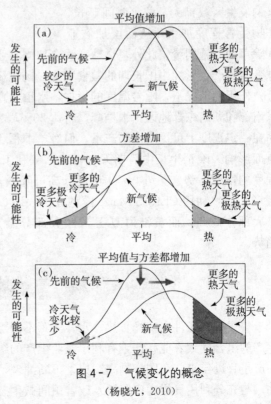

图 4-7　气候变化的概念

（杨晓光，2010）

温幅度；而海平面在最近的 50 年里以 3.1mm/年的速度在上升，气候变化问题成为学术界研究的热点。

报告预测，今后 20～50 年间，我国农业生产将受到气候变化的严重冲击。按照目前的趋势，全国平均温度升高 2.5～3.0℃，将导致我国三大主要粮食作物（水稻、小麦和玉米）产量持续下降。报告预测，加上农业用水减少和耕地面积下降等因素，2050 年我国粮食总生产水平将比目前下降 14%～23%。由于气候变暖和降水增多，西北高海拔半干旱区小麦产量显著增加。南方近 50 年中降水增多，洪涝、连阴雨天气以及高温热害频次增加，不利于水稻等农作物的生产。同时全球变暖会对农作物品质产生影响，如大豆、冬小麦和玉米等。全球变暖，气温升高还会导致农业病、虫、草害的发生区域扩大，危害时间延长，作物受害程度加重，从而增加农药

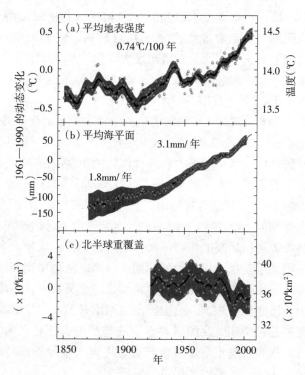

图 4 - 8　全球气候变化的趋势

和除草剂的施用量。此外，全球变暖会加剧农业水资源的不稳定性与供需矛盾。总之，全球变暖将严重影响中国长期的粮食安全。杨沈斌等（2010）研究表明，在不考虑大气 CO_2 肥效作用的情况下，随着温度的增加，水稻生育期缩短，产量下降。在安徽中南部、湖北东南部和湖南东部地区，水稻减产将达 20% 以上。随着大气 CO_2 浓度升高，CO_2 的肥效作用在一定程度上可提高水稻产量，但对单季稻和双季早稻增产的贡献不足以抵消升温的负面影响。晚稻生长中后期天气转凉，有利于大气 CO_2 肥效发挥作用，使晚稻呈现不同程度的增产态势。另外，CO_2 浓度升高可降低未来气候情景下产量的年际变率。崔巧娟等（2005）利用 CERES-Maize 模型分析表明，气候变化会导致东北春玉米区的玉米产量大部分减产，而黄淮海夏玉米区大部分增产，玉米生育期天数主要呈现出缩短的趋势。

第二节　作物产量性能优化与生态环境

气候生态条件中的光、热、水、气等不同组合，对农业生产的影响不同。不利于农业生产的组合导致农业减产，有利于农业生产的组合使农业增产，最佳组合会使作物有更高的产量。近年来，全国作物高产典型不断涌现，除与品种更替和栽培措施优化等因素有关外，与充分利用气候生态资源及改善田间微生态环境也有直接的关系。因此，探明生态因

素与作物生长发育及高产的关系，研究气候生态因素与作物生长发育、产量形成的定量关系，明确提高作物单产存在的主要限制生态因素，利用"三合结构"理论模式指导作物高产、超高产栽培，开发和利用气候资源，为挖掘作物生产潜力提供科学依据。本书主要以玉米为例。

一、产量性能的温度调节效应

玉米属喜温短日照作物，对温度条件要求严格，在生长发育过程中需要相对较高的温度，但温度过高会对玉米的光合产物积累和产量形成造成不良影响。温度通过影响作物生育期，从而影响光有效辐射截获率和生长发育。郑卡妮等（2008）、郑伟等（2007）、何永坤等（2005）研究表明，玉米播种期要求日平均气温稳定高于8℃，10～12℃发芽正常，幼苗期要求日平均气温低于18℃，以利于蹲苗，后期要求适当高温，抽穗开花时期适宜温度为25～28℃，气温低于18℃或高于38℃不开花，气温在32～35℃，花粉粒1～2h即丧失生活力。籽粒成熟期日平均气温高于25℃或低于16℃，均影响酶活动，不利于养分的积累和运转。马树庆等（2008）研究指出，平均气温上升1℃，玉米出苗期提前3d左右，出苗至抽雄期间缩短6d左右，抽雄至成熟期间缩短4d左右，全生育期缩短9d左右，出苗速度和出苗以后的生长发育速度提升17%左右。玉米生长发育与温度关系密切，温度的变化直接影响玉米的生长发育及生育进程。

玉米作为短日照作物，随着播期的推迟，光照时间缩短，生育进程加快，阶段发育时间上影响较大的是苗期，穗期和花粒期也有影响但相对较小，穗分化受温度影响较大，温度高穗期短，温度低穗期长。灌浆期间的最适日平均温度为22～24℃，生育后期温度低于16℃即不再灌浆，不能正常成熟。肖荷霞等（2001）研究表明，夏播玉米穗粒数和粒重决定期中日平均气温是对产量影响最大的气候因子，灌浆期平均气温与粒重呈负线性关系，气温日较差与粒重呈正线性关系。张石宝等（2001）研究表明，在水肥适当的情况下，有效积温是影响玉米产量的主要因子。≥10℃的积温对玉米干物质生产的影响，在花丝期前后表现相反。花丝期前积温与该时期的干物质呈正相关，而花丝期后两者呈负相关。灌浆期籽粒重占总增重的比例与各季玉米灌浆期≥10℃的积温正相关，这是因为前期积温高，出苗速度快，叶面积增长快，截获的太阳光多，并加快了光合作用强度，生产的光合产物也就多，如春玉米。而后期高温促进叶片衰老，叶面积指数下降快，且使灌浆期缩短，光合产物的生产量减少。

从图4-9可以看出，产量性能方程构成指标对平均温度的响应符合一元二次方程 $y=ax^2+bx+c$ 或者线性关系 $y=ax+b$。其中，随着平均温度的增加，平均叶面积指数和平均净同化率呈先增加后减少的二次型曲线变化趋势，在平均温度为26℃时，平均叶面积指数和平均净同化率最大。平均温度与生育天数、千粒重、籽粒产量呈显著负相关，由于平均温度的增加，玉米生育期天数逐渐降低，这导致了玉米对有效积温需求也相应地降低，千粒重和籽粒产量也相应下降。平均温度与收获指数、单位面积收获穗数、单穗穗粒数不相关。结果表明，平均温度主要通过影响平均叶面积指数、平均净同化率和生育天数，从而影响玉米千粒重，最终影响玉米的籽粒产量。

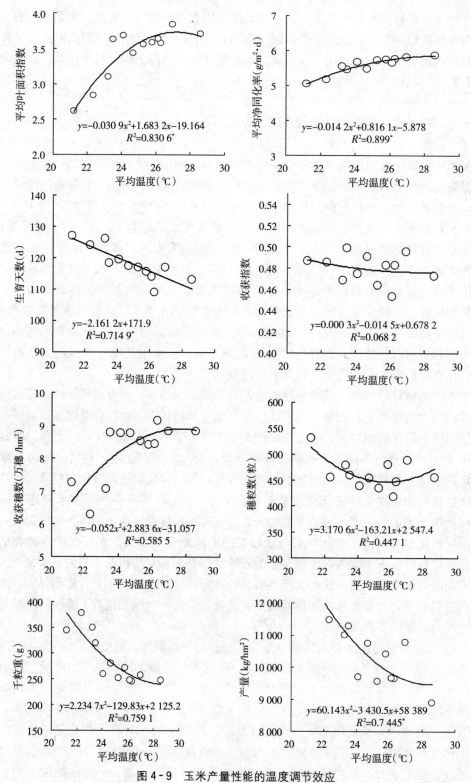

图 4-9　玉米产量性能的温度调节效应

注：＊表示在 0.05 水平下显著。

二、产量性能的光照调节效应

玉米是高光效的 C4 短日照作物，其干物质产量的 90％以上是由光合作用产生的，玉米品种的高产潜力能否得以发挥，与群体光合作用强度有很大关系。薛生梁等（2003）研究指出，玉米整个生育期光照均表现为正效应，相关显著性介于温度和降水之间。光照、温度不仅影响作物最终叶片数和叶面积指数，而且光合有效辐射量（PAR）与作物群体截获光能率直接决定作物的生长速率。陶晓莉等（2008）研究指出，玉米在短日照条件下发育快，在长日照条件下发育缓慢。在强光照下合成较多的光合产物，供各器官生长发育，茎秆粗壮结实，叶片肥厚挺拔；而在弱光照下则相反；而且玉米的不同生育时期都需要有一个适宜的日照时数。

从图 4-10 可以看出，产量性能方程构成指标对日照时数的响应符合一元二次方程关系 $y＝ax^2＋bx＋c$。随着日照时数的增加，平均叶面积指数和平均净同化率呈先增加后减少的二次型曲线变化趋势，在日照时数为 850h 时，平均叶面积指数和平均净同化率最大。日照时数与生育天数、穗粒数、产量呈正相关；而与平均叶面积指数、平均净同化率、收获指数、单位面积收获穗数、单穗千粒重不相关，日照时数主要影响生育天数，从而影响玉米的穗粒数，最终影响玉米的籽粒产量。

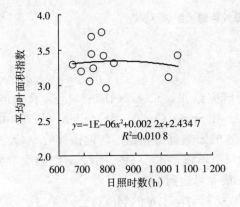

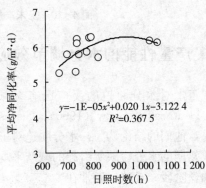

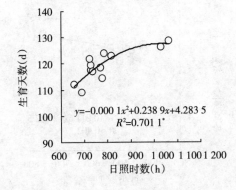

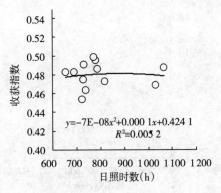

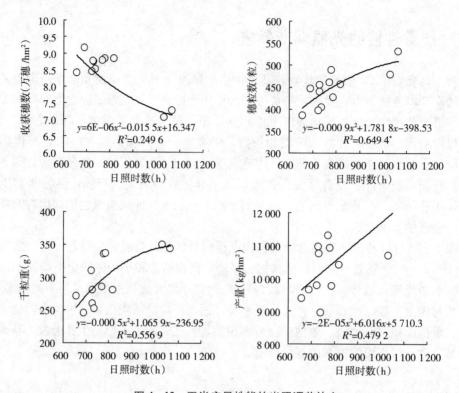

图 4-10　玉米产量性能的光照调节效应

三、产量性能的水分调节效应

关于玉米对水分胁迫的反应已有多项研究结果，Shaw（1976）概括了 Robins 等（1953）、Denmead 和 Shaw（1960）、Classsen 和 Shaw（1970）和 Mallett（1972）的多年试验结果，他们的结论认为，水分胁迫对玉米的影响范围相当广，但播种后 50 天及籽粒灌浆至成熟期的水分短缺所引起的减产平均每日不超过 4%，胁迫引起减产幅度增加的是抽雄至抽丝阶段，日减产通常在 6%～7%，最大可达到 13%。

从图 4-11 可以看出，产量性能方程构成指标对降水量的响应符合一元二次方程关系 $y=ax^2+bx+c$。随着降水量的增加，收获穗数、穗粒数、籽粒产量呈先增加后减少的趋

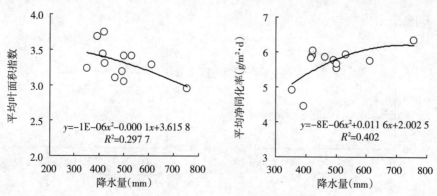

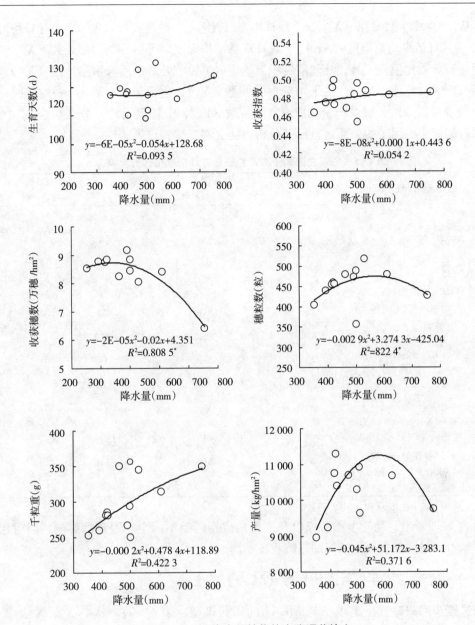

图 4-11　玉米产量性能的水分调节效应

势。降水量与平均叶面积指数、平均净同化率、生育天数、收获指数、千粒重不相关。结果表明，降水量主要影响收获穗数和穗粒数，最终影响玉米的籽粒产量。

四、产量性能的生态环境综合调节效应

为了全面系统地分析产量性能与生态环境之间的关系，将生态因素进一步细分为全生育期的有效积温（X_1）、总降水量（X_2）、总日照时数（X_3）、日均温（X_4）、日均降水（X_5）、均日照（X_6）、日均湿度（X_7）、最高温度平均值（X_8）、日最低平均温度（X_9）、

7月积温（X_{10}）、7月日照（X_{11}）、7月日均温（X_{12}）、7月均日照（X_{13}）、7月日均湿度（X_{14}）、7月日最平均高温度（X_{15}）、7月日最低平均温度（X_{16}）、≥30℃天数（X_{17}）、吐丝前后生育天数比值（X_{18}）、吐丝前后积温比值（X_{19}）、吐丝前后降水量比值（X_{20}）、吐丝前后日照时数比值（X_{21}）。将平均叶面积指数（Y_1）、生长天数（Y_2）、平均净同化率（Y_3）、收获指数（Y_4）以及产量构成因素穗粒数（Y_5）、千粒重（Y_6）分别与这21个光、温、水等气候生态因子的关系进行回归分析，建立回归模型（表4-5）。

表4-5 气候生态因子对产量性能方程构成指标的影响

指标	逐步回归方程	影响因子和偏回归系数					偏回归系数排序	相关系数
MLAI	$Y_1 = -70.710\ 4 - 0.025\ 5X_1 + 4.841\ 45X_{15} + 21.184\ 8X_{19} - 4.792\ 6X_{20} - 9.798\ 7X_{21}$	X_1 $-0.986\ 4*$	X_{15} $0.979\ 9*$	X_{19} $0.959\ 4$	X_{20} $-0.964\ 7$	X_{21} $-0.935\ 0$	$X_1 > X_{15} > X_{20} > X_{19} > X_{21}$	0.989 7
D	$Y_2 = 325.411\ 7 - 14.402\ 3X_9 - 22.724\ 7X_{17} + 43.033\ 7X_{18} - 6.180\ 2X_{19} - 12.517\ 9X_{20}$	X_9 $-0.999\ 4**$	X_{18} $-0.994\ 2*$	X_{19} $0.999\ 3**$	X_{20} $-0.998\ 7**$	X_{21} $-0.992\ 3*$	$X_9 > X_{19} > X_{20} > X_{18} > X_{21}$	0.999 9*
MNAR	$Y_3 = 398.109\ 6 + 12.861\ 1X_6 + 9.167\ 6X_{12} - 24.736\ 6X_{15} - 8.895\ 4X_{18} + 5.976\ 2X_{20}$	X_6 $0.696\ 7$	X_{12} $0.314\ 5$	X_{15} $-0.512\ 2$	X_{18} $-0.854\ 3$	X_{20} $0.910\ 5$	$X_{20} > X_{18} > X_6 > X_{15} > X_{12}$	0.943 7
HI	$Y_4 = 0.613\ 1 - 0.000\ 4X_1 + 0.001\ 3X_3 - 0.937\ 8X_{18} + 0.726\ 2X_{19} - 0.037\ 4X_{21}$	X_1 $-0.686\ 1$	X_3 $0.932\ 6$	X_{18} $-0.939\ 4$	X_{19} $0.934\ 2$	X_{21} $-0.488\ 7$	$X_{18} > X_{19} > X_3 > X_1 > X_{21}$	0.986 5
GN	$Y_5 = 4\ 989.687\ 9 + 1.511\ 4X_1 - 556.919\ 3X_4 + 106.101\ 7X_8 - 1\ 178.296\ 0X_{18} + 697.342\ 6X_{21}$	X_1 $0.988\ 5*$	X_4 $-0.984\ 0*$	X_8 $0.897\ 6$	X_{18} $-0.965\ 1$	X_{21} $0.954\ 6$	$X_1 > X_4 > X_{18} > X_{21} > X_8$	0.996 6
GW	$Y_6 = -6\ 670.806\ 4 + 0.818\ 2X_1 + 35.613\ 3X_4 + 6.098\ 8X_{10} - 214.992\ 5X_{18} + 155.268\ 2X_{21}$	X_1 $0.995\ 5**$	X_4 $0.907\ 9$	X_{10} $0.977\ 6*$	X_{18} $-0.984\ 2*$	X_{21} $0.985\ 9*$	$X_1 > X_{21} > X_{18} > X_{10} > X_4$	0.999 7*

注：* 和 ** 表示在0.05和0.01水平上显著。

由表4-5看出，物质生产指标以及产量构成指标受不同生态因素的影响，同时相同生态因素对产量性能方程各指标的影响程度不同。

（一）生态因素对平均叶面积指数（MLAI）的影响

通过逐步回归建立生态因子与MLAI的回归模型（表4-5），其中X_1、X_{15}、X_{19}、X_{20}、X_{21}对MLAI的影响较大，标准化偏回归系数分别为$-0.986\ 4$、$0.979\ 9$、$0.959\ 4$、$-0.964\ 7$、-0.935，说明7月最高平均温度、吐丝前后积温比值与平均叶面积指数有正效应，说明吐丝前期有效积温适量增高有利于平均叶面积指数的增加。有效积温、吐丝前后降水量比值以及吐丝前后日照时数比值与平均叶面积指数有负效应，说明有效积温越高，导致玉米叶片后期早衰速度越快，平均叶面积指数越小；同时吐丝前期的降水量过多以及日照时数过长会导致平均叶面积指数减少。按照标准化偏回归系数绝对值大小排列顺序为$X_1 > X_{15} > X_{20} > X_{19} > X_{21}$，说明有效积温对叶面积指数影响最大，且达到显著水平，接着依次是7月最高平均温度、吐丝前后降水量比值、吐丝前后积温比值、吐丝前后日照时数比值。

由于叶面积指数是影响产量的主要形态指标之一，与产量的相关性较大，同时有效积温又是影响平均叶面积指数的重要生态因子，所以有效积温是必须考虑的生态因素，并且作为优先条件来考虑。

(二) 生态因素对生长天数 (D) 的影响

通过生态因子与生长天数的回归模型看出，X_9、X_{18}、X_{19}、X_{20}、X_{21} 对生长天数的影响较大，按照标准偏相关系数为 -0.9994、-0.9942、0.9993、-0.9987、-0.9923，说明吐丝前后温度比值对生长天数具有正向作用；日平均最低温度、吐丝前后生长天数比值、吐丝前后降水量比值以及吐丝前后日照时数比值对生长天数有负向作用。按照其相关系数绝对值大小排序为 $X_9 > X_{19} > X_{20} > X_{18} > X_{21}$，说明生育期内的日最低平均温度对生长天数的影响最大，且达到极显著水平，吐丝前后积温比值、吐丝前后降水量比值、吐丝前后生育天数比值、吐丝前后日照时数比值对生长天数的影响依次紧排其后。

(三) 生态因素对平均净同化率 (MNAR) 的影响

X_6，X_{12}，X_{15}，X_{18}，X_{20} 对平均净同化率的影响较大，偏相关系数分别为 0.6967、0.3145、-0.5122、-0.8543、0.9105，可见均日照、7月日均温、吐丝前后降水量比值对平均净同化率有正效应，说明日照时数越高、7月日均温越高、吐丝后期降水量适量减少可以提高净同化率；7月最高平均温度、吐丝前后生长天数比值与平均净同化率有负效应，说明7月日最高温度越高，吐丝前期生长天数越长，净同化率越低。按照偏相关系数的绝对值排序为 $X_{20} > X_{18} > X_6 > X_{15} > X_{12}$，说明吐丝前后降水量比值对平均净同化率的影响最大，吐丝前后生长天数比值、均日照、7月平均最高温度、7月日均温对平均净同化率的影响依次紧排其后。

(四) 生态因素对收获指数 (HI) 的影响

X_1、X_3、X_{18}、X_{19}、X_{21} 对收获指数的影响较大，偏回归系数分别为 -0.6861、0.9326、-0.9391、0.9342、-0.4887，说明有效积温、吐丝前后生长天数比值以及吐丝前后日照时数比值对收获指数产生负效应；总日照时数与吐丝前后积温比值产生正效应。按照偏相关系数的绝对值排序为 $X_{18} > X_{19} > X_3 > X_1 > X_{21}$，说明吐丝前后生长天数比值对收获指数的影响最大，吐丝前后有效积温比值、总日照时数、有效积温、吐丝前后日照时数比值对收获指数的影响依次紧排其后。

(五) 生态因素对产量构成因子的影响

亩穗数主要取决于种植密度以及品种特性，与以上研究的气候生态因子的关系相对较小，因此将穗粒数 (Y_5) 和千粒重 (Y_6) 与生态因子进行回归分析 (表 4-5)。影响产量构成因素的生态因子不完全相同，二者受有效积温、日均温、吐丝前后生长天数比值以及吐丝前后日照时数比值的影响，同时最高温度平均值对穗粒数产生正效应，7月份积温对千粒重产生正效应。各生态因子对穗粒数与千粒重影响的程度不同，生态因子对穗粒数的影响顺序为 $X_1 > X_4 > X_{18} > X_{21} > X_8$，对千粒重的影响顺序为 $X_1 > X_{21} > X_{18} > X_{10} > X_4$，但穗粒数与千粒重的主导影响因子均为有效积温，且均达到极显著水平。

生态因子对穗粒数与千粒重产生的作用不尽相同。有效积温、吐丝前后日照时数比值对穗粒数与千粒重均产生正效应，吐丝前后生长天数比值对穗粒数与千粒重均产生负效应，日均温对穗粒数产生负效应，但对千粒重产生正效应。

（六）生态因素对产量的影响

将各处理的产量（Y）与气候生态因子（$X_1 \sim X_{21}$）进行回归分析，建立回归模型如下：

$$Y = 553\,232.353\,3 - 25.911\,1X_1 - 19\,481.738\,6X_9 - 6\,732.857\,5X_{15} - 48\,738.444\,5X_{18} + 37\,992.997\,4X_{21}$$

$$R^2 = 0.992\,2$$

X_1、X_9、X_{15}、X_{18}、X_{21} 的标准偏回归系数依次为 $-0.954\,8$、$-0.966\,9$、$-0.876\,2$、$-0.941\,9$、$0.938\,7$，按其绝对值大小排序为 $X_9 > X_1 > X_{18} > X_{21} > X_{15}$。由此可以看出最低温度平均值以及有效积温是影响产量的主要生态因子，紧随其后依次为吐丝前后生长天数比值、吐丝前后日照时数比值以及 7 月最高平均温度。

通径分析（表 4-6）表明有效积温对产量的直接效应为负值，通过日最低温度、7 月最高温度、吐丝前后生长天数比值产生负效应，其中吐丝前后生长天数比值的负效应较大，通过吐丝前后日照时数对产量产生正效应，且正效应值较大。有效积温对产量的总体效应为负值，说明有效积温高不利于高产。

表 4-6　生态因子与产量的通径分析

因子	直接	→X_1	→X_9	→X_{15}	→X_{18}	→X_{21}
X_1	$-0.922\,1$		$-0.840\,9$	$-0.050\,2$	$-2.363\,0$	$4.083\,6$
X_9	$-4.465\,8$	$-0.173\,6$		$1.107\,1$	$-1.852\,5$	$4.448\,0$
X_{15}	$-1.172\,6$	$-0.039\,5$	$3.816\,6$		$1.038\,8$	$-3.658\,3$
X_{18}	$-3.188\,4$	$-0.683\,4$	$-2.594\,7$	$0.565\,9$		$5.491\,4$
X_{21}	$5.771\,0$	$-0.652\,5$	$-3.142\,0$	$0.843\,3$	$-2.733\,9$	

综合分析日最低温度对产量的影响发现，日最低温度与产量呈负效应，日最低温度越高则越不利于产量的提高，在不影响玉米正常生长发育的前提下，日最低温度越低则产量越高，可能因为增加了生长天数。

7 月的最高温度与产量有负相关，7 月是春玉米抽雄吐丝期，是温度临界期，对高温敏感，25～28℃是最适吐丝温度，高于最高临界温度，则导致产量下降。

吐丝前后生长天数对产量的总体效应为负值，即比值越高产量越低。说明在生长天数一定的前提下，吐丝前期生长天数长则导致吐丝后期生长天数变短，这就意味着玉米后期干物质积累不足，最终导致产量降低。

吐丝前后日照时数对产量的总体效应为正值，即产量随着吐丝前期日照时数的增加而增加。说明吐丝前期日照时数适当增加延长了玉米植株进行光合作用的时间，进而提高光合势，为创造大的植株群体提供条件，进而提高产量。

目前，高产目标下的作物群体不仅要求通过精确的调控措施实现物质生产因素与产量构成因素间的高效协调，而精确的调控则需要相应的理论作指导。在产量性能方程 $MLAI \times D \times MNAR \times HI = EN \times GN \times GW$ 中，对其构成指标与产量的关系分析发现生长天数、平均叶面积指数以及总穗粒数（穗数×穗粒数）对产量的贡献率最大。不同生态因子对方程构成指标的影响程度不同，其中生长天数主要受日最低平均温度、吐丝前后积温比值、吐丝前后降水量比值、吐丝前后生育天数比值、吐丝前后日照时数比值等生态因子的影响，其中日最低平均温度对生长天数影响最大，且有显著负效应。平均叶面积指数主要受有效积温、7月最高温度平均值、吐丝前后降水量比值、吐丝前后积温比值、吐丝前后日照时数比值等生态因子的影响，其中有效积温对产量的影响最大，且有显著负效应。影响穗粒数的主要生态因子是有效积温、日均温、最高温度平均值、吐丝前后生育天数比值、吐丝前后日照时数比值，有效积温对穗粒数的影响最大，且有显著正效应。有效积温是影响平均叶面积指数以及穗粒数的主要生态因子，随着有效积温的增高平均叶面积指数降低，但穗粒数增加，这就要求在生长后期适宜的有效积温在保证穗粒数的基础上减缓叶面积指数的降低。综合以上分析认为，生长天数、平均叶面积指数以及总穗粒数（穗数×穗粒数）对产量的贡献率最大；生育期内有效积温、日均温、日均最低温度、7月份日均最高温度和吐丝前后有效积温、降水量、生长天数和日照时数的比值是影响产量提高的主导生态因素。因此认为温度相关指标与吐丝前后生态因子资源量的分配是影响产量的主要生态因子，为在栽培实践中开发利用气候资源、提高产量提供理论指导与技术支撑（图4-12）。

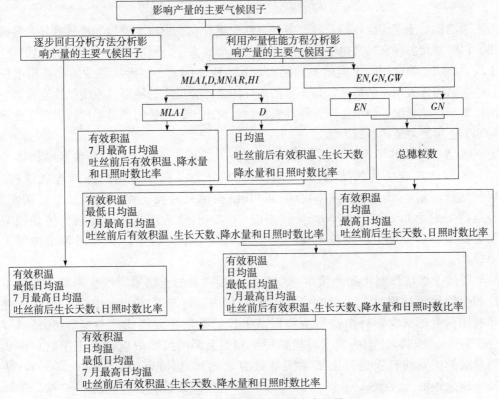

图4-12　影响产量的主要生态因子

第三节 作物产量性能优化的土壤环境

土壤是植物赖以生长的基础。土壤质量的高低，直接影响作物的产量和品质。因此，为作物生长创造一个良好的土壤环境是必要的。土壤物理性质是如何影响植物生长发育的？影响的机理是什么？如何根据我国土壤物理性质进行科学的土壤耕作和栽培管理？诸如此类的问题尚缺乏深入系统的研究，而研究、解决这些问题不仅可以为高产栽培提供理论和技术上的帮助，而且对实现作物持续高产稳产也有重要意义。

土壤物理性质是影响作物生长发育、产量和品质形成的重要因素。在作物生产中，物理性质不同的土壤导致其保水、保肥及供水、供肥能力出现显著差异，微生物群落及活性等发生明显变化，这些变化对作物的生长发育和产量形成影响十分显著。作物高产不仅需要土壤中各种养分充足平衡，而且要各项物理性状适宜协调。土壤物理性质包括土壤容重、土壤质地、土壤通气性、土壤水分等，其中土壤容重、质地、土壤养分状况是其最主要的特征，因为容重和质地是影响通气性和其他物理性质的基础，土壤养分状况直接影响根系的发育进而影响产量。

一、土壤结构对产量性能的影响

土壤结构是土壤团聚体的总称。各种自然土壤和农业土壤除质地为纯砂者外，各级土粒很少以单粒状态存在，常由于种种原因相互团聚成大小、形状和性质不同的土团、土片或土块。不同土壤或同一土壤的不同层次，其结构体的大小、形状和性质都是很不一致的。这些结构体表现出的特征，是土壤的内外因素综合反应的结果。土壤结构直接影响土壤的松紧和孔隙状况，影响土壤耕作和农作物幼苗出土、扎根的难易程度。因此，土壤结构是调节土壤肥力最活跃的因素之一。

土壤结构体按其形态和性质可分为两大类：①不良结构体，包括块状结构体，片状结构体和柱状或棱柱状结构体；②良好结构体，又称团粒结构体或粒状结构体，土壤胶结成团块，形状似立方体或球形，其结构单元沿长、宽、高三轴呈均衡发展，直径范围一般为 0.25～10.00mm，其中以 1～3mm 最为理想。团粒结构体是调节土壤肥力的基础，每一个小团粒就像一个水库和一个小肥料库。具有团粒结构的土壤肥力较高。

与现代土壤耕作制度和土壤本身物理特征相联系的土壤紧实度会影响土壤微生物活性和生物化学过程，进而影响作物的营养利用。过于紧实的土壤会因为通气性变差和利用营养的减少影响作物出苗和根系生长，结果导致作物产量减少 50％（Wallace 和 Terry，1998）。土壤紧实对植物根系和地上部的负面效应以及土壤物理性质和作物产量的关系均有报道。土壤紧实导致容重增加（Rowse 和 Stone，1980），使排水和气体交换的大空隙减少（Drew，1983），这些因素的综合作用使得植株高度和作物产量下降。

1. 土壤结构对作物产量的影响 土壤容重是土壤的主要物理性质之一，是反映土壤松紧程度、孔隙状况等特性的综合指标。容重不同直接或间接地影响土壤水、肥、气、热状况，从而影响肥力的发挥和作物的生长，有可能成为作物优质、高产的重要限制因子（郭俊伟，1996；李潮海等，1994）。沈新平（1996）研究表明，土壤的松紧度（即容重大小）可反应土壤的物理结构性肥力，承载着相应的化学肥力效应。李笃仁（1982）研究表明，疏松的土壤环境有利于作物根系的伸展和根量的积累。李志洪（2000）研究发现，适宜的土壤容重范围能促进小麦生长，提高生物学产量和经济产量。在土壤容重增大的情况下，土壤水分和气体含量会降低，机械阻力增加，延缓小麦根系生长，不利于小麦生长发育。Dolan（1992）曾研究了表层和下层土壤容重对植株养分吸收的影响，认为表层土壤紧实对氮、磷、钾吸收的影响远小于下层土壤紧实对氮、磷、钾吸收造成的影响。适宜的土壤容重保持了后期叶片的氮含量，延缓了叶片衰老，为后期维持较高的叶片光合速率提供了物质基础，为进一步制造更多的光合产物、提高产量提供了条件。

2. 土壤结构对作物叶面积指数的影响 李潮海等研究发现，不同土壤容重处理玉米叶面积指数变化不同，从拔节期到吐丝期玉米叶面积指数不断增长，于吐丝期达到最大，之后随着生育进程叶面积指数逐渐降低。上层容重适宜，根系吸水吸肥能力差异小，随着根系延伸至20～40cm土层后，叶面积差异逐渐增大。吐丝期及之后，随着土壤容重的不断增大，叶面积指数变小。

3. 土壤结构对作物光合速率的影响 不同土壤结构对玉米在各个生育时期的光合速率影响不同。整个生育期比较，玉米在吐丝期光合速率达到最大，在苗期玉米叶片的 P_n 值差别不大，在吐丝、乳熟和蜡熟期差别较大。不同生育时期各个处理存在着明显差别，可能是后期随着根系下扎，土层容重过大，阻碍了根的延伸和吸收能力，致使地上部叶片的光截获量减少，这可能是光合速率下降的主要原因，与前人的研究结果一致。土壤容重对后期玉米光合速率有着重要影响。

4. 土壤结构对作物 EN、EG、GW 的影响 李潮海试验表明，设置土壤容重处理 $1.0～1.6g/cm^3$，玉米每穗的籽粒行数在土壤容重为 $1.6g/cm^3$ 时最低，在 $1.15g/cm^3$ 和 $1.3g/cm^3$ 两个处理中最高（13.5），随着容重的增加，产量下降主要是由于穗行数的减少。籽粒产量随着土壤容重的增加而降低。土壤容重为 $1.15g/cm^3$ 籽粒产量最高，在 $1.6g/cm^3$ 处理中产量最低。

5. 土壤结构对根系的影响 土壤容重与根量呈显著的直线负相关，与产量呈显著的二次曲线相关。耙层少耕1～2年内，土壤紧实度适宜，小麦根系能正常下扎，开花期测定 3～15cm 耙层乃至 0～30cm 土层根量较翻耕多。但连续少耕4年后形成的耙底层严重阻碍小麦根系正常下扎，耙层下部根量明显较翻耕少，且根系活力较低，0～30cm 土壤总根量亦少，根系呈明显的浅层分布特征，小麦表现早衰催熟，穗部性状较翻耕的明显变劣，小麦减产8.86%（赵秉强，1997）。表4-7数据显示了不同容重对根系干重和地上部性状的调控作用。

表 4-7 不同生育时期不同容重条件下玉米地上部和地下部干物质积累量

(李潮海，2002)

容重 (g/cm³)	根干重 (mg/穴)			植株高度 (cm)		地上部干重 (g/穴)	
	JS	SS	MS	JS	SS	JS	SS
1.00	2.2a	37.0a	24.8a	85.3a	217.0a	6.9ab	216.8bc
1.15	2.1a	32.7a	27.6a	85.3a	219.7a	7.0ab	232.6ab
1.30	2.0a	33.0a	26.4a	85.3a	218.0a	7.1a	240.4a
1.45	1.7b	25.3b	24.3a	80.7b	202.0b	6.4ab	237.8a
1.60	1.2c	17.9c	15.0b	79.0b	192.0c	5.2b	209.7c

注：不同字母表示在 0.05 水平上有差异

二、土壤质地对产量性能的影响

土壤质地是土壤物理性质之一，指土壤中不同大小直径的矿物颗粒的组合状况。土壤质地与土壤通气、保肥、保水状况及耕作的难易有密切关系，土壤质地状况是拟定土壤利用、管理和改良措施的重要依据。肥沃的土壤不仅要求耕层的质地良好，还要求有良好的质地剖面。虽然土壤质地主要取决于成土母质类型，有相对的稳定性，但耕作层的质地仍可通过耕作、施肥等活动进行调节。土壤质地是反映潜在土壤生产力的重要指标。Shitri-aw（1984）研究认为，质地不同的土壤理化性质差别很大，其机械阻力、颗粒组成和总孔隙度都不一样，这些因素通过影响气、水、热和营养在土壤中的移动及含量影响作物根系的生长发育。理解土壤与根系的互作关系可以为创造良好的根系生长环境提供依据，最终在特定的土壤条件下，采取相应的栽培措施使作物的最大增产潜力得以实现。

1. 土壤质地对叶面积指数的影响 叶片是玉米最主要的源，其大小、发展动态与库高度相关，不同土壤质地上，不仅叶面积大小与产量有关，而且叶片本身的光合荧光特性也与产量高度相关。李潮海等研究发现，从不同土壤质地来看，玉米的叶面积指数（LAI）在不同生育时期存在差异，总趋势为中壤＞轻壤＞沙壤＞黏壤；后期叶面积指数差异较大，总的趋势表现为中壤＞轻壤＞黏壤＞沙壤。尤其蜡熟期以后，叶面积指数急剧下降，其中沙壤下降幅度最大为 82.29%，轻壤为 77.0%，中壤为 76.56%，黏壤下降幅度最小为 75.9%。黏壤直至成熟仍有较大的绿叶面积。成熟期单株叶面积大小表现为中壤＞轻壤＞黏壤＞沙壤，其中中壤比黏壤、轻壤、沙壤分别高 8.62%、15.87% 和 34.90%，黏壤叶面积比沙壤高 21.14%。

2. 土壤质地对净同化率的影响 植物的光合效率除了受 CO_2 浓度、光、温、水等外界生态因素及叶片的气孔限制等生理因子影响外（Farauhur 等，1982），还间接受土壤物理性质及矿质营养特性的影响。土壤质地是重要的物理性状之一，对玉米的生长有着重要影响。不同质地土壤对作物根系营养成分吸收能力不同，因此对作物的光合特性和作物产量形成也将产生重要作用。

3. 土壤质地对根系的影响 Laboski（1998）和 Paul（1994）等认为，质地不同的土壤致使根系在其中的穿透阻力不同，与沙壤相比，以黏粒为主的土壤容重较大，在苗期玉米根系的长度与根的伸长速率都较小，但根径大于沙壤。

刘绍隶等（1993）研究了大田条件下中壤和黏壤两种质地土壤对玉米生长发育和产量的影响，发现不同质地的土壤上玉米生长发育和产量表现显著不同，中壤土的根条数和根干重显著大于黏壤。沙壤则开始衰老。灌浆期之后，沙壤根长密度的衰老速率远大于中壤和黏壤，三者之间的差异极其显著。

三、土壤营养对产量性能的影响

玉米对氮、磷、钾等营养元素的吸收和积累都受到下层土壤容重的影响，但其影响程度为钾＞磷＞氮，这种影响在吐丝期表现尤为显著。通过调整下层土壤容重可以使玉米吸收更多的矿质营养，并使营养元素更多地向生长中心分配，促进玉米的生长，促进后期物质积累。适宜的土壤容重可以延缓玉米的衰老，使玉米地上部分茎叶系统的氮、磷、钾含量在生育后期仍然维持在较高的水平，有利于促进后期的光合作用，增加干物质的积累，从而提高产量。不同容重土壤关于玉米养分吸收和分配及玉米根系衰老和吸肥能力的差异，还有待进一步深入研究。

1. 土壤营养对作物产量的影响 土壤养分供应状况与作物施肥显著影响玉米产量潜力的发挥。土壤种植作物存在平衡与不平衡土壤养分供应状况和最佳施肥比例，但无论是土壤养分平衡供应类型还是不平衡供应类型，在最佳氮、磷施肥比例条件下，施肥量与作物产量的函数关系为抛物线关系，它反映了施肥初始剂量到施肥过量与产量之间的整体规律。在一次性施肥条件下，作物最高产量施肥量主要是调节土壤养分供应达到玉米、小麦苗期所要求的适宜供应强度，而最佳施肥比例则是调节土壤供肥由不平衡供应转化为均衡供应或保持土壤原有供肥的均衡性。从施肥角度看，决定作物潜在最高产量的并不完全是土壤养分最低量元素，而是土壤养分供应比例和供应量，低于和高于这一比例和用量，都不能达到地力所允许的潜在产量。氮、磷比例和用量的合理与否均影响土壤有机质的矿化和积累。在生产中只有根据土壤养分供应类型和种植作物确定最佳施肥比例和施肥量，才能够做到有效利用土壤养分，提高氮素养分的利用率和生产率，最终达到提高产量水平的目的。调控施肥下玉米产量的提高主要与单穗粒重提高有关。

2. 土壤营养对叶面积指数的影响 施肥明显提高了四种质地土壤上玉米的叶面积指数，吐丝前增幅较小。吐丝后增幅较大，在吐丝、蜡熟和成熟期施肥比不施肥平均提高了4.89％、44.32％、23.91％，四种质地上增幅大小不同，对沙壤增幅最大，在蜡熟和成熟期分别为49.37％和35.29％（李潮海，2002）。对黏壤增幅最小，分别为41.40％和17.79％。显然，施肥对后期保持一定量的光合器官，促进粒重的增加有着重要作用。土壤肥力对小麦不同叶位的叶片长宽的影响较大。肥力对小麦下部叶片的影响可能大于上部叶片，而对顶部旗叶长的影响未达到显著水平。

3. 土壤营养对 EN、EG、GW 的影响 单株土壤营养面积不同影响其产量因素，随着单株营养面积的减少，株高、荚数、茎粗及单株粒重逐渐降低，结荚部位升高。单株土壤营养面积大小与单株荚数、荚粒数、百粒重呈明显的正相关。不同土壤营养面积所形成的冠层结构是不同的，单株土壤营养面积大，所形成的冠层结构会给大豆一个宽松的生长环境，有利于产量因素的形成；单株土壤营养面积小，所形成的冠层郁蔽，限制产量因素的形成。前期施氮比例增加对玉米的株高、茎粗和穗粒数有一定促进作用，但千粒重有降低趋势。在沙壤、中壤土上，施用粒肥的千粒重均较高，但在轻黏土上使用粒肥对千粒重的促进作用较小，一次施肥减产的主要原因是穗粒数显著减少，对千粒重影响不大。

第五章

作物产量性能的四大系统及其生理基础

作物生理学重要的内容是揭示作物产量形成过程中的生理变化特点和内在规律，为作物高产、优质、高效、生态、安全提供理论指导。由于作物产量形成是一个复杂的过程，涉及内容广泛，因而作物产量生理将与产量形成最密切相关的调控机制作为研究重点。

第一节 作物产量生理的基本框架

作物产量生理学重要的思考是进一步突破产量限制性瓶颈生理。这关系到育种方向，对作物生产具有重要的引导作用。作物产量的复杂过程（Loomis，1999）受品种潜力、群体密度、生态条件、种植制度、肥水管理、化学调控等因子的影响，最终影响产量的实现（王勋，2005；郑洪建，2001；赵致，2001；于振文，2002，2003；何华，2002；康国章，2003；张上守，2003；李潮海，2001）。长期以来，很多学者从不同的角度进行了高产潜力挖掘的理论探索。国际著名学术期刊 Science 2000 年进行了世界范围的科学家专访，提出了多种可能突破产量的技术途径。其中之一是认为作物持续期和收获指数的增加可能将引起产量的进一步提高（Evans，1999）。有的科学家认为自从 1960 年加倍提高谷物产量的手段已经接近于尽头，生物技术将成为进一步增产的希望（Charles C Mann，1999 年）；有科学家指出，传统的作物育种仍然有许多发展余地但需要重新设计，如新株型的改造、中国的超级稻育种（IRRI，2000）；也有的科学家认为产量的突破可以通过光合作用的改善（Austin，1999）。然而，由于产量形成的复杂性和系统性，需要建立一个完善的体系，综合系统地进行产量形成分析，揭示出各个环节变化规律，从而有效地提出高产途径，指导作物产量的突破。

一、作物产量生理基本框架

从产量分析"三合模式"到产量性能定量化和产量生理框架实现是产量分析上层次不断深入的过程。在产量生理的层面上，作物产量形成过程实际上是作物群体条件下的 4 个关联的子系统配合的结果。产量生理学其重点是作物整体系统及其 4 个子系统协调的过程。图 5-1 是作物产量性能生理基本框架，该图主要围绕作物产量形成过程所涉及的光合物质生产（叶系统）、经济产量形成（穗系统）和连接两大系统起支撑与运转分配（茎系统），此外，作为完整的作物生产系统，还有维持地上三大系统的养分与水分吸收供给的根系统。4 个系统是产量性能维持的基础。根据不同的系统构成特点，可进行不同层次的分析，对群体与个体，结构与功能、群落、群体、个体、器官、组织、细胞和细胞器的形态功能与生理代谢层次，甚至分子调控的基础性研究等层次进行分析。然而，在实际研究过程中不可能全方位、多层次进行系统的研究，但是在研究中要在定位上明确一个具体的研究所处的层次和内容，更要明确具体研究层次之间的协同关系以及研究层次与内容的上下层次关系和在整个产量分析体系的位置。

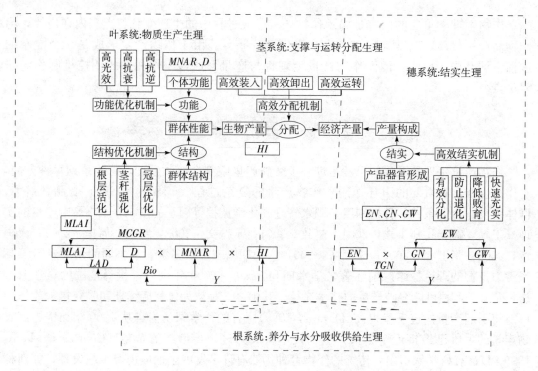

图 5-1　作物产量性能生理基本框架

二、产量生理框架四个系统的关系

从产量生理框架的功能，可分为两种不同特点的系统，一是基于产量性能理论基础的叶系统和穗系统，是产量形成的直接系统，二是支撑与联系叶、穗系统的茎系统和保障地上三大系统水分和无机养分供给的根系统，是起保障作用的保障系统。直接系统和保障系统是密不可分的。实质上作物生产系统就是作物光合生产过程的全系统的协调过程。叶、穗系统进行物质生产与分配，是产量形成的关键，获得高产必然是产量性能的优化。茎、根系统是支撑、运输水分与营养供给，保障产量性能的优化，实现高产，并通过茎系统的运输功能实现对产量性能构成的优化提供保障作用。也可以说，产量生理框架是产量性能的更深层次上的分析框架。

三、作物产量提高过程中的阶段性

作物的产量从低产到高产，产量性能从数量性能向质量性能的转变经过了以下 4 个阶段：第一阶段是通过增加密度，提高叶系统的群体光合面积，从而增加群体穗系统的数量，通过穗数的增多，进而提高作物的产量；第二阶段通过建立理想的株型对冠层进行调整，进一步增加群体叶系统的承载能力和合理分配，群体与个体穗容量进一步增加，从而增加穗数和穗粒重，提高作物产量；第三阶段通过增强叶系统光合物质生产的功能稳定性，提高光合持续期，增加穗粒数和穗重，达到作物高产；第四阶段是通过改善源端机能，实现高光合运转，从而提高穗粒数和粒重，实现高产的突破。

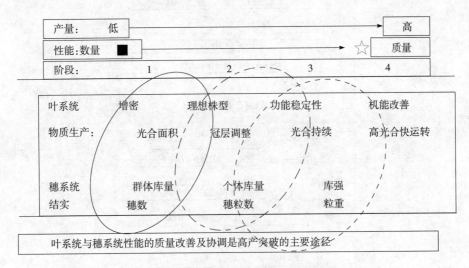

图 5-2 作物增产与产量性能生理机制

第二节 叶系统光合物质生产生理

一、作物高产的实质

1. 产量来源于光合物质生产与分配 作物产量 90％以上的干物质来自叶片的光合物质生产。估算作物最大产量能力是以光合生产潜力表示。群体光合对提高作物产量有巨大潜力（董树亭等，1992、1997）。然而，群体的光合生产力主要取决于叶系统的光合生产力，它包括叶面积指数的大小（LAI），叶面积持续的天数（D）和单位叶面积的净同化率（NAR）等三方面的因素。即总干物质生产（DW）取决于 $MLAI$、D、$MNAR$ 的三项之积，也可表达为：群体光合生产力＝叶面积×持续天数×净同化率。挖掘作物群体光合物质生产能力实际上是光合物质生产过程光能吸收与转化及其时间效应的问题。提高光合生产能力和产物向籽粒有效分配是提高产量的根本。高产的实现实质上是光合物质生产与分配的高效生理层次挖潜。

2. 光能利用效率取决于光合物质生产 光合物质生产核心是作物对太阳能的利用问题。这种利用是高损失、低利用的过程。作物对光能的利用不足 5%，其余的以各种形式浪费掉。在总辐射中光合无效辐射达 50%～55%，季节性光能损失和田间漏光将 45%～50% 的光合有效辐射损失了 60%～70%，作物截获光合有效辐射的 30%～40% 中又通过叶片反射、透射和光合无效吸收等形式损失掉（图 5 - 3）。

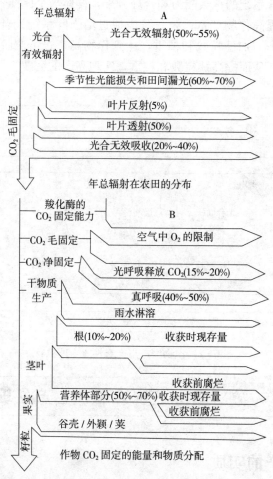

图 5 - 3　作物光能传递与分布

注：A. 年总辐射在农田分布　B. 作物 CO_2 固定的能量和物质分配

(Roger. M. Gifford. 1984)

据估计，到达地球表面的光辐射大约 1 000 kJ，可计算出的作物从截获的能量到光合作用过程形成的生物量储存的化学能最小能量的损失见图 5 - 4（Xin - Guang Zhu，2008）。C3 与 C4 作物在能量的损失上有明显的差别。理论上 C3 植物最大光能效率为 4.6%，C4 植物为 6%。

3. 优化作物冠层结构是提高作物生产能力重要途径 作物群体产量取决于光合系统的大小和效率（Gardner et al.，1985）。提高光能利用率、缩小光能利用率实际值和理论

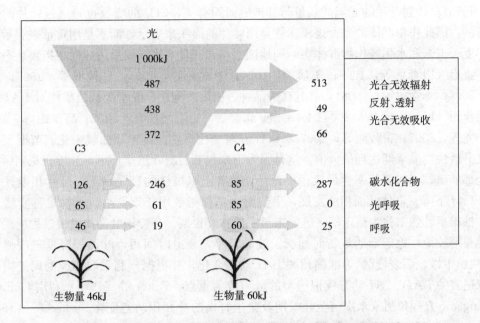

图 5 - 4　C3 与 C4 作物（NADP‐ME 类型）光能最小损失估计

注：估算条件为叶片温度 30.8℃，空气 CO_2 浓度 380mg/kg。箭头所指是光能量的损失量。

值之间的差距是提高产量的重要途径。作物群体所形成的叶层系统通过对光合有效辐射的截获、吸收和透射而影响作物群体光分布与光合特性，影响作物光合作用及生产力的形成。同时，冠层结构不仅直接影响光能截获量，而且通过影响冠层内水、热、气等微环境，最终影响群体的光合效率和作物产量。叶层发育特征与空间分布影响光能截获率与光合效率，因此提高作物群体的光合能力需要有一个合理的叶层结构，通过塑造合理的叶层系统来提高灌浆期的光合能力高值持续期是玉米高产的潜力所在（董树亭等，1997）。冠层结构对作物光合特性的影响，最终体现于作物的生物学产量及其在各器官中的分配比例。冠层中光分布是影响光合作用的主要因素。光照度是决定光合速率的主要因素。Verhagen 等（1963）提出，理想的叶群体结构是不断改变其倾角分布而获得最有效叶面积；户刈义次（1979）认为，各个叶片的光合效能相等，叶面积总量相等的情况下，如果叶片空间排列方式不同，那么所实现光合作用的总量有所不同。Loomis 等（1974）、林忠辉等（1998）研究认为，群体冠层中部消光系数较大而上部较小。林同保等（2008）将玉米冠层分为上、中、下 3 个层次，分析其不同层次对光能利用的规律，结果表明整个冠层吸收的光合有效辐射（PAR）占总入射的 87.7%，其冠层的中、上层吸收比例达到 75%；在可见光范围内的吸收率是上层＞中层＞下层。因此，高产条件下通过研究作物叶层结构与功能特征，优化高产群体叶层系统，可以为作物高产提供理论依据。

二、叶面积形成与光能截获

1. 群体叶面积动态特征　叶面积的动态变化是反映作物群体动态变化的内容之一，而叶面积指数则是衡量其动态变化的重要指标，群体叶面积影响作物产量形成（宋继娟等，1996）。作物叶片的光能捕获量与其扩展面积有关，CO_2 的吸收也是通过叶片的表面进行的，因此作物群体的光合规模往往是用叶片的面积来表示，而不是用重量来表示。关于小麦、玉米和水稻等作物群体在不同地区、不同产量水平下的最适叶面积指数动态已有许多报道（田奇卓等，1998；王珍等，2001；李潮海等，2005；易镇邪等，2007；杜永等，2007；李素娟等，2008），并且认为品种、密度、施肥、灌水等栽培措施对 *LAI* 具有调控作用（Lionel et al.，2004；Bavec et al.，2007；陆增根等，2007；高玉山等，2007；任小龙等，2007；黄智鸿等，2007）。*LAI* 在整个生育期内呈单峰曲线变化。苗期至拔节期上升最快，灌浆期达到最大值。这是因为玉米拔节后新叶迅速长出，抽雄开花期后，叶片全部展出，田间覆盖率达最大值。此后，随着玉米植株的衰老，下部叶片相继死亡脱落，*LAI* 下降。群体叶面积的发展，出苗至小口称指数增长期，小口至抽雄称直线增长期；抽雄至乳熟末称为稳定期；乳熟末至完熟称衰亡期。高产田叶面积发展过程应是：缓慢生长期较短，稳定期的维持时间长、波动较小，衰退时间短，叶面积降低较缓慢，即"前快、中慢、后衰慢"。为准确预测 *LAI* 动态变化，并根据预测采取相应的调控措施来获取适宜的 *LAI*，*LAI* 动态模拟模型的运用成为重点。Baker 等（1975）利用 Gompertz 和 Logistic 方程预测玉米出苗至吐丝期及全生育期的叶面积动态变化。Jones 等（1986）、Carberry 等（1991）和 Birch 等（1998）分别建立了 AUSIM - Maize 和 CERES - Maize 不连续方程模拟作物群体冠层叶面积动态变化。Keating 等（1992）和 Birch（1998）等建立了以玉米叶片数为基本参数的广义方程，提高了方程在品种间的适用性。

张宾等（2007）通过归一化处理建立了春玉米、水稻和冬小麦 3 种作物的相对化 *LAI* 动态模拟模型，模型形式为：$y = (a + bx) / (1 + cx + dx^2)$，能够准确地反映水稻（表 5 - 1）、小麦（表 5 - 2）作物群体动态变化，同时模型的建立为深入研究作物光合生理参数与产量间的定量关系以及探索作物进一步增产的可能途径提供了思路和方法。

表 5 - 1　水稻不同时期的模拟 *LAI* 值与实测 *LAI* 值的关系

	有效分蘖期	拔节期	抽穗期	乳熟期	蜡熟期	成熟期
k	0.883 8	1.035 7	1.011 4	0.977 4	1.026 5	0.989 8
R^2	0.874 0	0.927 0	0.963 9	0.954 7	0.930 2	0.902 8

表 5 - 2　冬小麦不同时期的模拟 *LAI* 值与实测 *LAI* 值的关系

	返青期	拔节期	孕穗期	开花期	乳熟期	蜡熟期
k	1.136 3	1.116 8	0.937 6	0.990 9	1.054 8	0.867 8
R^2	0.817 1	0.925 4	0.929 1	0.927 7	0.934 3	0.930 1

2. 群体叶面积与个体叶片发生　作物群体叶面积的大小主要取决于植株密度和单株叶片的多少以及叶片的大小，叶面积指数作为衡量作物群体生产规模即作物群体大小的主要指标，其公式可以表示为：

叶面积指数（*LAI*）＝单位面积的株数×每株茎数×每株茎上的叶片数×每片叶的平均叶面积＝密度×单株叶面积

叶面积动态变化实际上是叶片在作物生长发育过程中的交替过程。单株植株的叶面积是群体叶面积形成的基础，因此研究群体叶面积的动态首先要对植株个体叶面积形成进行分析。研究发现每片叶的叶面积因不同的叶位而不同，如玉米棒三叶的叶面积大于下部和上部叶片的叶面积，稻麦类随着叶位的升高，叶面积增大，上部叶片的叶面积大于下部叶片（图5-5）。

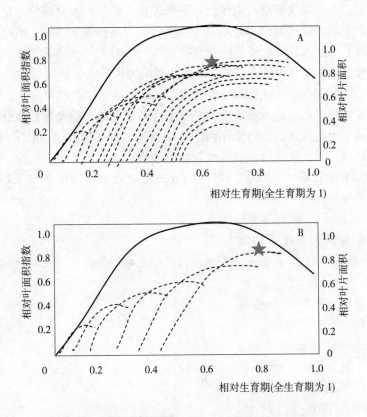

图5-5　作物叶面积指数与叶片交替关系模式图

A. 玉米　B. 水稻、小麦

　　每种作物的叶片发育趋势有明显的不同，每个植株生长的叶片数因种植条件和品种的不同而不同，同时每一个节上叶片的叶面积也是不完全相同的。例如，不同气候下的玉米品种，生长在相同的环境条件下，每株的叶片数在16～30片，每个节上叶片的叶面积达到100%时不完全相同（Dwyer et al.，1992）。但是，当叶面积归一化后（最大叶片不论生长在哪个节点，其叶面积设为单位1），大多数作物如玉米的叶面积发育趋势，一株玉米各叶片叶面积从下向上由小变大，棒三叶最大，再往上又逐叶变少。即在叶片大小达到最大值后，随后的叶片大小开始下降。叶片大小从出苗开始每个节位的叶片随着生育期的进行不断增大，中部的叶片由于光合时间长，生长速度快，叶片的叶面积比下部的叶面积大，随后上部叶片的叶面积又开始下降，整个过程可以用一个近似的钟形曲线来描述。小麦和水稻的叶片个体发育趋势相似，植株的整个生育期中叶片的大小是逐渐增大的，最后2～3片叶面积达到最大。

　　对于一个给定的作物品种，一个植株上叶片的数量决定着每个节点上叶片大小的上限。环境因素也影响叶片的大小，叶片实际大小受展叶速率和持续时间的影响。玉米叶子生长的速度，因叶位而不同，整株下部或上部叶子生长速度快，中部叶子由于叶片较大，生长速度较慢。如玉米叶片伸出植株顶部后，随即逐渐展开，展开的速度也因叶位而不同。春播玉米和夏播玉米叶的展开速度也不一样，春播玉米生长期所处的气温低，展开较慢，夏播玉米生长期所处气温高，雨水多，展开较快。此外，水分养分充足，出叶速度也快，因此在生产上可以通过控制水肥调节叶片生长。谭昌伟等（2005）研究表明，叶面积指数（LAI）随生育进程呈抛物线单峰变化，出苗后 55d 左右时各氮肥处理的 LAI 差异最显著；平均叶簇倾斜角（$MLIA$）在抽雄期达到最大且随施氮量的增加而变小；散射辐射透过系数（$TCDP$）和直接辐射透过系数（$TCRP$）随生育进程和施氮量增加均呈递减的趋势，直接辐射透过系数随天顶角增加呈先增后减的趋势；消光系数在抽雄期最小，且随天顶角增大而增大，随施氮量的变化因生长期而异，叶片分布值（LD）随生育进程和施氮量呈增加趋势，随方位角增大呈先增后减的趋势。

　　3. 叶面积与光能截获　　在田间，光能的分布随叶面积由顶向基部不断增加而下降，并且光照度递减符合 Bell - Lanmede 定律。

　　李艳等（2010）的研究表明，水稻群体向上累积叶面积指数的垂直分布呈 S 形曲线，符合 Logistic 方程（$R^2 > 0.99$）。PAR 截获率（$FIPAR$）与向下累积叶面积指数之间的关系可用方程 $FIPAR = \alpha \times (1 - e^{-K \times LAI})$ 来定量描述（$R^2 > 0.86$）。于洪飞等（1995）研究表明，LAI 过高使植株下层叶片光照减弱，群体光合同化量显著减少，导致减产。$LAI < 5$ 时，能有效增加群体光合势和经济系数，$LAI > 5$ 时，能调整冠层的空间光分布却不能增加冠层的截光能力。所以生产中只有建立适宜的群体结构，形成

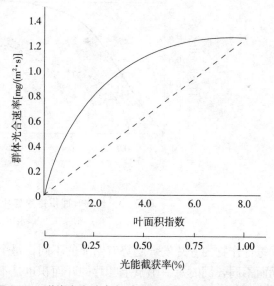

图 5 - 6　群体光合速率与叶面积指数（光能截获的关系）

适宜的 LAI 值，才能产生最大的光合生产量，形成强大的产量源。Brougham（1965）通过对 LAI 与光辐射截获量和作物生长率（CGR，单位时间、单位土地面积上干物质积累量）之间的关系观察，发现当群体 LAI 增加到截获光辐射量的 95% 时（被认为是最大截获量），再增加 LAI，就不能增加 CGR，截获光辐射量 95% 时的 LAI 称为临界叶面积（图 5 - 6），此时群体基部的光辐射量，对多数植物而言，处于光补偿点。颜景义等指出，最适 LAI 最终取决于入射光照度和株型，光照度越强，最适 LAI 越高；消光系数（K）越大，最适 LAI 越小。例如，小麦 LAI 随生育时期的变化为偏态抛物线状，开花期达到最大值。玉米 LAI 的变化通常分为迅速上升、高值持续和缓慢下降 3 个阶段（薛吉全，

1993)。胡昌浩等（1993）测得玉米不同层次群体光合速率表现为，紧凑型中层＞上层＞下层，平展型上层＞中层＞下层。沈秀瑛（1993）的研究表明，当群体最大 LAI 由 3.44 增加到 5.50 时，冠层中部透光率由 24.2％下降到 6.0％，光合有效辐射由 390.0 uE/ （$m^2 \cdot s$）减少到 106.7 uE/（$m^2 \cdot s$）。因此，只有合理提高叶面积指数才能实现增产。在一定范围内产量与叶面积成正相关，挑旗期叶面积系数最大，最大叶面积系数为 5～6 时产量最高。各时期适宜叶面积系数为：冬前 1 左右，起身 1.0～1.5，拔节 3～4，挑旗5～6，灌浆 4 左右。要提高产量必须合理加大叶面积，延长功能期。

4. 个体不同叶位的叶片变化与功能特点 不同节位的叶片对产量的效应一般是中部叶片大于上部叶片，上部叶片大于下部叶片，穗位叶及其上下两叶（棒三叶）对产量的作用最大。作物不同节位的叶片，对植株各器官所起的作用是不一样的，如玉米越是基部的叶片，对根系所起的作用越大；中部叶片对茎秆和雌穗生长起的作用较大；上部叶片对籽粒生长起重要作用。但即使是同一节位的叶片，在不同生育时期对各器官所起的作用也有变化。玉米在某一时期形成的叶片，为建成特定器官奠定了基础，也就自然地形成了上述不同节位叶片之间大体上的分工。玉米在某一生育时期的主要生长器官，可称之为生长中心（如根、茎、穗、粒等器官），为生长中心器官提供光合产物的主要叶片，可称之为供生长中心叶（如根、茎、穗、粒叶组等）。但玉米全株叶片是一个有机整体，叶片分组是相对的，叶组之间存在物质交流和补偿作用。当玉米生长中期，根叶组叶片衰亡时，根系需要的光合产物则转由茎（雄）叶组供给。当生育后期，茎（雄）叶组衰亡时，根系需要的光合产物则由粒叶组供给。穗叶组制造的光合产物主要供给雌穗的发育和籽粒的生长。从研究资料中综合分析，如果将玉米供生长中心也按其供长中心器官的生理功能可划分为4组：第一组为根叶组，对根系的生长影响最大，出叶速度快，叶面积小，功能期短，根叶组的叶片对应的叶龄指数区间为 0～30％；第二组为茎（雄）叶组，对茎秆的生长和雄穗的分化影响最大，出叶速度慢，叶面积较大，功能期长，茎叶组的叶片对应的叶龄指数区间为 30％～60％；第三组为穗叶组，主要影响雌穗的发育，叶片生长速度快，叶面积大，功能期长，穗叶组的叶片对应的叶龄指数区间为 60％～80％；第四组为粒叶组，影响籽粒形成与充实，增长速度快，叶面积较大，功能期短，粒叶组的叶片对应的叶龄指数为 80％～100％（表 5-3）。

表 5-3 叶片分组与供长中心器官

序号	按部位分	按功能分	供长中心器官	叶龄指数	生育阶段
1	基部叶组 （1～5/6 叶）	根叶组	根系	0～30	出苗～拔节
2	下部叶组 （7～11 叶）	茎（雄）叶组	茎秆（雄穗）	40～60	拔节～大口
3	中部叶组 （11～15 叶）	穗叶组	雌穗	60～80	大口～孕穗
4	上部叶组 （15 叶以上）	粒叶组	籽粒	80～100	孕穗～开花

玉米全株叶是一个有机整体，叶片分组是相对的，叶组之间是有交叉的，彼此之间存在物质交流和补偿作用。小麦绿叶功能的分组根据着生部位，形成早晚及功能分为：①近根叶片（5～8 片），包括冬前 1/0～8/0 片叶和春后第一叶，着生在分蘖节上，在拔节前定型，其功能是供生根、分蘖、培育壮苗，制造的光合产物贮积在分蘖节叶鞘里面供小麦越冬生长用，年后供中部叶片生长，供早期幼穗分化和基部茎节的生长。②基生叶（4～7 片），着生于地上茎秆上的叶片。包含：中部叶片，在拔节～孕穗期定型和进入功能盛期，指除旗叶和倒二叶以外的 2～3 片茎生叶（9/0～11/0），其功能主要是供给茎秆充实，上部叶片的生长发育，穗的进一步分化；上部叶片，包括旗叶和倒二叶，其功能是供给花粉粒的正常发育，开花、授粉和籽粒形成，直接影响籽粒的大小和饱满度。了解不同节位叶片和叶组的生理功能，在生产上是非常重要的。通过观察叶片的伸展过程，判断玉米的生长时期，掌握生长中心，从生长中心着眼，从供长中心叶入手，采取相应的调控措施，达到高产之目的。

三、生育期光合势生理

生育期（D）值一方面和品种的生育特性有密切的关系，品种的生育期长，叶面积的持续时间相对比较长，进行光合作用的时间就比较长，产量相对较高，另一方面，生育期的变化是作物要求积温条件与当地温光变化的协调结果。除积温要求之外，光照条件和营养、水分也对生育期有一定的影响。作物产量性能主要指标动态特征均是以 D 值的变化而变化的，根据生育进程明确所对应的主要产量性能参数指标是栽培技术调控的重要依据。

光合势（LAD）是指叶面积与其进行光合作用的时间之乘积，单位是 $m^2 \cdot d$。光合势的消长规律同叶面积指数的状况一致。从高产角度要求前期光合势增长速度快一些，中期光合势高稳定时间长一些，后期下降速度慢一些为好（图 5-7）。光合势反映了叶面积大小及叶片功能时间长短这两个因素：

$$光合势 = \frac{某一时期内开始一天的每亩绿色面积（m^2）+ 该时期最后一天的每亩绿色面积（m^2）}{2} \times 该时期总天数$$

通过产量性能的相对化 LAI 动态模型 $y =（a + bx）/（1 + cx + dx^2）$（分式方程）不仅可以进行 LAI 动态模拟，还能对作物群体 LAD 以及平均 LAI 等重要参数进行估算。

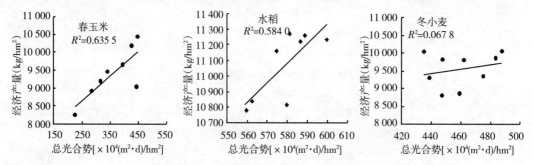

图 5-7　3 种作物总光合势与产量的关系

以上方程的积分形式为：

$$RLAD = \frac{b}{2d}\ln\left(x^2 + \frac{c}{d}x + \frac{1}{d}\right) + \frac{2ad - bc}{d} \frac{1}{\sqrt{4d - c^2}}\arctan\frac{2dx + c}{\sqrt{4d - c^2}}$$

通过光合势与产量分析，在三大作物高产中，光合势在高产中发挥重要作用。

四、平均净同化率生理

（一）净同化率的变化规律

植物净同化率是指植物个体或小群体在一段时间（数天）内，单位叶面积在单位时间积累同化物的多少。该值除去了植物呼吸消耗，因此叫净同化率。它可反映植物个体或群体在一个时期内的光合特性。净同化率反映冠层内各叶片的平均光合效率，是物质生产能力的反映。作物净同化率的高低，直接影响到植株干物质积累。在计算时，净同化率是指单位时间内单位叶面积所形成的干物质，单位为 g/（m² · d），它和光合势之积即为生物产量。

$$净同化率 = \frac{某一时期内每亩植株增加的干物重（g）}{该时期的光合势（m^2 \cdot d）}$$

实际上对作物产量发挥重要作用的是平均净同化率，在实际中难以测定，利用产量性能的公式中平均叶面积指数变得较为容易与准确。平均净同化率计算为：

平均净同化率（$MNAR$） = （$EN \times GN \times GW$）/（$MLAI \times D \times HI$）

净同化率也可进行模拟获得相应的动态模型，但实际上受各种因素的影响，难以准确进行模拟。玉米群体净同化率（NAR）在生育过程中呈下降—升高—下降的 M 形变化趋势，在整个玉米生育期，净同化率出现 2 次高峰期，一次出现在出苗后 35（拔节期）～56d（大喇叭口期），另一次出现在出苗后 93（灌浆期）～106d（乳熟期）。净同化率的阶段性变化，反映了各叶位叶片光合能力的差异。生育前期，光合能力较强的上位叶片不断长出，叶片不相互荫蔽，所以净同化率提高很快；随着植株继续生长，叶片相互荫蔽，平均受光强度降低，净同化率开始下降，到生育后期，籽粒灌浆需要大量光合产物，加上下部叶片死亡，叶片平均受光强度升高，净同化率转而升高；成熟期，玉米叶片衰老，净同化率降低（图 5-8）。

各品种之间在灌浆到乳熟期的 NAR 差异极显著，乳熟期到成熟期的 NAR 差异显著，在其他生育期差异不显著，吐丝前平均净同化率差异不显著，吐丝后差异显著。净同化率的阶段性变化，反映了叶片光合能力的差异。拔节期前，主要以营养生长为主，叶片光合效率高，净同化率也高；拔节期到灌浆期，由于营养生长与生殖生长加剧，籽粒灌浆期需要大量光合产物供应，并且植株郁蔽，光合产物供应量小于籽粒需求量，净同化率降低；灌浆期到乳熟期，籽粒逐渐充实，叶片光合效率仍保持较高水平，光合同化物供应高于籽粒需求量，净同化率升高；乳熟期后，叶片衰老，叶片光合速率下降，净同化率下降。净同化率之间的密度差异，说明随着密度增加，群体拥挤，植株中下部叶片光合速率降低，影响净同化率，密度越高，净同化率越小。一般来说，C4 作物净同化率大于 C3 作物。

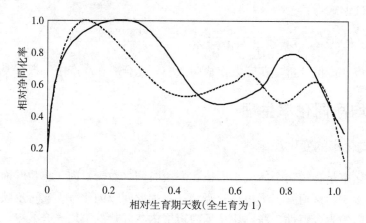

图 5-8　相对净同化率与生育期天数的相互关系

（二）净同化率与群体光合速率之间关系

1. 净同化率与群体光合速率随叶面积增加时的关系　净同化率与群体光合速率是反应群体光合能力不同的两个方面。净同化率是以单位叶面积上单位时间的同化形成的干物重为单位，表明叶片平均光合能力，而群体光合速率是以单位测定土地面积上吸收 CO_2 能力的表示，实际上是地上所有叶片共同光合能力的表现。图 5-9 表示两者之间关系。净同化率随叶面积指数增加呈现下降趋势，而群体光合速率是随着叶面积指数的增加而增加，当增加到一定程度，增加缓慢或不增加。这种变化与作物生长率相似。一般来说，C4 作物群体光合速率也大于 C3 作物。

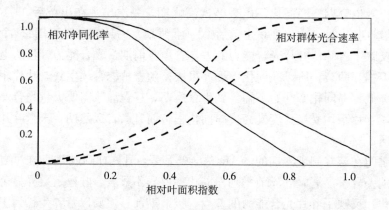

图 5-9　作物净同化率与群体光合速率之间关系

2. 净同化率与群体光合速率在产量中的重要作用　群体净同化率反映了冠层内叶片的平均光合速率，它往往受群体结构和外界条件的影响。不同生育时期的净同化率不相同。据王忠孝等报道，群体净同化率出现 2 个高峰，出苗～拔节 2.25μmol/（m² · s），拔节～大喇叭口 2.70μmol/（m² · s），大喇叭口～授粉后 15d 1.93μmol/（m² · s），授粉后 15～25d 2.95μmol/（m² · s），授粉后 25～35d 0.90μmol/（m² · s），授粉后 35d～成熟 0.85μmol/（m² · s），平均为 1.90μmol/（m² · s）。据研究，延长花粒期群体光合的高值持续期，保证光合源的充分供应；增加籽粒有效灌浆期，提高乳熟后的灌浆速率是玉米高产关键。开花到成熟的时间长短和籽粒产量呈正相关，而有效灌浆期（最后籽粒干重与籽粒直线增长期籽粒平均增重的比率）比开花到冠层形成时间与产量的关系更密切。延长群体光合的高值持续期，以保证源的供应，将籽粒有效灌浆时间由开花后 40d 延长到开花后 50d（并不延长植株总生育期），增加后期的干物质积累，把目前每公顷 11.25t 的产量水平提高到 15t 是完全可能的。提高作物群体的光合作用效率和物质生产能力主要在于改善冠层的通风透光能力，增强群体的光合性能。因此，要提高玉米产量，必须从适当增加肥水、合理密植、增加光合势着手，同时也要注意采取措施，提高后期净同化率，并改善光合产物的分配和减少光合产物的消耗。徐克章等（2001）研究表明，玉米品种冠层内光量子密度的日变化呈早晚低、中午高的单峰曲线变化。冠层内光量子密度的分布为上层叶＞中层叶＞下层叶。高产群体穗位叶透光率大于 25%，截光率在 95% 以上。

王珍等（2001）研究表明，不同株型品种在其最适种植密度下 LAI 和 Pn 在整个生育期内均呈单峰曲线变化，在灌浆期最高。随种植密度增加，群体 LAI 增加而单叶 Pn 降低。玉米冠层内单叶光合速率的变化规律是上层叶＞中层叶＞下层叶，高产群体的适宜 LAI 为 4.5~4.6，单叶平均 Pn（CO_2）为 36.0~39.0μmol/（$m^2 \cdot s$）。曹娜等（2005）发现，实现玉米产量增加必须构建合理的冠层结构，减少前期光能损耗，在吐丝至乳熟期间，保证叶片维持较长的功能期。高产玉米群体在大喇叭口期至吐丝期叶面积指数（LAI）为 4.0~4.6，乳熟期不低于 3.2，吐丝期平均净光合速率（CO_2）为 31.2μmol/（$m^2 \cdot s$）。吕丽华等（2007）研究表明，中低密度下，不同穗型品种穗位上部茎叶夹角不同，小穗与中穗型品种为 13.6°~14.2°，大穗型品种为 18.5°~19.3°；吐丝期 LAI 5.6~6.8，成熟期 LAI 2.2~3.7，群体中上层叶片 Pn33.6~43.8μmol/（$m^2 \cdot s$），穗位层透光率 13.40%~19.45%，底层截光率高于 96%。

（三）与净同化率相关的个体光合性能

1. 单叶光合速率与物质生产关系 单叶光合速率与物质生产和产量关系由于层次上的不同，表现出二者之间关系出现多样化，可能是正相关、无相关和负相关。这主要是不同作物、不同产量水平和不同的环境影响而造成的不同结果。当产量低，叶面积指数低，作物产量主要取决于光能的截获，单叶的光合率是其中一个因素，而不是主导因素表现出相关性差。当产量进一步提高，光合速率可能成为主导因素，而呈现出密切相关。近年来，在高产条件下的研究多表现出光合速率与干物质及产量的关系呈显著正相关，如胡昌浩等（1993）对大田每亩 750kg 高产条件下紧凑型玉米掖单 4 号和平展型沈单 7 号群体光合量与干物质生产关系的研究（胡昌浩等，1993），陈集贤等（1994）报道了青藏高原灌区 20 世纪 50~90 年代春小麦品种净光合速率对产量的贡献随品种产量水平的提高而增大。

2. 单叶一生的光合速率变化 植株单叶一生中光合功能期表现为：光合功能成熟阶段占到整个生育期的 20%，光合功能维持阶段占 50%，光合功能衰退阶段占 30%。在衰退阶段又可以分为缓衰阶段和速衰阶段（图 5-10）。由图可以看出作物不同叶龄光合作用和光照度的关系：壮叶＞幼叶＞衰老叶＞死叶。可以通过采取相应栽培措施延长作物的壮叶持续时间，延缓叶片的衰老，进而延长叶片的光合功能期，提高作物产量。春玉米单叶片一生光合速率的动态变化呈不对称单峰曲线。早期的叶，功能期短，光合速率峰值出现快，下降也快；后生的叶片，随功能期延长，峰期推迟，下降缓慢。所以，叶片出生早晚、功能期长短与其光合速率最高值、持续期存在相关关系。植株不同叶位叶片光合速率表现为中位叶＞上位叶＞下位叶。中位叶组光合速率高，既与叶片复杂的结构相关，又与其叶面积大、叶绿素含量高、叶片功能期长相关。对春玉米一生单叶光合速率研究还表明，中位叶组叶片光合速率峰值持续期长，这无疑是中位叶组对籽粒贡献大的原因。因此，通过延长叶片功能期特别是中上位叶组叶片光合速率高峰持续期，可提高玉米的籽粒产量。

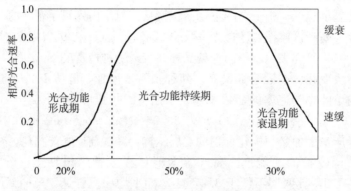

图 5-10　作物单叶一生的光合速率变化

叶片是玉米光合作用的主要器官。冠层内高光、富含 CO_2 对玉米生长发育有重要影响（Modarres，1996）。郑丕尧等（1981，1986）、李雁鸣等（1990）从不同叶位、日变化和生育期变化规律对玉米光合速率进行研究发现，玉米光合速率随着光照度的增加而增加，最大光合速率与叶片厚度、比叶重和单位面积的叶绿素含量呈正相关（Louwerse et al.，1997）。

3. 不同叶位光合速率　玉米不同叶位叶片光合速率的变化，对抽雄期至散粉期、出苗后植株不同叶位叶片光合速率的研究表明，表观光合速率总的变化趋势是中位叶＞上位叶＞下位叶。随营养均衡程度提高，光合速率普遍增大，其中氮处理对下位叶，氮、磷处理对中位叶，氮、磷、钾处理对上位叶的光合速率提高更明显。中位叶片的结构复杂，叶肉维管束鞘特别发达，多环叶肉细胞比例大，叶绿素含量高（王群英，1998），同时，抽雄散粉期，中位叶片处于适龄期，生长代谢旺盛，因而光合速率最高，而下位叶片处于老龄期，组织老化，光合能力降低，上位叶居中。梁宗锁认为，不同叶层间光合作用的变化主要受制于光照度的变化。徐克章对水稻叶片光合作用的研究也得出相同的结论。从而使各层叶片光合速率保持较高水平高光强下，作物不同叶位的最大光合速率是不同的，玉米类作物中部叶片（尤其是棒三叶）光合速率较高，稻麦类的光合速率随叶位的升高而增大。可见最适宜的 *LAI* 能够维持较高光合速率，且持续期长；冠层内光分布具有适宜的层次性，有利于群体截获较多的光合有效辐射（图 5-11）。

4. 作物光合速率日变化

（1）光合作用午睡现象　在自然条件下，植物光合作用的日变化曲线大体上有 2 种类型：一种是单峰型，中午光合速率最高；另一种是双峰型，上、下午各有1高峰，双峰型中午的低谷就是所谓的"午睡"。翁晓燕等指出水稻光合日变化因季节、环境和内部生理因子变化而有很大差别。水稻光合最适温为 25～30℃，在最高叶温不超 32℃，土壤水分充足，空气相对湿度适宜（60％左右）的情况下，光合日变化为典型的单峰曲线，最高光合速率在 11：30 左右；在最高叶温超过 35℃，空气相对湿度低于 40％时，田间栽培的水稻会出现典型的"午睡"现象。唐微等研究认为连续晴天条件下，水稻光合速率日变化为典型的双峰曲线，而连续雨天后初晴，其光合速率日变化为单峰型。

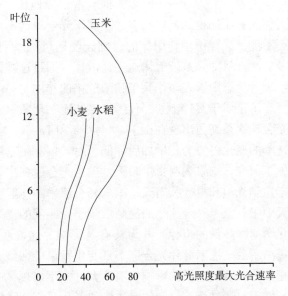

图 5-11　作物不同叶位光合速率 ［（μmol/（m² · s）］

玉米叶片光合速率日变化呈单峰曲线（赵明等，1991；盛晋华等，1997）。玉米植株不同叶位叶片的光合速率表现为中位叶＞上位叶＞下位叶，光合速率在空间分布上的差异原因可能是研究选用的品种不同。群体光合速率和单叶光合速率日变化的差异表现为单叶测定时光合速率有"午睡"现象（王庆成等，2001）。

（2）光合作用午睡原因　农作物的生理产量和经济产量都是在某一特定的外在生态条件下遵循该作物的生理内在规律而形成的。在生态条件日变化动态中研究作物的生物产量的形成（在日变化动态中形成）是研究评估农作物全生育期生产力的基础。占国内大多数 C3 属的农作物在国内多数生态区存在"午睡"现象，这给农作物的产量带来连年、持续的严重损失，它是无形的。C4 属农作物之所以不表现"午睡"只不过是在光合日变化动态中，影响中午光合下降的某些消极因素被 C4 植物特有的光饱和点高、CO_2 补偿点低等积极因素所抵消、冲淡而被掩盖罢了。对农作物"午睡"原因的探索主要是广泛地从诸多生态因子、生理因子中从其日变化与光合作用速度日变化平行关系做相关分析，某项因子与光合速度关系的单项试验，主要因子的验证试验等综合评定或排除该项因子为"午睡"的原因与否。较为趋于一致的认识是中午气温升高，空气湿度降低，大气饱和压差加大引起气孔开度减小或关闭、叶水分状况变劣（水势值降低、饱和亏加大）是"午睡"的主要因素。有人认为大气 CO_2 浓度下降、气温上升超过适温是"午睡"的诱因。但由于人们研究时所处生态条件、作物所处生育阶段的差异因而对三者作用大小、有无认识上有不小差异。"午睡"是否与生物节奏有关？黄卓辉有此推论，余彦波等的研究予以排除，其他研究者多数未涉及。在这段期间人们多认为中午超过光饱和点的日照不是"午睡"的诱因。人们尚未认识到较长时间的超光饱和点的强光是导致光合"午睡"形成的光抑制机理。到 2003 年为止，结合国内各农作物在其主产区生态条件下针对"午睡"光抑制的研究共发表了论文 62 篇，论及作物 71 次，涉及作物 32 个。明确了导致"午睡"的非气孔限制因素是因为有一个时段光抑制占主导地位。C3 作物光饱和点低、受光抑制的光合损失较大。所测得的光抑制多数不属于光合机构不可逆破坏、失活，而是把超光饱和点强光下不能被光合作用利用掉的过剩光能通过一系列保护性防御性机制，叶黄素循环、光呼吸、活性氧清除系统等诸途径耗散掉。通过这些研究逐步清晰地展示出在各生态条件下诸生理、生态因素在该作物午睡形成中的作用。

玉米属于 C4 植物，不存在"午睡"现象（王珍等，2001；张振平等，2009），日净光合速率最高值出现在正午，14∶00 和 16∶00 净光合速率低于 8∶00 和 10∶00，净光合速率的变化趋势为先增加后降低。对 C4 植物玉米叶片光合效率日变化，1993 年许大全等做了研究，结果表明：①晴天，玉米光合速率中午出现峰值，与光照度同步，全天光照度未达到光饱和点。②晴天，玉米光合速率随光照度而提高，其峰值滞后于光照高峰。③晴天中午，玉米光合速率的提高依赖于光照度的提高。④光照度提高对 F_v/F_m（光系统 II 光化学速率高低的指标）并无甚有益影响。这说明光照度对光合速率的促进并非因 F_v/F_m 提高所致。玉米叶片光合速率日变化呈单峰曲线，与光照度、温度的变化趋势基本一致。相关分析表明光照的影响比温度大，并不出现"午睡"，如钾素在午间高温低湿、高光照条件下，通过调节细胞的渗透势和气孔开闭，降低蒸腾速率，维持叶片水分，使光合代谢在较好的条件下运转起了重要作用。

5. 作物生育期的光合速率变化　从生育期角度分析，玉米群体全生育期光合速率有单峰、双峰、多峰型等变化规律，但由于测定时的环境条件不同（蒋钟怀等，1988；胡昌浩等 1990；Louwerese et al.，1990；冯春生等，1994），春玉米生育期间叶片平均光合速率呈双峰曲线，峰值分别出现在拔节期和灌浆期。拔节期是叶片吸收氮素高峰期，灌浆期籽粒对光合产物需求剧增，是吸收磷素的第二高峰期，故光合速率提高与叶片自身生理调节作用密切相关。因而认为，叶片平均光合速率的变化与叶片对氮素、磷素的吸收代谢、叶龄和器官对光合产物的需求程度相关。开花前叶片光合作用形成的光合产物只是用于建造营养器官，为产量的形成奠定基础，而不是直接用于形成经济产量。同时，营养生长阶段叶片面积增长较快的是冠层形成阶段，群体在发展到互相遮阴之前则叶面积的快速增加对干物质增长的贡献比光合速率更大。由于大多数作物经济器官产量的 70%～90% 来自开花后的光合作用，且开花时群体已相互遮阴，增大叶面积对作物光合成没有太大作用，此时光合速率就成为影响干物质生产的主要因素。大部分光合速率与作物产量呈正相关的结果都是来自开花后的产量形成阶段。Nalborczyk 也曾指出，籽粒产量由抽穗后籽粒灌浆初、乳熟和蜡熟三个时期的光合作用强度所决定，应当重新考虑禾谷类作物产量形成中叶片光合速率所起的重要作用。另外，新疆玉米高产区多出现在气候比较冷凉的地区，这与后期叶片保绿性好、叶片光合速率高、功能期维持长有关。在不同生育时期不同基因型叶片光合速率的高低表现是不一致的。李少昆等（1996）曾测试了 20 个玉米自交系在拔节期、大喇叭口期、抽雄吐丝期、乳熟期和蜡熟期的叶片光合速率，结果仅相邻 2 个时期之间自交系光合速率表现出显著正相关，其他时期之间相关均未达到显著水平。说明不同基因型光合速率在不同生育期表现出明显的波动性。此外，作者的研究还表明，玉米光合活性的杂种优势也会因生育时期的不同而变化，在小喇叭口期甚至表现出负相关。由此可见，不应当预期作物发育的任何阶段叶片光合速率均与产量成正相关。对此，有些学者提出一个群体季节光合作用的概念，可以从群体净光合速率的时间进程曲线下面的面积来估算。

五、作物产量与叶系统结构功能的优化

(一) 光合生产能力与叶系统多种因素相关

作物经济产量的高低是由光合生产力和呼吸消耗及经济系数的大小决定的。其中光合生产力大小又以光合速率高低、光合面积大小和光合功能期长短为转移（许大全，1999）。因此，通过调整作物的 $MLAI$、D、$MNAR$，提高作物的光合生产能力，实现作物的高产。作物的产量取决于其光合效率、光合面积和光合时间。一般说来，光合效率高、光合面积适当大、光合时间长、光合产物消耗少、光合产物分配合理，就能够获得高产。事实证明，要实现玉米高产目标，必须从玉米的生理生态出发，在育种中改良玉米品种的光合效率基础，依靠栽培技术措施的改进来提高玉米的光能利用效率。目前，提高光合效率的研究尚无新的进展，因此增加光合面积是提高玉米产量的重要途径。大量研究结果表明，在一定范围内玉米叶面积指数与产量呈正相关，因此进一步提高玉米叶面积指数是获得高产的保证。玉米高产必须依靠合理的群体来实现。玉米群体叶面积大，才能截获更多的太阳光能。叶面积与产量在一定范围内呈正相关关系，因此高产的玉米群体必须有较高的叶面积指数。但是，玉米在光能截获上常常存在两个明显的缺欠：一是苗期至封垄前这段时间叶片不能充分覆盖地面；二是生长的中后期叶面积衰减较快，漏光损失较大。为了克服这两个缺点，应尽量促进玉米前期的生长，使叶片尽早达到最佳状态，减少前期光能漏射损失，从而截获更多的光能。另外，在追求较高的叶面积指数的同时，还要保证叶片维持较长的功能期，尤其是开花吐丝后，光合产物主要流向穗部，是籽粒产量形成的最佳期。若玉米灌浆期叶面积衰减过快，叶片形成的光合产物少，流向籽粒的光合产物明显不足，最终导致产量下降（曹娜、于海秋等，2006）。光合作用和呼吸作用是所有绿色植物最基本的生理活动和生长、发育的原动力（范和伦，1990）。作物生长、发育和产量形成实际是植株光合作用合成和呼吸作用消耗之间的差额，即净光合物质积累、分配和转移的结果（王世耄，程延年，1990）。

(二) 叶系统衰老延缓与产量性能

1. 衰老特征

（1）衰老形态特征　　叶片衰老是植物生长发育过程中的一种器官水平上的程序化死亡过程。叶片的功能期指叶片面积达最大后到开始衰退持续的时期，当叶片有 30% 变黄时，其所制造的养分不能满足自己消耗即进入衰老期。绿色功能叶并非随着新生叶片的增加而不断增加，当小麦主茎 6～7 片叶出现时，第一至二片叶开始进入衰老期，以后新生叶不断出现，老叶也不断衰老死亡，一般一株上保持功能期的叶片只有 4～5 片。随着叶片衰老，组织老化，其捕获光能和转化成化学能的能力均减弱，光合速率明显下降。因此，尽管幼嫩叶片和衰老叶片的叶绿素含量相当，但老叶的光合速率显著降低。小麦叶片衰老各阶段的表现研究表明，衰老以前全叶保持绿色，从叶尖变黄至叶片全枯整个过程中，依叶

色形态可分缓慢衰老阶段、快速衰老阶段和失水枯死 3 个阶段。在缓慢衰老阶段，叶尖开始变黄至该叶长的 50% 左右；快速衰老阶段，由黄叶叶长至全叶变黄；失水枯死阶段，由叶片全黄至全部干枯（李雁鸣）。最明显的外观标志是植物叶色由绿变黄直到脱落，而在细胞水平上表现为叶绿体的解体。李雁鸣等（1988）对小麦叶片衰老期间叶肉细胞的内部形态观察表明，叶片衰老以前，叶绿体较大，由多角形转为略呈圆形；缓慢衰老阶段，叶绿体变小，但仍充满细胞；快速衰老阶段，叶绿体继续变小并逐渐消失。在形态结构上，叶绿体降解时迅速失去淀粉储存，外形变圆，并移向原生质体中心（Wittanbach et al.，1982）。在叶绿体形态改变的同时，叶绿素含量迅速下降。

（2）衰老生理特征　当植株衰老时，叶绿素含量下降，蛋白质等多种内容物释放，光合磷酸化能力降低，膜脂过氧化加剧，游离氨基酸积累，腐胺含量上升而精胺含量下降，细胞分裂素（CTK）含量下降，脱落酸（ABA）含量上升，多种酶活性改变等。分子水平上，许多生物大分子物质如蛋白质、膜脂、RNA 等降解形成的氮素等营养物质被转运至幼嫩的叶片、发育中的种子，加以重新利用和储存（Clausen 和 Apel，1991）。玉米的研究表明，叶片衰老、叶绿素和可溶性蛋白减少，与叶绿体数量下降密切相关。对叶绿素 a 与叶绿素 b 比值的变化也有许多研究，表明叶片衰老期间其比值下降，叶绿素 a 的下降速度快于叶绿素 b（Woolhouse，1974；徐竹生等，1986）。Goldthwaite 等（1967）和张荣铣等（1992）对离体叶片失绿进程模式的研究表明，叶片衰老期间叶绿素的丧失分成滞后相与对数相两个阶段：在滞后相内，叶绿素总量的减少较为缓慢，每天＜5%；进入对数相，叶绿素的丧失快速进行直到降至初始总量的 20%。从离体叶片的这种失绿进程模式中看出，滞后相越长，叶绿素快速降解进程越慢，叶片的功能期就长。相关分析得出叶绿素 a＋叶绿素 b 含量的速降比 Pn 的速降晚，即叶绿素 a、叶绿素 b 及叶绿素 a＋叶绿素 b 的含量比 Pn 的速降晚，但叶绿素 a、叶绿素 b 及叶绿素 a＋叶绿素 b 含量与 Pn 之间的相关均不显著，表明两者之间不存在简单的因果关系。现代细胞学的探讨对叶片衰老的解释有两个方面，一是含氮物质、DNA、蛋白质、叶绿素等合成减弱和分解加强；二是围绕液泡的内质网膜的破坏而导致原生质体的解体（娄成后等，1973）。叶的衰老往往与叶片中可溶性蛋白的减少密切相关（Paterson et al.，1975；Thomas et al.，1980；Wittenbach，1978；Wool - house et al.，1976）。RuBp 羧化酶含量占叶片可溶性蛋白的 50% 左右，其含量与叶片光合活性密切相关，在叶片衰老最初阶段，RuBp 羧化酶含量即有所减少（Friedich et al.，1980；Peterson et al.，1975）。在叶片衰老过程中 RuBp 羧化酶减少的同时，伴随着其活性的减弱（张荣铣等，1992；任冰如，1991；顾万昌，1992）。

2. 衰老与品种　不同品种玉米间叶片衰老发生和发展的差异较大（Willman et al.，1987），保绿型品种的叶片在籽粒成熟期仍保持绿色，而速衰型玉米的叶片过早失绿，衰老死亡（Bekavac et al.，1998）。保绿型玉米生育后期叶片具有较高的光合活性，较高的蛋白质、蔗糖及脂类含量，较低的纤维含量，根系建成早，根系活力在籽粒灌浆期达到高峰后开始下降，而速衰型品种比保绿型品种下降的时间早、速度快（Ward，1984）。由此可以推测：叶片的衰老很大程度上是由根系的衰老引起的。紧凑型玉米在土壤深层根量多、气生根多、水平分布紧凑、耐密植、受密度变化的影响小是其高产的重要原因（刘培利，1994；宋日，2002、2003）。赵明等（2010）根据玉米农田普遍存在的耕层浅、犁底层紧实的实际情况，发明了条深旋精细播种技术，打破犁底层，促进了玉米根系的生长发育，使玉米保持合理的根冠比，延缓了玉米叶片的衰老，在高密度条件下增产效果明显。同样，不同的化控处理同样可以起到延缓根系和叶片衰老、维持高产稳产的功效。

3. 衰老与密度 玉米在不同种植条件下，因其受光条件不同表现为叶片衰老程度不同，密度增加，群体内透光性减弱，叶片功能期缩短，衰老进程加快（罗瑶年等，1994），同一基因型玉米生育后期光能利用率逐渐降低（徐庆章等，1995），各生育期群体内透光率均降低（王庆成等，1998；薛吉全等，2002；马瑞霞等，2006）。群体呼吸速率高密度大于低密度，后期高密度玉米呼吸消耗所占光合产物的比率大，叶片衰老变快，穗长减小，百粒重下降，秃顶率增加（董树亭等，1994）。密度对群体叶面积的大小与动态有重要影响。植株叶面积增加主要是由于高密度下生长率降低，每片叶生长的间隔增加（Megyes et al.，1999）。当 $LAI < 5$ 时，能有效增加群体光合势和经济系数；而当 $LAI > 5$ 时，协调冠层的光分布不能增加冠层的截光能力（王庆成等，1987）。11 000kg/hm² 产量水平下，郑单958适宜密度为 75 000 株/hm²，适宜叶面积指数为 5～6（田伟，2001、2004）。夏玉米实现 13 500kg/hm² 产量水平，适宜的密度为 75 000 株/hm² 左右，最大叶面积指数为 5.5 左右（东先旺等，1999）。随着密度的增加，玉米冠层结构中微环境的变化对玉米产量及品质都会产生很大的影响，冠层内不同部位的光分布与玉米的光合特性决定了玉米群体光能利用效率的高低（曹娜，2006）。随着种植密度的增大，植株下部叶片所处的环境类似遮阴状态，不仅光量子密度减少，而且其光谱组成也发生明显改变。蓝光和红光波段的光被强烈吸收，而远红光波段的反射光增加，这样植株下层叶片所受光的红光/远红光值降低（Smith，1986；Sattin et al.，1993；张吉旺，2007）。较低的红光/远红光值促使叶片中的氮素向外转运，叶片早衰（Rousseaux et al.，1999；Grancher and Gautier，1995；Maddonni et al.，2002；Borras et al.，2003）。除影响光质外，密度对穗位叶叶绿素含量和光合速率也有较大的影响，表现为密度增加，叶绿素含量提前下降，光合速率降低，出现早衰（张中东等，2002；刘武仁等，2005；吕丽华，2008；段巍巍，2007）。吐丝后是玉米籽粒建成与充实时期，叶片光合速率变化与叶片营养状况对产量形成有决定作用，在种植密度增加过程中，各品种叶片发育中的生理性状变化基本一致，均随密度升高而降低（图 5-12），其中叶绿素含量、光合速率、可溶性糖含量、碳氮比与吐丝后生育天数的拟合方程符合 $y = ax^2 + bx + c$，其拟合方程的 R^2 都达到了显著或极显著水平；全氮含量与吐丝后生育天数的拟合方程符合 $y = bx + c$（图 5-12），其拟合方程的 R^2 达到极显著水平。种植密度越大，各生理性状受的影响越大。

吐丝后，在种植密度增加过程中，叶绿素含量不是造成光合速率下降的主要原因，氮素转移是光合速率降低的主要因素，可溶性糖在 6.0 万株/hm² 和 7.5 万株/hm² 时对光合速率影响显著，叶片营养状况在 9.0 万株/hm² 和 10.5 万株/hm² 时对光合速率影响显著。不同种植密度下，叶片中氮素转移与叶绿素含量以及光合速率降低的生理机制还不清楚，需要进一步探讨。在高种植密度下，群体压力过大造成的冠层内部微环境恶化、透光率下降，是使叶绿素含量、可溶性糖含量降低，吐丝后光合速率下降的主要原因；高密度主要影响叶片碳代谢，而对氮代谢影响较小，使叶片光合速率下降，光合产物降低，氮代谢消耗的光合产物相对较高，因而碳氮比值下降，叶片衰老加快，影响吐丝后光合速率，进而

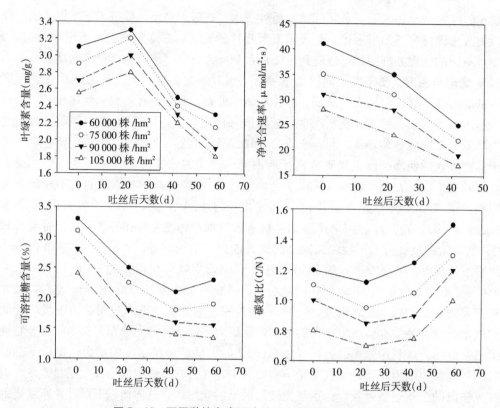

图 5-12 不同种植密度下吐丝后玉米叶片生理的变化

影响玉米产量。

　　此外，随着种植密度逐渐增加，根冠比增大，根系的衰老也会导致叶片的衰老；玉米花后结实期叶片功能的强弱和持续期的长短，主要取决于根系功能的强弱和衰老的早晚，根群发达、分布深广、活力旺盛是群体高光效的基础（Muchow，1989；梁建生，1993；胡昌浩，1998；戴景瑞，2000；孙庆泉，2003；刘胜群，2007；卫丽，2009）。总之，叶片功能期的长短对作物高产具有重要的决定作用，据测算，在作物成熟时期如能设法使功能叶的寿命延长 1d，则产量可增加 1%（Ma，1998）。因此，如何通过塑造合理的冠层结构来延缓衰老、增加灌浆期的光合能力高值持续期是玉米高产挖潜的重点问题所在（董树亭等，1997）。

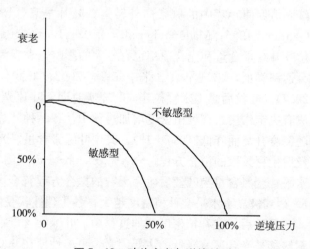

图 5-13 叶片衰老与逆境关系

　　4. 衰老与逆境　在环境胁迫下敏感型的品种衰老速度十分迅速（图 5-13），而不敏感的植株衰老的速度比较缓慢，可以维持较长时间的绿叶面积，进行光合作用，对提高作物产量有十分重要的意义。目前，人们在抗老防衰的品种选育、深松和化控等技术研究方面开展了不少工作，但玉米耐密防衰生理基础研究的薄弱已成为有目的地选育新品种、创新相应栽培措施的瓶颈。这一方面的理论研究也日益引起人们的广泛关注，尤其是将抗早衰品种和深松、化控等有效措施结合起来研究，揭示根系和叶片在衰老过程中的结构和功能变化及其调控机制，有望为建立综合性的密植、防衰高产体系提供重要的理论依据和技术指导。

5. 衰老与根系　植物根系在叶片衰老过程中起着至关重要的作用，植株的异常衰老往往是由于根系衰退所致，促进生根和提高根系活力可延缓叶片衰老（段留生等，1998）。根系在淹水、干旱、高温、营养胁迫等不良条件下都会提早和加快叶片衰老（Caers et al.，1985）。许乃霞等（2009）通过对抽穗后水稻根系活力与地上部叶片衰老及净光合速率相关性研究表明，抽穗后根系活力强的群体地上部功能叶衰老缓慢，保持抽穗后水稻根系活性可以提高植株超氧化物歧化酶（SOD）、过氧化物酶（POD）活性，降低丙二醛（MDA）含量，延缓植株衰老，提高产量。

第三节　穗系统与最终产量形成

作物的穗数（EN）、穗粒数（GN）、粒重（GW）三者之间是一个矛盾的统一体，三者之间相互调节、相互制约共同决定着作物的产量，因此只有协调好三者之间的关系才能在整体上提高作物的产量。

一、穗数形成生理

（一）穗数构成与动态特点

作物穗数（EN）是决定个体与群体之间关系的重要调节因素。产量构成三因素中，穗粒数与粒重因穗数的多少而产生相应的调节反应。在作物高产栽培中穗数的确定至关重要。按照作物生长特性，穗数的形成可分为两种：①依赖分蘖成穗（如小麦与水稻）。穗数＝单位面积的株数×单株分蘖数（包括主茎）×成穗率。其动态特征如图 5-14 所示。以冬小麦为例，成熟期收获穗数是群体分蘖的动态变化结果，冬小麦不同密度群体分蘖动态随生育期天数呈单峰曲线变化，且高密度群体总茎数较高。群体总茎数自 3 叶期至分蘖期有所增加；返青后迅速增加，至拔节中期达高峰值，之后迅速下降，至抽穗期达稳定值。黄俊岳等（1983）确定了小麦穗数与最高茎数呈 $y=a+bx$ 或 $y=axe^{bx}$ 相关，最高茎数在一定范围内与穗数呈正相关，但超出一定范围，则呈负相关。进一步建立了冬前和冬后群体分蘖动态随积温变化的模拟模型分别符合 Logistic 方程和二次多项式，通过模型可预测确定群体最高茎数、穗数、穗粒数之间相互协调和高产不倒的理论上最佳组合和最佳发育过程。②不依赖分蘖成穗（如玉米）。穗数＝单位面积的株数×（1＋双穗子率）×（1－空秆率）。以夏玉米为例，收获穗数主要受种植密度的影响，动态变化过程不明显。随密度变化主要取决于双穗率与空秆率最终影响穗数（图 5-15）。

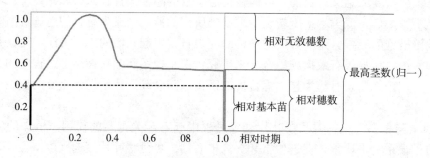

图 5 - 14　依赖分蘖成穗型穗数形成过程

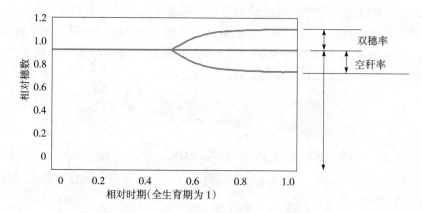

图 5 - 15　不依赖分蘖成穗型穗数形成过程

（二）影响成穗主要因素

影响依赖分蘖成穗的因素复杂。王小纯等（1999）研究表明，不同生育时期，各农艺措施对小麦分蘖影响的主效应不同：返青至拔节期，播期是决定小麦单株分蘖的首要因素，其次是播量。拔节以后，分蘖开始两极分化，至成熟期穗数稳定。小麦、水稻合理穗数的形成过程相当复杂，曾是许多学者为探索高产栽培理论和途径的研究重点。崔振岭等（2008）研究认为，在一定施肥水平条件下，土壤有机质含量和亩穗数对小麦产量的贡献最大。主要因子对分蘖成穗影响的大小为播量＞播期＞磷肥＞氮肥。播期是影响冬小麦冬前分蘖主要因子；播量主要影响春生分蘖；而播量、播期、氮磷施用量配合对分蘖成穗数起决定性作用；分蘖质量（即成穗率）不仅取决于播期和播量，还取决于施肥量的多少。寇长林等（1999）认为加强拔节期肥水管理（施肥效果与肥料施用时期）而非施肥量是提高分蘖成穗率的重要举措。陆瑞平等（2008）计算出超高茬麦套稻单株成穗数与穗粒数的二次方程为 $y=-2.311\,9x^2+19.424x+76.529$，$R^2=0.759\,2$。经过拟合方程测算单株成穗数在 4 个左右时，穗粒数多，穗型较大，对实现高产、超高产最为有利，在肥料运筹上需采取"前促、中控、后促"方案，保证麦套稻苗期快长早发、中期平稳生长、后期活熟到老。代西梅等（2000）研究了小麦内源激素变化动态及其与分蘖发生关系，不同分蘖特性的小麦品种在分蘖发生过程中其 IAA 和 ZR＋Z 的动态变化明显不同，其分蘖力与内源 IAA、ZR＋Z 及 IAA／（ZR＋Z）值有密切的相关关系。

不依赖分蘖成穗的穗数主要因素是密度，受成穗率的制约，穗数的动态变化过程相对简单。随着高产密度要求不断提高，同时缩小株行距是提高密度获得最大收获穗数重要技术措施，大量研究表明，$55\sim60$cm 的行距，超 75 000 株/hm^2 是实现 15 000kg/hm^2 基本要求。

（三）叶片与分蘖协调

作物的茎由不同的节与节间构成，其中基部节间不明显伸长，密集在一起。在小麦与水稻作物上其基部节具有分蘖能力，因此称之为分蘖节。玉米的分蘖能力相对较弱，在稀植和高肥水条件下有一定的分蘖。有的品种没有分蘖。在具有分蘖特性的小麦与水稻中，分蘖的发生部位以及数量的多少与叶片的发生有密切的关系。在个体不受限的条件下，叶片发生与分蘖产生表现出主茎最高蘖位$=n-3$，主茎某一叶片出现时，其分蘖总数（包括主茎）等于前两个叶片的分蘖之和的基本规律，称为叶片与分蘖发生理论协调关系。

在生产实际中，由于作物品种特性、群体条件、肥水管理和生态环境的不同，远低于理论协调关系。但用实际值与理论计算的比值，可以衡量个体分蘖受限的程度，以此分析技术措施的依据。

二、穗粒数形成生理

（一）穗粒数的形成

每穗粒数（GN）是决定单产的重要因素之一。Fisher 等（1986）认为，现代小麦产量的增加不仅在于减少了倒伏的损失，而且在于增加了穗粒数。即使在倒伏的情况下，产量也会增加。在玉米产量构成因素中，单位面积株数潜力相对容易被挖掘，在增产的初级阶段里种植密度发挥了重要作用。随着单产水平的不断提高，另外两个产量构成因素越来越引起人们重视（王纪华等，1994）。经大量研究表明，千粒重相对稳定，而穗粒数是一项易变的因素。在亩穗数接近饱和的高产条件下，进一步增产将主要依赖于穗粒数的增加（王志敏等，1994）。

20 世纪 70 年代以来，大量的研究探讨了禾谷类作物穗粒数形成的生理生态规律。每穗小花分化数量多少是构成穗粒数的基础。从生态因子影响来看，光照较为突出，从雌穗分化始到小花分化这一阶段的光照时数较多，有利于增加花数。顾慰连等（1992）进一步报道，穗部与根基部的光照度与未灌浆型败育籽粒数量呈极显著负相关。Reed（1988）研究认为遮光引起籽粒败育的原因是光合作用下降。小麦穗粒数由小穗数、每小穗小花数和小花结实率等因素构成。小穗分化与营养生长期长度、小穗分化持续期、小穗分化速率密切相关，日长和温度是重要影响因素。早期的 CERES—Wheat 模型认为粒数是茎秆重、品种参数和种植密度的乘积。Demotes Mainard 等将每穗粒数看作是开花期作物含氮量与茎生长到开花期之间光合有效辐射和平均气温比值的函数。Fischer 的试验证明穗粒数与开花期小穗部分的干重存在线性相关关系，其算法已经被引入 ARCWHEAT2、AFRC-WHEAT2、Sirius 等模型（Demotes Mainard 等，2001；Fischer 等，1985）。邹薇等

（2009）建立了每穗粒数相对值与累积光合有效辐射的回归方程，并且考虑了光合有效辐射和水肥丰缺因子。在干旱年份，灌水区较对照早期败育粒显著减少，使成粒数增加21.4%。土壤肥力、气温及降水等条件对小花总数也有一定影响，当超出适宜密度范围上限时，雌穗小花数明显减少。Austin 等（1980）认为穗粒数改良的生理原因是改变了开花前植株的物质分配模式。与老品种比较，现代高产品种降低了茎秆对同化物的竞争力，增加了开花前干物质向穗的分配，从而提高了开花期穗/茎（W/W）的值，可导致可育小花数和穗粒数增加。Hendirix 等（1986）和 Armstrong 等（1987）的测定表明，蔗糖及果聚糖含量与籽粒数相关。

（二）结实生理机制

粒数的多少除了小花数的基础外，重要的因素是结实性，特别是结实率高低是决定穗粒数的关键因素。激素对穗粒数的调节作用已经引起越来越多的学者关注和探讨。Reed 等（1984）曾报道了与正常籽粒相比，花期和败育完成后的玉米败育粒中含有较高水平的内源激素 ABA，较低水平的 IAA 及 CTK，并认为 ABA 对穗粒数的影响可能是直接的，也可能是间接通过降低气孔导度和蒸腾作用，降低幼穗的蔗糖吸收量，从而引起籽粒数减少（Brokove et al.，1992）。Hanft 等（1990）报道授粉刺激乙烯产生，乙烯可引起玉米籽粒败育，该结论经培养基实验得到证实。

（三）群体粒数与产量

群体粒数可作为群体库数量调控的重要指标，穗粒重在个体水平上反映了库的数量性状和质量性状的统一，可以作为库的数量和质量综合调控指标。群体粒数和穗有效粒数以及群体产量与穗粒重的关系反映了群体质量和个体质量的关系，对群体的质量调控具有重要意义。群体总粒数与花粒期群体干物质积累量呈显著正相关。在不同密度、施氮量处理下，不同株型品种的春玉米果穗花丝数品种间差异显著，适量施用氮肥可提高受精结实率，有利于扩大库容。群体花丝数与种植密度密切相关，在适宜的密度范围内，随密度的增大而增多。花粒期群体源的光合性状对库的充实及其潜力的发挥具有决定性作用，小麦产量的高低依赖于单位面积粒数的增加（Fischer 等，1985）。

（四）叶与穗协调关系

叶片的发生与穗的分化存在密切相关关系。这种关系可以用不同表示方法。一般多用的是正叶龄和倒叶龄法表示。

1. 正叶龄法

（1）叶片对应法　作物穗分化伸长期后，在麦类作物中基本是 1 叶 1 期，谷子为 2 叶 1 期，即：$Y=n-b$

式中 b 为伸长期的叶龄，Y 为穗分化时期（1—单棱，2—二棱，3—小花，4—雌雄蕊，5—药隔，6—花母细胞，7—四分体）（邵子兴，1982；朱柏亭，1982；周金树，1964）

（2）叶龄指数法　玉米多用于叶龄指数法进行叶与穗分化的关系。叶龄模式的建立，实现了器官建成在时间上对叶龄定量，为叶龄指数在调控措施上的应用提供依据和规范。以玉米叶龄作为标志，适时采用相应的技术措施，可以有预见性地控制各个器官的生长发育，从而达到高产稳产。胡昌浩等（1979）提出了叶龄与穗分化的对应关系为 $Y=-k$ $(x-100) \times 2+12$（玉米：$k=0.002\ 49$）。吴盛黎等（1994）对紧凑型玉米利用叶龄模式栽培方法确定"促、攻、补"的施肥技术。周青等（2000）指出，6～14 叶期施用穗肥都可以显著提高群体质量，表现为吐丝后群体干物质生产积累量增加，其中以 10 叶期施穗肥效果最佳。

（3）见展叶差法　见展叶差法与叶龄模式法有异曲同功之处，且操作较为方便。李淑秀等（1981）报道中熟玉米品种一生有 4 个见展叶差数，分别为 2、3、4、5，当差数由 3 向 4 过渡时，正处玉米拔节始期，差数达到 5 时为雌穗小花分化期，生产上可依据见展叶差的变化制订栽培措施。鞠章纲等（1981、1986）把"见展叶差"作为采取控制措施时期的形态指标，对春播的中、晚熟玉米品种采取"促、控、稳、攻、补"的五字促控法。章及孝等（1992）分析了影响"见展叶差"变化的因素，认为"见展叶差"有其不稳定性，是可以粗放地用以判断内部器官生长发育，并由此作为栽培措施实施的参考。叶龄模式和见展叶差法把确定栽培措施的制订依据转化到叶片的发育上，不仅操作简便，而且使玉米栽培指标判断达到简单定量化的水平。

2. 倒叶龄法　水稻的叶龄与穗分化关系可用倒叶龄法（叶龄余数），即从倒 4 叶出生后半期开始，每生 1 叶或每经历 1 个叶周期，穗分化即推进 1 期（凌启鸿，1982）。

三、粒重形成生理

1. 粒重的决定与环境影响

（1）粒重的决定　粒重（GW）是作物产量高低的重要因素之一。灌浆期和灌浆高峰期的长短、灌浆强度的高低决定其籽粒干物质积累量的多少（王文静等，2004；李军营等，2006）。冬小麦、夏玉米籽粒灌浆均呈"慢—快—慢"的 S 形曲线变化趋势，但不同作物或同一作物不同灌浆持续期品种的最大粒重（GW_{max}）和到达 GW_{max} 的时间存在差异。冬小麦籽粒开花后 7～10d 增重较慢，开花后 10～25d 快速增加，此后缓慢增加，至成熟达最大值。龚月桦等（2004）建立了多个水稻杂交种籽粒增重过程的 Richards 方程。肖淑招等（1986）研究了小麦籽粒灌浆的 Logistic 模型及籽粒灌浆与气温和灌水的非线性关系。张录达等（1998）研究了玉米籽粒灌浆过程的 Logistic 模型及籽粒灌浆与积温的非线性相关关系。蒋钟怀等（1991）建立了夏玉米中、晚熟品种籽粒灌浆与温度、光照及籽粒含水率的 Logistic 曲线关系方程。这些粒重增长模拟模型的建立为生产实践中及时采取有效调控措施，实现最大粒重潜力具有重要意义。付雪丽（2010）建立了冬小麦和夏玉米相对化 GW 动态模型（图 5-16），结果表明，其模拟方程的相关系数也均在 0.99 以上。比较两个模拟方程的关键参数值可知，a 值为最大粒重相对值，差别很小；b、c 值差异亦不显著。

（2）粒重与品种　Jones 等（1979）最早用三次多项式方程分析了 15 个水稻品种的籽粒增重过程及灌浆速率与产量构成因素的关系。任正隆等（1981）建立了小麦籽粒

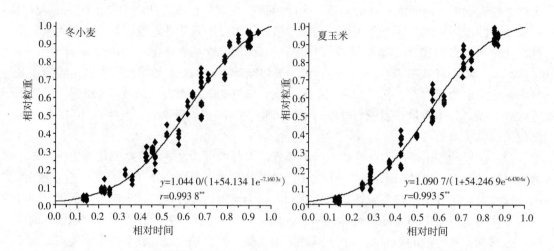

图 5‑16　冬小麦、夏玉米相对化 *GW* 变化曲线

增重与籽粒灌浆测定次数关系的三次多项式曲线方程。张晓龙等（1982）建立了小麦粒重增长与灌浆时间的三次多项式方程。林文雄等（1992）建立三次多项式回归模型模拟了一定条件下杂交水稻籽粒灌浆过程，分析了气温对杂交水稻不同时期灌浆速度的影响。李绍长等（2000）用 Richards 方程拟合了 2 个普通玉米品种籽粒的灌浆过程，认为同一品种粒重的差异是由灌浆速度决定的，不同品种粒重的差异是由灌浆持续期长短造成的。

（3）粒重与环境　小麦、玉米及水稻灌浆期高温弱光双重胁迫显著降低缓增期的灌浆速率和平均灌浆速率，弱势粒受到的温光影响比强势粒要显著（郑洪建等，2001；丁四兵等，2004；刘霞等，2007）。原因在于高温胁迫可使籽粒磷酸化酶和蔗糖酶活性减弱，不利于光合产物向籽粒中运转与卸载以及光合产物在籽粒中积累（Zheng et al.，1999）。CO_2 浓度升高可提高灌浆相对起始势、最大及平均灌浆速率，各粒位的粒重在低氮条件下明显增加（胡健等，2007）。李军营等（2006）认为提高 CO_2 浓度加快了灌浆早期籽粒的发育进程，尤其加快了籽粒宽度达到最大的日程，籽粒大小和籽粒灌浆速率提前 3d 达到最大值，但粒重无差异。原因是籽粒中的还原糖和蔗糖的含量及细胞壁转化酶和细胞质转化酶的活性显著提高，但淀粉含量和可溶性酸性转化酶活性则无明显变化，CO_2 浓度升高后，库强可能是限制籽粒充实的主要因素（Chen et al.，1994）。播期和氮肥用量不仅影响小麦、水稻籽粒灌浆的起始势、灌浆速率和灌浆时间等灌浆特征参数的大小，而且还影响品种间及强弱势粒之间灌浆特征参数的差异（袁继超等，2004；吴少辉等，2004；吴金花等，2007）。氮肥可明显促进同化物的积累及向顶部籽粒的供应，促进玉米顶部籽粒灌浆，减少败育，增加有效粒数，提高产量（申丽霞等，2005）。而裴雪霞等（2008）认为随播期推迟，最大粒重、最大灌浆速率、平均灌浆速率及起始生长势提高，灌浆持续期和有效灌浆持续期延长，产量呈先升高后降低趋势。

2. 粒重形成淀粉与激素调控

（1）淀粉代谢　小麦和玉米籽粒中淀粉约占粒重的 70% 左右，水稻约占糙米重的 90%，籽粒的灌浆过程主要是淀粉合成和积累的过程（Yang et al.，1999；马勇等，

1998；郑洪建等，2001）。茎、叶等源器官制造的光合产物以蔗糖形式运输到库器官（籽粒），在一系列酶的催化作用下形成淀粉（Emes 等，2003，黄锦文等，2003）。ADPG 焦磷酸化酶（ADPG‑PPase）、蔗糖合成酶（SS）和 Q 酶在淀粉合成中起着重要调控作用。SS 主要起蔗糖降解作用，是为淀粉生物合成提供底物的关键酶，亦是淀粉生物合成的第一个限速酶，其活性和持续期决定着淀粉合成速率和持续时间（Slafer et al.，1991；Hanft et al.，1990）。ADPG‑PPase 活性大小直接决定淀粉合成速率及最终积累量的多寡，而且强势粒中的 ADPG‑PPase 和蔗糖合成酶（SS）活性明显高于弱势粒（梁太波等，2008）。而 Q 酶通过活化 SS 来提高淀粉生物合成速率。灌浆前期 ADPG‑PPase 活性最高且峰值出现的时间早，Q 酶活性最低，峰值出现与籽粒灌浆最大速率几乎同步（杨建昌等，2001；赵步洪等，2004）。

（2）激素调控　谷类作物的籽粒灌浆速率和最终粒重的大小，在很大程度上取决于籽粒（库）中激素的平衡和调节（杨建昌等，1999）。因此，研究植物激素与籽粒灌浆的关系，一直是人们关注的问题（柏新付等，1989）。不同的研究者以不同的作物为对象所得结果不同，同一种作物用不同的激素测定，所得结果也有一定的差别。因此，激素调控作物粒重是一个复杂的问题，可能激素调控粒重存在着多种途径与方式。

小麦粒重的激素调控研究表明，冬小麦春季分次施氮增大籽粒库容和改善籽粒灌浆特性与氮素后移增加籽粒中玉米素核苷含量有关（邓若磊等，2008）。小麦抽穗期的穗中含有大量的赤霉素（GA3）。开花期的胚珠中 GA3 含量下降，开花后 2 周又开始增加；开花后 3～4 周的胚乳细胞分裂停止和细胞扩大之际的 GA3 含量又出现一个峰值。在籽粒将进入黄熟期时，GA3 含量又下降（王桂林，1991）。这些试验说明，GA3 对籽粒的灌浆可能有促进作用。但 GA3 在籽粒发育中的具体生理作用尚不清楚。魏育明和郑有良（2000）证明了花前的小麦胚珠组织中细胞分裂素（CTK）含量极微，开花期急剧增加，开花结束时达到最高值，以后开始下降，开花后 3 周即小麦胚乳细胞停止分裂的时候，籽粒内几乎检测不到 CTK 存在。据此认为，CTK 控制着胚乳细胞分裂、分化而调节籽粒的早期发育乃至决定籽粒的最终体积。细胞分裂素能提高蔗糖转化酶的活性，经 CTK 处理的小麦穗中还原糖和果糖含量以及向其作用部位调运营养的能力都提高（Borkovee 和 Prochazka，1992）。^{14}C 示踪试验也证明小麦抽穗期喷施 6‑BA（6‑苄氨基嘌呤），可增加籽粒（库）活性，促进同化物向籽粒转移（王桂林，1991；王纪华等 1992）。

玉米激素与粒重的研究表明 CTK 和 IAA 与籽粒粒重、快速增长期的籽粒体积和灌浆速率呈显著正相关，峰值出现早于籽粒体积和灌浆速率，表明此时高浓度 CTK 和 IAA 有利于籽粒灌浆（Lur 和 Setter，1993），这可能是由于 CTK 通过调控胚乳细胞的分裂、分化而调节籽粒的早期发育乃至决定籽粒的最终体积，而 IAA 参与同化物的调运，促进籽粒的灌浆充实（杨建昌等，1999）。

水稻粒重与激素的作用关系表明，多种水稻品种根中细胞分裂素含量高峰早于籽粒中的结果推测籽粒细胞分裂素来自于根系（杨建昌等，2001）。也有人认为，籽粒中细胞分裂素并不完全依赖根系的供给，其自身也可以合成部分细胞分裂素（Lee et al.，1989）。杨建昌等（2001）的工作表明，水稻籽粒中细胞分裂素含量在开始灌浆时很低，随着灌浆进程，细胞分裂素含量增加，强势粒在开花后 9～15d 和弱势粒在开花后 12～21d 到达高峰，以后迅速下降。一般籽粒充实较好，灌浆速率大的品种，灌浆前期（花后 $3\sim12d$）细胞分裂素含量较高，峰值出现的时间早。灌浆前期籽粒和根中细胞分裂素含量与谷粒充实率、饱粒重、平均灌浆速率均呈显著或极显著正相关。抽穗期用 $10^{-6}\,mol/L$ 的细胞分裂素处理，能提高谷粒充实度。显示水稻的灌浆受根系和籽粒中细胞分裂素的调控，据此他们认为提高灌浆前期的根系和籽粒中细胞分裂素含量可能是促进籽粒灌浆，提高籽粒充实度的方法之一。此外，由于籽粒中细胞分裂素含量峰值早于或同步于胚乳细胞增殖的峰值，而推测籽粒中玉米素核苷（Z+ZR）含量是决定胚乳细胞增殖的速率，并进而决定籽粒的结实率（杨建昌等，2001）。

（3）淀粉与激素互作关系　籽粒淀粉酶活性受激素水平及激素间平衡的调控（Finkelstein et al.，2004；Yang et al.，2006）。生长素（IAA）、脱落酸（ABA）和赤霉素（GA3）调控 SS 和 ADPG - PPase 活性，促进碳水化合物向籽粒的调入（Yang et al.，1997；Sun et al.，2005）；GA3 含量对籽粒干物质充实有直接作用，高含量利于籽粒干物质积累；籽粒中的 iPAs（异戊烯基腺苷）含量、IAA 含量、ABA 含量和蔗糖转化酶活性对籽粒胚乳细胞增殖和干物质充实有间接作用。籽粒 ATPase 活性、ATP 含量和籽粒灌浆速率高值持续期随玉米产量潜力的提高而增加。低 ABA/乙稀（ETH）值，低异戊烯基腺嘌呤（PA）含量及活性均导致弱势粒的产生（Yang 等，2004、2008）。

粒重形成过程中酶与激素代谢受基因型、环境条件和栽培措施的共同影响。崔俊明等（1999）、吕新等（2005）研究指出，在相同栽培条件下，不同基因型玉米杂交种灌浆期各个阶段籽粒体积增长动态表现差异显著。马勇等（1998）研究了不同生态类型春小麦品种的灌浆特性，指出不同类型品种的灌浆高峰出现时间不同，库源矛盾及其结实对生育后期功能叶片光合作用的依赖程度也不同。水稻不同基因型材料的强弱势粒的灌浆时间差别显著，可分为强弱势粒同步型灌浆型、异步灌浆型和中间型（顾世梁等，2001）。异步灌浆型主要是一些大穗型杂交稻品种，同步灌浆型主要是一些多穗型常规稻品种（戴朝曦等，1992）。

3. 粒重的差异性与生理机制　作物强弱势粒的结实率和充实度差异很大，特别是弱势粒结实率和充实度较低，影响了其产量进一步提高。但近年来的研究表明，籽粒中同化物的基质浓度与强弱势粒的发育差异并没有必然的联系（Mohapatra et al.，1991、1993）。有人去除穗上基部部分二次枝梗的颖花，发现去除部分颖花后并不能改善穗上基部剩余部分二次枝梗的籽粒的充实（Kato，2004）。如水稻弱势粒比强势粒受精要晚 7 天左右，其胚胎发育进程也较晚，最终胚乳细胞数也较少，然而细胞体积较大，细胞壁较薄。胚乳细胞分裂时期的细胞分裂素、生长素含量分别决定了最终胚乳细胞数目和大小。由于弱势粒胚乳细胞体积较大，细胞间隙就较大，籽粒灌浆的物理障碍较大，故结实率和充实度较低。朱庆森等（1988）用 Richards 方程描述水稻强弱势粒的灌浆特征，据此还可分析强弱势粒灌浆的源限制型、库限制型和源库限制型。因此，研究强弱势粒结实率和充实度形成的生理机制，以提高弱势粒结实率和充实度进而提高作物产量具有重大的理论与实践意义。

研究表明，弱势粒的充实主要受制于胚乳细胞数目，在品种（组合）内，胚乳重和籽粒充实度与胚乳细胞数呈极显著的正相关，与单个胚乳细胞重相关不显著，推测弱势粒胚乳细胞少、发育不良、灌浆初期生理活性低是其实结率和充实度低的重要原因。有研究表明籽粒中的内源激素影响籽粒的正常生长和败育（Rook et al.，2001）。杨建昌等（2006）研究表明强势粒在籽粒灌浆上优于弱势粒。其主要原因是高的乙烯（ACC）浓度和低的ABA含量导致弱势粒胚乳细胞少、籽粒灌浆慢，胚乳细胞分裂与籽粒灌浆不仅与籽粒乙烯和ABA浓度有关，而且还与ABA与乙烯比值有关。ABA与乙烯的相互作用调控籽粒的生长发育，高的ABA与乙烯比值有利于胚乳发育和籽粒灌浆。进一步研究表明强势粒与籽粒灌浆有关的基因优先大量转录，翻译出与籽粒灌浆有关的蛋白质，所以强势粒灌浆较早，结实率和充实度较高；而弱势粒则相反，抽穗后，由于没有立即启动与籽粒灌浆有关的基因转录，不能产生相应的功能蛋白质，所以弱势粒灌浆较晚，结实率和充实度较低。

四、叶穗系统协调与高效分配

1. 叶穗系统结构与功能协调机制 作物产量的形成是叶系统与穗系统的协调过程（图5-17）。各项指标在协调过程中有不同的反应。作物栽培力求构成产量性能的叶系统与穗系统实现优化，从而实现高产。在协调过程中叶系统内部也需要协调与优化，如叶面积指数（LAI）的增加使干物质（DW）生产能力提高了，当达到最适（OP）状态，产量（Y）最高，如果超出OP状态，干物质不再继续增加，经济产量则开始下降；则如果大大超过适宜状态，反而干物质生产因群体恶化，生产能力下降。在穗系统中，高产是穗数（EN）、穗粒数（GN）和粒重（GW）三者的协调。穗数的增加引起穗粒数（GN）和粒重（GW）特别是代表二者的穗粒重更是反应明显的。只有穗数在OP点上，实现高产。叶系统通过协调叶面积与净同化能力提高的光合物质生产能力，与穗系统通过穗数、穗粒数三者的协调提高物质容纳能力，实现高效分配，是高产的根本。

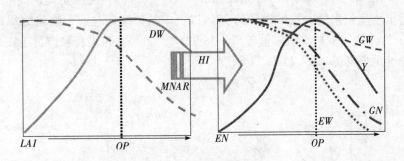

图5-17 叶穗系统协调

DW——总干物质重；HI——收获指数；Y——经济产量；
MNAR——平均净同化率；OP——高产量适值；WG——粒重；
LAI——平均叶面积指数；GN——粒数；EW——穗粒重；EN——穗数

2. 叶穗系统花前与花后的物质生产与高效分配 随着产量水平不断提高，花前花后的物质生产能力与进一步高产途径联系在一起。如何进一步高产，叶穗系统花前与花后的物质生产与高效分配成为一条重要途径（图 5-18）。作物从产量较低（L）向高产（H）发展过程中进一步强化与突出后期物质生产能力。保障后期物质生产是提高总生物产量和收获指数双向增产的机制。因此，维持后期叶面积和光合能力，延缓衰老，促进穗系统的物质容纳力，特别加大开花后的生育期比例是作物高产的重要途径。不同的作物，不同的产量水平，在应用叶穗系统花前与花后的物质生产与高效分配的具体技术要因地制宜，具体分析。

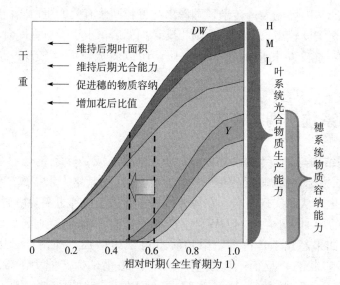

图 5-18　叶穗系统花前与花后的物质生产与高效分配

产量 15 000kg/hm² 以上的夏玉米 *LAI* 高值持续期均达 60d 以上，叶片净光合速率高值持续期不低于 50d，这可作为高产玉米的基本衡量指标。由图 5-19 可看出，3 个品种玉米籽粒产量均达到 15 000kg/hm² 以上，XY335（17 506kg/hm²）显著高于 DH 3632（16 138kg/hm²）和 DH 3806（15 063kg/hm²）（$P<0.05$），更易实现超高产。3 个玉米品种开花后干物质积累量占总生物量的 72% 以上，品种间开花前干物质的积累差异不明显，XY335 的开花后干物质积累量最高（25 825kg/hm²），可见籽粒产量主要来源于开花后光合产物（黄振喜等，2007）。

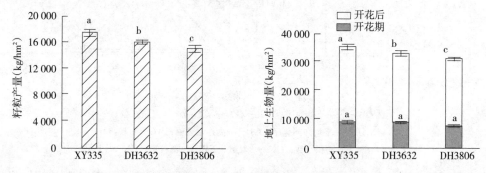

图 5-19　产量 15 000kg/hm² 以上籽粒产量和干物质积累

第四节 茎系统高产生理机能

一、作物茎秆系统

玉米茎的高矮，因品种、土壤、气候和栽培条件不同而有很大差别。当前生产上通常以株高低于 2m 为矮秆型，2.0～2.7m 为中秆型，2.7m 以上的为高秆型。通常矮秆的生育期短，单株产量低；高秆的生育期长，单株产量高。株高与栽培条件关系密切，当土壤、气候和栽培条件适宜时，茎秆生长比较高大，单株的产量也较高。生产上采用的杂交种一般植株为中矮秆型，秆粗穗大而结穗部位较低。当前以降低株高提高种植密度已成为玉米生产创高产的发展趋势。

二、茎生长的生理特点

（一）茎秆的生长

玉米茎秆由节和节间组成，每个节上着生一片叶子。我国主要栽培的玉米品种茎秆总节数多在 18～40 节范围内。一般玉米茎基部的 5～6 个节间密集于地下，多者可达 8～9 个；其余地上部节间均伸长，伸长茎节数一般在 6～30 节以上。晚熟高秆类型节间数目多，早熟矮秆类型节间数目少。玉米拔节后，茎节数目已基本确定，茎节开始缓慢生长，节间伸长的速度随生育期而发生变化。玉米茎秆的增长速度，一般小喇叭口期以前增长速度慢，从大喇叭口期到抽雄期增长速度最快，从抽雄到开花期，增长速度减慢，此时茎的总高度一般不再增加。

（二）茎秆节间的伸长动态变化

玉米茎节间的伸长有一定的顺序。主要由分生组织生长，使节间不断伸长，各节间伸长的顺序从下向上逐渐进行，节间的长度从基部到顶端呈现有规律的变化。董学会（2001）研究表明，玉米节间生长过程中，从伸长启动到长度固定之间的生长速度并不是均一的。从节间生长前期伸长速率比较低，生长至定长一半时所需时间为 6～8d。以后生长速度较快，3～5d 时间即可达到基本固定长度。因此，把节间伸长过程分为以下四个阶段：启动阶段（伸长茎的长度为 0.3～0.5cm）、快速伸长阶段前（1.5±0.5cm）、快速伸长阶段（日均伸长 2～3cm）、固定阶段（节间基本固定）。各节间伸长的顺序是从下向上逐渐进行。最上面的一个节间伸出，同时从其叶鞘中顶出雄穗，这时为抽雄穗期。雄穗开花期，茎的高度一般不再增加。

（三）玉米节间伸长过程中激素的变化

在节间生长过程中激素的变化不完全一致（表 5-4）。董学会（2001）研究表明，在节间伸长初期节间各内源激素含量均较高，其中 CTKs 和 GAs 较高可能与节间细胞分裂有关；到快速伸长前各激素水平有所下降，其中 ABA 下降最为明显，GAs/ABA 和 GAs/CTKs 值升高，这可能为即将的节间快速伸长做充分的准备；快速伸长阶段节间各激素含量迅速下降，而 IAA 含量处于相对较高的水平，IAA/CTKs 值上升，说明 IAA 在玉米节间快速伸长期起重要的作用；固定初期 GAs、CTKs 含量又有回升可能有利于节间横向生长和干物质积累。一般认为高水平的 GAs 和 CTKs 有利于光合产物的调运与积累。

表 5-4　玉米节间伸长过程的激素变化动态

（董学会，2001）

伸长阶段	ABA	IAA	CTKs	GAs	GAs/ABA	IAA/CTKs	GAs/CTKs
启动阶段	401.3	497.2	558.9	759.63	2.45	0.89	1.36
快速伸长前	231.9	335.8	312.6	712.69	5.03	1.07	2.28
快速伸长阶段	148.6	187.7	91.4	110.94	4.62	2.05	1.21
固定阶段	138.4	169	176.9	276.68	1.58	0.95	1.56

（四）茎秆形态特征的变化

1. 茎秆节间长度的变化　每个节间都经历一个慢—快—慢的伸长过程，茎秆伸长在不同节位节间的伸长过程中呈 S 形曲线变化。由图 5-20 可以得出，在玉米抽雄期高产品种郑单 958 和先玉 335 各间间长度由下而上逐渐加长，先玉 335 的节间长度显著长于郑单 958。然而，随着种植密度增加各品种反应不同，郑单 958 在密度大于 4.5×10^4 株/hm² 时，基部节间 2~5 节间显著伸长 2.5~4.5cm；而先玉 335 在 9×10^4 株/hm² 以上时基部节间才有所增长，加长幅度不大，为 1.0~2.5cm。由此看出，不同类型品种节间长度对群体密度增加反应的敏感性不同。

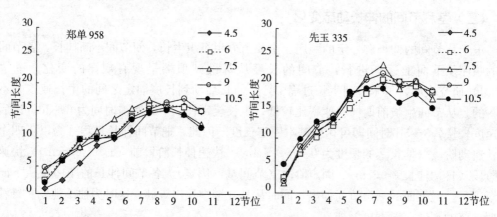

图 5-20　玉米抽雄期不同节位茎秆长度的变化（1~10 节间）

注：此图根据董红芬等（2010）玉米科学数据整理而来。

玉米耐密抗倒性不同的品种节间伸长对密度增加的响应也各不相同（图 5-21）。由图可以看出，不同品种间差异主要集中在地上 3~6 节间，其中稀植大穗品种京科 519 较为敏感，在高密度条件下较低密度处理长出 4～7cm；穗位节（9～10 节间）长度变化较大，在 8～16cm 之间波动。穗上节间长度随密度增加反而逐渐缩短；耐密品种登海 3719 对密度增加反应较为钝化，3～6 节间长度在高密度条件较低密度仅长 2～3cm。穗上节间长度随密度变化较小，一般在 15～19cm 之间波动。由此可见，登海 3719 穗下节间长度随密度增加增长不显著，穗上节间缩短不明显；整个植株第四节间以上节间长度变幅不大，表现较好的均匀性，抗倒伏能力强。

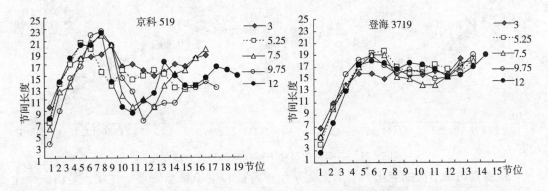

图 5-21 玉米成熟期不同品种各节间长度的变化

2. 茎秆节间直径的变化 玉米的维管束由于没有次生形成层，不能进行次生加厚生长，因此主要借助初生加厚分生组织进行增粗。节间在伸长过程中，节间重也在增加，当节间进入伸长盛期以后开始充实，伸长末期至定长时，节间进入充实盛期。玉米节间的粗度自茎基部向顶端呈逐渐减小趋势。

不同玉米品种直径对密度增加反应不完全相同。由图 5-22 可以看出，差异主要集中在穗下 1～8 节间，各品种穗上节间直径均随密度变幅较小。如稀植大穗品种京科 519 穗下节间直径随密度变化幅度较大，$CV\%$ 为 16.7～11.9%。在高密度条件下较低密度节间直径宽 1.17～0.60cm；耐密品种登海 3719 其直径随密度增加变化较小，$CV\%$ 变幅在 13.8～8.0% 之间，高密度较低密度下仅节间直径宽 0.77～0.34cm。

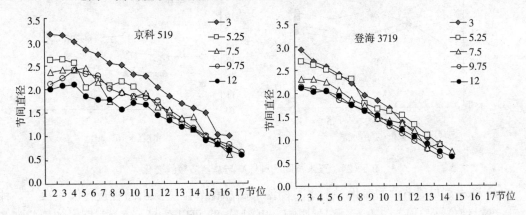

图 5-22 玉米不同类型品种各节间直径变化

进一步比较可以看出（图 5-23），在低密度（3×10^4 株/hm²）条件下，不同品种穗下节直径表现为京科 519＞京科 518＞登海 3719＞农大 108；在中密度（7.5×10⁴株/hm²）条件下表现京科 519 最高，京科 518 最低；而在高密度（12×10⁴株/hm²）条件下，则表现为农大 108＞登海 3719＞京科 519＞京科 518。可见，抗倒伏品种节间直径不一定很粗壮，而对密度变化反应较为迟钝。

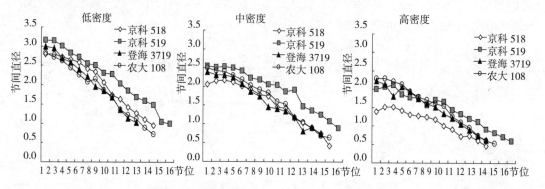

图 5-23　不同密度条件下不同品种节间直径变化

3. 株高与总节数的变化　玉米株高是品种特征和生长状态的重要性状，是由一个个节间组合而成。它与品种、光照、群体密度及水肥条件密切相关，对玉米单株生产力的影响较大。从图 5-24 可以看出，不同类型品种株高随种植密度增加变幅较小，或略有降低；植株总节间数随密度增加显著增加。不同类型品种对密度反应不完全相同，如在低密度条件下（低于 7.5×10⁴株/hm²），稀植大穗型品种京科 519 植株较高，为 250～300cm，总节间数变化不大，为 15 节；耐密抗倒品种登海 719 株高较低，为 230～250cm，较京科 519 低 27～64cm，总节间数为 12 节左右。而在高密度条件下（大于 7.5×10⁴株/hm²），植株高度明显降低，品种间差异缩小；总节间数随密度提高而有所增加。

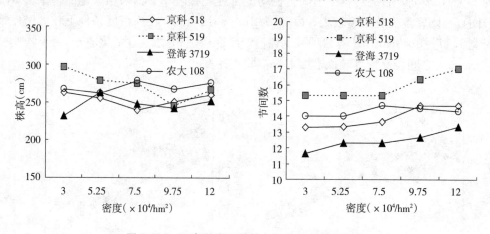

图 5-24　玉米不同品种株高与总茎节数的变化

4. 穗位高与穗节位的变化　不同品种穗位高和穗节位主要由品种遗传因素决定，种植密度对穗位高与穗节位也有一定的影响。由图 5-25 可以看出，随着密度增加穗位高和穗节位呈上升趋势。耐密品种登海 3719 穗位节相对较低，一般在 7～8 节间，穗高在 90～105cm；稀植大穗品种京科 518、京科 519 穗位较高，一般在 9～11 节间，穗高在

120～150cm。

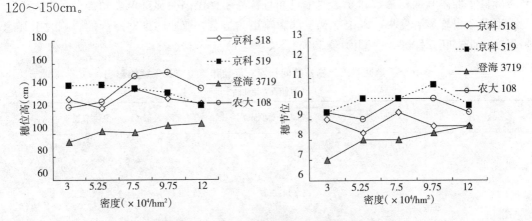

图 5 - 25　玉米不同品种穗位高与穗节位的变化

　　总之，随着群体密度的增加，不同类型品种植株高度变化较小或略有降低，植株总节间则显著增加；穗位高和穗节位也呈上升趋势。品种间各个部位节间长度差异主要集中在地上 3～6 节，随密度增加节间伸长；穗位节长度变化较大，穗上节间长度则反而有所缩短。节间直径均随密度增加而明显变细。

三、环境因素对茎秆形态建成的影响

　　玉米茎秆生长、伸长与外界环境温度、光照、土壤水分以及养分关系密切。当外界环境光照充足、温度较高，土壤水分、养分充足时，则茎秆伸长迅速。当外界环境条件不利时，节间就达不到应有的长度。

　　1. 温度对节间生长的影响　春玉米生长的前期气温较低，茎节伸长较慢。到气温上升到20℃以上时，茎秆才开始迅速伸长。当温度低于 10～20 ℃时，玉米茎秆基本停止生长。夏玉米在生长的初期即处在高温条件下，茎秆迅速伸长的时期早。

　　2. 水分、养分对节间生长的影响　Nesmith 和 Ritchie（1992）观察到水分胁迫会减少植株的高度和节间的长度；经过轻度水分胁迫的玉米在解除胁迫后，节间的伸长速率会超过那些没有胁迫的玉米；但严重水分胁迫的玉米在解除胁迫后，节间不会发生补偿伸长的现象。这可能是由于水分胁迫抑制了细胞的分裂，这种情况下玉米会延迟抽穗。水分胁迫会减少玉米植株的高度和节间的长度，但并不影响叶鞘和节间的同伸关系，水分胁迫条件下的玉米节间伸长的起始和终止时间与未受到胁迫的玉米相一致。

　　3. 光限制对节间生长的影响　种植密度的增加也会造成群体内光、温、湿等微环境发生较大变化，其中光照条件的变化最为明显。一般稀植高秆大穗品种对温、光反应敏感，而中矮秆耐密品种对温、光反应不明显（高长建等，2005）。Fournier（2000）用遮光试验研究玉米茎秆的发生与伸长时发现，遮阴处理主要影响节间生长的Ⅱ（节间快速伸长期）和Ⅳ阶段（加厚期），使节间变短、变细。认为遮阴会造成节间伸长推迟，速率减慢，但伸长时间不受影响。我国学者进一步的研究表明，穗期遮光（拔节—开花期）不仅显著降低了群体叶面积指数和光合速率，而且株高、穗位高明显降低。植株上、中、下节间长度及茎粗均显著变小，以中部和上部影响更为显著，遮阴时期对玉米的影响大于其遮阴程度（张吉旺，2006；李潮海等 2005）。

表 5-5　遮阴对玉米植株节间长度、直径和单位节长干重的影响

（刘仲发，2011）

品　种	处　理	节间长度（cm）	节间直径（cm）	单位节长干重（g/cm）
JK519	CK	17.00a	2.44a	0.28a
	30%遮光	15.33b	2.36a	0.20b
	60%遮光	14.00b	2.13b	0.19b
	平均	15.44	2.31	0.22
CS1	CK	11.67a	2.17a	0.36a
	30%遮光	10.67a	2.18a	0.32a
	60%遮光	7.67b	2.10a	0.24b
	平均	10.00	2.15	0.32
ZD958	CK	13.45a	2.23a	0.25a
	30%遮光	11.67b	2.17a	0.19b
	60%遮光	11.33b	2.09a	0.17b
	平均	12.15	2.16	0.20

注：不同字母表示在 0.05 水平下差异显著。

本课题组遮光试验研究表明（表 5-5），遮阴处理后基部节间长度、直径和单位节长干重均有所减少。遮阴程度对不同品种茎秆伸长的影响也不同。如 30%遮阴条件下，耐密型品种 CS1 的节间长度、直径及干物质积累均没有显著变化，而稀植大穗品种京科519、较紧凑型登海 958 则均显著下降；当 60%遮阴时，各品种节间长度显著变短，而CS1 节间直径变化不大。同时，遮阴处理后，玉米株高和穗位高度均呈降低的趋势。随遮阴程度的增加，株高降低程度较穗位高更为明显（图 5-26）。

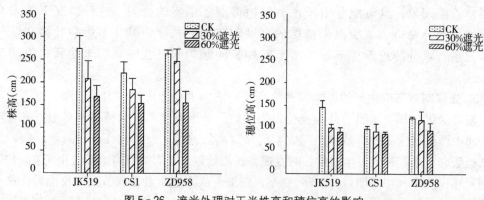

图 5-26　遮光处理对玉米株高和穗位高的影响

四、茎的功能及其与抗倒伏的关系

(一) 茎的主要功能

玉米的茎是整个植株的主轴，它具有支撑、输送和暂时储藏的功能。

1. 支撑 玉米茎不仅能支撑营养器官叶片，使其在空间上合理分布，便于吸收阳光和 CO_2，更好地进行光合作用，而且要支撑繁殖器官雄花和果穗。因此，茎秆质量的优劣对整个植株影响较大。玉米茎秆较强的支撑和抗倒伏能力主要取决于内在结构和外部压力，当植株上部的重量和所受的外力超过茎秆所能承受的压力时，便发生倒伏。

2. 输送 玉米茎是连接植株根、叶、花和果穗间重要的运输管道，为植株的生长输送养料与水分。其茎维管束中导管是中空的长管与根叶脉中的导管相连，可输送水分无机盐，筛管可运输有机物。

3. 暂时储藏 玉米茎秆在抽雄前还具有储藏养分的功能，在吐丝后期可将部分养分转运到籽粒中去，这对产量的形成具有一定的意义。

另外，玉米茎秆还具有向光性和负向地性，当植株倒伏时，又能够弯曲向上生长，使植株重立起来，减少损失，茎秆生长好坏与产量关系密切。

(二) 玉米茎秆倒伏特点与特征规律

玉米倒伏发生类型和严重程度不仅与玉米产量和品种本身特征密切相关，而且还与当年发生暴风雨的时间和强度密不可分。因此，了解和掌握玉米倒伏发生一般规律，对开展密植抗倒超高产理论的研究是非常重要的。

1. 群体密度对玉米倒伏的影响 玉米倒伏随着群体密度的增加，发生时期提早，倒伏程度严重，空秆率增加，最终造成产量损失程度的不同（表 5-6）。据本课题组 2005—2006 年试验得出，京科 518、京科 519 对密度的反应较为敏感，当密度增至 7.5 万株/hm^2 以上时，田间倒伏发生较为严重，倒伏率分别达 48% 和 86% 以上；空秆率 29.5%～61.0。登海 3719 较为抗倒伏，对群体密度反应不敏感。此 7.5 万株/hm^2 的群体密度可作为茎秆倒伏反应的临界密度。

表 5-6 不同密度玉米群体特征和发生倒伏情况 (2006)

品种	密度（$\times 10^4/hm^2$）	空秆率（%）	总倒折率（%）	实收产量（kg/hm^2）
JK518	3	2.4±2.9 cC	2.5±0.9 cB	7 918.0±320.6 bB
	5.25	6.5±5.0 cC	5.8±3.8 cB	10 672.6±149.3 aA
	7.5	29.5±7.9 bB	48.3±32.1 bA	8 064.3±578.4 bB
	9.75	49.4±6.5 aA	75.6±11.6 abA	6 085.0±20.7 cC
	12	61.0±11.3 aA	88.9±8.7 aA	5 662.7±248.6 cC
JK519	3	2.4±1.7 cC	44.2±10.5 cC	7 613±146.9 bB
	5.25	3.2±1.3 cC	61.0⊥11.0 bB	10 015.5±381.4 aA
	7.5	39.4±9.4 bB	85.6±11.6 aA	5 721.1±273.4 cC
	9.75	46.0±6.0 bAB	97.1±1.9 aA	5 593.4±330.6 cC
	12	55.1±2.3 aA	98.6±2.1 aA	5 727.7±259.8 cC

（续）

品种	密度（×10⁴/hm²）	空秆率（%）	总倒折率（%）	实收产量（kg/hm²）
	3	1.4±1.1 bBb	0	7 660.6±609.9 dD
	5.25	2.3±0.4 bAB	0	8 837.9±521.4 cC
DH3719	7.5	3.8±0.9 bAB	0	11 408.8±31.4 bB
	9.75	3.4±2.3 bAB	3.3±1.1 a	13 340.8±113.3 aA
	12	7.9±4.1 aA	3.4±1.4 a	12 005.8±101.2 bB
	3	3.1±3.3 bB	4.7±1.1d D	7 824.7±253.7 dC
	5.25	4.2±2.2 bB	15.0±2.4 cC	9 374.0±409.4 cB
ND108	7.5	4.2±3.6 bB	45.9±10.0 bB	10 018.3±218.1 bB
	9.75	8.9±4.2 bAB	69.8±4.0 aA	11 119.8±170.7 aA
	12	23.0±12.9 aA	79.2±4.3 aA	9 663.9±213.4 bcB

注：小写字母表示在 0.05 水平差异显著，大写字母表示在 0.01 水平差异显著。

2. 不同耐密性品种玉米倒伏类型和程度 不同类型品种田间发生倒伏类型和程度不完全相同（表 5 - 7）。如本课题组研究表明，京科 518 两年均以根倒率最高，京科 519 两年均以茎折率最高，分别为平均 33.3％和 74.7％；农大 108 为中等偏茎折类品种，登海 3719 较为抗倒伏，仅在高密度群体零星发生茎折。不同年际间发生倒伏的频次和程度也不完全一致。一般在低密度（5.25 万株/hm² 以下）下群体表现单一型倒伏，或根倒或茎折；群体密度大于 7.5 万株/hm² 则两种倒伏类型均有。

表 5 - 7 2005—2006 年不同密度群体田间发生倒伏类型和程度的比较（2005—2006）

品种	密度	2005 年			2006 年		
		根倒率（%）	茎折率（%）	倒伏时期	根倒率（%）	茎折率（%）	倒伏时期
	3	42.8±8.1 cC	0 bB	Ⅰ	0 cC	2.5±0.9 dD	Ⅱ
	5.25	47.6±2.8 cC	0 bB	Ⅰ	0 cC	5.4±0.6 dD	Ⅱ
JK518	7.5	67.7±8.2 bB	0 bB	Ⅰ	11.6±1.8 bB	36.7±5.2 cC	2/5Ⅰ＋3/5Ⅱ
	9.75	97.6±2.1 aA	2.5±0.2 aA	Ⅰ	19.1±2.6 aA	56.5±5.7 bB	Ⅰ
	12	97.7±1.8 aA	2.5±1.8 aA	Ⅰ	12.0±4.4 bB	76.9±3.1 aA	Ⅰ
	3	0 dD	4.7±1.6 dD	Ⅰ	0 cB	44.3±9.3 dD	Ⅱ
	5.25	34.5±10.7 bB	11.2±0.2 dCD	Ⅰ	0 cB	61.0±9.6 cC	Ⅱ
JK519	7.5	25.4±6.7 bcBC	21.5±4.2 cC	Ⅰ	7.8±2.2 aA	77.5±3.9 bB	2/5Ⅰ＋3/5Ⅱ
	9.75	57.6±7.9 aA	42.4±7.9 bB	Ⅰ	2.3±1.2 bB	94.9±1.8 aA	Ⅰ
	12	13.3±6.0 cCD	86.7±6.0 aA	Ⅰ	3.0±0.9 bB	95.6±2.0 aA	Ⅰ
	3	—	—	—	0	0 bB	—
	5.25	—	—	—	0	0 bB	—
DH3719	7.5	—	—	—	0	0 bB	—
	9.75	—	—	—	0	3.4±0.7 aA	Ⅱ
	12	—	—	—	0	3.5±0.4 aA	Ⅱ

（续）

品种	密度	2005年			2006年		
		根倒率（%）	茎折率（%）	倒伏时期	根倒率（%）	茎折率（%）	倒伏时期
	3	0 cC	0 bB	—	0 bB	4.8±1.0 eE	Ⅱ
	5.25	0 cC	0 bB	—	0 bB	15.0±2.5 dD	Ⅱ
ND108	7.5	6.0±2.9 cBC	14.5±5.7 aA	Ⅰ	0.3±0.2 bB	46.0±1.0 cC	Ⅱ
	9.75	18.9±6.4 bB	5.9±2.5 abAB	Ⅰ	0 bB	69.8±3.1 bB	Ⅱ
	12	88.5±9.2 aA	11.5±9.2 aAB	Ⅰ	1.8±1.0 aA	77.5±4.2 aA	Ⅱ

注：倒伏发生的时期为抽雄前和蜡熟末期，分别用Ⅰ和Ⅱ表示。

3. 群体密度对茎秆折断部位的影响　玉米发生倒伏的时期不同，茎秆折断部位不完全相同（图 5-27）。如稀植大穗品种京科 519 在抽穗前期发生倒伏，其折断部位主要集中在第三、四、五节间；在蜡熟末期发生倒伏，主要集中在第四、五节间茎折率较高。当群体密度小于临界密度 7.5 万株/hm² 时（图 5-28），茎折主要在蜡熟末期发生，茎折部位多集中在第五、六节间；当群体密度大于 7.5 万株/hm² 以上时，稀植大穗品种在抽雄期前发生茎折，以基部第二、三、四节间折断率高达 75%～91%。因此，玉米抽雄期前后茎秆第三、四节间易发生茎折，蜡熟末期茎秆第四、五节间成为易茎折的敏感部位。随着群体密度增加折断部位有逐渐下移的趋势。

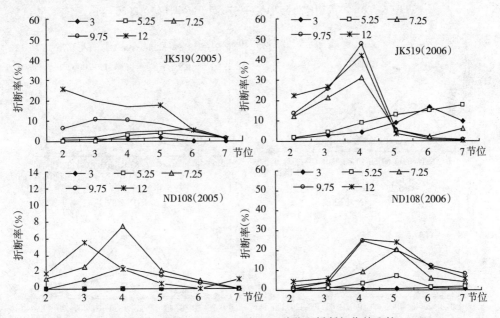

图 5-27　2005—2006 年玉米两品种茎秆折断部位的比较

4. 玉米茎秆折断高度的空间分布变化　不同年际间茎秆发生折断高度不完全一致（图 5-29）。不同类型的品种发生倒伏的时期和倒伏的严重程度各不相同，但易折断的高度却是相对稳定的。在密植条件下，稀植大穗品种京科 519 茎秆发生倒伏时期较早，茎折高度较低，易折高度在 20～40cm 之间；农大 108 在蜡熟末期发生折断高度，则在 40～60cm 之间。

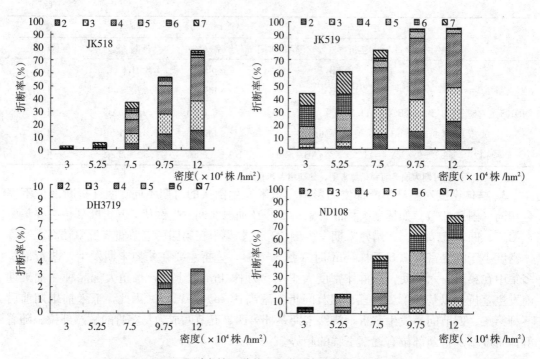

图 5-28 不同耐密性品种茎秆各节间折断率比较（2006 年）

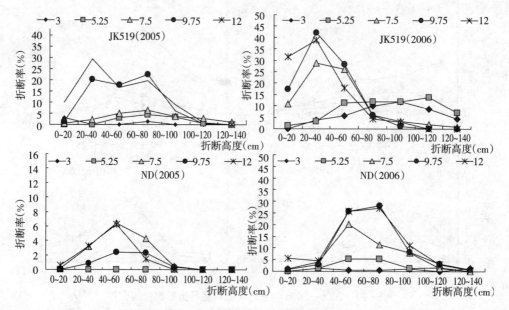

图 5-29 2005—2006 年玉米品种茎秆折断高度的比较

　　总之，年际间玉米发生倒伏类型和发生程度表现的差异，不仅由品种本身的耐密遗传特性所决定，而且还与环境条件密切相关。本课题组研究表明，以 7.5 万株/hm² 的种植密度作为品种耐密性鉴定和评价的适宜群体，以茎秆第四伸长节间作为耐密反应的敏感部位，以茎秆高度 40cm 处作为耐密抗倒性能检测和改良的关键株高是比较适宜的。同时，在玉米生产过程中，促进植株前期稳健生长，及时蹲苗或化控，以提高基部茎秆质量，对确保实现玉米密植抗倒高产、稳产是非常有意义的。

5. 茎秆生物力学指标与抗倒伏的关系 关于玉米茎秆力学方面的研究，近些年越来越引起玉米育种和栽培界的高度重视。早在20世纪60年代以Zuber为代表的学者用茎秆压碎强度、皮层穿刺强度进行轮回选择的方法筛选坚秆抗倒伏玉米品系；80年代主要以穿刺强度测定作为茎秆强度鉴定的主要依据（Colbert，1984；Thompson，1982）；90年代初用便携式电子穿刺仪代替手动机械穿刺仪可同样有效、便捷测定茎秆强度（Sibale，1992）。我国关于玉米茎秆生物力学研究相对起步较晚，国内学者贾志森（1992）在参照日本学者对水稻抗倒力的测定法，利用弹簧力原理，尝试对玉米植株进行抗倒伏力的鉴定。1994年李景安研制开发的3YJ-1型玉米茎秆硬度计通过穿刺强度直接反映茎秆外皮的硬度。也有学者通过万能试验机测定茎秆折断载荷和径向碾碎强度来研究玉米的抗倒伏性能（董学会，2001）。李得孝（2004）研究茎秆质量指标认为茎秆抗压碎强度、抗拉弯强度等对密度反应敏感，而对穿刺强度影响相对较小，可作为玉米耐密品种的选育指标。本课题组在前人研究的基础上，结合现代玉米高产品种和栽培技术，着重从茎秆硬皮穿刺强度、压碎强度以及茎秆悬臂梁弯曲力学性状等方面，开展玉米抗倒伏生物力学的研究。

（1）玉米茎秆穿刺强度的变化

①不同耐密性品种茎节穿刺强度的比较。不同耐密性玉米品种4个生育时期茎秆各节间平均均随茎节部位的上升而逐渐降低，呈非线性变化趋势（图5-30）。经拟合较符合二次函数 $y=a+bx+cx^2$，方程的 R^2 值均达到极显著水平。其中a值即穿刺强度的最大估计值，以XY335和CS1最高，分别为63.3N/mm^{2}和70.3N/mm^2；以京科519最低，分别为57.9N/mm^{2}和55.6 N/mm^2。同时，随节位的上升同一节间品种间穿刺强度差异逐渐减小，穗位节（第八、九节间）以上节间的差异不显著。因此不同耐密性品种间茎秆强度差异主要集中在穗位以下节间，其中以第二至六节间差异最为显著。此结果与本研究田间调查发现的稀植大穗品种有70%～80%茎秆折断发生在第三至六节间较为吻合。因此，玉米伸长第三至六节间可作为抗倒伏品种鉴定和筛选的敏感部位。

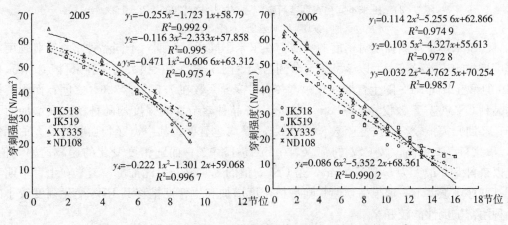

图5-30 玉米不同类型茎节穿刺强度的变化（7.5万株/hm^2）

②不同生育时期玉米茎节穿刺强度的变化。不同抗倒性品种间的茎节穿刺强度随生育

期的变化也不同（图 5-31）。对玉米 4 个生育期比较可看出，在玉米抽雄前期品种间差异最大，随生育期推后差异逐渐缩少，到蜡熟期品种间差异不显著。如在抽雄前期 CS1 的茎节平均 RPS 最高，其第二至六节间平均 RPS 为 47.1N/mm²，比稀植大穗品种京科 519（28.4N/mm²）高 65.6%，各品种间差异极显著水平（$P<0.001$）。进入吐丝期后 CS1 与京科 518、农大 108 茎秆强度差异逐渐缩小，差异不显著。由此，玉米抽雄前到吐丝期可能是茎秆抗倒性能鉴定和选择的最佳时期，并且抽雄前第三至六茎节平均 RPS 达 30.0N/mm²、吐丝期达 45.0N/mm² 以上，可作为抗倒伏品种筛选和评价的参考指标。

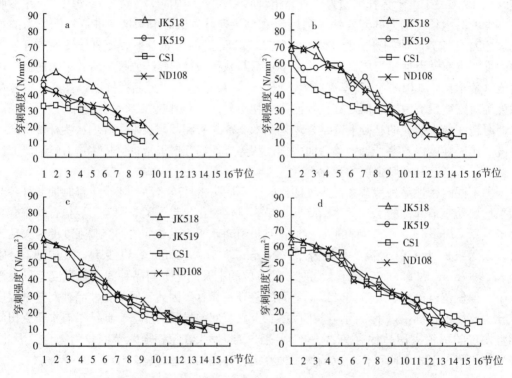

图 5-31 玉米不同生育期茎秆穿刺强度的比较（2006，7.5 万株 /hm²）

注：a. 抽雄前期 b. 吐丝期 c. 乳熟期 d. 蜡熟期。

③玉米茎秆穿刺强度对密度的响应。在玉米不同生育时期，不同品种茎秆穿刺强度对密度增加响应差异较大。以茎秆第三节间为例（图 5-32），稀植大穗品种京科 518 和京科 519 的第三节间 RPS 随生育期变化幅度较大，变异系数在 7.5% ～ 43.6% 之间；而耐密抗倒品种 CS1 变异系数仅为 9.9% ～ 14.2%。各品种茎节穿刺强度均随种植密度增加而下降，经回归模拟较符合线性函数 $y=a+bx$，R^2 均达显著。其中，穿刺强度的最大估计值 a，以京科 519 最高，较 CS1 的 70.2N/mm² 高 15.9%；而随密度变化的递减速率 b 值，也以京科 519 最大为 5.19N/mm²，是 CS1 b 值的 3.4 倍。由此推出，玉米在生育中期茎秆基部穿刺强度不一定很高，但其随种植密度增加和生育期推移其 RPS 变化幅度较小的品种耐密抗倒性能较好。

④遮荫处理对玉米茎秆穿刺强度的影响。在自然光照条件下，不同类型品种茎秆穿刺强度有一定差异。随着群体遮阴程度增加茎秆穿刺强下降幅度不同（图 5-33）。总体表现

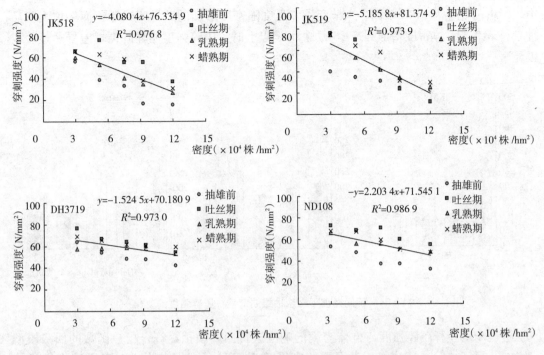

图 5-32　玉米茎秆穿刺强度对密度的响应（2006）

为耐密品种超试 1 号穿刺强度显著高于京科 519 和郑单 958（$P < 0.05$）。在遮阴 30％处理时，超试 1 号和郑单 958 较对照（自然）降低不显著，京科 519 降低了 36.4％；而在 60％遮阴处理条件下，3 个品种玉米茎秆穿刺强度分别降低 66.％、42.3％和 51.5％，差异显著。由此推出，田间 30％遮阴处理可作为不同类型品种茎秆强度弱光胁迫筛选的鉴定条件之一。

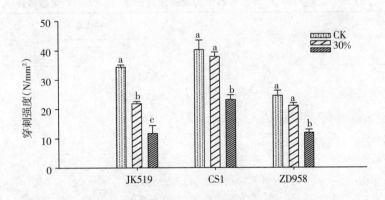

图 5-33　遮阴对玉米茎秆穿刺强度的影响（2009）

（2）玉米茎秆压碎强度（SCS）的变化

①抽雄期前不同品种茎秆压碎强度（SCS）的变化。各个品种玉米抽雄期前随群体密度的增加和茎秆节位的上升，茎秆压碎强度呈下降趋势（图 5-34）。不同品种间表现为登海 3719＞农大 108＞京科 519；而各部位间的下降幅度为第二节＞第四节＞第六节。其

中，耐密品种登海 3719 第四、六节间压碎强度随密度增加的差异不显著；而稀植大穗品种京科 519 当群体密度增加到 5.25 万株/hm² 以上时，压碎强度明显降低，差异达显著或极显著。

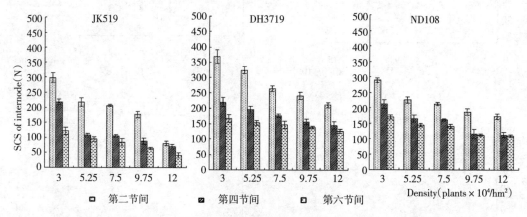

图 5-34　不同密度下玉米抽雄期前茎秆压碎强度的变化

进一步对茎秆压碎强度与群体密度的响应进行回归模拟，符合指数函数的回归模型 $y=ae^{bx}$（表 5-8）。式中，a 表示群体密度趋近 0 时 y 的最大值，b 表示密度每增加 10 000 株/hm² 时，y 将减少的自然对数个单位。茎秆压碎强度的 a 值随品种和节位变化较大，第二、四节间表现登海 3719＞京科 519＞农大 108，而第六节间则表现农大 108＞登海 3719＞京科 519。而 b 值均以登海 3719 的最小，农大 108 次之，京科 519 最大，说明耐密的品种类型不仅表现较高的压碎强度，而且随密度增加压碎强度下降比较缓慢，尤其是伸长第四节间及其以上部位表现更为突出。

表 5-8　玉米茎秆压碎强度对群体密度响应的方程（$y=ae^{bx}$）参数估计值

品种	节位	压碎强度			
		a	b	SE	R
JK519	2	408.91	−0.010 5	10.91	0.940 6*
	4	293	−0.013 4	15.72	0.919 0*
	6	167.15	−0.010 3	6.22	0.984 2**
DH3719	2	443.62	−0.006 4	12.92	0.967 8**
	4	298.31	−0.003 9	2.93	0.994 6**
	6	181.23	−0.002 9	2.39	0.990 7**
ND108	2	328.66	−0.005 8	13.16	0.967 5**
	4	280.48	−0.008 9	1.08	0.976 5**
	6	213.88	−0.007	7.47	0.957 1*

注：* 表示 5% 的显著水平，** 表示 1% 的极显著水平。

在玉米抽雄前和蜡熟期的茎秆压碎强度均表现随种植密度的增加而递减，蜡熟期茎秆第二、四、六节间茎秆压碎强度均略高于抽雄期前（图 5-35）。品种间总体表现登海

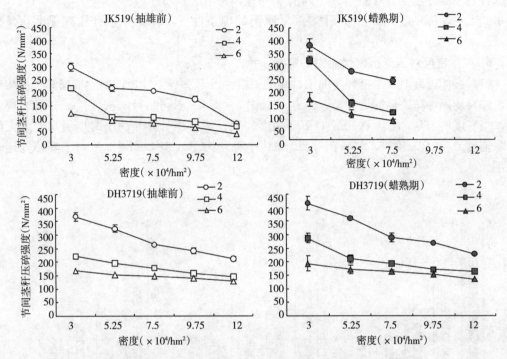

图5-35 不同时期玉米第二、四、六节间茎秆压碎强度的变化

3719高于京科519。如稀植大穗品种虽在低密度条件下茎秆压碎强度较高，随生育期推移增加幅度较大。但对群体密度增加反应较为敏感，茎秆压碎强度下降幅度大，随节位上升强度变化大，特别是在第四节间以上节间下降幅度大，整个茎秆强度不均衡，田间易发生倒伏折断；耐密品种茎秆压碎强度较高，随群体密度增加，不同节间递减幅度差异不大，整个茎秆强度表现较好的均匀性，抗逆能力较强。

②遮阴处理对茎秆压碎强度的影响。程度增加茎秆压碎强度呈下降趋势，随节位上升强度也逐渐降低（图5-36）。总体表现为耐密品种CS1压碎强度显著高于京科519和郑单958（$P < 0.05$）。不同类型品种茎秆压碎强度对遮阴反应不同。如遮阴30%处理时，

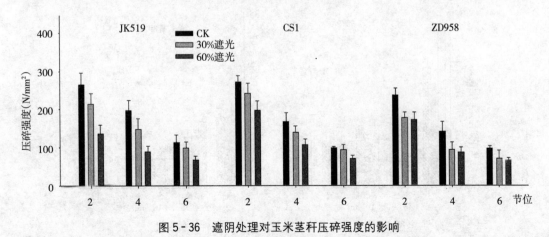

图5-36 遮阴处理对玉米茎秆压碎强度的影响

CS1 各节间压碎强度较对照（CK）降低不明显，稀植大穗品种京科 519 平均降低了 21%，郑单 958 平均降低了 18.6%；而在 60% 遮阴处理条件下，各品种茎秆压碎强度均显著降低。

6. 群体密度对玉米抗倒伏能力的影响

（1）群体密度对玉米茎秆弯曲惯性矩的影响　玉米茎秆惯性矩以蜡熟期略高于抽雄期前，并且均随种植密度的增加呈递减趋势（图 5-37）。不同品种随密度递减幅度表现不同，当密度增大到 7.5 万株/hm² 时下降幅度较大，其中京科 519 两个时期平均较最大值下降幅度为 59.9% 和 55.7%；而登海 3719 分别为 50.1% 和 41.6%。以后下降幅度逐渐减小。

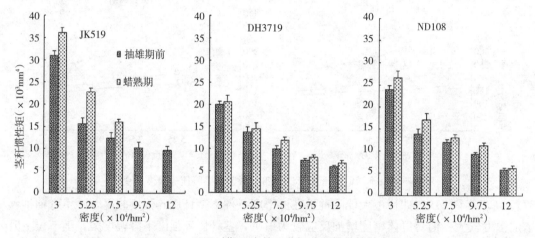

图 5-37　不同时期玉米第三节间茎秆惯性矩的变化

品种间节间惯性矩的变化差异也较大（图 5-38）。在玉米抽雄期前以京科 519 各处理平均值（13×10³ mm⁴）最高，比农大 108 高 15.4%，比登海 3719 高 26.6%。节间惯性矩对群体密度的反应较为敏感，随种植密度增加呈显著递减趋势。各品种茎秆第三节间惯性矩极显著高于第五节间（$P < 0.01$），第三节间惯性矩的变异系数（CV）平均为 17.3%，明显大于第五节间（CV13.6%）。由于节间惯性矩的变化与直径变化密切相关，

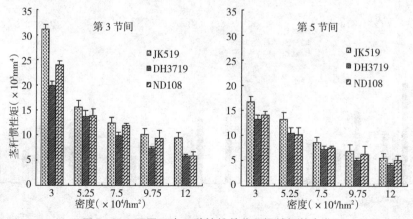

图 5-38　不同玉米品种抽雄前茎秆惯性矩的变化

各个处理间差异表现更突出。因而茎秆第三节间惯性矩变化一定程度上表现品种间差异。

（2）群体密度对玉米茎秆弯曲弹性模量的影响　玉米基部节间弯曲弹性模量均表现随种植密度增加而逐渐下降，蜡熟期显著高于抽雄期前（图5-39）。品种间弹性模量差异明显，以登海3719＞农大108＞京科519。其中耐密品种登海3719两个时期平均弹性模量分别为80.76和162.18 MPa，明显高于其他两品种，比农大108分别高30.0％和49.4％；比京科519高76.2％和66.4％。京科519各处理均最低，在抽雄期前平均为52.03MPa，蜡熟期低于7.5万株/hm²的处理平均仅为105.73 MPa。

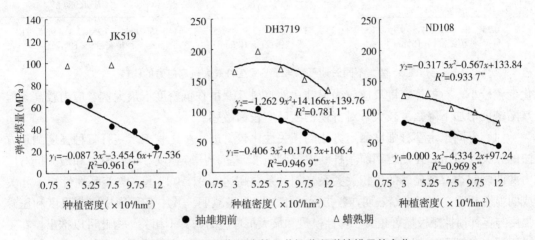

图5-39　不同时期玉米第三节间茎秆弹性模量的变化

两时期基部节间弹性模量随密度变化呈二次曲线函数变化，其拟合模型为$y=a+bx+cx^2$，R^2显著。由方程中a值为弹性模量的最大估计值，均以登海3719最高，京科519最低。而蜡熟期茎秆弹性模量随密度的变化在品种间差异较大。说明玉米抽雄后，基部节间弹性模量的增加程度不同，可能是不同品种因群体大小造成茎秆中有机物质的积累和分配影响不同所致。

（3）群体密度对玉米茎秆最大抗弯应力的影响　玉米茎秆基部节间最大应力表现为蜡熟期显著高于抽雄期前，并且均随种植密度的增加而逐渐下降（图5-40）。品种间差异明显，其中登海3719两个时期茎秆最大应力平均值分别为4.52MPa和10.36 MPa，明显高于其他两品种，较农大108分别高11.5％和22.3％；JK519各处理均最低，在抽雄期前平均为3.36 MPa，比登海3719低25.5％，蜡熟期低于7.5万株/hm²的处理平均为仅为8.53 MPa。登海3719蜡熟期茎秆最大应力增加幅度较大，平均提高129.3％；而京科519相应处理平均提高105.7％。

不同时期茎秆最大应力对群体密度的响应可用$y=a+bx$模拟，可以看出登海3719在抽雄期前和蜡熟期第三节间最大抗弯应力最大估计a值虽较高，但与京科519相差不大，分别为5.890 3MPa、12.327 MPa和5.432 6MPa、12.267 MPa。但两品种对群体密度反应不同，由斜率b值显示登海3719两个时期随密度每增加一个梯度分别下降0.183MPa和0.262 2MPa，而京科519最大应力随密度增加分别下降0.276 1MPa和0.711 1MPa。由此看出登海3719不仅两个时期茎秆最大抗弯应力均较高，而且随密度变

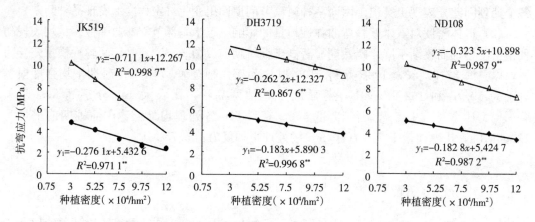

图 5-40 不同时期玉米第三节间茎秆最大抗弯应力的比较

化变幅较小，对群体密度反应较为迟钝；而京科 519 虽在低密度下最大抗弯应力较高，但其随密度增加下降幅度较大，对群体密度反应较为敏感。

（4）不同玉米茎秆强度测定方法的相关性比较　进一步比较玉米茎秆三种强度测定方法的相关性得出，在抽雄期前茎秆硬皮穿刺强度、茎秆压碎强度、弹性模量和最大抗弯应力两两之间均有极显著的正相关关系，相关系数高达 0.916 0 以上，与茎秆惯性矩不相关或弱显著相关。在玉米蜡熟期，各指标的相关性明显减弱。其中茎秆硬皮穿刺强度和压碎强度与茎秆惯性矩极显著相关，弹性模量和最大抗弯应力与其不相关。由此可以推出，在玉米用硬皮穿刺强度估计茎秆的抗压碎有一定的可靠性，但对茎秆抗弯曲性能的可靠性降低。

第五节　根系统高产生理机能

一、植物的根系

根系是植物吸收水分和养分的重要器官，良好的根系形态发育和较高的生理活性是作物高产的基础，其功能发挥与生理特性密切相关，并受遗传特性和环境因素的共同影响。植物对养分的吸收是根系生物量、根系形态、根系年龄、根系/植物生长速率值、根系在营养丰富地区的繁殖能力以及根系吸收养分生理能力共同作用的结果（Glass，2003）。根系生理功能的发挥与作物物质生产、同化物运输与分配、衰老、结实等密切相关，进而对产量产生重要影响。

1. 玉米根系　玉米的根系非常发达，由不同的根系类型组成。玉米初生根和各层次生根、气生根（支持根）在田间情况下的发生时期与地上部生育阶段的对应关系是：初生根和 1～4 层次生根发生于苗期，第五至六层次生根发生于拔节至雌穗小穗分化期；第七层以上气生根则发生于雌穗小花分化期（大喇叭口期）至抽雄期，一般结束于抽雄后 3～4 天。苗期发生的各层根的各自总根长从拔节以后到抽穗前后分别达到最大值；拔节以后发生的各层根各自总根长则在抽雄以后至蜡熟期先后达到最大值（鄂玉江等，1988）。初生根是苗期的主要根系。

玉米根系属于须根系，具有分支旺盛、根多、根粗和生根有序、一轮一轮环状着生等特点（图5-41）。根系是植物吸收养分和水分的重要器官。玉米根系分为主胚根、种子根和胚后生根（包括地下节根和地上节根）（Feix et al.，2002；Hochholdinger et al.，2004）。朱献玳和刘益同（1982）的研究结果表明根系吸收活力随着生育期的推进，在土壤中逐步下移，形成以植株为圆心，20cm为半径，深40cm的土柱，是根系吸收活力主要分布区域。玉米生长后期（蜡熟期）：根系吸收活跃层40cm＞30cm＞20cm＞10cm，和前期正好相反，以

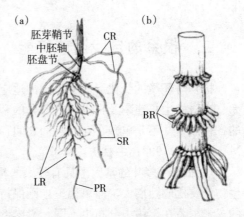

图5-41 玉米根系组成示意图

40cm土层为最活跃。随着生育期的推进陆续长出若干层次生根，初生根的吸收活力不断衰减，到抽丝期其吸收能力已经很低。次生根是拔节至抽丝期的主要根系（鲁原单4号为1～5层）。气生根发生最晚，但根量最大，吸收活力最强，在抽丝期吸收活力超过次生根，是玉米后期主要根系（朱献玳和刘益同，1982；朱献玳等，1991；鄂玉江等，1988）。Weisler和Horst（1994）的研究则表明，玉米杂交种利用深层硝态氮的能力与成熟时地上部氮吸收量和深土层的根长密度呈正相关。Robinson（1986）的研究结果表明养分吸收效率主要取决于根长，而Pan等（1985）的结果表明硝酸盐的还原和侧根的生长紧密相关。

2. 小麦根系 小麦是须根系植物，根系由胚根（种子根）、节根（次生根）以及侧根组成。侧根从胚根和节根上生长出来，是小麦根系的主要类型。小麦全生育期内，根系生理活性的变化幅度较大，尤其是生育后期，根系中细根比例小、活性弱且维持时间短，这是生产实践中小麦后期抗逆差的原因。因此，如何提高生育后期根系生理活性是实现小麦高产、稳产的关键。大田实际生产中，应采取相应的耕作与栽培技术，注重培育生育前期健壮根系，促进壮根深扎，保持后期根系活力，尽量延缓根系衰老进程，并提高后期的根系生理活性，使根系保持强大的后期生理优势，满足籽粒灌浆的需要。

3. 水稻根系 水稻是禾本科单子叶须根系作物，通常由1条种子根、多条不定根和侧根组成。根系的形态是由主根及各层次分枝的侧根构成的。主根和侧根的生长发育角度、数量、长度及粗度构成了深浅粗细各异的根系。凌启鸿等（凌启鸿，1991）研究指出，水稻根系与株型的关系可体现在根系分布与叶角的几何学相关上，并认为叶角的大小在很大程度上受根系分布的调控，在群体叶面积指数较大的情况下，培育分布深而多纵向的根系，有利于改善群体通风透光，增加群体光合作用和提高产量。杨守仁指出，水稻的根型类似于株型，根型的氧化活力与叶角呈正相关（杨守仁，1984）。丁颖等认为，植株的长高与根系的深扎同步。Morita等指出，高产水稻在土层10cm以下的深层根的比例高，认为深层根对高产更为重要（Morita et al.，1996）。15～20cm土层是籼稻和粳稻根系分布差异明显变化的转折点，在此以上，籼稻各层根系干物重所占比例要高于粳型水

稻；而在此以下，籼型水稻根系所占比例迅速下降，并明显低于粳型水稻（褚光等，2012）。

二、根系的自我调节机能

植物对环境的变化形成了不同的适应机制。植物可以通过改变根系大小、根系吸收速率、自身的生长速率及自身体内养分的利用效率等来满足对养分和水分的需求。影响根系的各种因素并不是单独存在，它们之间存在交互作用，共同影响着根系形态（Eghball 和 Maranville，1993；牛君仿，2007）。

1. 品种 多叶的基因型具有较大的根系（Costa et al.，2002）。双穗玉米吐丝期根系生物量要比成熟期大，而单穗玉米则保持根系生物量不变（Pan et al.，1986）。不同株型的玉米根系在土壤中分布也不同：紧凑型的玉米较平展型的玉米水平分布较集中，深层根系较多，这是耐密植株易获得高产的重要原因（宋日等，2002）。王空军等（2001）研究了我国玉米品种更替过程中根系时空分布特性的演变过程，发现 20 世纪 90 年代品种根系干物质积累量随生育进程的推进增加迅速，直到成熟期仍维持较高水平，开花后根重持续时间长，且在深层土壤中的优势明显。当代品种根系在深层土壤中所占比率也明显增加，在距离植株 0～10cm 的水平范围内，当代玉米品种根系分布数量多、比例大。随玉米品种更替根系的空间分布呈"横向紧缩，纵向延伸"的特点。

2. 土壤类型及土壤容重 杨青华等（2000）的研究结果表明潮土玉米根系在前期生长发育较好，长度、干重及活力水平较高。后期衰老时间较早，根系主要集中分布在 0～20cm 土层，下扎较浅，深层根量较少，砂姜黑土玉米根系在中后期生长发育较好，且根系长度在成熟期达到最大值，但干重及活力到成熟期下降幅度较大。整个根系在砂姜黑土中的分布比较均匀、下扎较深，深层根系较多。根系形态与土壤机械阻力有关（Bengough 和 Mullins，1990；Clark et al.，2003）。机械阻力加大使根系直径增加，伸长速率下降，在此过程中乙烯可能起着重要作用（Clark et al.，2003）。

3. 土壤水肥状况对根系的影响 玉米是根系发达的作物，由入土很深的轴根、分布较广的侧根和众多的根毛组成发达的根系网，其吸收区域仅限于各级层根和次生根的根尖部分。玉米根系在土壤中的时空分布直接影响其对水分、养分的吸收。

施用氮肥对玉米根系的影响已经做了很多研究（Anghinoni 和 Barber，1988；Durieux et al.，1994；Mackay 和 Barber，1986；Teyker 和 Hobbs，1992；Costa et al.，2002），并且对施肥的反应存在基因型差异（Costa et al.，2002）。施用起始肥一侧比不施肥的一侧玉米根长、密度增加，尤其是浅层根系（Qin et al.，2005）。氮肥的施用促进了玉米根系生育前期在表层土壤中生长（Anderson，1987；Durieux et al.，1994；Oikeh et al.，1999）。而 Eghman 和 Maranville（1993）结果表明氮肥的施用减慢了玉米基因型根系的生长。与不施氮肥和高氮处理相比，中度施肥处理有更大的根系和分布（Oikeh et al.，1999；Costa et al.，2002）。

灌溉方式和土壤中水分条件对根系生长影响较大。根系倾向于高养分（Van Vuuren et al.，1996）和水分（Ben-Asher 和 Siberbush，1992；Gallardo et al.，1994，Skinner et al.，1998）的部位生长。不灌溉处理作物根系生物量是沟灌处理的126%（Skinner et al.，1998）。在田间中度水分胁迫显著增加了根长（Eghball 和 Maranville，1993）。在降水量较少的年份，在轮换沟灌系统中如果肥料施在非灌溉的沟中，肥料氮的吸收减少50%。如果在降水量较多的年份在灌溉沟和非灌溉沟的肥料，氮的吸收则没有差异（Benjamin et al.，1996）。

4. 土壤耕作方式对根系的影响 对影响作物根系生长的多种环境因素中，最主要的是土壤水分状况（Burgess et al.，1998；Stirzaker 和 Pas‐sioura.，1996）和土壤温度（Burke 和 Upchurch，1995；McMicheal et al.，1996）。免耕与传统耕作相比，玉米在开花期根系根长密度减小，平均根系直径增大。这种现象在泥浆壤土中比在沙壤土中表现尤为明显（Qin et al.，2005）。李少昆等（1993）采用双向切片法对不同种植密度的玉米挖根观察表明，玉米单株根重随密度的增加而显著减少，呈幂函数关系，冠根比却与密度呈显著的正相关关系。

5. 土壤深松对根系的影响 进行深松耕作能改善土壤的物理性状，降低土壤容重，打破犁底层，增加土壤的透气度，促进水分向土壤深层渗入，减少水分蒸发，扩大根系生活领域，促进根系对土壤养分和水分的吸收，提高肥料的利用率，减轻土壤干旱程度，从而提高作物产量。

深松处理与浅旋处理相比（图5‐42），在0~20cm的土层，浅旋处理的根长度大，

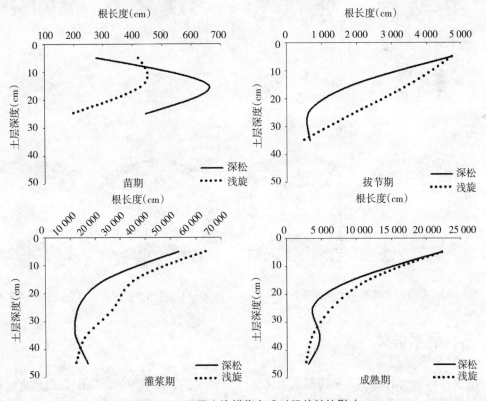

图5‐42 不同土壤耕作方式对根总长的影响

根系很难穿透犁底层，根的分支多集中在土壤上层。而深松处理的根系，30cm 以下根系根长增大，说明深松处理犁底层及其下层根系增多。

6. 深松对根系空间分布的影响 对不同土壤耕作模式生长条件下的根系进行取样，并借助立体图像分析软件对根系的空间立体构型进行分析，图像分析对开花期（根系体积最大时期）玉米分层（10cm 土层）对各个土层的根系空间分布进行绘制，分别研究了土壤深松、传统浅旋对根系长度、根系干重空间分布的影响（图 5 - 43，图 5 - 44）。经过图像分析，并结合各土层根长、根干重统计数据（未列出），深松改变了根系构型，根系偏紧凑，促进了根系下扎。

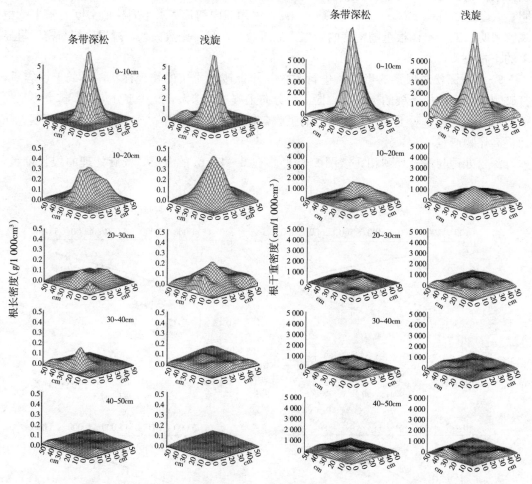

图 5 - 43　耕作方式对根长空间分布的影响　　　　图 5 - 44　耕作方式对根干重空间分布的影响

三、根系群体

随着种植密度的增加，单株根系个体的生长空间都处在竞争的空间中，根系之间构成一个群体网络，根系之间相互交织影响、相互作用。因此，挖取单株根系研究其形态并不能代表大田根系的实际生长状态,研究单株根系形态的现实生产指导意义将下降,取而代之的是我们应当关注根系群体、单株根系间的相互作用与影响。尤其是在高密度种植条件下,根系之间相互交织,互相竞争生存空间,根系群体的空间构型与单株不受影响的根系将大不相同。研究根系群体,在现阶段生产条件下具有更现实和科学的指导意义。

在每亩种植 4 500 株密度条件下,田间长势均匀的连续 3 株植株进行取样,分层挖取各土层根系,挖取连续 3 株的土壤,保证原土体不被破坏。分析根系群体在土壤中的空间分布,可以实现尽可能地还原根系真实构型。随着种植密度的增加,研究群体根系构型具有更科学、实际的指导意义。分析土壤深松群体与浅旋群体根长空间分布的差异发现,深松群体在地下 30cm 向下根系分布较多,深层根系下扎能力强,说明土壤深松改变了群体的根系构型,尤其在垂直方向上的根系分布(图 5-45)。

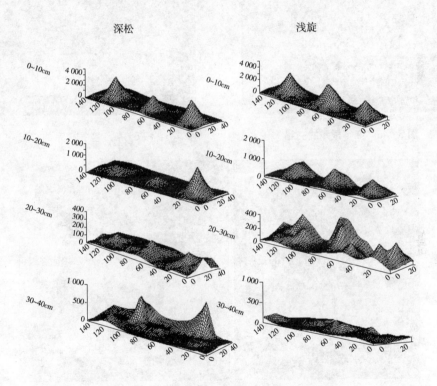

图 5-45 不同土壤耕作措施对群体根长的影响

借助于根箱研究法,可以实际观察到根系群体结构与分布。如图 5-46、图 5-47、图 5-48 所示,根箱培养采用田间常用行间距配置(40×80 宽窄行)挖取的根系群体图,可明显观察到根系相互交错,形成一个根系网络。宽行间距的玉米群体交织能力更强,根系之间互相影响更大,尤其是下层根系,在 30cm 之下,仍能清晰地观察到根系之间的相互联结交错。因此,笔者推断,随着密度的增加及行间距配置等田间措施的实施,田间根系形成一个互相交织、相互作用的群体。根系之间进行着根际对话,发生着根系、根分泌物、微生物的一系列物理、化学、生物学的相互作用。因此,在以后的研究中,辅助有效实用的研究手段,研究田间不同栽培措施对根系群体的影响,具有更深远的意义,地下的世界根系群体与地上部群体同等的丰富多变，亟需研究者去探索。

 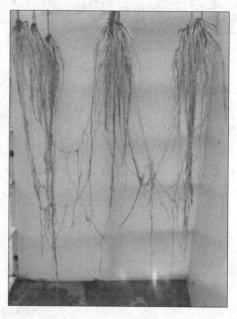

图 5 - 46　窄行根系的交错　　　　　　　图 5 - 47　宽行根系的交错

图 5 - 48　0～30cm 土层间的交错根系

四、根系生长的化学调控

（一）根系形态结构的化学调控

　　作物根系的生长发育受外源激素以及植物生长调节剂的影响，在根系形态建成方面，应用化学调控措施可以有效调控根系的发生和伸长，如叶面喷施植物生长延缓剂可以促进玉米根系的生长发育，研究发现叶面喷施乙烯利、乙烯利矮壮素合剂，可以有效增加玉米气生根 9～16 条，增加气生根层 1～2 层，根的整体干物重及根冠比分别增加 26％和 13％

（丛艳霞，2008）；多效唑浸种后玉米根系干重明显增加（张建华等，1995）；这种效果有助于维持地上部的功能，防止倒伏的发生。在不同的生长发育时期，植物生长延缓剂对玉米根系不同层次根的活力影响不同，在玉米 6 叶期用 30％己乙水剂叶面喷施处理，增加了根系干重，显著提高第八层根（气生根）量，提高拔节期和籽粒形成期 1～4 层根、6～7 层根的活力（董学会，2005）。植物生长促进剂如萘乙酸、生长素等生长促进剂类物质同样具有促进根系发育的功能，如叶面喷施 ABT 生根粉和聚糠萘合剂，玉米的节根生长数量和长度均增加。叶面喷施有机酸对玉米根系的生长发育也具有同样的促进作用，如叶面喷施丁二酸，玉米单株气生根条数增多 14.2 条，根层增加 0.2 层，根系干重增加 3.1g（于方明等，2004；张修金等，2007）。青霉素浸种处理对爆裂型玉米的出苗率有促进作用，对玉米幼苗上部无明显的影响，但对根系生长有一定的促进作用。

乙烯利—甲哌嗡合剂可以促进大豆根系发育（张明才等，2004）；新型植物生长调节剂 GGR 能促进小麦、玉米根原基的分化和发育，从而为地上部吸收和运输更多的养分和水分，提高了种子的发芽率和发芽势，扩大了叶面积，提高了光合效率（尉德铭等，2001）。陈红卫（2002）应用新丰王、刘延吉等（1994）用 RECF 对玉米进行试验表明，一些新型植物生长物质对玉米苗的根系生长、根数、根长都有促进作用。

1. ECK 对不同种植密度下春玉米不同根层根条数的影响

由表 5-9 可知，先玉 335 清水处理的根系均为 7 层节根，1～6 层为地下节根，第七层为地上节根（气生根）；节根的数目性状与根层序关系紧密，先玉 335 地下节根数目一般自下而上逐层增加，在第六层节根数目达到最大；不同密度处理之间在 1～4 层节根数目无明显差异，而 5～7 层差异明显，表现为随着种植密度的增加而减小的趋势；采用 ECK 处理后，先玉 335 在 D1 和 D2 处理下增加 1 层气生根；同时在各种植密度下，先玉 335 化控处理和对照处理的 1～5 层节根数目无明显变化，6～7 层节根数目分别增加了 25.0％～29.8％和 1.9％～40.6％。

表 5-9　种植密度对春玉米不同根层根条数的影响及化学调控

品种	处理	密度	不同根层根系数目（条）							
			1	2	3	4	5	6	7	8
先玉335	对照(CK)	D1	3.5±0.7	4.5±0.7	5.5±0.7	7.0±2.8	12.0±0	16.5±0.7	14.0±1.4	
		D2	3.5±0.7	3.5±0.7	5.5±0.7	6.0±2.8	11.5±0.7	12.5±0.7	11.0±2.8	
		D3	3.5±0.7	3.5±0.7	4.5±0.7	9.0±1.4	10.5±2.1	13.0±1.4	7.0±2.8	
		D4	3.5±0.7	4.0±1.4	5.5±2.1	9.0±1.4	9.0±1.4	13.5±0.7	4.5±2.1	
		D5	3.0±0	4.0±0	6.0±0	9.0±0	9.0±1.4	10.5±2.1	3.5±2.1	
	化控(TR)	D1	4.0±0	4.5±0.7	5.5±0.7	6.5±2.1	9.0±0	12.5±0.7	15.0±4.2	11.5±5
		D2	3.5±0.7	4.0±0	6.0±2.8	8.5±2.1	9.0±0	12.0±4.2	8.5±3.5	
		D3	3.0±0	4.5±0.7	4.5±0.7	6.0±2.8	10±0	13.5±0.7	13.5±2.1	
		D4	3.0±0	4.5±0.7	4.5±0.7	7.5±2.1	9.0±1.4	9.0±0	11.5±5	
		D5	3.5±0.7	4.0±1.4	6.0±0	7.5±2.1	9.0±1.4	10.5±2.1	7.0±2.8	

注：TR 为化学调控；CK 为清水处理；D1 为 4.50×10^4 株/hm²；D2 为 5.65×10^4 株/hm²；D3 为 6.75×10^4 株/hm²；D4 为 7.85×10^4 株/hm²；D5 为 9.00×10^4 株/hm²。

2. ECK 对不同种植密度下春玉米根系重量的影响 京单 28 和先玉 335 的根系干物重在整个生育期内均呈单峰变化，于灌浆期（出苗后 76d）达到最大值。随种植密度升高，两品种根系干物重下降。化学调控处理增加了京单 28 和先玉 335 根系干物重，两品种全生育期根系干物重分别增加了 5.1%～14.1% 和 3.8%～13.5%。京单 28 和先玉 335 的根系鲜重变化趋势同根系干物重，最大值出现在灌浆期（出苗后 76d），受密度影响较大；ECK 处理增加了根系鲜重，两品种分别增加了 6.0%～13.0% 和 1.9%～18.2%（图 5-49）。

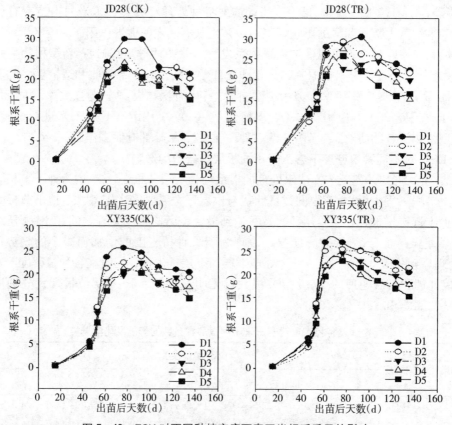

图 5-49 ECK 对不同种植密度下春玉米根系重量的影响

3. ECK 对不同种植密度下春玉米根系体积的影响 京单 28 和先玉 335 根系体积在生育期内呈单峰变化，最高值出现在吐丝期（出苗后 61d），随着种植密度升高，两品种根系体积下降。化控处理增加了根系体积，经 ECK 处理后，京单 28 各密度根系体积增加了 0.9%～29.0%，先玉 335 根系体积增加了 7.6%～27.5%（图 5-50）。

4. ECK 对不同种植密度下春玉米根系活力的影响 试验结果表明，京单 28 和先玉 335 在 0～40cm 土层内的玉米根系活力在生育期呈单峰曲线变化趋势，最高值出现灌浆期左右。不同土层内之间根系活力表现为：0～10cm＞10～20cm＞20～30cm＞30～40cm，自地表向下依次递减。不同密度之间表现为：随着种植密度的增加，两品种根系活力下降，经 ECK 处理后，京单 28 和先玉 335 全生育期的根系活力均有不同程度的增加，在高

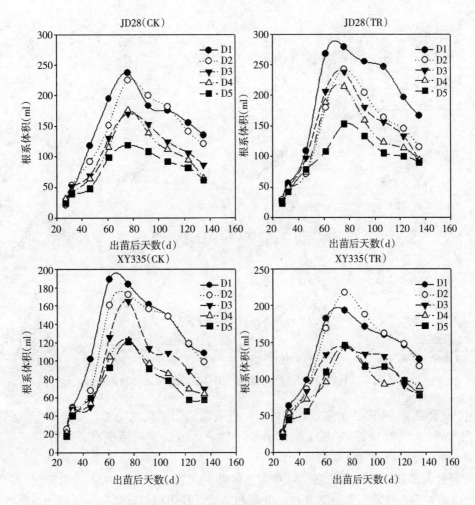

图5-50 ECK对不同种植密度下春玉米根系体积的影响

密度群体内（90 000 株/hm²），两品种（0～40cm）全生育期根系活力分别比对照提高了13.9%、25.7%、2.4%、23.8%和12.2%、21.4%、18.1%、27.8%（图5-51）。

（二）根系生理机能的化学调控

化学调控不仅能改变植株根系形态，还能显著提高玉米根系生理机能。植物生长延缓剂具有增强根系活力的功能，如叶面喷施乙烯利—胺鲜酯合剂等提高玉米根系伤流量，特别是大喇叭口期和籽粒形成期。还能提高伤流中钾、磷、钙、镁、硅、锌、锰、铁、硼、钼、铜等无机元素流量，氨基酸总流量以及非蛋白质氨基酸的含量（董学会，2005）。而营养型化控剂（腐殖酸—矮壮素）则能大大提高根系吸收、合成以及向地上部运输可溶性糖、无机磷、细胞分裂素等物质的能力，从而提高根系活力，促进玉米根系健壮生长，为后期防止早衰发生起到积极的作用（杨微，2001）。另有研究表明，多效唑（PP₃₃₃）还可以有效增加玉米幼苗的伤流量，提高幼苗根系活力，保证玉米的出苗率。植物生长促进剂同样可以提高玉米的根系活力，如 ABT 生根粉浸种提高了玉米吸收磷钾肥的能力，增加

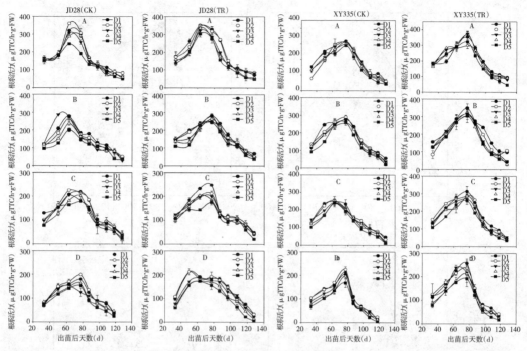

图 5-51　ECK 对不同种植密度下春玉米根系活力的影响

了产量（郭强等，1999）。土施氨基酸可以促进根系的生理代谢功能，如土施 L-蛋氨酸、L-苯丙氨酸、L-色氨酸能增加玉米株高和干物重，氮代谢酶活提高，促进玉米根系对氮、磷、钾、锌的吸收（陈明昌等，2005）。

5. 叶片与节和节间协调关系　叶片与茎的协调关系表现为相互依赖和控制。为了明确这种协同关系，将叶与茎分为叶片、叶鞘和节间，并根据器官的生长过程的变化特征划分为不同伸长期：待伸长（Ⅰ）、伸长初（Ⅱ）、伸长中（Ⅲ）、伸长末（Ⅳ）、定型（Ⅴ，生长期）。在小麦和水稻上的叶片与节和节间协调关系为：①同名异位器官间。在同器官名称同一时间内，由下往上顺序延迟一个生长期（n 叶Ⅲ、$n+1$ 叶Ⅱ、$n+2$ 叶Ⅰ）；②同位异名器官间。在同一个时期内按叶、鞘和节顺序延迟一个伸长期（n 叶Ⅲ、n 鞘Ⅱ、n 节Ⅰ）；③异位异名器官间。不同器官不同部位的 n 叶、$n-1$ 鞘、$n-2$ 节为同伸器官。

玉米始伸节间与展叶间有一定的对应关系，如通常下部茎生叶展开与其上一个节间伸长同步进行，即 $N=n+1$ 就是展开叶与其上一叶的节间同伸；中上部叶展开与之对应的伸长节间为其节上 2、3 节间，即 $N=n+2/3$ 就是展开叶与其上 2、3 叶的节间同伸。不同发育阶段和种植密度的叶龄与节间伸长同伸规律大体一致。如茎秆第七节间伸长时，对应叶龄在 42～52；茎秆第十节间伸长，对应的叶龄范围 54～62。玉米不同生育期茎秆与叶片的生长速度不同，干物重差异很大。拔节期以前，全叶干物重比全茎大 13～24 倍，表明苗期地上部是以叶子生长为主的时期；拔节以后，茎叶相差则逐渐减少，这一时期地上部生长中心器官即由叶子逐渐转向了茎秆，到了抽雄穗期以后，茎的干物重反比叶部增大。

五、叶、茎、根协调关系

植物本身就是一个复杂的系统，植物地上部和根系的生长和功能密切相关（Bingham，2001；Liedgens 和 Richner，2001）。光合作用对作物正常生长至关重要，而光合产物即碳水化合物的供应对根系的生长影响很大。高光照度通常能够促进根系生长，从而增加根冠比（Sattelmacher et al.，1993）。提高光照水平有助于光合产物向根系的运输，尤以高光强、低氮处理对玉米根系的影响最大，表现为根冠比、总根长、平均根轴长等根系形态指标的显著增加（王艳，2001）。

从源库角度来分析，地上部生长作为一个库，它的大小决定了植物需吸收多少氮素以满足生长。另外，根的生长和硝酸盐转运系统的活性都受地上部碳水化合物供应的限制（Delhon et al.，1996）。剪叶处理使根层数减少，总根层数降低，尤其以剪掉下位叶的处理对根系影响较大（鄂玉江等，1988b）。套雌穗同时断根和套雌穗处理使得根系生物量大大增加（Spencer，1941）。这是因为剪叶处理降低了地上部碳水化合物向根的运输，而套雌穗处理加大了地上部碳水化合物向根系运输的缘故。

从营养及能量角度来分析，植物通过感受地上部的营养状况，产生来自地上部的长距离信号来调节根的生理过程和发育过程。养分从地上部到根的循环过程对植物的生长发育起着重要作用，它维持了地上部阴阳离子的平衡；为木质部和韧皮部中溶质的流动提供驱动力；对于特定的矿质元素，可传递地上部需求的信息，并调节根系对介质中矿质养分的吸收和在木质部中的装载过程（Engels 和 Marschner，1996）。养分从地上部到根再到地上部的循环过程对植物的生长发育起着重要作用，尤其在胁迫条件下更为重要（Marshener et al.，1997；牛君仿，2007）。在正常供氮条件下，根系对氮的吸收取决于地上部的生长。在植物的冠、根之间存在着快速的氨基酸循环，当植株生长速率较大时，植株对氮的需求量较大，从根经过木质部运往地上部的氮大部分用于生长，而通过韧皮部返回到根系中的氨基酸降低，这样促进根系对氮的吸收；相反，当植物生长速率小时，植物对氮的需求小，运往地上部的氮用于生长的量小，大部分返回到根系中，降低根系对氮的吸收（Cooper 和 Clarkson，1989）。植物根系的干物重与地上部干物重之间存在明显的相关关系（Russell，1977）。

六、不同氮素水平下的玉米冠根（地上地下）关系

植物地上部与地下部是一个完整的系统，是一个整体，虽根据实验目的地不同，一般研究者只关注于地上部，或只研究根系，但其实地上部与地下部不应该割裂开，地上地下的协同关系应该引起研究者的重视。在合适的自然条件下，根系生长和地上部生长相协调，即使某一部分有相对增长现象，也不会导致二者总体失衡。研究表明，春玉米根系与株高生长速度之间因栽培条件不同而呈抛物线形或直线变化，经拟合相关程度很高，体现出根冠生长存在明显的同伸关系，而且水肥条件相对较差时，这种关系表现得更为明显。春玉米根系净增长速度在开花期停止，生长量达最大值（植株高度在抽穗后停止生长，达

无氮水平玉米冠根对比　　　正常氮水平玉米冠根对比　　　高氮水平玉米冠根对比

图 5-52　不同氮素水平下玉米冠根发育状况

到最大值），根系伸展时间比株高生长时间多 10d 左右，因此在开花期或抽穗期以前对玉米根冠进行调控效果明显（侯琼等，2001）。

植物地上部与根系的协调作用受栽培措施的影响（图 5-52）。不同的栽培措施，在调节地上部叶面积或者根系的同时，植物地上地下通过信号系统也进行着协调，地上部与根系的协同作用也对调控措施作出响应。如随着密度的增加，地上部生长空间的竞争发生在玉米拔节期之后，竞争的结果使地上部生长受到抑制；同时根系生长，特别是后发生的 4 层节根生长受到抑制，结果使植株冠、根干重和含氮量均明显减少（严云等，2010）。

另外，土壤耕作方式也影响地上与根系的协调。研究表明，土壤深松、深翻处理与浅旋处理相比，各生育期的根冠比均大于习惯性耕作方式。较高的根冠比为作物创造了良好的营养生长条件，较多的根系有利于植株对水分和矿质营养的吸收。

第六章

作物产量性能优化及其关键技术效应

高产挖潜三大途径与产量性能阶段性

产量形成是一个复杂的过程，贯穿作物的整个生育期。产量形成取决于作物器官建成形态学过程，物质生产与分配的生理过程以及不同过程中作物与环境互作关系。建立综合的产量定量化分析系统，明确系统的因素关联特点，才是确定高产突破的关键（赵明等，1995；张宾等，2007）。

一、高产挖潜三大途径

从三合模式、产量性能和生理框架在各个构成因素中均可初步包含数量和质量特点的性能指标。根据这样的初步划分，可将作物高产途径分为结构性挖潜途径、功能性挖潜途径和结构与功能同步挖潜途径（图6-1）。

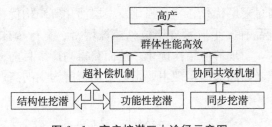

图6-1　高产挖潜三大途径示意图

二、超补偿机制

不论是什么技术途径，技术增产的根本原因是超补偿效应。超补偿是指正向和有益的补偿过程，在一个技术系统中，通过减少一个方面，使另外方面得益增量超过了损失减量，实现总量增加。在作物生产体系中有两种超补偿机制。　是得失补偿：指作物受到外界胁迫和干扰条件下，通过自身调节与适应在某些方面产生补偿增量。二是差异补偿：指作物系统共同增效时某一因子增量减少，而引起其他因子更多增量，实现总效益增量的过程（图6-2）。

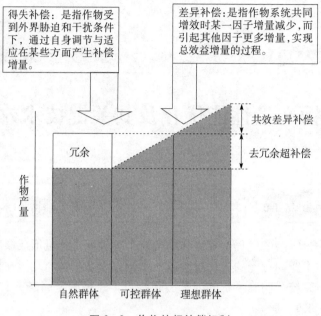

图 6-2　作物的超补偿机制

三、结构性挖潜途径

主要利用结构性超补偿机制，即作物个体功能对于群体结构的敏感性具有可变和可调的特点，当个体功能对群体结构的增量表现出不敏感或弱敏感效应时，群体就会产生结构性超补偿，从而实现高产（图 6-3）。

主要技术环节是通过冠层优化、茎秆强化及根层活化等结构优化机制建立一个合理的群体结构（选择耐密型品种，采取紧凑错位、控株增密、宽行窄株密植等群体优化）增库、增源定向栽培技术，实现群体结构优化，从而获得高产。目前多种作物高产途径均属于结构性挖潜。统计玉米超高产的实现主要是以增加密度为主的高产技术途径（图 6-4）。

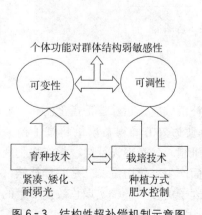

图 6-3　结构性超补偿机制示意图

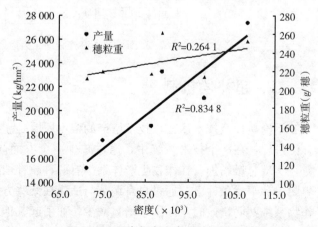

图 6-4　玉米超高产实现的主要途径

四、功能性挖潜途径

主要利用功能性超补偿机制，即作物个体功能的表达强度具有可变和可调节的特点，当个体功能超常表达而超过群体结构减量时，群体则呈现功能性超补偿现象，从而实现超高产（图 6 - 5）。

主要技术环节是通过精播细管、适当肥水调控，提高群体净同化率延长其生育天数，提高群体高光效、高抗衰、高抗逆生理实现作物群体功能优化，保证后期光合物质长期快速积累，进而达到高产目的。

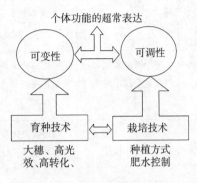

图 6 - 5 功能性超补偿机制

五、结构与功能同步挖潜途径

充分利用结构功能的协调实现高产，主要技术环节是在适当增加密度的情况下，通过耕层土壤的改善，提高植株根系活力，实现群体和个体功能耦合，提高作物群体性能进而提高作物的生物产量，同时结合高效装入、高效卸出、高效运转的高效分配机制来提高作物的经济系数，以及通过有效分化、防止退化、降低败育、快速充实的高效结实机制达到"稳穗、足粒、高结实率"，从而实现作物增产。

六、作物超高产结构、功能挖潜技术途径

不同的作物，不同的生产条件，不同的技术特点，选择与采取的高产途径不同（表 6 - 1）。

表 6 - 1 超高产结构、功能挖潜的技术途径

类型	技术模式	技术特点与效果
结构性挖潜	夏玉米"双紧凑"高密度群体优化栽培超高产模式	矮秆中穗型紧凑品种（株型紧凑）和大小垄窄行对角错位定株，强化栽培，小面积实收达到 21 043.5kg/hm² （李登海、王空军，2005）
	冬小麦"垄沟立体种植"超高产模式	垄沟种植冠层呈波浪状，增加了单位面积的麦穗容纳量，改善群体冠层结构，在 1hm² 面积实收 9 148.5kg/hm²（王法宏，2005）
	水稻"垄畦高密、扩库强源"超高产模式	通过垄畦栽培，宽行窄株密植，优化群体结构，改善群体通透条件；以水调肥、调气，强根健株，实现增穗增粒的水稻双季超高产，早稻 10 405.5kg/hm² 晚稻 9 420.0kg/hm²（章秀福等，2005）

（续）

类型	技术模式	技术特点与效果
功能性挖潜	再生稻超高产技术模式	调整两季光温条件同步，头季主攻足穗大穗和强大根系，确保籽粒形成与充实，再生季高留稻桩，促进再生蘖迅速成穗，实现头季 13 966.5kg/hm²，再生稻 8 796.0kg/hm²，合计 22 762.5kg/hm²（李义珍，2004）
	冬小麦防衰氮肥后移超高产技术模式	氮肥后移提高后期根系活力，健株、保绿、延衰，增加后期干物质积累和向穗部分配，实现高光效、高积累、高经济系数、超高产，产量实现 11 034.0kg/hm²（于振文，2005）
结构功能同步挖潜	冬小麦"四统一"超高产技术模式	通过大群体发挥主茎大蘖优势，发挥穗、茎、鞘等非叶绿色器官光合耐逆机能，发挥初生根持续吸收功能，实现高产、高效、低耗和简化的小麦"四统一"，产量实现 9 720.0kg/hm²（王志敏，2004）
	水稻"扩库强源"超高产技术模式	主攻大穗扩大库容，提高茎蘖成穗率和粒叶比改善群体质量，达到高积累、高运转、高收获指数，产量实现 11 460.0kg/hm²（杨建昌，2004）

第二节 作物产量性能的技术效应分析

一、作物产量性能与技术优化原则

1. 超补偿原则 作物高产栽培是根据产量目标定量产量性能构成指标，根据技术对产量性能的调节效应，设计实现产量目标的技术途径和技术方案，通过技术措施，实现高产。不同的技术对产量性能的调节效应不同，而且这种产量性能的技术效应，因品种、产量水平、生态环境和土壤条件不同，调节效应不同。同时，高产栽培技术重要的是技术集成，在集成过程中不同的技术相互间作用效果不尽相同与相似。高产要求通过技术优化才能保障产量性能的优化，才能实现目标产量。因此，在高产上要求技术优化的原则是技术对产量性能的效应正向效应大于负向效应，也称超补偿原则。有些高产技术不但正向效应在产量性能多项表现而且效应值高出，如优良品种、深松技术、施肥与灌水等。有的技术正负效应并存，如增加密度，提高了叶面积系数（$MLAI$）和穗数（EN），同时也降低了净同化率（$MNAR$）和粒数（GN）、粒重（GW）。在高产中产量性能的增加项大于减少项时，超补偿时才表现出增产。否则，产量降低。

2. 互作增效 在技术集成组装过程中也要遵循超补偿原则。两个以上的技术集成与组装过程中注意技术与技术之间的互作关系，技术间的互作可能出现互作增效、互作拮抗、互作无效等不同的结果。利用技术增效是优良技术的重要特点，如玉米密度与深松的互作，深松技术可以进一步提高密度的增产效应。通过技术间的互作关系，可以有效地进行技术集成与组装，如玉米深松密植高产技术模式就是较好的实例（图6-6）。

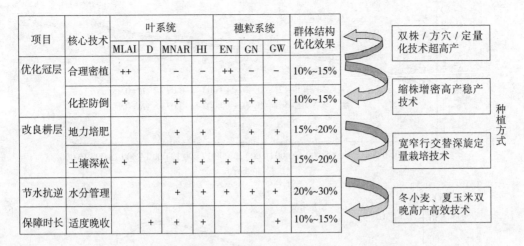

项目	核心技术	叶系统				穗粒系统			群体结构优化效果
		MLAI	D	MNAR	HI	EN	GN	GW	
优化冠层	合理密植	++		−	−	++	−	−	10%~15%
	化控防倒	+		+	+	+	+	+	10%~15%
改良耕层	地力培肥			+	+		+	+	15%~20%
	土壤深松	+		+	+	+	+	+	15%~20%
节水抗逆	水分管理			+	+	+	+	+	20%~30%
保障时长	适度晚收		+	+	+			+	10%~15%

右侧图注（种植方式）：
- 双株／方穴／定量化技术超高产
- 缩株增密高产稳产技术
- 宽窄行交替深旋定量栽培技术
- 冬小麦、夏玉米双晚高产高效技术

图 6-6　主要栽培技术对产量性能的调节效应及其技术集成

二、不同产量水平下产量性能参数变化

不同产量水平在其产量性能各项参数的配置上不同，分析参数构成特点是探索高产途径的重要依据。以玉米为例，表明产量水平决定产量性能参数的准确度，产量越低，对产量性能参数的要求越低，产量越高，对产量性能参数的要求越高（图 6-7，图 6-8）。分析不同产量水平产量性能参数变化，对进一步挖掘玉米高产潜力，优化产量性能的参数构成有重要参考意义。

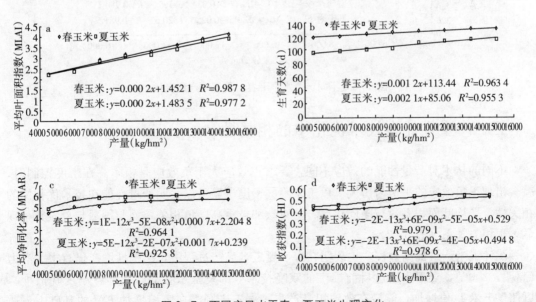

图 6-7　不同产量水平春、夏玉米生理变化

a. 平均叶面积指数　b. 生育天数　c. 平均净同化率　d. 收获指数

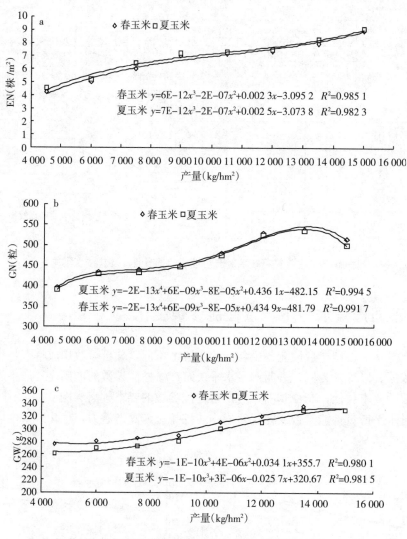

图 6-8　不同产量水平下春、夏玉米产量变化

三、产量性能在技术优化中的相关性

不同的技术对产量性能的效应不同，要求正效应大于负效应是根本。在密度控制时，就会出现正负效应的平衡与协调。以玉米不同密度试验可以表明产量性能在技术优化中的相关性。平均叶面积系数与净同化率、穗粒数和粒重高度负相关，而与穗数与总粒数呈现显著正相关关系（表 6-2）。

统计玉米产量提高过程，也表明在春、夏玉米高产过程中，结构性增产仍有很大潜力（赵明，2006），夏玉米通过目前推广的双晚技术（即夏玉米直播晚收、冬小麦晚播种），可使夏玉米 D 值增加，能最有效地提高产量；春玉米则需在密植增加 EN 的基础上，通过深松改土、化学调控等技术提高 $MLAI$ 与 GW 提高产量（表 6-3）。

表 6-2 不同密度的产量性能相关性分析

	MCGR	HI	MNAR	EN	TGN	GN	GW	Y
MLAI	0.944 2	−0.902 0	−0.977 0*	0.997 9**	0.991 5**	−0.981 1*	−0.998 5**	0.978 5*
MCGR		−0.992 9**	−0.867 4	0.954 2*	0.953 1*	−0.919 0	−0.940 3	0.991 3**
HI			0.815 9	−0.913 1	−0.910 5	0.884 8	0.894 7	−0.971 6*
MNAR				−0.961 8*	−0.944 3	0.987 7*	0.969 7*	−0.925 3
EN					0.997 7**	−0.968 0*	−0.999 0**	0.982 5*
TGN						−0.948 6	−0.996 1**	0.977 6*
GN							0.969 5*	−0.960 6*
GW								−0.974 1*

注：* 和 * * 表示在 0.05 和 0.01 水平显著。

表 6-3 玉米产量增加过程中产量与产量性能参数的相关分析

项目	MLAI	D	MNAR	HI	EN	GN	GW
春玉米	0.99**	0.98**	0.87**	0.97**	0.98**	0.94**	0.97**
夏玉米	0.99**	0.98**	0.87**	0.94**	0.98**	0.92**	0.98**

第三节 不同作物品种的产量性能分析

一、作物品种重要性状变革及其产量性能的变化特点

作物品种的改造一直是作物科学家努力的方向，对品种重要性状的重大改造成为作物科学发展划时代的特征。第一次绿色革命、杂种优势利用、理想株型的发展对推动作物学科发展，引领产量跨越式提高发挥着重要作用。分析这些变化及其产量性能调节特点有着重要指导意义。

（一）第一次绿色革命的矮化增产及其产量性能特点分析

1. 第一次绿色革命的发生 20 世纪 60 年代兴起的绿色革命是以第一个现代矮秆品种的选育和推广为标志的。最早日本创新了小麦矮秆材料，此后意大利 1911 年用日本赤小麦降低株高 100～130cm（Montana），美国从 1940 年开始选育出一批矮秆品种，国际小麦玉米改良中心（CIMMYT）1953 年开始研究小麦矮化。1962 年 Norman Borlaug 育成了 Pitic62 等一批半矮秆品种，抗锈病，适应性较强，并在许多国家种植获得了成功，1970 年 12 月 11 日获诺贝尔和平奖。同时，国际水稻研究所（IRRI）的张德慈用来自台湾的在来 1 号矮株稻种进行杂交，培育出 IR8，取得了创纪录的产量。

2. 矮化增产及其产量性能特点 与传统的高秆品种相比，矮秆品种具有较大的产量

优势（黄耀祥，1990），但对其生物产量和收获指数的研究表明，它们在光合作用和生物产量方面与高秆品种相比并没有明显提高。也就是说，矮秆品种高产的主要原因是改善了作物的物质分配，即提高了收获指数（Takeda et al.，1983；Evans et al.，1984；Sinha et al.，1981；Austin et al.，1989；Miralles 和 Slafer，1997）。但也有的研究表明，优良矮秆品种的产量优势主要是通过生物产量的增加来体现的（Jiang et al.，1988；Akita，1989；Amano et al.，1993）。从产量性能的综合分析，高产矮秆品种的抗倒性提高了品种耐密

笔者与 Norman Bolaug 一起

（2005，CMMYT）

性，通过增加密度可有效增加平均叶面积系数（$MLAI$）和有效穗数（EN），从而保证了较大的物质生产能力，同时矮秆品种的选育过程中，穗粒数和粒重也相应得到改造，从而拉动物质向穗器官的运转分配，从而提高了收获指数。实际上表面上是支撑系统茎高度的变化，实质上协调了叶系统和穗系统在容量上和分布上的变化。

（二）杂种优势利用增产及其产量性能特点

1. 杂交优势产量潜力挖掘

在粮食作物中玉米是最早利用杂种优势的作物，历经了从农家种、双交种和三交种向单交种发展过程。我国是水稻杂种优势利用最成功的国家，袁隆平早在 1964 年开始研究杂交水稻，1970 年 11 月 23 日与李必湖在海南岛的普通野生稻群落中，发现一株雄花败育株，并用广场矮、京引 66 等品种测交，发现其对野败不育株有保持能力，这就为培育水稻不育系和随后的"三系"配套打开了突破口，给杂交稻研究带来了新的转机。1972 年，组成了全国范围的攻关协作网。1973 年，广大科技人员在突破"不育

笔者与袁隆平在一起

（2005，北京）

系"和"保持系"的基础上，选用 1 000 多个品种进行测交筛选，找到了 1 000 多个具有恢复能力的品种。张先程、袁隆平等率先找到了一批以 IR24 为代表的优势强、花粉量大、恢复度在 90% 以上的恢复系，实现"三系"配套。1974 年育成第一个杂交水稻强优组合南优 2 号，1975 年研制成功杂交水稻制种技术，从而为大面积推广杂交水稻奠定了基础。目前中国水稻生产上大面积推广杂交稻，并且中国的杂交稻在世界范围内推广应用。超级杂交稻正在向三个台阶跨越，亩产突破了 700kg、800kg、900kg，2011 年水稻主产区突破亩产 926.6kg。袁隆平也提出了 90 岁亩产 1 000kg 的目标。

2. 杂交优势增产及其产量性能特点　杂种优势以其较大的生长优势与抗逆优势表现出较大的叶面积系数，提高了产量性能的 *MLAI*，同时大量研究表明，光合作用的提高，形成了较高的 *MNAR*，从而产生较大的干物质积累。杂交水稻的产量优势也主要是因为它具有更高的生物产量而不是更高的收获指数（Song et al.，1990；Yamauchi，1994）。实际上，水稻和玉米强优组合分化了大的穗和提高灌浆过程，增加了穗粒数和粒重，形成了源强库大的特点，是产量性能全方位的提高过程。

（三）理想株型的增产及其产量性能特点

1. 理想株型的研究　株型是指与作物品种产量能力有关的一组形态特征或植物体在空间的排列方式，并应从个体和群体两方面加以考虑。1965 年，Donald C M 提出理想株型（Ideotype）的概念。理想株型能最大限度地提高光能利用率，增加生物学产量和提高经济系数，是提高种植密度的实现途径。水稻、小麦、玉米理想株型研究近 100 年来发展迅速，并产生良好应用效果，指导育种发展。提高单产从理想株型育种角度分析，株型育种的潜力还没有完全挖掘出来。理想株型产生良好应用效果共识理论的应用，对光进行合理分布和密度进一步优化。理想株型是一个长期的改造过程。在小麦、水稻、玉米等多种粮食作物以及其他经济作物均有不同的研究。不同的研究者从不同角度提出了理想株型概念。小麦认为理想株型应有良好的透光性、遮光性和抗旱保水性，能适应生长的各个生育阶段。选育株型抽穗前紧凑、灌浆后期松散、叶水平角随灌浆进程逐渐加大的品种，小麦功能叶在整个生育时期均能充分截取和利用阳光，有助于提高小麦产量，可以通过改变株型、叶型来控制叶面积指数的过度发展，提高穗叶比、粒叶比来达到增穗增粒的目的；大群体、小叶株型可能是超级小麦育种的一种模式。李家洋与钱前团队研究揭示了水稻理想株型形成的分子调控机制，克隆了水稻 *IPA1* 基因，这是一种能有效控制水稻株型的基因，可以辅助培育分蘖少、稻穗谷粒多、粒重大、茎秆粗壮抗倒的理想株型。玉米优良品种的育种目标是高产和稳产，理想株型的玉米不仅能提高单株生产力和增加单位面积的株数，从而最大限度地提高玉米产量，还能增强抗性达到优质，所以遵从理想株型育种是筛选资源和简化育种程序的关键。以耐密植为目标的理想株型是实现玉米高产的关键，它既可以提高植株面积和光合效率而具有较高的单株生产力，又能发挥群体优势，最大限度地提高产量。

2. 理想株型对产量性能调节效应　2009 年，Reynolds 培育出两类水稻株型：平展型（X）与直立型（Y）。两种株型的不同在于：X 型上（1）层叶片截获了大部分太阳光能，而中（2）和下（3）层的光能分布较低，与平展型各层叶片平展相比，植物直立型叶片上顶部叶片直立，下层叶片平展，这种株型各层叶片受光均衡（Ort 和 Long，2003；Long et al.，2005）。通过进行叶面积指数与光合有效辐射的分析，植物直立型（Y）叶片能获得更多的光

笔者与 Evens 在一起

（1999，东京）

能。直立型叶片随着叶面积指数的增加，光合有效辐射趋于平稳，而平展型（X）叶片光合有效辐射急速下降。两种株型的光合速率进行比较，平展型只有顶部叶片光合速率高，而中部和下部叶片光合速率就急速下降，尤其是底部叶片，而直立型顶部、中部、底部叶片的光合速率趋于平稳，都达到平台期趋于最高值。三种类型叶片的平均 PPFD 比较可知，截获太阳光能与光合速率，两种株型光合效率相比，直立型（Y）光的利用效率显著高于平展型（X）（图 6 - 9；Reynolds，2009）。

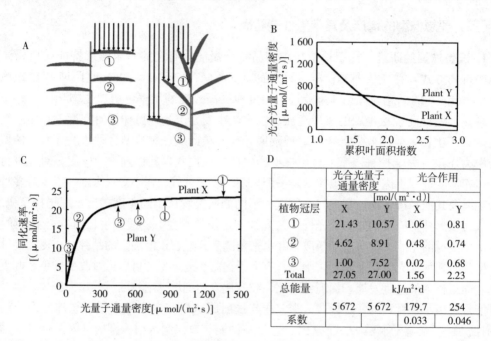

图 6 - 9　不同水稻株型光合作用指标比较

(Matthew Reynolds，2009)

（四）进一步产量突破的讨论

1. 作物挖潜多观点的讨论　进一步挖掘产量的潜力，不同的研究者持不同的见解。对国际水稻研究所在 1996 年以前育成的 IR 系列品种的研究表明，1980 年以前推出的品种产量优势是收获指数提高的结果，而 1980 年以后则是生物产量提高的结果（Peng et al. 2000）。国际水稻研究所的科学家认为传统的作物育种仍然有许多发展余地，但要重新设计，如中国的超级稻育种，IRRI 的新株型（NPT）。有的科学家认为自从 1960 年以后加倍提高谷物产量的手段已接近于尽头，看来生物技术将成为进一步增产的希望。Mann（1999）、Evans（1993）认为随着农业发展，作物持续期和收获指数的增加可能将引起产量进一步的提高。Austin 等（1980）认为现代高产品种的收获指数高达 0.5 以上，接近于它的理论极限 0.6，进一步提高的困难很大，他继而强调（1993），由于现代栽培品种（主要是水稻和小麦）已经具有几乎完美的冠层结构，以此方式来提高生物生产力已没有多少潜力可挖。最终人们逐渐意识到，在这样的基础上要进一步提高作物生产力就必须提高叶片的净光合速率（Horton，1994）。人们很早就提出提高光合效率是作物高产育种很有希望的途径（Bonner，1962；Stoy，1963）。Army 和 Greer（1967）从农业技术的角度，武田（1969）从生理育种的角度，一致认为提高单叶光合效率是高产育种的一个更新、更高的阶段。接着，不少科学家提出利用光合速率作为优良品种选育的重要指标（Criswell 和 Shibles，1971），展开"高光效育种"的研究工作（Moss 和 Musgrave，1971，McDonald et al.，1974）。尤其是在认识到作物对太阳光能量利用效率很低（Loomis et al.，1971）以及通过对 C3、C4 植物生长及产量的比较研究后，不少学者相信提高作物光合速率有望增加作物的生物产量和经济产量（Zelitch，1982；Ashley et al.，1989），纷纷开始在品种筛选中考虑光合作用（Wells et al.，1982；Carver et al.，1989）。

2. 高量挖潜关键性改造　几次较大的作物性状改造，推进了产量进一步提高，继续增产。可能改造的重点是什么？赵明等（2005）分析了作物挖潜特点，基于重要性状改造基础上的高产挖潜思考，提出了产量挖潜关键性改造（图 6-10）。共同特点都是利用了形态学改造（矮秆基因、理想株型）、遗传特异性（杂种优势利用），但不同的作物利用关键性状的顺序不同。进一步挖掘产量要进行难度较大的生理特异利用——强光合高分配。

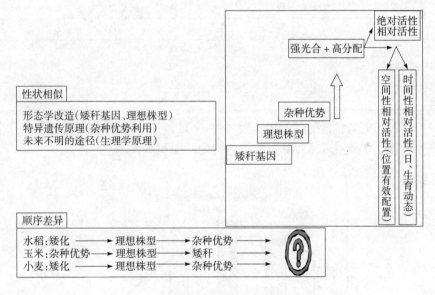

图 6-10　作物高产挖潜关键性改造

二、作物品种随年代替代过程中产量性能变化特点

（一）不同作物品种随年代替代基本特点

新中国成立以来，由于新品种的选育与栽培技术的改善，作物总产与单产增加。作物增产主要通过调整株型，增加群体，延长灌浆时间，提高光合效率与收获指数。兰进好等（2003）、王士红等（2008）研究不同年代小麦品种光合特性与产量形成发现，新品种小麦 *LAI*、*EN*、*GN*、*GW* 与 *HI* 显著提高，孙道杰等研究关中地区 20 世纪 50 年代以来小麦代表品种指出，小麦品种产量潜力的上升主要基于品种 *HI* 的提高，而 *GN* 的上升是产量增加的主要因素，张荣铣等、Richards 认为，近几十年小麦品种产量的提高归结于其 *HI*

的提高。研究表明，水稻产量的提高得益于株型的变化与 HI 的提高，胡昌浩等研究不同年代玉米生育特性演进规律时发现，玉米产量增加是由于 LAI、NAR、HI 提高，特别是生物量增加的结果。近年来的玉米高产品种都具有相对适宜的叶面积指数。

（二）不同年代品种产量性能的变化

1. 玉米不同年代品种产量性能的变化　比较不同年代相同密度下玉米产量性能参数发现（表6-4），20世纪50年代玉米品种主要为农家种或引进品种，植株高大，D 值长，耐密性差，$MLAI$、$MNAR$、GN、GW 较低，导致产量不高。70年代后杂交种大面积推广，玉米 D 值缩短，但由于耐密性能增强，$MLAI$、$MNAR$、HI、GN、GW 较高，产量均有提高。并且21世纪后至今的品种与20世纪90年代品种比较，其产量的提高主要依靠 $MLAI$ 与 GW 的显著提高。

表6-4　不同年代玉米品种产量性能参数分析
（李少昆等，2011）

年份	光合性能参数			产量构成参数				产量
	$MLAI$	D（d）	$MNAR$	HI	EN	GN	GW	（kg/hm²）
1951—1960	2.02	125	5.36	0.41	51 000	353	314.6	5 560
1971—1980	2.55	102	6.07	0.49	50 900	549	286.2	7 930
1991—2000	3.12	103	6.32	0.5	51 200	648	308.6	10 238
2001至今	3.35	103	6.41	0.51	51 000	652	340.4	11 300

比较不同年代玉米品种的叶面积指数（图6-11），叶面积指数动态经历了一个上升又缓慢下降的过程，高产玉米品种具有相对适宜的叶面积指数。

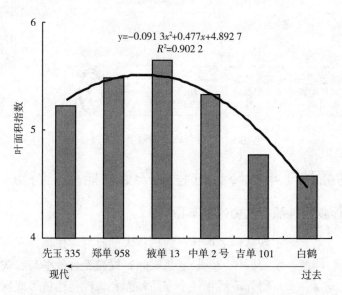

图6-11　不同玉米品种叶面积指数

玉米品种更替过程中产量构成因子对产量的通径进行分析，通过对穗数、穗粒数、千粒重与产量的相关性分析可得回归方程：$y = 0.156\ 7x_1 + 0.559\ 2x_2 + 4.527\ 2x_3 -$

154 1.84（x_1 为穗数、x_2 为穗粒数、x_3 为千粒重、y 为产量，$F=132.546$，$P=2.3E-27$，$r_1=0.408\,3$，$r_2=0.076\,2$，$r_3=0.367\,5$）。

2. 水稻不同年代品种产量性能的变化 从早期高秆品种到近期高产品种，株高呈明显降低趋势；冠层功能叶片的形态演变主要表现为叶长变短，叶宽无多大变化，最终叶面积表现下降，这是矮化育种和株型育种的客观体现。早籼稻品种演变进程中，植株形态性状变异较大，品种间均达极显著差异（廖西元等，2010；表 6-5）。

表 6-5 不同年代品种水稻叶面积

育种年份	株高（cm）	叶面积（cm²）			
		高效叶面积	剑叶	倒二叶	倒三叶
1931—1940	145.2	143.3	51.7	49.7	41.9
1941—1950	112.1	114.7	39	41.5	34.2
1951—1960	105.9	93.6	33.1	33.5	27
1961—1970	114	122.2	37.3	43.8	41.1
1971—1980	88.6	88.2	29.3	32.4	26.5
1981—1990	85.4	84.9	30.1	31	23.9
1991—2000	85	75.4	24.9	28	22.5

三、现代品种的产量性能特点

（一）三大粮食作物产量性能的比较

结合春玉米、夏玉米、水稻和冬小麦典型超高产试验数据，分别计算得到不同作物"三合结构"定量方程各参数的数值（表 6-6）。C4 的春玉米、夏玉米具有明显高的净同化率（$MNAR$）和较高的平均叶面积系数（$MLAI$）。春玉米、夏玉米、水稻和冬小麦的平均作物生长率分别为 22.07、25.82、14.65 和 13.86g/（m^2·d）。结合前人研究结果认为，提高平均作物生长率（$MCGR$）值可能是小麦和水稻进一步增产的关键，进一步分析认为，提高 $MNAR$ 可能是提高水稻 $MCGR$ 的关键；适当提高冬小麦的 $MLAI$，可能会提高 $MCGR$。冬小麦较低的 HI 说明，在确保其他因素基本稳定的基础上，提高 HI 也可能是其产量进一步提高的关键，但因 HI 与品种特性密切相关变化不大，所以以 HI 的提高可能需要品种的突破。

表 6-6 三大作物（玉米、小麦、水稻）超高产产量性能参数比较

作物	品种	光合参数			产量构成参数				产量（kg/hm²）	地点
		$MLAI$	D	$MNAR$	HI	EN	GN	GW		
春玉米	先玉 335	4.22	134	5.23	0.52	8.96	520	330	15 450	吉林桦甸
夏玉米	浚单 20	3.99	113	6.47	0.50	7.76	550	342	14 593	河南浚县
水稻	连 9805	3.86	151	3.84	0.51	303	145	26.0	11 271	江苏连云港
冬小麦	泰山 9818	2.99	157	4.82	0.45	481	46	46.0	10 067.1	山东莱州

（二）春玉米不同品种产量性能分析

先玉 335 与郑单 958 是近年来东北地区推广面积较大的玉米品种，在 80 000 株/hm² 条件下比较其产量性能参数发现（表 6 - 7），先玉 335 除 $MLAI$、EN 比郑单 958 低外，$MNAR$、HI、GN、GW 均高于郑单 958。在公主岭与海城，先玉 335 产量比郑单 958 分别高 3.79%、8.60%。说明先玉 335 具有较高的光合转化效率，$MNAR$ 与 HI 的提高的正效应弥补了 $MLAI$ 降低的负效应。

表 6 - 7 春玉米不同品种产量性能分析

地点	品种	光合性能参数			产量构成参数				产量 (kg/hm²)
		$MLAI$	D	$MNAR$	HI	EN	GN	GW	
吉林省公主岭	先玉 335	3.79	125	6.14	0.44	7.96	461.91	345.01	12 788.59
	郑单 958	4.01	123	5.65	0.43	8.02	440.11	335.04	11 776.32
辽宁省海城	先玉 335	3.15	131	5.21	0.53	7.95	454.85	324.43	11 182.46
	郑单 958	3.32	131	4.82	0.51	8.04	461.65	320.08	10 773.92

进一步分析了四密 2、郑单 958 和先玉 335 三个品种，先玉 335 与其他 2 个品种相比，表现出了平均净同化率（$MNAR$）随平均叶面积系数（$MLAI$）的增加下降缓慢的特征（图 6 - 12）。证明高产品种先玉 335 发挥了 $MNAR$、$MLAI$ 两参数的超补偿效应。

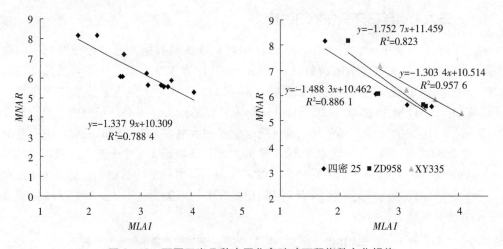

图 6 - 12　不同玉米品种净同化率随叶面积指数变化规律

（三）夏玉米不同品种产量性能分析

夏玉米晚熟品种登海 601 籽粒产量最高，分别较早熟品种益农 103 和中熟品种郑单 958 高出 8.4% 和 4.1%（表 6 - 8），其产量性能构成表现为：与益农 103 比较，光合性能参数 $MLAI$、D 和产量构成参数 EN、GW 提高，HI 明显增加；与郑单 958 比较，$MLAI$、D 明显增加，HI 提高。这表明 $MLAI$、D 和 HI 的提高是玉米高产突破的有效途径。

表6-8 夏玉米不同品种产量性能分析

品 种	光合参数				产量构成参数			产量	地点
	MLAI	D	MNAR	HI	EN	GN	GW	(kg/hm²)	
浚单 20	3.99	113	6.47	0.50	7.76	550	342	14 593	河南浚县
益农 103	2.65	98	7.63	0.35	6.97	569.3	328.6	8 821	河北廊坊
郑单 958	3.19	110	6.94	0.37	7.12	525.5	346.6	9 234	河北廊坊
登海 601	3.64	118	5.48	0.44	7.09	490.9	342.5	9 630	河北廊坊
郑单 958	3.42	110	6.07	0.56	7.38	350	551.2	12 373	河南焦作
农华 0379	3.29	115	5.89	0.47	7.18	344	339.2	10 596	河南焦作
登海 601	3.53	125	5.52	0.52	7.72	389	395.9	12 647	河南焦作

（四）小麦不同品种产量性能分析

比较不同的小麦品种产量性能，较高的平均叶面积系数（$MLAI > 2.7$），平均净同化率 $[MNAR > 4.8 m^2 / (d \cdot m^2)]$ 是保证亩产 650kg（9 750kg/hm²）重要指标。其次是较大的穗粒数（$GN > 45$）也是重要指标。河北廊坊冬小麦中熟品种烟农 19 籽粒产量最高，分别较早熟品种藁城 8901 和晚熟品种轮选 987 高出 6.2％和 2.2％（表6-9）。中熟品种烟农 19 产量性能构成与早熟品种藁城 8901 比较：光合性能参数 $MLAI$、D、$MNAR$ 和产量构成参数 EN 和 GW 均表现高值水平，HI 略有增加；与晚熟品种轮选 987 比较，MNR 和 HI 增加，EN 和 GN 略有提高。河南焦作冬小麦品种 FS230 籽粒产量较高，较豫麦 49 高 1.3％（表6-9）。高产量性能构成优势表现在：产量构成参数 EN 和 GW 的增加。这表明 $MNAR$ 和 HI 的提高是小麦高产的重要突破方向。

表6-9 小麦不同品种产量性能的比较

品 种	光合参数				产量构成参数			产量	地点
	MLAI	D	MNAR	HI	EN	GN	GW	(kg/hm²)	
石家庄 8 号	2.47	151	5.00	0.45	691	28.6	42.3	8 314	河北吴桥
烟 475	2.87	157	4.82	0.42	788	33	35.0	8 865.0	
潍 62036	2.91	157	5.19	0.41	460	45	47.0	9 356.6	
泰山 9818	2.99	157	4.82	0.45	481	46	46.0	10 067.1	
PH99-31	2.95	157	4.50	0.46	455	43	49.0	9 855.0	
BY8175	2.89	157	5.07	0.42	446	47	46.0	9 810.0	山东莱州
洲元 118	2.78	157	4.27	0.53	537	51	36.0	9 310.5	
洲元 187	2.83	157	4.73	0.52	558	53	37.0	9 813.8	
洲元 218	2.75	157	5.34	0.46	527	53	38.0	10 035.0	
洲地 872	2.83	157	5.32	0.42	603	47	35.0	8 799.0	

（续）

品　种	光合参数			产量构成参数				产量 （kg/hm²）	地　点
	MLAI	D	MNAR	HI	EN	GN	GW		
藁城 8901	1.45	125	6.54	0.41	596.55	32.0	30.9	6 909	
烟农 19	1.50	128	6.60	0.42	627.22	31.9	33.3	7 372	河北廊坊
轮选 987	1.62	132	6.17	0.39	624.16	31.2	34.8	7 204	
豫麦 49	3.22	160	5.44	0.45	680.15	29.5	42.8	9 294	河南焦作
FS230	2.89	160	4.64	0.45	702.01	29.5	44.9	9 416	

（五）水稻不同品种产量性能分析

比较不同的水稻品种产量性能，较高的平均叶面积系数（$MLAI > 3.8$），平均净同化率 [$MNAR > 3.8kg/(m^2 \cdot d)$] 是保证亩产 750kg（1 125kg/hm²）重要指标（表 6 - 10）。其次是较大的穗粒数（$GN > 145$）也是重要指标。面积大穗型水稻品种生育期较长，植株较高；大穗型品种最高茎蘖数少，成穗率低，单位面积穗数少，每穗粒数多，千粒重大；大穗型品种穗长较长，一、二次枝梗数多，着粒密度大。在适当增加穗长的基础上，增加二次枝梗数的比例、提高着粒密度是提高籼稻品种单穗重的主要途径；单穗重与个体（单穗）产量呈极显著线性正相关，与群体产量呈极显著抛物线形关系。选用穗粒数较多、千粒重较大且有足够穗数的偏大穗型品种较易获得高产稳产的目标；生育期较长、植株较高、穗重大是大穗型品种高产的基础。根系发达，氮素积累多，叶面积系数较大，光合能力强，是大穗型品种高产的主要原因（董桂春等，2010）。

表 6 - 10　水稻不同品种产量性能比较表

（连云港）

品　种	光合参数			产量构成参数				产　量 （kg/hm²）
	MLAI	D	MNAR	HI	EN	GN	GW	
连 9805	3.86	151	3.84	0.51	303	145	26.0	11 271
0026	3.95	151	3.98	0.51	282	159	27.0	11 218.5
9823	3.81	151	3.91	0.52	297	146	27.0	11 262.0
大华 1408	3.86	151	3.70	0.52	423	102	26.0	10 813.5
连嘉粳 2	3.71	151	3.84	0.52	303	142	26.0	10 836.6
华粳 5 号	3.73	151	3.79	0.52	423	101	26.0	10 778.5
淮稻 68	3.62	158	4.00	0.52	383	115	27.0	11 160.0
镇稻 88	3.82	158	3.83	0.52	323	148	27.0	11 235.0

第四节　栽培技术对产量性能参数的影响

栽培技术是优化产量性能配置、实现高产的关键。一项关键技术好坏取决于对产量产生的效应，其根本就是通过技术优化实现产量的优化。因此，明确关键技术对产量性能所产生的效应是科学创新与集成栽培技术的关键。随着产量水平的提高，增产的难度越来越大，作物对栽培管理措施的要求也越来越高。如何进一步实现作物高产和稳产，仍是当前农业科研工作者的巨大挑战。

一、密植对产量性能的调节效应

合理密植是作物产量最为重要的技术措施，不同作物、不同品种、不同生态与生产条件、不同土壤环境和栽培技术基础对合理密植要求不同，密度改变对产量性能的各个参数都有着不同的调节效应。明确调节效应是掌握密植合理性的关键。

（一）不同密度对产量性能主要参数的调节效应

密度是调节群体与个体矛盾的关键所在。以玉米为例，密度增加过程中，产量性能参数 $MLAI$ 上升，玉米 $MLAI$ 随密度增加呈二次曲线变化。但平均 LAI 和最大 LAI 比值呈下降趋势，其比值达到 0.6 时为最佳群体结构（图 6-13）。在 $MLAI$、EN 结构性指标随群体密度增加而提高的同时，功能性指标 $MNAR$、HI、EG、GW 随群体密度增加而降低（图 6-14）。

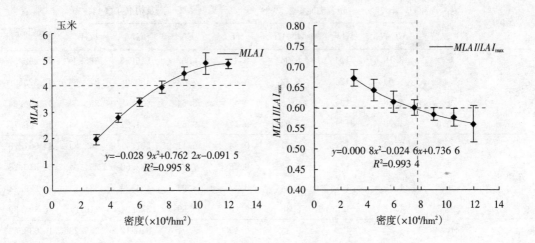

图 6-13　密度与叶面积系数变化关系

不同密度条件下，品种对产量性能的效应也略有差异（表 6-12）。由 60 000 株/hm² 到 105 000 株/hm²，各品种产量均随密度增加先增加后降低，先玉 335、吉单 209 在 90 000 株/hm² 时产量最高，郑单 958 产量在 75 000 株/hm² 时产量最高。这说明，出于品种差异，不同品种有各自适宜的种植密度，只有选择最适宜的种植密度才能充分发挥品种的高产潜力。

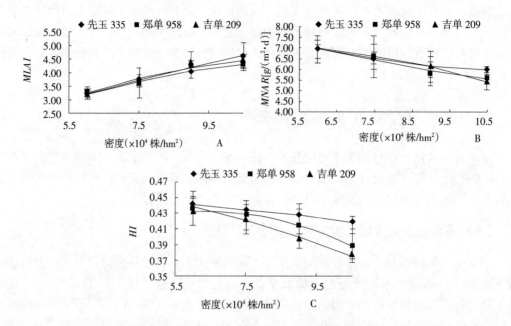

图 6-14   不同密度条件下春玉米平均叶面积指数（A）、平均净同化率（B）、收获指数（C）的变化

表 6-11   春玉米不同密度不同品种产量性能方程参数

品种	密度（×10⁴/hm²）	光合性能参数			产量构成参数				产量（kg/hm²）
		MLAI	D	MNAR	HI	EN	GN	GW	
先玉 335	6	3.19	124	6.94	0.45	6.02	516.53	385.99	11 995.37
	7.5	3.63	124	6.42	0.44	7.08	480.06	372.66	12 373.99
	9	4.06	124	6.06	0.43	8.64	439.78	358.54	13 496.24
	10.5	4.29	124	5.94	0.42	9.69	411.27	342.84	13 288.77
郑单 958	6	3.33	122	6.81	0.44	6.11	507.41	362.84	11 661.78
	7.5	3.82	122	6.44	0.43	7.26	482.60	354.01	12 310.78
	9	4.35	122	5.54	0.43	8.93	424.39	331.11	12 279.34
	10.5	4.52	122	5.38	0.40	9.89	370.04	316.21	10 853.39
吉单 209	6	3.27	122	6.65	0.43	5.94	540.12	355.23	10 638.62
	7.5	3.90	122	6.11	0.42	7.32	493.84	333.45	11 466.03
	9	4.52	122	5.80	0.39	8.69	448.09	312.97	11 788.72
	10.5	4.83	122	5.25	0.38	9.78	390.41	296.33	10 368.71

（二）密度对玉米产量性能相关参数之间的调节效应

平均叶面积系数（MLAI）与平均净同化率（MNAR）对密度调节的效应不同。密度增加了平均叶面积系数（MLAI），同时也降低了平均净同化率（MNAR）（图 6-15）。不同品种对这种降低的调节效应不同。

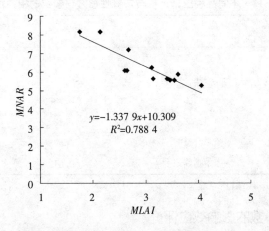

图6-15 平均叶面积系数（*MLAI*）与平均净同化率（*MNAR*）关系

产量与平均叶面积系数比值、净同化率、收获指数相关，光合与物质分配密切相关。用此比值分析不同密度调节效应，表明不同的品种在密度增加过程中有不同的反应，密植条件下，高产品种先玉335的单位叶面积指数可以获得明显较高的籽粒产量（图6-16）。

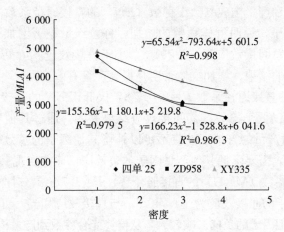

图6-16 不同密度的产量与平均叶面积系数比值

（三）产量性能方程参数的相关性分析

为阐明各品种在密度增加过程中产量性能方程各参数之间相互关系存在的差异，分品种对各参数进行了相关分析（表6-12）。结果表明，产量与光合性能方程参数之间表现出的相关性不同，其中，先玉335产量与 *MLAI*、*EN* 呈显著正相关，与 *MNAR*、*HI*、*GW*、*GN* 呈显著负相关；郑单958产量与 *HI*、*GN*、*GW* 呈显著正相关；吉单209产量与各参数无显著相关。结合表6-12分析，说明在密度增加过程中，*MLAI*、*MNAR*、*HI* 相互制约、平衡，*MLAI* 与 *MNAR* 保持了物质生产的稳定性，但是由于转移效率即 *HI* 降低程度不同，当群体升高一定的"阈"值时，由于 *HI* 降低，*EN* 增加对产量的正效应小于 *GN*、*GW* 降低对产量的负效应，导致产量下降。

表 6 - 12　不同品种玉米产量与产量性能方程参数的相关性分析

参数	先玉 335	郑单 958	吉单 209
$MLAI$	0.937 2 **	−0.294 6	0.049 2
$MNAR$	−0.936 2 **	0.342 2	0.119 3
HI	−0.763 4 *	0.780 9 *	0.154 0
EN	0.925 2 **	−0.420 2	−0.039 9
GN	−0.923 9 **	0.568 6 *	0.149 2
GW	−0.886 5 **	0.512 0 *	0.034 2

注：* 和 ** 表示在 0.05 和 0.01 水平显著。

（四）产量性能参数的影响效应评价

为了进一步明确各产量性能定量方程参数对产量的直接效应和间接效应，以便评价各指标在产量形成中的作用，以郑单 958 为例，在相关分析的基础上进一步进行了通径分析，如表 6 - 13 所示。结果表明各项参数对产量的形成均有不同程度的贡献，其作用大小依次为 $EN>GN>MLAI>MNAR>GW>HI$。

在光合性能参数和产量构成参数中穗数（EN）的直接通径系数 $P=2.408\ 1$，是对产量形成贡献最大的因子，说明群体穗数的增加，籽粒产量显著增加。其间接效应结果表明，通过其他参数的总间接效应为 −1.791 3，小于直接效应。可见，群体穗数对产量的形成主要是直接效应的结果，增加群体密度是提高产量有效途径。

穗粒数（GN）的直接通径系数 $P=2.017\ 8$，仅低于 EN 的直接通径系数，说明穗粒数对产量形成的贡献仅低于穗数。其间接效应结果表明，通过其他参数的总间接效应为 −2.486 2，穗粒数对产量的直接正效应不足以补偿其他因子的负效应，可见穗粒数对产量形成具有重要作用，需要降低其他产量因子的负效应，才能实现其对产量的贡献。

群体平均叶面积指数（$MLAI$）的直接通径系数 $P=1.774\ 2$，对产量的贡献程度处于第三位，而通过其他因子的间接效应为 −1.710 8，与直接效应相当，可见群体平均叶面积系数对产量的作用受其他因子的负向影响较大，从群体光合参数到产量构成参数间物质的转化是形成最终高产的关键。此分析结果表明，群体 $MLAI$ 的增产效应并不是无限增大的，具有一定的适宜范围，当超过适宜范围，产量会随 $MLAI$ 的增加而下降，可见，构建适宜的群体 $MLAI$ 是实现高产的基础，而提高群体的最适 $MLAI$ 是产量增加的基础途径。

群体平均净同化率（$MNAR$）的直接通径系数 $P=1.252\ 3$，其间接效应系数为 −1.166 9，可见 $MNAR$ 对产量的贡献作用受其他因子的负效应影响较大，可见提高群体平均净同化率，增强物质向籽粒的转化，是实现高产的有利途径。

千粒重（GW）的直接通径系数 $P=0.581\ 5$，而间接效应系数为 −0.993 5，其对产量的间接负效应大于直接效应，可见，通过提高粒重而增产的方法，增产空间很小。收获指数（HI）的直接通径系数 $P=0.536\ 7$，而间接通径系数为 −0.488 9，可见收获指数对产量的直接效应虽没有粒重大，但其间接的负向作用小于粒重的负向影响，因此对产量的最终作用效应大于粒重。

以上分析表明，产量性能方程各参数对产量的作用效应是不同的，其中，穗数是产量形成中贡献最大的指标，证明提高群体密度，增加群体果穗数量是增产的必要途径。而穗粒数对产量形成的贡献仅低于穗数，保证高密度群体的穗粒数也是实现高产的必要措施，但由于群体密度增加，群体穗数增加的同时必然造成穗粒数的减少，因此在生产中要注意光合参数 MLAI 和 MNAR 指标，增强群体光合产物向籽粒的转移，协调源、库、流的性能及其物质转化，减小因穗数增加引起穗粒数降低的程度，实现增产。

表 6-13　郑单 958 产量性能定量表达式参数对产量影响的通径分析

自变量	与 y 的相关系数	通径系数（直接影响）	x_1	x_2	x_3	x_4	x_5	x_6	合计
MLAI（x_1）	0.607 4*	1.774 2		−1.112 4	0.060 9	2.141 2	−1.744 3	−0.512 3	−1.166 9
MNAR（x_2）	−0.458 6	1.252 3	−1.576		−0.261 6	−1.520 6	1.227 7	0.419 7	−1.710 8
HI（x_3）	0.047 9	0.536 7	0.201 4	−0.610 4		−0.589 6	0.554 5	−0.004 9	−0.488 9
EN（x_4）	0.616 8*	2.408 1	1.577 6	−0.790 8	−0.131 4		−1.968 1	−0.478 6	−1.791 3
GN（x_5）	−0.468 3	2.017 5	−1.533 7	0.761 9	0.147 5	−2.348 7		0.486 8	−2.486 2
GW（x_6）	−0.412 0	0.581 5	−1.563	0.903 8	−0.041 4	−1.982 1	1.689 2		−0.993 5

注：决定系数 $R^2=0.829\,9$，剩余通径系数为 0.412 46。* 表示在 0.05 水平显著。

二、土壤耕作对产量性能的调节

(一) 深松对产量性能的影响

Shaffer 等（1995）通过对美国玉米带 119 个点次的研究证明，玉米的产量和土壤的物理性质有非常重要的关系。土层厚度尤其是活土层厚度对作物生长和产量影响很大。Thompson（1991）研究认为，土壤的生产能力一般来说都与耕层土壤的深度有关，耕层厚的土壤作物产量一般也较高。宋日等（2000）研究表明，地表 20cm 以下有一个坚实的犁底层，其坚硬度为耕层的 3 倍，其厚度为 7～11cm。采用深松打破犁底层可以明显降低土壤的坚硬度，增强土壤的蓄水保水能力，促进根系的生长，扩大根系的分布范围，延缓根系的衰老，提高玉米产量，当季玉米增产 6%～8%，第二年玉米增产 7.8%～8.6%。不同作物对耕层深浅的反应不同，在粉沙壤土上的研究结果表明，玉米对耕层深度比大豆敏感得多，是大豆的 5.7 倍。玉米的产量和耕层深度呈线性相关，耕层深度和肥力互作对玉米产量产生显著影响。

研究表明，深松与常规耕作相比，对群体结构功能产生调节效应，深入分析深松对产量性能各因子的影响如表 6-14。

表 6-14　不同产量水平群体产量性能对耕作措施的响应

	MLAI	MNAR [g/(m²·d)]	D (d)	HI	EN (穗/hm²)	KN (粒)	KW (g)	Y
深松	2.45±0.05	6.12±0.3	109±0	0.50±0.01	77 800±5 200	431.4±80.4	328.7±9.9	8 282.5±302.3
常规耕作	2.28±0.10	7.53±0.48	105±0	0.47±0.03	74 200±16 455	413.2±55.6	318.9±3.2	8 195.7±291.6

（续）

	MLAI	MNAR [g/ (m² · d)]	D (d)	HI	EN （穗/hm²）	KN （粒）	KW (g)	Y
±	7.45%	−18.66%	3.81%	7.87%	4.85%	4.39%	3.05%	1.06%
深松	2.51±0.23	7.48±0.56	109±0	0.49±0.01	89 400±6 954	388.0±24.9	323.4±2.0	9 812.2±196.6
常规耕作	2.37±0.16	8.29±0.33	109±0	0.45±0.02	88 400±8 353	339.4±32.4	373.4±8.4	9 546.3±196.4
深松	2.59±0.29	7.69±2.14	109±0	0.48±0.0	85 200±6 601	385.3±25.3	386.7±3.9	11 102.4±426.7
常规耕作	2.40±0.15	7.41±1.74	109±0	0.49±0.0	78 300±6 901	401.6±29.5	384.0±3.4	10 758.9±117.8
±	7.98%	3.85%	0.00%	−3.49%	8.81%	−4.06%	0.69%	3.19%
深松	2.96±0.24	7.97±0.68	109±0	0.52±0.01	75 600±1 800	507.9±2.8	357.0±12.8	12 756.8±148.8
常规耕作	2.92±0.0	7.56±0.06	105±0	0.49±0.0	89 100±2 700	401.7±17.0	361.4±25.2	12 280.7±260.5
±	1.14%	5.45%	3.81%	6.98%	−15.15%	26.43%	−1.22%	3.88%

以上数据显示，在 9～13t/hm² 群体下，深松均具有增产效果，随产量增加过程中，深松的增产效果越明显。在 9t/hm² 以下群体中，深松增产主要是通过增大了 MLAI、D、EN 数量性能参数来实现产量的增加，在产量提升过程中，质量性能与数量性能的协调优化是高产的生理基础，深松增产是由于数量性能参数和质量性能参数（MNAR）同步提高的结果。

三、肥水调控对产量性能的影响

对小麦进行春季不灌水（W_0）、灌 1 水（拔节水，W_1）、灌 2 水（拔节水＋开花水，W_2）和灌 3 水（起身水＋孕穗水＋开花水，W_3）4 个处理，每次灌水定额 750m³/hm²。控水灌溉使冬小麦开花期穗/叶比显著增加，群体非叶面积指数提高（表 6-15）。

表 6-15　不同灌水处理冬小麦生育期群体叶面积指数比较

（王志敏，2010）

处理	冬前	起身	拔节	孕穗	开花			花后 12d	花后 24d
					群体	上 3 叶	穗叶比		
起身水＋孕穗水＋开花水	0.79	0.95	3.85	5.92	5.24	3.9	193c	4.28	2.91
拔节水＋开花水	0.79	0.95	2.25	4.43	3.87	2.81	271b	3.09	1.97
拔节水	0.79	0.95	2.25	4.43	3.87	2.81	274b	2.8	1.82
春季不灌水	0.79	0.95	2.25	2.35	2.03	1.45	411a	1.96	1.63

注：不同字母表示在 0.05 水平差异显著。

小麦不施氮肥（N_0）、157.5kg/hm^2（全部底施，N_1）、337.5kg/hm^2（底施 157.5kg/hm^2＋拔节期 180kg/hm^2，N_2）3 个施肥处理下。基本苗 7.3×10^6 株/hm^2（HD）和 4.1×10^6 株/hm^2（大田生产播种密度，LD），水氮耦合合理有助于提高产量及产量构成各要素。王志敏等研究发现，节水省肥高产小麦特征为：株型紧凑，上叶小而厚，穗型紧凑，穗颖大而芒长；群体中下部通风受光较好；最大叶面积指数适宜；高穗叶比、高穗茎比、高收获指数；叶与非叶器官高光效；花后物质积累量大、积累比例高；库源比例高；水、氮资源高效利用（表 6-16）。

表 6-16　不同肥水调控措施对冬小麦生育期群体叶面积指数比较

处理	穗数（万/hm^2）	穗粒数	粒重（mg）	库容量（×10^7/hm^2）	籽粒产量（kg/hm^2）	收获指数
W_3	753	26.4	45.1	19.9	7 976 a	0.42b
W_2	762	27.4	44.3	20.9	8 105 a	0.48a
W_1	771	26.7	42.1	20.6	7 710 a	0.48a
W_0	596	17.7	43.2	10.5	3 723 b	0.40b
N_2	917	28.1	34.6	28.0	8 502 a	0.40b
N_1	945	27.0	36.3	27.6	8 452 a	0.42a
N_0	795	26.4	39.0	26.0	8 390 a	0.44a
HD	762	27.4	44.3	20.9	8 105 a	0.48a
LD	593	33.1	43.3	19.6	7 634 b	0.48a

注：不同字母表示在 0.05 水平差异显著。

四、地膜覆盖对产量性能的影响

年降水量在 250～550mm 的半干旱区占黄土高原总土地面积的 60% 以上，干旱缺水是制约这一地区农业发展的主要因素。这些地区不仅降水量少，而且降水的时间分布与作物的生长期相错位，导致作物产量低而不稳，已成为当地农业发展的主要限制因素。地膜覆盖技术由于其明显的增温、保墒和增产效果，自 1978 年引进我国后得到了大面积的推广应用，栽培作物已达 60 多种。全膜双垄沟播栽培技术更是近几年旱作农业的一项创新技术，该技术在传统地膜覆盖的基础上，通过全地面起垄地膜覆盖、沟播种植，由半膜覆盖变为全膜覆盖，由平铺穴播变为沟垄种植，较大幅度地提高了苗期地温，减少了水分的无效蒸发，通过叠加效应使小于 10mm 的无效降水变为有效降水，大幅度提高了土壤水分的保蓄率、降水利用率和水分利用效率，使作物增产 30% 以上，对作物产量性能也产生显著影响（表 6-17）。

表 6 - 17 地膜覆盖对作物产量及产量性能的影响

处　　理	籽粒产量 （kg/hm²）	地上部生物量 （kg/hm²）	水分利用效率（用籽粒计算） [kg/（hm²·m）]
双垄面全膜覆盖沟播	6 129	28 647	28.95
全膜平铺覆盖	5 028	23 746.5	20.1
条膜起垄覆盖	3 718.5	24 228	16.65
条膜平铺覆盖	4 641	25 201.5	20.25
不覆膜条播	535.5	9 724.5	2.85

处　　理	穗长 （cm）	穗粗 （cm）	穗行数 （行）	行粒数 （个）	穗粒数 （个）	百粒重 （g）	籽粒产量 （kg/hm²）
双垄面全膜覆盖沟播	18.17	4.23	16.13	36.67	586.67	15.9	6 129
全膜平铺覆盖	16.4	4.03	15.87	33.53	530.7	13.73	5 028
条膜起垄覆盖	16.13	3.82	15.73	28.47	444.87	8.93	3 718.5
条膜平铺覆盖	16.2	3.88	16.26	28.67	465.5	7.7	4 641
不覆膜条播	11.1	3.47	14.07	20.77	287.67	4.57	535.5

经分析（王绍美等，2010）可以看出，穗粒数和百粒重是影响产量的两大主要性状，对产量贡献最大。各处理中，全膜双垄沟播种最大地优化了这两大产量性状，产量最高，覆膜改变了作物生长过程中的能量分配比例，使作物在生长后期将更多的能量分配给了生殖生长，籽粒的相对产量显著提高，其中全膜双垄沟播种技术的这种效应最大。地膜覆盖能够增加播种行表层土壤含水量，改善作物经济性状，显著改善产量各性状，促进籽粒和果穗的发育，优化玉米主要经济性状，全膜双垄沟播技术集雨保墒效果最好，产量最高。

五、播期对产量性能的影响（以冬小麦、夏玉米为例）

调整作物播期，对合理利用气候资源，规避病虫害，提高作物产量有重要作用。马国胜研究不同玉米播期发现，播期与产量、最大叶面积系数、净同化率呈负相关；屈会娟等研究不同小麦播期发现，适期晚播，小麦穗粒数、千粒重、籽粒产量均有提高；董剑等、杨春玲等发现，小麦在晚播的基础上，适当增加播种量，可以实现小麦高产。在冬小麦—夏玉米两熟区，调整播期的目的是实现周年生育期与气候资源的优化配置，将小麦冗余资源转移给玉米，使植株营养体中的光合产物充分转运到籽粒，提高粒重，最终提高年收获产量。随着黄淮海地区气候逐年变暖，选育晚播早收高产小麦品种，配置晚熟高产玉米品种是实现该地区作物最大产出的有效技术途径。

2006—2008 年，付雪丽在河南省焦作市温县与河南省焦作市农业科学研究所对冬小麦、夏玉米的播期试验，系统研究了不同播期条件下，冬小麦与夏玉米的产量性能参数变化。其中冬小麦与夏玉米的产量水平分别为 9 065～9 509 kg/hm² 与 9 578～13 170kg/hm²（表 6 - 18）。

（一）群体光合性能关键参数变化

表 6 - 18　冬小麦、夏玉米不同播种/收获时期的光合性能参数

作物	播期/收获期	品种及处理	温县				焦作市			
			MLAI	MNAR [g/ (m²·d)]	D (d)	HI	MLAI	MNAR [g/ (m²·d)]	D (d)	HI
冬小麦	传统	豫麦 49	3.42	4.18	171	0.45	3.22	3.98	164	0.45
		FS230	3.11	4.63	171	0.46	2.89	4.31	164	0.46
	晚播晚收	豫麦 49	3.13	4.43	162	0.46	2.94	4.12	154	0.46
		FS230	2.84	4.86	162	0.47	2.68	4.55	154	0.47
夏玉米	传统	郑单 958	3.49	5.98	105	0.56	3.40	5.78	110	0.56
		登海 601	3.64	5.93	105	0.53	3.53	5.87	110	0.53
	晚播晚收	郑单 958	3.57	5.41	120	0.57	3.50	5.14	125	0.57
		登海 601	3.69	5.38	120	0.54	3.70	5.27	125	0.55

表 6 - 18 结果表明，豫麦 49 和 FS230 的晚播群体全生育期的平均叶面积指数均显著减小，在温县点分别较适期播种降低 8.48% 和 8.68%，在焦作点分别降低 8.69% 和 7.26%。夏玉米晚收群体全生育期的平均叶面积指数均显著增加，温县点郑单 958 和登海 601 分别增加 2.29% 和 1.37%，焦作点分别提高 2.94% 和 4.81%。冬小麦有效生育期明显缩短，而夏玉米明显延长。群体全生育期的平均净同化率变化趋势与平均叶面积指数相反，豫麦 49 和 FS230 的晚播群体平均净同化率均显著增加，与适期播种差异达显著水平；郑单 958 和登海 601 品种的晚收群体平均净同化率均显著降低。两地试验结果一致。冬小麦晚播的收获指数均呈增加趋势，但不同品种间存在显著差异；夏玉米晚收群体的收获指数增加达显著水平。表明冬小麦晚播可减少平均叶面积指数，增加平均净同化率，提高收获指数；晚收获玉米利用平均叶面积指数，减少平均净同化率，提高收获指数。

（二）群体产量构成关键参数

表 6 - 19　冬小麦、夏玉米不同播种/收获时期的产量构成参数

作物	播期/收获期	品种及处理	温县			焦作市		
			EN (万穗/m²)	GN (粒/穗)	GW (g)	EN (万穗/m²)	GN (粒/穗)	GW (g)
冬小麦	传统	豫麦 49	657.4	30.5	43.5	651.5	29.7	42.5
		FS230	723.1	31.9	42.6	732.0	32.5	41.7
	晚播晚收	豫麦 49	588.13	30.6	43.2	582.7	29.6	42.6
		FS230	712.64	31.4	43.4	699.9	31.9	42.1
夏玉米	传统	郑单 958	7.49	557.8	353.7	7.38	551.2	349.9
		登海 601	8.53	379.9	384.5	8.43	396.4	381.8
	晚播晚收	郑单 958	7.47	557.4	354.9	7.38	551.2	351.0
		登海 601	8.46	380.8	387.8	8.43	396.4	385.3

冬小麦晚播群体较对照的穗粒数和千粒重差异不显著（表 6‐19），豫麦 49 的每平方米穗数显著减少，但 FS230 变化不显著。两点试验结果一致。晚收夏玉米群体的每平方米穗数和每穗粒数较常规收获期均趋于稳定，而晚收可显著增加千粒重。温县试验点的郑单 958 和登海 601 千粒重分别增加 1.2 g 和 3.3 g，焦作试验点 2 个品种分别增加 1.1g 和 3.5g。说明冬小麦品种晚播主要影响穗数，夏玉米主要提高千粒重。

第五节 产量性能定量化设计及应用

一、产量性能定量设计原则

在三合结构基础上，通过定量化技术，实现作物生育期的全程监测，提出了产量性能理论，对产量性能 7 项参数的动态特征进行了精确模拟，大量的研究结果验证了模型的精准性，实现了作物的定量设计栽培，集成了不同的高产栽培技术模式，在生产上得到大面积推广应用。在进行产量性能定量设计时主要遵从"三力"原则：①以产量目标优化叶系统光合生产能力原则，②以产量增加优化后期物质分配能力原则，③以叶系统优化穗系统容纳能力原则。不同作物间产量性能定量设计栽培略有不同，以玉米为例进行详细介绍。

二、产量性能定量化设计

（一）玉米产量性能定量化设计

1. 玉米产量性能定量化指标设计

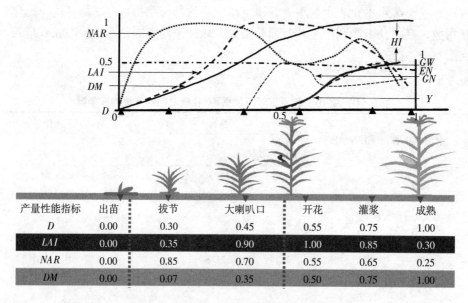

产量性能指标	出苗	拔节	大喇叭口	开花	灌浆	成熟
D	0.00	0.30	0.45	0.55	0.75	1.00
LAI	0.00	0.35	0.90	1.00	0.85	0.30
NAR	0.00	0.85	0.70	0.55	0.65	0.25
DM	0.00	0.07	0.35	0.50	0.75	1.00

图 6‐17 玉米产量性能定量化指标设计

以产量性能参数的动态特征为依据，明确了玉米不同生育时期的定量指标（图 6-17）。以大喇叭口期为例，对图进行详细说明。当生育进程达到全生育期天数的 45% 时，植株达到大喇叭口期，此时群体的叶面积指数达到该群体最大叶面积指数的 90%，净同化率已下降到该群体净同化率第一个高峰值的 70%，群体干物质积累量已达到最大干物质积累量的 35%，每个时期均对应不同的比例，如果群体在某个时期没有达到对应的数值，就应该根据具体数值大小进行栽培措施调控，例如，在大喇叭口期叶面积指数未达到（或超过）最大值的 90%，就需要采取相应的肥水调控措施，使叶面积系数和其他参数尽快达到预定目标，确保群体能够按照预先设计的生长轨迹平衡发展，保证预定产量目标的实现。

在不同产量水平下，各个产量性能参数的实际最大值有所不同（表 6-20）。只要明确了产量水平，根据表 6-20 中的对应数值和图 6-17 中的相对数值就可以对群体的生长动态进行定量调控，实现玉米高产定量设计栽培。

表 6-20 春玉米不同产量水平产量性能参数

作物	产量 （kg/hm²）	MLAI	MNAR [g/（m²·d）]	D （d）	HI	EN （万穗/hm²）	GN （粒）	GW （g）
	10 000~10 500	3.70~3.90	5.30~5.50	130	0.40~0.42	5.50~5.75	400~420	300~320
春玉米	11 000~11 500	3.80~4.00	6.00~6.20	130	0.42~0.44	6.00~7.00	450~470	330~350
	13 000~1 3500	4.20~4.30	6.00~6.20	130	0.43~0.45	7.00~7.50	470~490	360~380
	10 000~10 500	2.70~2.90	6.50~6.70	110	0.49~0.51	7.50~8.00	370~390	340~360
夏玉米	10 500~12 000	3.00~3.10	6.70~6.90	110	0.50~0.51	7.90~8.30	430~450	350~360
	12 000~13 500	3.20~3.30	7.10~7.20	120	0.51~0.52	9.00~9.20	460~470	350~355

2. 玉米产量性能定量化设计方法 以"三力"原则为依据分三步来实现玉米产量性能定量化设计的方法称为"三三制"法。

第一步，根据产量目标优化叶系统光合生产能力，为玉米高产的形成准备充足的物质源。

图 6-18 为叶系统物质生产能力优化方法，图中 I_1、I_2、I_3、I_4 是根据产量目标确定的输入参数，分别代表目标产量、收获指数、最大叶面积指数、生育期天数。图中 C_1、C_2、C_3 是根据输入参数得到的计算参数，分别代表总干物质积累量、平均叶面积指数、平均净同化率。叶系统物质生产能力的优化原则是产量目标，只要产量目标确定下来，将输入参数逐一输入，计算参数就可以自动得出。

第二步，以产量增加优化后期物质分配能力，为玉米高产的形成实现提供流畅的运转系统。

图 6-19 明确了开花后物质分配能力的大小，在不同产量水平下，对后期物质运转分配能力的要求有所不同，产量水平越高，开花后物质运转分配力就要求相对较高。在确定收获指数时遵循的原则为：随产量增加后期物质比例增高。只要产量目标确定，就可以从图中查出相应的收获指数，输入到第一步中的 I_2 空格中。

第三步，以叶系统优化穗系统容纳能力，为玉米高产的形成提供足够大的库强。

图 6-20 为穗库系统容纳能力优化方法，图中 I_5、I_6 是第五个和第六个输入参数，分

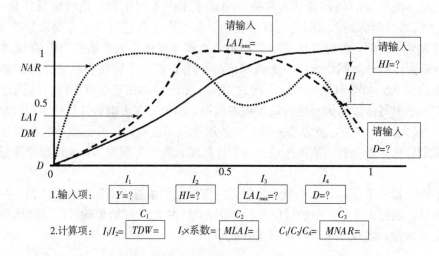

图 6-18　叶系统物质生产能力优化设计图

注：I_1 为输入项 1；I_2 为输入项 2；I_3 为输入项 3；I_4 为输入项 4；Y 为产量；HI 为收获指数；LAI_{max} 为最大叶面积指数；D 为生育期天数；TDW 为总干物质量；$MLAI$ 为平均叶面积指数；$MNAR$ 为平均净同化率；C_1 为输出项 1；C_2 为输出项 2；C_3 为输出项 3。

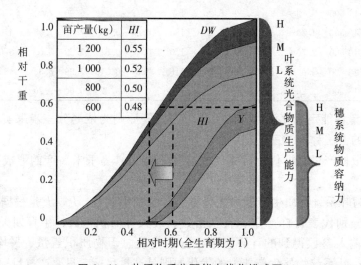

图 6-19　花后物质分配能力优化模式图

别代表单株最大叶面积、千粒重。图中 C_4、C_5 是根据前面的输入参数和计算参数得到的第四个和第五个计算参数，分别代表穗数、穗粒数。只要知道了单株最大叶面积，就可以轻而易举得出穗数（种植密度）。那么，如何才能得到单株最大叶面积这个数值呢？这是实现定量设计种植密度的关键所在。笔者通过大量研究，利用 Curve expert 系统对单株最大叶面积进行了精确模拟。具体求解方法如图 6-21。

　　本模型建立过程中，以 30 000 株/hm² 的密度为最小密度，笔者认为该密度群体中的单株最大叶面积基本上不受其他植株的影响。其他群体中的单株最大叶面积与 30 000 株/hm² 密度下的单株最大叶面积相除，得到相对单株叶面积。同样，密度也进行这样的处理，利用 Curve expert 系统模拟，得到相对单株最大叶面积和相对密度间的蒸汽压模型

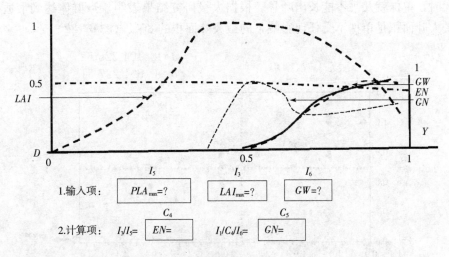

图 6-20　穗系统容纳能力优化设计图

注：I_5 为输入项 5；I_6 为输入项 6；PLA_{max} 为单株最大叶面积；GW 为千粒重；EN 为收获穗数；GN 为穗粒数；C_4 为输出项 4；C_5 为输出项 5。

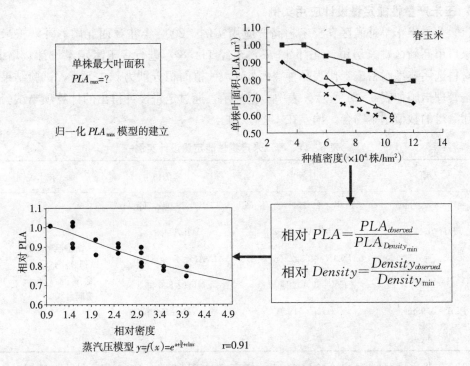

图 6-21　单株叶面积模型的建立

注：PLA_{max} 为单株最大叶面积；相对 PLA 为相对单株叶面积；$PLA_{observed}$ 为实际单株叶面积；$PLA_{densitymin}$ 为密度最小时单株叶面积；相对 Density 为相对密度；$Density_{observed}$ 为实际密度；$Density_{min}$ 为最小密度。Reciprocal model 为 Reciprocal 模型。模型中 a，b 为方程参数。

（Vapor Press Model），并且该模型具有一定的生物学意义，当 $x=1$ 时，$y=1$，即当群体密度为 30 000 株/hm^2 时，单株相对最大叶面积为 1，当 $x \to \infty$ 时，$y \to 0$，即当群体密度无限大时，单株就几乎不能长出叶片。根据大量研究结果表明，当群体达到最适密度时，单株最大叶面积是单株不受任何影响下的最大叶面积的 85%（图 6-22）。

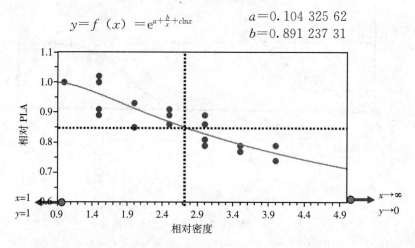

$$y = f(x) = e^{a + \frac{b}{x} + c\ln x}$$

$a = 0.104\ 325\ 62$

$b = 0.891\ 237\ 31$

图 6-22　相对单株叶面积与相对密度的关系

3. 玉米产量性能定量设计应用实例

（1）北方半干旱补灌区春玉米超高产应用实例　2007 年在冀西北雨养补灌玉米主产区张家口市高新区姚家房镇（北纬 40.7°，东经 114.8°）进行春玉米定量设计栽培试验，试验材料选用典型耐密玉米代表品种登海 601，种植面积分别为 0.13hm²，试验结果及主要栽培管理措施如表 6-21 所示。表中数据显示，通过定量设计得出的计算项与试验过程中实际测得的数值基本吻合，偏差在 10% 以内。

表 6-21　春玉米产量性能定量设计实例

输入项	计算项	实测值	技术说明
$Y = 15\ 480$kg/hm²	$TDW = 29\ 207.5$kg/hm²	$TDW = 29\ 937.7$kg/hm²	
$HI = 0.53$	$MLAI = 4.38$	$MLAI = 4.22$	
$LAI_{max} = 7.3$	$MNAR = 4.5$g/（m²·d）	$MNAR = 4.8$g/（m²·d）	耐密品种选择；培肥地力；宽窄行（80cm + 40cm）覆膜种植
$D = 149$d	$EN = 90\ 402$ 穗/hm²	$EN = 91\ 800$ 穗/hm²	
$PLA = 0.95$m²	$GN = 519$ 粒	$GN = 528$ 粒	
$GW = 330$g			

（2）东北（吉林）湿润冷凉区春玉米超高产应用实例　2006 年在吉林省桦甸市红石镇小红石村试验田（粉沙壤）进行定量设计栽培试验，供试品种为先玉 335，试验结果及主要技术措施如表 6-22 所示。表中数据显示，通过定量设计得到的计算项与实测值的偏差在 15% 左右。

（3）黄淮海区夏玉米高产应用实例　2008 年在河南省焦作市进行定量设计栽培试验，选用耐密型玉米品种登海 601，6 月 10 日播种，10 月 15 日收获。试验结果及主要技术措施如表 6-23 所示。从表 6-23 可以看出，计算项与实测值之间的偏差在 5% 以内，验证了产量性能定量设计的精准性。

表 6-22　春玉米产量性能定量设计应用实例

输入项	计算项	实测值	技术说明
$Y=14\ 190kg/hm^2$	$TDW=22\ 264.2kg/hm^2$	$TDW=24\ 178.8kg/hm^2$	
$HI=0.51$	$MLAI=4.51$	$MLAI=4.25$	
$LAI_{max}=7.5$	$MNAR=3.7g/(m^2 \cdot d)$	$MNAR=4.4g/(m^2 \cdot d)$	紧凑、耐密品种选择；培肥地力，科学施肥；化学调控
$D=135d$	$EN=88\ 235$ 穗$/hm^2$	$EN=88\ 075$ 穗$/hm^2$	
$PLA=1.0m^2$	$GN=549$ 粒	$GN=540$ 粒	
$GW=293g$			

表 6-23　夏玉米产量性能定量设计应用实例

输入项	计算项	实测值	技术说明
$Y=11\ 180kg/hm^2$	$TDW=20\ 704kg/hm^2$	$TDW=21\ 412kg/hm^2$	
$HI=0.54$	$MLAI=3.70$	$MLAI=3.69$	
$LAI_{max}=6.2$	$MNAR=4.7g/(m^2 \cdot d)$	$MNAR=4.6g/(m^2 \cdot d)$	紧凑、耐密品种选择；缩株增密；培肥地力，配方施肥；适时晚收
$D=120d$	$EN=81\ 046$ 穗$/hm^2$	$EN=82\ 495$ 穗$/hm^2$	
$PLA=0.9m^2$	$GN=414$ 粒	$GN=430$ 粒	
$GW=325g$			

（二）其他作物产量性能定量化设计

小麦和水稻产量性能定量化设计思路与玉米产量性能定量化设计思路完全一样，只是个别参数的取值有些区别。例如，小麦生育期天数的计算是全生育期天数减去越冬期天数，这样得出的天数才是输入项 D 值。单株最大叶面积的求解方法完全一样，这里的单株叶面积变换为能够成穗的单茎最大叶面积，其余部分完全一样。

小结

栽培技术是改进和完善作物生态环境，提高作物光合速率与物质转运效率、实现作物高产的主要技术措施。目前，作物高产主要依靠增加种植密度提高作物 $MLAI$ 与 EN 的结构性增产途径，或提高 $MLAI$ 和稳定 GW 的结构性与功能性并重途径。如何通过改进栽培技术实现 HI、GN、GW 共同提高的功能性增产途径是笔者研究的主要方向。

关于作物高产、更高产究竟是依靠增加群体数量还是发挥个体功能抑或是两者兼顾协同提高的争论，直到目前仍没有停止；不同地区根据当地的生产实际，形成了各地特色的栽培技术体系，但对产量进一步提升的途径仍比较模糊，有待突破。针对不同生态区，不同作物的高产特点，分析不同栽培技术对产量性能参数影响的正负效应，对制订最适高产栽培技术有重要的参考价值。

产量层次差与产量性能构成

产量差的概念于 20 世纪 80 年代初首次提出后，得到了学术界的高度关注，近年更成为粮食安全领域的研究热点，成为应对粮食危机、挖掘生产潜力的主要研究手段。狭义作物产量层次差是指现实产量与潜在产量的差距。研究产量层次差目的在于揭示作物产量差的幅度与地域差异、形成原因以及缩小产量差的措施（范兰等，2011）。产量层次差研究的是现实农业与作物生产潜力的差距，代表着农业发展的潜力与机会，是育种、栽培等高产研究的发展方向与最终目标。通过作物产量差的研究，确定作物产量主要限制因子，有针对性地调整管理措施，增加区域作物产量，同时减少环境影响，实现农业的可持续发展。本章系统阐述了我国目前产量层次差，结合产量性能理论，提出了产量差研究应重点关注的问题、缩小产量层次差的技术对策及产量性能设计，为中国作物高产突破提供一定理论依据。

第一节 作物产量层次差

一、作物产量差的层次性

（一）作物产量层次差的概念

1974 年国际水稻研究所（IRRI）在印度、巴基斯坦和菲律宾等亚洲 6 国开始的水稻限制因子研究拉开了产量差研究的序幕。1981 年 De Datta 首次明确提出了产量差概念，并定义为农民实际收获的作物产量与试验站获得的潜在产量之间的差距，引起这个产量差距的因子叫做产量限制因子（Datta et al.，1978；范兰等，2011）。从区域考虑，Cook 将作物产量分为 4 个层次：①潜在产量，即由区域光温资源决定的最高理论产量；②纪录产量，即某作物所出现的最高产量纪录，反映了区域可实现的最高产量水平；③试验站产量，即试验田或好的农户田间产量水平；④平均产量，即区域或农场平均实际产量水平。1981 年 Datta 首先提出和使用了产量差（yield gap）的概念，将其定义为农民实际收获的作物产量与试验站获得产量之间的差距，并将导致产量差距的因子称为产量限制因子（yield constraints）（Evans，1993；王崇桃、李少昆，2012）。狭义的作物产量层次差一般被定义为作物可获得的上限产量或潜在产量与实际产量之间的差距。

美国学者 Still 提出了作物 "4A" 产量的概念：绝对产量（absolute yield），即除受作物遗传潜力限制外，不受其他因素限制的产量，可用理论最高产量或世界纪录产量反映；可达到的产量（attainable yield），即一个特定环境、地点和年份的可能产量，受到不可控的自然环境因子（如气候、土壤深度等）的限制；合算的产量，即考虑投入、收入或回报的经济上合算的产量（affordable yield）；实际产量，即农户或农田实际收获的产量（actual yield），是作物对环境、管理反应的结果（王崇桃、李少昆，2010、2012）。

根据生产实践的特征，Evenson 提出了 5 种产量水平：农户实际产量，即农户实际收获的产量；农户最高产量，即农户在好的栽培措施下获得的产量；试验站产量，即在试验站获得的产量；试验站最优产量，即使用最高产的品种、在最优化的栽培措施下获得的试验站产量；潜在产量，即通过品种设计突破了产量潜力而获得的产量（图 7-1）。

品种潜在产量
最高纪录产量
试验地产量
农民产量
产量差Ⅲ
产量差Ⅱ
产量差Ⅰ

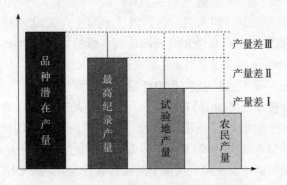

图 7-1　作物产量层次差

在国内作物产量层次差的定义理念基本与国际研究一致，并在国际产量层次差的概念上结合中国实际，赵明团队、李少昆团队应用的产量层次差定义为：光温生产潜力，高产纪录，可实现大面积高产，现实平均产量之间的差值（图 7-2）。

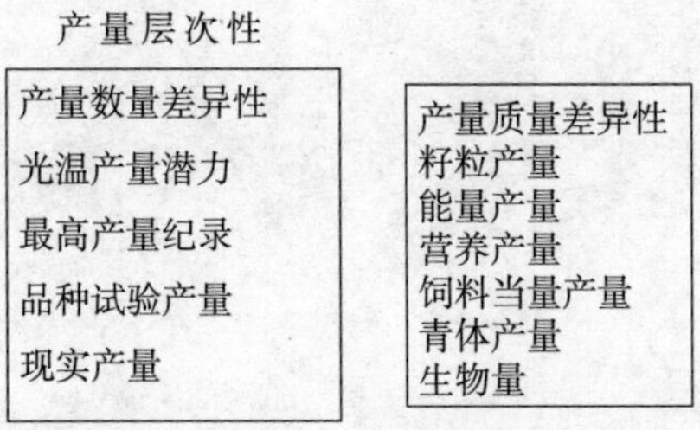

产量层次性
产量数量差异性
光温产量潜力
最高产量纪录
品种试验产量
现实产量
产量质量差异性
籽粒产量
能量产量
营养产量
饲料当量产量
青体产量
生物量

图 7-2　作物产量层次性

由于不同学者对上限产量的认识和划分不一致，产量差的定义还存在一定的分歧。但是，对产量层次差研究本质的理解基本是一致的，即研究作物可获得的上限产量或潜在产量与实际现实产量之间的差距。

（二）作物产量层次差分析方法

作物产量层次差分析建立在获得各产量层次精确的、有代表性的数据为前提的基础上，获得各产量层次数据进行产量层次差分析需要注意以下四个科学问题：气象数据的类型与来源，详尽的农业相关数据的来源与获取，模型或经验公式的选择与应用，如何运用各试验点的数据总结区域性的产量层次差。

潜力的获得较为复杂，需要进行模型模拟或者生产函数计算。对作物潜在产量的理解和界定，基本可归为 3 类：第一类是通过模型模拟或经验公式计算的作物潜在产量（光温生产潜力），相当于理想状态下可获得的产量。该产量假设水分和养分充分供应、无病虫和杂草危害，因此产量的大小仅取决于 CO_2 浓度、太阳辐射强度、温度和作物本身的遗传特性（Rabbinge，1993）。

1. 模型 产量潜力的估算主要借助于作物生长模型。该类产量潜力的研究尺度涵盖田块与区域。目前应用较多的模型有美国的 GOSSYM 模型（Xu et al.，2005）、DSSAT 模型（Jones et al.，2003）、POTATO 模型（Fleisher and Timlin，2006）和 EPIC 模型（Liu，2007），荷兰的 SUCROS 模型（Arora and Gajri，2000）、MACROS 模型（Vries，1989）和 WOFOST 模型（Wokabi，2004），澳大利亚的 APSIM 模型（Asseng et al.，1998）等。除了作物模型外，还有学者引入计量经济学的方法，借助生产函数等方法对潜在产量进行估算（Licker et al.，2010）。

下面着重介绍目前应用较为广泛的几类产量潜力估算模型。

（1）Hybrid-Maize 模型 美国的 Hybird-Maize 模型是一个很好的模型综合应用开发的范例，由内布拉斯加州林肯大学的科研团队开发。该模型在玉米专用模型 CERES-Maize 基础上，综合作物通用模型 INTERCOM 和 WOFOST 的生长阶段优点并加入了一些实用的新模块而开发的玉米过程模型，使玉米生长模型的品种参数简化，便于用户收集参数，更适合于预报长期气候变化对玉米生产力的影响，适合农业推广部门应用（图 7-3）。

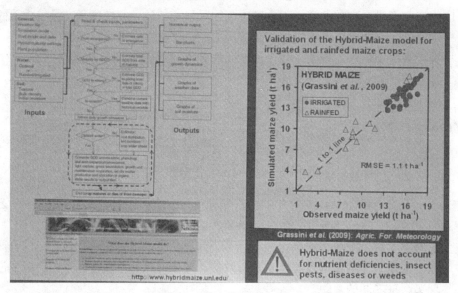

图 7-3 Hybrid-Maize 模型
（Yang et al.，2004）

（2）WOFOST 模型 WOFOST（world food study）模型是荷兰瓦赫宁根大学开发的模型（图 7-4、图 7-5）。WOFOST 以日为步长模拟在气候和其他环境因子（如土壤水肥）影响下的作物生长过程，如光合作用、呼吸作用、蒸腾、叶面积变化、干物质分配以及产量形成等。该模型在模拟作物生长的过程中，将作物品种、种植地区以及生长过程中的天气状况、土壤水分及养分条件综合起来进行分析，并建立其间的定量关系，并最终获得相关数据。WOFOST 是目前世界范围内应用十分广泛的一个作物生长模拟模型，在过去的十几年中，WOFOST 模型取得了极大成功，它的各个版本及其派生模型应用在许多研究中。

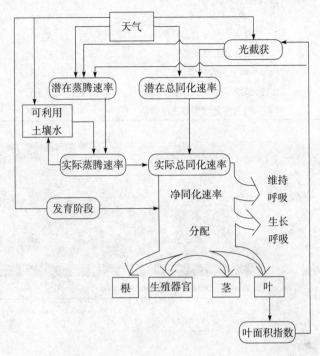

图 7-4 WOFOST 模型的简化结构

2. 生长函数 光合生产潜力是在假设温度、降水、土壤肥力、CO_2 等其他环境因素处于最佳状态时，完全由太阳辐射决定的作物产量上限，是反映一个地区某种作物生长季节内太阳辐射总量的指标。作物光合生产潜力被认为是作物产量的理论上限值，在实际大田生产中是不可能达到的。其计算公式为：

$$Y_1 = K\Omega\varepsilon\varphi(1-\alpha)(1-\beta)(1-\rho)(1-\gamma)(1-\omega)(1-\eta)^{-1}(1-\xi)^{-1}sq^{-1}F(L)\sum Q_i$$

式中：K——单位换算系数，K=10 000；

Y_1——光合生产潜力，单位为 kg/m^2；

Q_i——各月太阳辐射量（MJ/m^2），其余参数的意义及参考值见表 7-1。

表 7-1 计算光合潜力所需的各参数的意义及取值

参数	参数意义	冬小麦	夏玉米
E	光合辐射占总辐射的比例	0.42	0.42
φ	光合作用梁子效率	0.224	0.224
α	植物群体反射率	0.06	0.08
β	植物繁茂群体透射率	0.08	0.06
ρ	非光合器官截获辐射比例	0.10	0.10

（续）

参数	参数意义	冬小麦	夏玉米
γ	超过光饱和点的辐射比例	0.05	0.01
ω	呼吸消耗占光合产物比例	0.33	0.30
η	成熟谷物含水率	0.13	0.15
ξ	植物无机灰分含量比例	0.08	0.08
s	作物经济系数	0.40	0.40
q	单位干物质所含热量（MJ/kg）	17.58	17.20
Ω	作物光合固定CO_2能力的比例	0.85	1.00
$F(L)$	叶面积时间变化动态订正函数值	0.60	0.58

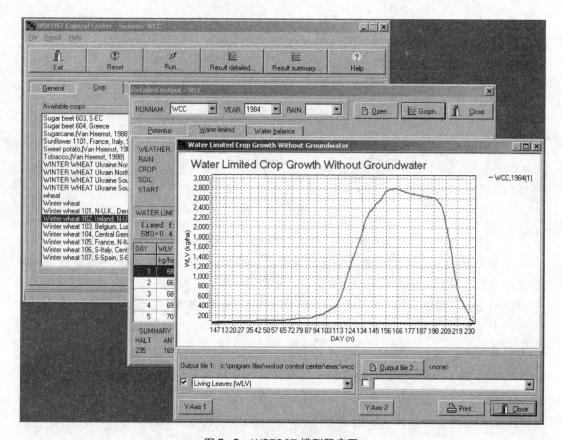

图 7 - 5　WOFOST 模型程序图

总辐射数据一般通过埃斯屈朗公式拟合求得，

$$Q = (a + bn/N)Q_i$$

式中：Q——总辐射；

　　Q_i——各月天文辐射，可由地理纬度和日序求得；

　　a，b——系数，$a = 0.15$，$b = 0.59$。

天文辐射日总量的计算公式为：

$$Q_i = \frac{TI_0}{\pi\rho^2}(\omega_0 \sin\varphi\sin\sigma + \cos\varphi\cos\sigma\sin\omega_0)$$

式中：Q_i——天文辐射（$W/m^2 \cdot d$）；

　　　T——一天的时间（s）；

　　　I_0——太阳常数，取值 1 370W/m^2；

　　　φ——地理纬度（弧度）；

　　　$1/\rho^2$——日地平均距离订正项。

可由下式计算：

$1/\rho^2 = 1.000\,110 + 0.034\,221\cos\theta_0 + 0.001\,280\sin\theta_0 + 0.000\,719\cos 2\theta_0$
$\qquad + 0.000\,077\sin 2\theta_0\theta_0 = 2\pi(d_n - 1)/365$

式中：θ_0——以地球公转角度（弧度）表示的日序数；

　　　dn——自 1 月 1 日计起的全年各日序号；

　　　δ——太阳赤纬（弧度）。

由下式计算：

$\delta = (0.006918 - 0.399912\cos\theta_0 + 0.070257\sin\theta_0 - 0.006758\cos2\theta_0 + 0.000907\sin2\theta_0 - 0.002697\cos 3\theta_0 + 0.000148\sin 3\theta_0)\,180\pi$

ω_0 是时角（弧度），计算公式为：$\omega_0 = \arccos(-tg\varphi tg\delta)$

二、作物产量层次差分析及缩小层次差的技术途径

（一）作物产量差成因分析

产量差的形成受许多因素的影响，这些影响因子被称为产量限制因子。因此，产量差的研究，不仅要分析产量差的幅度和时空变化，还应探讨导致产量差的主要限制因子以及缩小产量差的措施，提出增产空间和增产力度。

为了探究产量差成因，20 世纪 70 年代中期以来出现了多种"产量差"的概念模型，这些模型一般通过限制因子分组寻找引起产量差的因素。如 Gomez 把试验站与农户间的产量差限制因子分为两组：差距 1 为农户可获产量与试验站产量的差距，主要归咎于环境条件的差异；差距 2 则指农户可获产量与实际产量的差距，主要归咎于生物、技术和社会经济的限制。Lin 提出中国水稻生产中存在两种产量差距：一是最高的试验产量与适宜条件下农户可获产量之间的差距，认为这个差距反映了试验用品种与农户使用品种之间及试验的小区环境与农户的大田环境间的差异；二是适宜条件下的农户可获得产量与农户实际产量间的差距，认为这个差距反映了气候、环境、土壤、病虫害等对产量的限制作用。其中，前者占总产量差距的 70%，成因包括品种特性、环境条件（光照、温度、土壤等）以及其他不可控的影响因素等；后者占 30%，主要成因是关键生育期的干旱、渍水、冷害、高温、倒伏、杂草和病虫害等因素。Chaudhary 则认为亚洲环太平洋地区由于生态条件和作物自身的原因，水稻的产量差距程度明显，原因主要包括生物物理因素、生产管理水平、社会经济状况以及技术推广和应用程度等（王崇桃、李少昆，2012）（图 7-6）。

从高产潜力到高产纪录的差距主要成因是作物育种及部分生态因素的影响，需依靠育

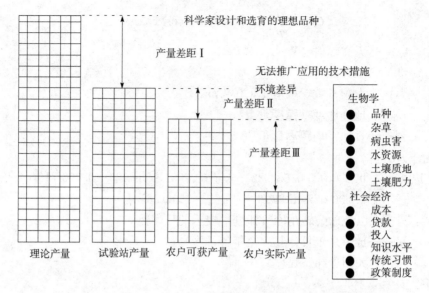

图 7-6　产量差距示意图

(Chaudhary，2000；王崇桃、李少昆，2012)

种设计与选育并充分利用生态田间，挖掘作物本身的增长潜力；从高产纪录到大面积高产的主要成因是技术推广率到位问题及区域生态条件的限制因子，需进一步推广超高产技术措施；从大面积高产水平到田间农民现实产量的差距成因较多，是作物研究的主攻方向，其中包括品种、栽培措施、土壤肥力等状况、灌溉、病虫害等田间管理措施以及生物逆境和非生物逆境等一系列产量限制因子。品种的更替和技术演变，高产技术的应用和推广，尤其是具有高产潜力的技术发展和应用，稳产技术的实现（抵抗生物胁迫和非生物胁迫）以及高产生产的扶植和政府的激励、优惠政策等都是进一步增产、缩小农户现实产量与可获得高产层次之间产量差的发展方向。

(二) 缩小层次差的技术途径

目前作物实际产量与潜在产量之间存在较大的差距，缩小这个差距对于提高粮食产量、满足日益增加的粮食需求具有重要意义，特别是针对中国资源短缺、小农户经营模式的情况，其意义更为重要。

作物实际产量与潜在产量之间存在较大的差距，产量差的形成有多方面原因，与生物特性、环境因素、技术水平、经济状况、政策法规等均有密切的联系，不同层次上产量差形成的主要原因不同，因此要在充分分析产量层次差产生的原因并分层次解析，通过缩小产量层次差的技术途径，挖掘作物的高产潜力，提高产量水平。

农户现实产量与试验站产量的差距引起的限制因子是可以通过调控改善的，地上部群体以及土壤都是可以调控改善的，如通过土壤高效的养分管理及改善灌溉条件可以调节土壤环境，还可通过植物自身的根际调控、根系与土壤、微生物良好根际对话等植物自身的调节机制来缩小产量层次差；地上部群体高产、高效茎秆结构与穗系统的构建都可以通过发挥作物高产潜力的栽培手段及有效的田间管理等可控可调的技术途径，来发挥品种的增产潜力，优化环境效应，获得作物高产，缩小作物产量层次差（图7-7）。高产纪录与作物生产潜力之间的差距的产生受不可控的环境生态因子控制，如太阳辐射、温度、CO_2、降水等生态条件。区域环境气候条件是不可调控的，但通过改善耕作与栽培技术，趋利避害，充分发挥环境增产优势与潜力也是缩小该层次产量差的有效手段，如采取地膜覆盖、垄作栽培、合理安排播期、土壤深松、适时晚收等栽培技术，同时根据不同区域的环境生态条件特点，选择适应当地生态条件，培育能够发挥作物品种生产潜力、优质耐逆的品种，也是挖掘作物生产潜力的有效技术手段。其次，加强农田基础设施建设，如改善灌排体系、修建水平梯田和坡地综合改造，可减轻干旱和洪涝等自然灾害的危害，也能提高作物稳产性，减少不利环境生态因子的影响，充分挖掘环境增产潜力。

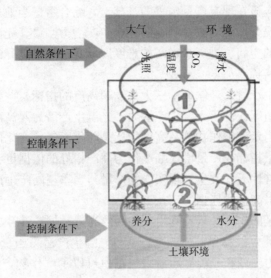

图7-7 作物产量形成影响因素
(Chen et al., 2011)

根据作物产量层次差产生的原因，制订缩小产量差的技术途径。首先，根据区域环境生态特点，在综合分析往年生态资料基础上，并结合当地经济条件，并遵循高产与稳产兼顾的原则，制订切实可行的产量目标。有效实施作物高产技术路线，以培肥地力为基础，选择广适、抗逆品种，科学高效肥料管理，及时灌溉，大力发展轻简化栽培技术，提高技术的覆盖面与到位率，以构建合理群体，发挥品种优势与潜力，以最终实现高产与稳产。

三、作物产量差与高产设计

最大限度地挖掘作物产量潜力，实现可持续高产突破，是作物生产能力和技术水平的体现，一直是国际上研究的重点。20世纪80年代以来，作物高产研究越来越受到许多国家的重视，并被列为国家级农业科研的重大课题。最早由美国钾、磷研究所倡导并开展的作物最高产量研究（MYR），扩展到其他10多个国家，已取得丰硕成果。美国玉米、大豆和小麦的每公顷最高产量已分别达到21.2t、7.9t和14.5t。欧洲国家已普遍开展了农作物高产蓝图设计与集约化栽培管理研究。日本在20世纪70年代就提出了"作物高产工程"的概念和研究计划，近年来作物高产研究再度掀起热潮。国际水稻研究所在 1990—2000 年研究战略中提出了突破产量限制的新思路和亩产吨粮的作物理想构型，并进行了超高产水稻的研究。国际著名学术期刊 *Science* 2000 年专门对高产突破进行了世界范围的科学家专访，提出了多种可能突破产量的技术途径，如新株型的改造（IRRI，2000）、光合作用改善（Austine，2000）、经济系数和生长可持续期（Evense，2000）。许多研究者表明高产突破时对非严重胁迫条件下的产量提高也是有益的。人们认为新的绿色革命产生是建立在可持续发展基础上的超高产研究，有望在 21 世纪有更大的发展。

由于各高产地区的光热资源不同，其光合生产潜力、光温生产潜力以及现实产量间也存在一定差异。目前，作物产量指标的确定仅以现有产量水平作为高产指标确定的依据，这样是不合理的。而应该在现有产量水平的基础上，综合考虑当地种植制度、各生育期内的光合生产潜力、光温生产潜力以及当季的光合生产潜力当量、光温生产潜力当量等气象因素，分析作物增产的空间、进一步增产的难度以及实现产量提升的可行性，然后提出作物超高产的理论产量指标。

根据各地区光温生产潜力，制订了三大作物超高产的指标，并提出我国近期、中期产量开发潜力以及增产情况。基于光合生产潜力、光温生产潜力及高产年份的光合生产潜力当量、光温生产潜力当量确定作物的超高产指标是随年际气候变化而变化的动态值，较以往依据单纯的具体产量指标或产量增加幅度作为高产指标的依据更为合理。如生育期内无阶段性或突发性的灾害性天气发生，现实作物产量与当季超高产理论产量的比值，可作为评价当地生产技术水平高低的依据。

根据不同高产地区的作物产量及其生育期间的光温数据，计算出相应年份的作物光合生产潜力、光温生产潜力、光合生产潜力当量和光温生产潜力当量值与理论产量（表 7 - 2）。根据光合生产潜力当量和光温生产潜力当量值可以了解作物产量与光温条件的关系；结合气象资料数据和光合生产潜力当量和光温生产潜力当量，可以初步明确作物产量形成的主要限制性因素，了解作物真实产量水平与理论产量的差距，这可对进一步提高产量水平的可行性及技术途径做出客观的分析。根据理论产量可以明确各地区目前可实现最高产量，为各地超高产指标的制订提供依据。

表 7 - 2　作物生产潜力与理论产量

	地　点	作物类型	光合生产潜力（kg/hm²）	光温生产潜力（kg/hm²）	超高产产量（kg/hm²）	光合生产潜力当量	光温生产潜力当量	理论产量（kg/hm²）
一熟区	黑龙江哈尔滨	春玉米	57 953.7	42 056.6	13 905	0.479 9	0.661 3	15 063.2
	吉林桦甸	春玉米	57 502.8	38 439.7	17 468.3	0.607 6	0.908 9	15 106.6
	辽宁海城	春玉米	60 256.9	49 658.5	13 264.5	0.440 3	0.534 2	15 156.2
两熟区	山东莱州	冬小麦	80 610.4	38 815.4	10 539	0.272 4	0.565 7	10 580.5
	山东莱州	春玉米	52 630.9	46 173.1	19 753.1	0.750 6	0.855 6	19 950.1
	河南新乡	冬小麦	65 306.3	40 517.3	9 498	0.303	0.488 4	9 855.2
	河南新乡	春玉米	35 375.2	33 361	14 574	0.824	0.873 7	14 775
	河北吴桥	冬小麦	72 026.7	38 578.9	9 793.5	0.316 2	0.590 4	10 690.1
	河北吴桥	春玉米	36 023.8	33 545.6	11 604.8	0.596 6	0.640 6	12 397.9

（续）

地　点	作物类型	光合生产潜力（kg/hm²）	光温生产潜力（kg/hm²）	超高产产量（kg/hm²）	光合生产潜力当量	光温生产潜力当量	理论产量（kg/hm²）
三熟区 江苏连云港	冬小麦	66 525.3	31 012.1	9 930	0.311	0.667 1	9 967.7
江苏连云港	晚稻	60 795.2	54 149.8	12 975	0.410 4	0.469 8	12 994.5
湖北武穴	早稻	46 282.8	33 433.9	10 192.5	0.407 8	0.564 5	10 272.2
湖北武穴	晚稻	43 349.1	41 695.4	9 993	0.435	0.452 2	10 356.7
浙江江山	早稻	47 291.3	38 645.3	11 017.5	0.456 8	0.559	11 133.1
浙江江山	晚稻	57 232.9	54 348	10 656	0.365 1	0.384 5	11 188.9
湖南醴陵	春玉米	41 812.3	33 667.4	9 411	0.441 3	0.548 1	9 743.9
湖南醴陵	晚稻	49 265.4	47 640.3	9 342	0.379 3	0.392 2	10 760.5
福建尤溪	头季稻	53 648.2	47 344.7	14 334	0.523 9	0.593 6	14 973.5
福建尤溪	再生稻	14 926.2	14 640.6	8 572.5	0.957 2	0.975 9	9 516.8
特殊生态区 云南涛源	水稻	75 025.4	65 172.6	18 750	0.49	0.564 1	20 555.7
青海香日德	春小麦	77 952.7	43 697.9	15 195.8	0.406 1	0.724 5	16 285.4
新疆伊宁	春玉米	68 693.8	53 907.8	16 124.5	0.469 5	0.598 2	15 308.7
西藏江孜	冬小麦	154 702.5	38 876.3	12 547.5	0.169	0.672 4	13 426.5

第二节　中国三大作物产量层次差分析

一、我国三大作物生产潜力分析

作物生产潜力（光合生产潜力）是科学评价区域粮食生产能力和人口承载能力的重要参照指标，也是评价农业气候资源的判断依据之一。作物生产潜力是在养分充分供应、病虫害和杂草得到完全控制、耕作技术和管理水平等都处于最佳状态时的作物生产能力。其值直接反映该区域的气候生产力水平与农业资源协调程度。本章节利用近几十年的逐日辐射、温度等气候数据，借助生长函数和模型，对我国三大平原三大作物主产区的光温生产潜力进行了估算，评价了三大作物产量最高层次。

（一）水稻生产潜力

应用地理信息系统（GIS）的空间分析功能与数据库管理系统技术，对东北平原黑龙江、吉林、辽宁三省所属县市 1951—2006 年的月平均气象数据进行处理，采用逐级修订的方法计算东北三省气候生产潜力如图 7-8（结果未发表）。

（二）小麦生产潜力

收集的数据包括历年冬小麦和夏玉米生产主要指标基本统计数据、气象数据、土壤数

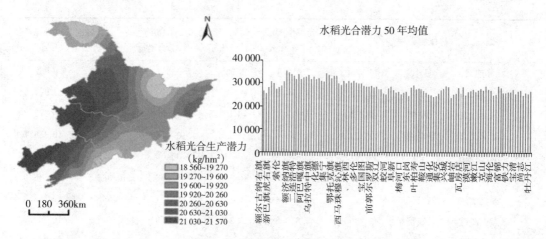

图 7-8　东北三省水稻潜在产量

据和作物参数。作物生产数据包括冬小麦单产、灌溉面积、施肥量等，来源于京津冀地区及华北地区各地市统计年鉴。气象数据来自国家气象信息中心的中国地面气候资料日值数据集，从中选取 1981—2010 年间华北地区及京津冀周边的 54 个站点的逐日数据（图 7-9）（结果未发表）。

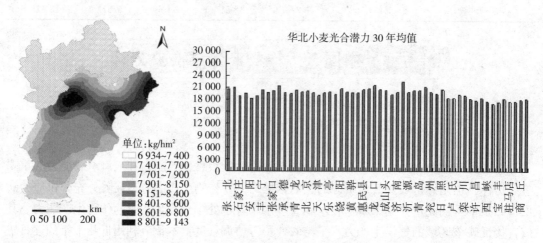

图 7-9　京津冀地区冬小麦潜在产量

（三）玉米生产潜力

　　为了研究气候变化对我国玉米生产潜力的影响，采用了我国东北地区（黑龙江、吉林、辽宁和内蒙古 4 省区，图 7-10）和华北地区（河北、北京、天津、河南和山东，图 7-11）158 个气象站点的日照时数、平均气温、平均最高气温、平均最低气温、降水量、平均风速、平均相对湿度等气象资料和玉米产量数据，运用"机制法"计算了 1961—2010 年的玉米光合、光温和气候生产潜力，分析玉米生产潜力和生长季气候要素的变化趋势。利用 arcgis 的空间分析功能绘制了玉米光合、光温、气候生产潜力空间分布图，分析了其变化特征（结果未发表）。

1. 东北玉米区

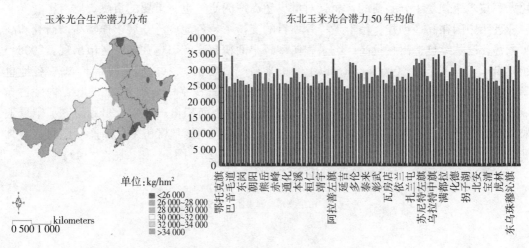

图 7-10　东北地区春玉米潜在产量

2. 华北玉米区

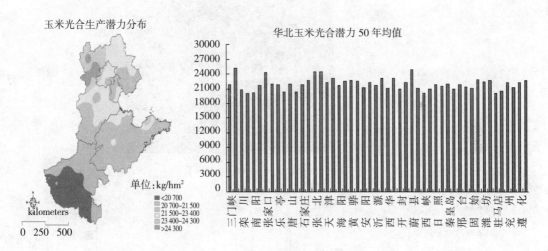

图 7-11　华北地区春玉米潜在产量

二、我国三大作物高产纪录与大面积高产创建

在我国中长期规划中，通过培育超级作物品种和改进栽培技术，配合增加投入，提高土地生产率，将粮食作物单产的年递增率由过去 10 余年的 0.7% 提高到 1.9%，提高复种指数约 5 个百分点，增约 667 万 hm² 农田。"寓粮于地，寓粮于技"。在我国"粮食丰收科技工程"中也将可持续超高产列入重要的课题立项研究。由于超高产是作物生产技术上最高水平体现，是作物潜力上升的高线，同时也决定了它是一项研究难度高、周期长和投入大的攻坚课题，并需要从理论与技术上有新的突破。这是作物生产科学不断提高的重要标志，和国际竞争热点。因此，我国开展高效可持续超高产栽培技术体系的研究，不但对

解决三大平原水稻、小麦和玉米产量长期徘徊以及现有超高产典型产量高而不稳、资源消耗大等技术瓶颈是十分必要的，而且对世界超高产的研究也有重要的贡献。

近年中国在高产创建、粮丰工程等项目的支持下，各地广泛开展了作物高产研究和高产竞赛，已陆续创造出一批高产纪录和典型。小面积超高产田也在多个省市出现，2006—2008年，全国单产15 000 kg/hm²以上的玉米高产田共80块（陈国平等，2009）。各地也屡创并刷新当地高产纪录。陕西榆林定边0.39hm²高产田平均亩产1 326.4kg；内蒙古赤峰玉米小面积创高产纪录1 250.5kg；宁夏农垦玉米小面积亩产1 248.9kg创下了宁夏玉米单产历史新纪录；四川宣汉创造了亩产1 181.6kg的西南地区玉米最高产量纪录；吉林桦甸创造了亩产1 158kg的雨养旱作高产纪录（图7-12，图7-13，图7-14）。

世界主要粮食
作物高产纪录

玉米：亩产1 823.4kg

（2002年，美国）

小麦：亩产1 013kg

（1978年，中国）

玉米：亩产1 287kg

（2006年，中国）

中国夏玉米高产纪录
山东莱州登海集团，2005，亩产1 289.8kg

图7-12 玉米高产纪录

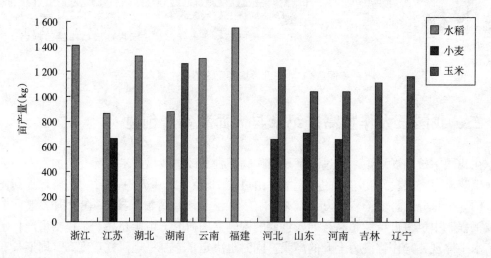

图7-13 2006—2009年我国粮食主产省高产纪录

可持续超高产在我国粮食生产位置突出，而且有广泛的带动作用。我国1亿hm²的耕地中，1/3 是高产田，主要分布在东北平原、华北平原和长江中下游平原三大平原，在我国粮食安全中占有重要地位。其产量潜力的挖掘主要是依赖于技术突破，技术增产潜力很大。

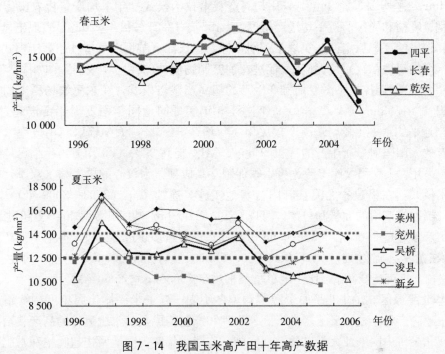

图 7-14 我国玉米高产田十年高产数据

我国粮食丰收科技工程 对高产水平提出了更高的要求。以定位试验和试验示范相结合，创新 16 项关键技术和集成的 17 套超高产栽培技术模式，以攻关基地的定位攻关试验田和定位示范为重点，进一步推广示范应用，取得显著成效。创造 12 个连续多年持续超高产典型，其中，南方再生稻、长江中下游稻麦两作、黄淮海平原东部和南部冬小麦—夏玉米周年亩产连续 7 年突破 1 500～1 600kg；长江中下游春玉米—晚稻连续两年（2008—2009 年）同地两作亩产突破 1 500kg，超级杂交中稻连续 3 年亩产突破 800kg，特殊生态区（云南涛源基地）单季稻连续 4 年亩产突破 1 200kg；东北平原吉林桦甸市金沙乡、吉林市兴家村基地和辽宁朝阳市木头城子村基地春玉米连续 3 年亩产突破 1 000kg。

通过开展水稻、小麦、玉米各类科技攻关，集成各单项技术，狠抓技术措施落实，各地出现了一批小面积高产、超高产典型。如河南省偃师市利用偃展 1 号和温麦 6 号小麦已连续两年实现了万亩连片段亩产 600kg 超高产目标。河北省在藁城、行唐创造了 634kg 的本省高产纪录，在吨粮田县建设中创造了 6 县近 13.33hm² 小麦连片超 500kg。湖南创造一季万亩示范田亩产 800kg 超高产模式等。尽管这些典型是小面积的，技术体系不完善、不稳定，但却展示了超高产技术的潜力和技术方向。

在产量层次差研究方面，三大平原三大作物可持续超高产创建取得重要进展，实现了大面积高产，与农民现实产量的层次差拉大。

1. 长江中下游平原稻作区 ①长江中游双季稻可持续超高产模式采用垄厢式栽培。通过半旱式管理并结合以实地氮肥管理技术为核心的养分综合管理措施，在湖北省武穴市大金镇从 2005 年起连续定位，探索超高产定位攻关田与相邻农民习惯田块的可持续高产稳产特性。2005—2009 年连续 5 年定位试验中，超高产田块早稻产量 9.12～10.20t/hm²，平均 9.78t/hm²；晚稻产量 9.03～10.01t/hm²，平均 9.40t/hm²；同田周年产量 18.27～19.94t/hm²，平均 19.18t/hm²。采用超高产栽培技术模式 5 年平均产量比农民习惯栽培模式早稻、晚稻和周年产量平均增产幅度 55.48%、42.21%和 49.20%，表现出显著的增产效应和较好的高产稳定性，实现了预期目标。②长江下游稻麦可持续超高产模式。采用"增粒"（增加每穗粒数）、"促储"（促进花前茎鞘物质的储存）、"攻弱"[攻弱势花（粒）灌浆]、"调根"（调控根系激素信号产生）的超高产栽培模式，在东海农场稻麦周年超高产攻关田（＞1.33hm²）2007—2009 年连续 3 年实现同地同年稻麦周年亩产超过 1 500 kg。与当地平均水平比较，超高产攻关田 4 年增产 31.6%，太阳辐射利用效率（作物生长期内有效太阳辐射量所生产的籽粒产量，g/MJ）提高 32%。③ 南方再生稻可持续超高产模式。采用"头季稻大库丰源、再生季促腋芽高成穗"为核心的再生稻（双季）超高产栽培技术模式，在福建省尤溪县麻阳村基地实施，连续 7 年（2003—2009 年）攻关田、示范片、辐射推广田的面积和单产，可以看出：0.667hm² 攻关田头季亩产多超过 900kg，再生季亩产多超过 550kg，3.33～6.66 示范片头季亩产多超过 800kg，再生季亩产多超过 500kg，在尤溪县辐射推广每年 0.53～0.66hm²，头季亩产 600kg 左右，再生季亩产 300kg 左右，年亩产 900kg，比当地单季稻平均亩产 556kg 增产 60%。

2. 华北平原区 ①华北平原资源节约型冬小麦—夏玉米一体化周年可持续超高产模式，提出超高产冬小麦、夏玉米的形态、生理和产量构成及其水肥运筹的高产栽培技术模式，在河北吴桥中国农业大学试验基地实施，连续 5 年实现同地两作超吨粮和水肥高效的统一。②华北平原（东部）冬小麦—夏玉米一体化周年可持续超高产模式，采用冬小麦垄作栽培和夏玉米大小行对角错株播种保障密度，构建合理群体的栽培技术模式，在山东登海种业公司基地实施，9 亩冬小麦—夏玉米定位攻关田，创造了连续 7 年小麦—玉米双季亩产突破 1 600kg 的可持续超高产典型。在河南浚县农科所攻关基地的 0.33hm² 定位攻关田，创造了连续 7 年两作亩产突破 1 500kg 的可持续超高产典型。③东北平原区，以促苗—控秆—保穗—增粒—促早熟为核心，集成缩株增密、覆盖增温保墒、化调控秆、保穗增粒、促早熟等湿润冷凉区春玉米可持续超高产栽培技术模式，在吉林桦甸市金沙乡攻关基地、金沙乡千亩示范方、桦甸市万亩高产田实施应用。

三、我国三大作物主产区平均产量

20 世纪 60 年代以来，绿色革命推动了世界粮食生产的发展，至 1990 年，世界粮食产量从 6.31 亿 t 增长到 17.81 亿 t，增加了 2.82 倍。超出了同期世界人口的增长。粮食增长的原因除播种面积略有增加外，主要在于单产的提高。1990 年谷物平均单产 2.76t/hm²，是 1961 年的 2.04 倍，但 20 世纪 90 年代以来，世界粮食产量增长率不断减缓，1990—2001 年粮食产量增长率平均 0.65%，尤其是 1993 年以来连续 3 年出现减产，1995 年下降到 14%～15%，为历史最低值。这种情况造成世界范围内的粮食危机，发展中国家有 20%的人口（8.4 亿）得不到足够的粮食，粮食安全问题受到国际广泛关注。

在我国三大作物中，水稻和小麦单产已经接近发达国家水平，而玉米单产差距依旧较大（图 7-15）。美国和法国等发达国家玉米单产在 9 000～10 000kg/hm²，我国目前仅为 5 740kg/hm²。不同地区，玉米单产差异较大。辽西朝阳地区单产较低，仅 5 000～7 500kg/hm²，而吉林东部、北部和南部地区基本在 10 000kg/hm² 以上，吉林西部地区玉米产量 7 500～10 000kg/hm²。品种选用、栽培技术和土壤质量差异等是造成玉米产量差异的主要因素。

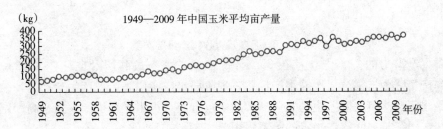

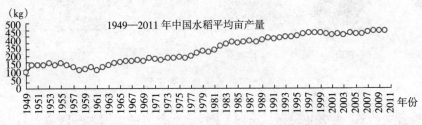

图 7-15　中国三大作物历年平均单产的演变趋势

四、我国三大作物产量层次差

通过评估光温生产潜力，收集高产数据及各地平均产量数据，计算了三大作物产量层次差。不同区域产量层次差也不尽相同。东北春玉米区由于生态环境特点，是较为适合春玉米生长的生态条件组合，光温生产潜力可达到 24t/hm²，而南方生态环境条件更适合水稻生长，玉米作为稻玉系统的一部分，光温生长潜力仅为 13 t/hm²（图 7-16）。

分析玉米产量层次差，以光温生产潜力定义为作物产量的 100%，区域最高产量仅为光温生产潜力 54.9%，区试产量仅为 25.7%，平均产量仅为 14.7%。农户平均现实产量

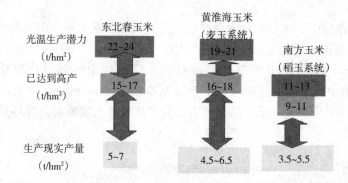

图 7-16　我国三大作物产量层次差

仅为高温生产潜力的 14.7%，存在 85.3% 的产量差，与最高产量也存在 40.2% 的产量差。在高产实践中，需分层次缩小产量差，现阶段推广实用高产稳产生产技术，缩小农户现实产量与区试产量之间差距是农业高产的主攻方向。玉米光合生产潜力、高产纪录、区试产量与大田产量之间存在一定的关系（图 7-17）。

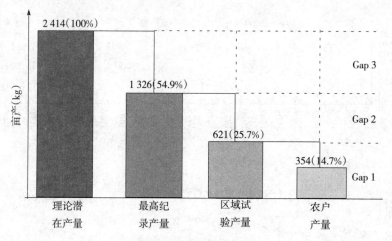

图 7-17　玉米产量层次差

（李少昆，2011）

　　我国粮食主产区产量差也随区域有所不同，产生差异的原因为各区域光温生态条件不同，造成各省区光温生产潜力不同。以玉米为例，其中内蒙古最高，广西最低，三大区域以黄淮海夏玉米区光温生产潜力最高（表 7-3）。由于高产稳产技术的应用与技术推广到位率不同，农民现实产量与高产纪录之间产量差各个区域也不同，其中内蒙古此产量差最高，而内蒙古光温潜力却是最高的，说明内蒙古春玉米区有非常大的增产空间。三大玉米主产区中，东北春玉米区此产量层次差最大，说明东北的技术到位率还不够，技术挖潜增产空间还非常大。

　　研究产量层次差还需注意光合生产潜力、高产纪录、区试产量以及大田平均产量之间都存在着一定的关系。通过分析多站点的区试产量、高产纪录以及区域光合生产潜力，分别得到了各产量的线性方程模型（图 7-18），该模型的获得可帮助我们了解产量层次差之间关系及预测区域产量层次差。

表7-3 我国玉米主要产区产量层次差

	光温理论产量	高产纪录	区试产量	大田产量	产量差Ⅰ	产量差Ⅱ	产量差Ⅲ
黑龙江	1 953.8	928.5	613.3	310.8	302.5	315.2	1 025.3
吉林	2 289.2	1 164.6	676.0	440.0	236.0	488.6	1 124.6
辽宁	2 674.2	1 211.6	670.6	424.0	246.6	541.0	1 462.6
内蒙古	3 053.9	1 172.1	672.9	388.0	284.9	499.2	1 881.8
河北	2 560.4	1 231.6	626.1	303.9	322.2	605.5	1 328.8
山西	2 790.2	1 165.0	719.1	357.9	361.2	445.9	1 625.2
山东	2 404.6	1 289.8	566.6	419.0	147.6	723.2	1 114.8
河南	2 659.0	1 064.8	508.1	335.9	172.2	556.7	1 594.2
陕西	2 762.6	1 326.4	577.3	267.2	310.0	673.5	1 511.8
四川	2 293.8	868.1	499.8	308.6	191.2	368.3	1 425.7
云南	2 336.1	1 284.0	579.7	254.5	325.2	704.3	1 052.1
贵州	2 159.3	927.0	528.0	313.2	214.8	399.0	1232.3
广西	1 823.3	867.2	436.6	234.0	202.6	430.6	956.1
东北春玉米区	2 492.77	1 119.20	658.20	390.70	267.50	461.00	1 373.58
黄淮海春夏玉米区	2 635.35	1 200.40	599.44	336.40	263.04	600.96	1 434.96
西南玉米区	2 153.09	986.58	511.03	277.58	233.45	475.55	1 166.55
平均	2 414.09	1 326.40	621.32	354.16	255.16	519.31	1 333.48

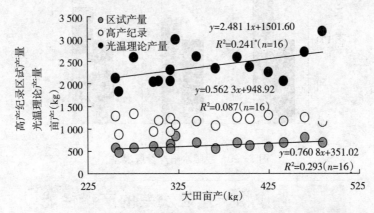

图7-18 玉米光合生产潜力、高产纪录、区试产量之间关系

(李少昆，2010)

图7-19、图7-20分别列出了我国区域小麦、水稻产量层次差，可见水稻、小麦与玉米一样，也存在较大的产量层次差，冬小麦实际产量与潜在产量之间最高可达80%以上。可见，三大作物在区域尺度上，都存在较大的产量层次差距，需分层次逐层分析产量差产生原因，制订切实可行的技术手段与措施，加大高产技术的推广与覆盖率，因地制宜地挖掘发挥区域产量潜力，缩小产量层次差。

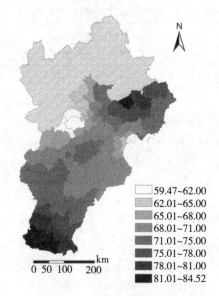

图 7 - 19 京津冀地区冬小麦产量
与潜在产量的比率（％）

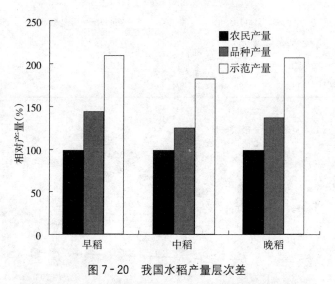

图 7 - 20 我国水稻产量层次差

第三节 作物产量层次差的产量性能

一、 三大作物产量层次差的产量性能分析

产量性能分析系统是产量分析的重要理论，是高产挖掘的理论基础，因此运用产量性能理论，分析作物产量层次差产量性能参数，可进一步阐析作物

产量层次差产生原因与产量限制因子，通过分析三大作物不同产量水平产量构成参

数，深入分析作物在跨越产量层次差过程中群体各产量性能参数的变化，挖掘作物增产潜力。

玉米产量从亩产 600kg 上升到 1 000kg 过程中，叶系统：$MLAI$ 3～4、$MNAR$ 5 以上；穗粒系统：EN 72 000～90 000、GN 450～530、GW 270～380（表 7 - 4）。

表 7 - 4 玉米不同产量水平产量性能参数

亩产量 (kg)	光合性能参数				产量构成参数		
	$MLAI$	D (d)	$MNAR$ [g/ (m² · d)]	HI	EN (穗/hm²)	GN (粒/穗)	GW (g)
春玉米							
1 000	4.1	139	5.2	0.51	90 000	528	385
800	3.6	130	5.8	0.50	72 000	530	335
700	3.3	127	5.9	0.45	73 000	480	310
600	3.1	125	6.2	0.41	72 000	465	290
夏玉米							
1 000	4.0	118	5.23	0.52	88 000	530	330
800	3.4～3.5	112	5.7	0.52	75 000	540	310
700	3.3	110	5.23	0.51	73 000	530	300
600	3.0～3.1	102	6.2	0.51	74 000	450	275

冬小麦产量从亩产 250kg 提高到 540kg 过程中：叶系统：LAI 2.0～3.8、上 3 叶 1.5～2.8、非叶器官 1.8～3.8，穗系统：EN 600 万～760 万、GN 17～27、GW 42～44，叶穗协调：HI 0.40～0.48（表 7 - 5）。

表 7 - 5 小麦不同产量水平产量性能参数

亩产量 (kg)	叶系统				穗系统			叶穗协调
	群体	上 3 叶	非叶器官	穗叶比	EN	GN	GW	HI
550	3.87	2.81	3.84	271	762	27.4	20.9	0.48
500	3.87	2.81	3.84	274	771	26.7	20.6	0.48
300	2.03	1.45	1.84	411	596	17.7	10.5	0.40

水稻产量从亩产 700kg 到 800kg 爬坡过程中，穗数有所增加，最大 LAI 从 7.0 增加至 8.0；双季稻从 550kg 到 650kg 爬坡过程中，穗数增加，最大 LAI 增加（表 7 - 6）。

表 7 - 6 水稻不同产量水平产量性能参数

种植季节	中 稻		双季稻	
亩产量（kg）	700	800	550	650
总颖花量（万）	3 300	3 800	2 600	3 100
穗数（万）	18	20	21	26
每穗粒数	195	190	125	120
最高苗峰（万）	25	28	29	36
成穗率（%）	72	71	72	72

（续）

种植季节	中 稻		双季稻	
结实率（%）	85	85	85	85
干物质总量（kg）	1 250~1 300	1 350~1 400	950~1 000	1 120~1 170
最大 LAI	7.0~7.5	7.5~8.0	6.0~7.0	6.5~7.5

平均产量到高产的产量差是研究的突破口，通过确定高产作物三合结构模式的定量化方程参数，得到高产群体产量性能各参数及变化趋势，提出了为低产群体跨越产量层次差，达到高产水平的目标方向，实现了产量层次差突破的定量化设计。

二、光温生产潜力与高产纪录差异的产量性能分析

通过光温生产潜力与高产纪录差异的产量性能分析，确定超高产理论产量（图 7-21）。通过对东北玉米区桦甸站点 1996—2006 年生态气候条件的估算分析，计算出了该区域十年的光合生产潜力（RPP）及光温生产潜力（TPP），光温生产潜力由于引入了温度因子，要显著低于光合生产潜力。通过分析 50%RPP 与 90%TPP 值，根据产量构成，计算十年理论产量。桦甸春玉米高产田 1996—2006 年高产纪录（如图 7-21 所示）位于 15 000kg/hm²，可达到光温生产潜力的 50% 左右。

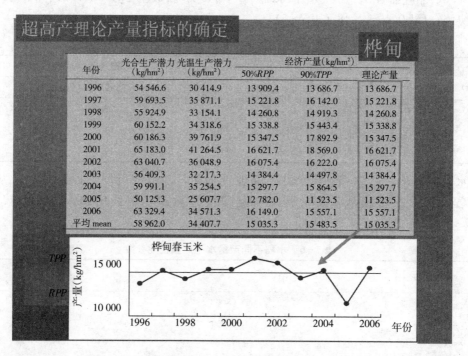

图 7-21 超高产理论产量指标

光温生产潜力与高产纪录差异与区域气候生态条件直接相关。高产纪录与光温生产潜力产量差与气候满足率成正相关。区域温度、降水、气候等生态条件与最适生态条件进行

比较，其满足率是衡量当地生态条件的重要指标（图7-22，图7-23，图7-24），研究气候满足率对研究缩小生产潜力与高产纪录产量差异，不断刷新、创造新的产量纪录，进一步挖掘生态潜力具有重要价值。

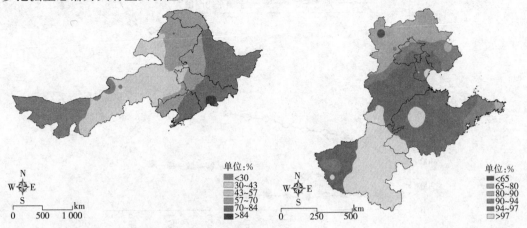

图7-22 东北区春玉米生产潜力温度满足率分布　图7-23 华北区夏玉米生产潜力温度满足率分布

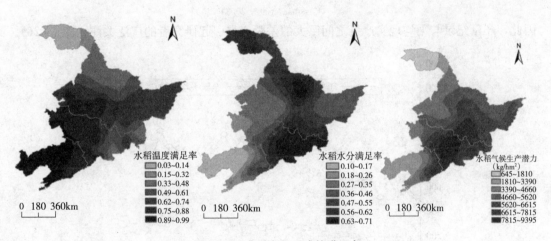

图7-24 水稻产量形成的满足率

三、大面积高产与现实产量差异的产量性能分析

图7-25显示了美国60多年来玉米高产纪录与平均产量的变化关系，值得我们关注的是随着生产水平的提高，全国平均产量与高产纪录的差距却越来越大，说明随着育种、栽培技术发展，高产纪录不断刷新，而技术的到位率与推广进行的脚步却有些慢。

分析我国1972—2006年李登海创造的玉米最高产量与全国玉米平均产量，比较发现，李登海创造的玉米纪录几十年来被不断打破，上升幅度也显著增加，2006年实现的最高产量达到1972年的3倍以上，每亩增产接近1 000kg，而几十年来包括实施家庭联产承包责任制以来，我国的平均产量增幅却不大，30几年来玉米平均亩产量提高了仅100kg。

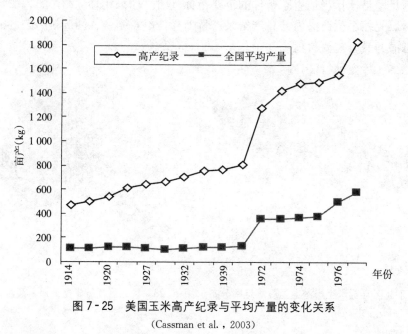

图 7 - 25　美国玉米高产纪录与平均产量的变化关系

(Cassman et al.，2003)

因此，产量纪录与平均现实产量之间巨大的差距值得引起研究者的广泛关注（图 7 - 26）。

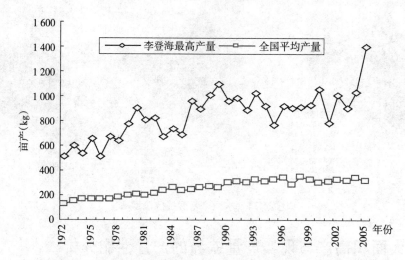

图 7 - 26　我国李登海玉米最高产量与全国平均玉米产量比较

　　分析大面积高产与现实产量差异，探究差异产生的原因是我国实现大面积增产的突破口。随着对产量层次差研究的逐步深入，我们可知作物品种、土壤状况、栽培技术手段、田间管理等都是产生此产量差的原因，也是高产实现的限制因子。笔者通过分析高产田块与低产田块土壤、群体、栽培技术等田间管理水平的差异全面解析产量差产生的原因。

（一）高产田块与低产田块的土壤差异

　　土壤是农业生产的重要物质条件，耕层结构直接关系到玉米高产稳产和可持续发展。

由于人们对耕地连续高强度开发和不合理使用，使土壤有效耕层变浅，犁底层加厚，耕层有效土壤数量明显减少，农业耕层土壤的理化性状趋于恶化，地力下降，作物生产受到严重影响。由此可知，全国各产区都出现了土壤质量下降的问题，主要表现为：土壤耕层深度变浅，土壤容重偏高，耕层紧实，犁底层坚硬，有效耕层土壤量明显减少，我国农田土壤耕层明显存在"浅、实、少"的问题（图7-27，表7-7）。

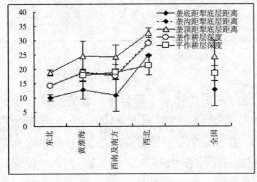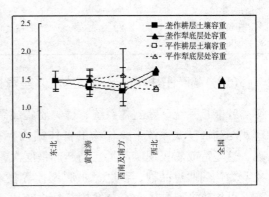

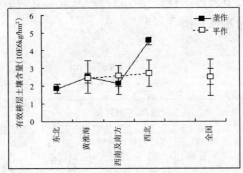

图7-27　我国各区域土壤质量调查情况

我国三大平原各主产区不同区域存在着不同的土壤问题，以玉米主产区为研究对象调查发现，北部春玉米区土壤的主要问题是耕层浅，西部玉米区土壤主要问题是土壤容重低，而华北平原则是耕层浅、土壤有机质低，南部平原是土壤容重高、有机质低。因此，要因地制宜，从各区域主要土壤问题入手改善土壤状况。

表7-7　我国不同主产省区土壤调查情况

调查指标	河北				山东					山西	河南		安徽			
土壤质地	沙壤土	黏质土	粉沙壤土	栗褐土	沙土	黏土	中质	莱西棕壤	平度潮土	壤土	沙土	黏土	淤土	沙土	两合土	砂姜黑土
地表面距犁底层距离(cm)	15.92	16.14	13.86	17.84	18.44	17.41	20.19	19.39	19.54	15.27	20.79	21.02	17.26	18.31	16.24	15.67
5～10cm 容重 (g/cm³)	1.45	1.52	1.57	1.29	1.41	1.33	1.54	1.40	1.24	1.42	—	—	1.38	1.34	1.30	1.32
犁底层处容重 (g/cm³)	1.51	1.57	1.65	1.44	1.50	1.42	1.65	1.46	1.40	1.44	—	—	1.48	1.38	1.43	1.48
20～25cm 容重 (g/cm³)	1.52	1.54	1.66	1.34	1.49	1.44	1.57	1.48	1.41	1.46	—	—	1.50	1.45	1.43	1.44

（续）

调查指标	河北				山东					山西	河南		安徽			
土壤质地	沙壤土	黏质土	粉沙壤土	栗褐土	沙土	黏土	中质	莱西棕壤	平度潮土	壤土	沙土	黏土	淤土	沙土	两合土	砂姜黑土
35～40cm 容重（g/cm³）	1.52	1.56	1.62	1.38	1.48	1.41	1.60	1.51	1.45	1.50	—	—	1.46	1.48	1.41	1.47
有效耕层土壤量（×10⁶kg/hm²）	2.30	2.43	2.29	2.32	2.62	2.32	3.10	2.71	2.43	2.16	2.78	2.87	2.29	2.47	2.20	2.08

（二）高产田块与低产田块的群体差异

叶能量系统、茎支撑系统、穗物质集成系统构成了作物地上部群体。研究发现，农民模式与高产模式系统下，作物的群体结构存在显著差异，并造成了群体功能不能充分实现，这是造成农民现实产量与高产产量层次差产生的一个重要限制因子。以三大作物为对象，为达到通过品种、密度、水肥调控等技术措施构建作物高产群体。通过优化栽培措施，可构建高产群体，充分发挥茎秆、叶片、穗粒三大系统的功能，高产群体结构的优化是跨越产量层次差的重要途径（图7-28）。

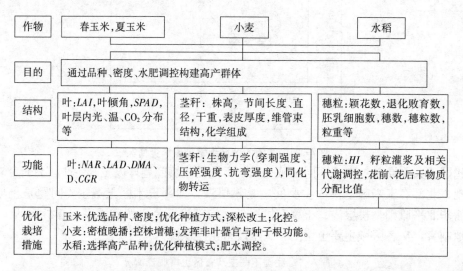

图 7-28 三大作物高产群体优化措施示意图

随密度增加，高产玉米群体的 $MLAI/LAI_{max}$ 值也呈现固定的变化趋势，玉米 $MLAI$ 呈二次曲线变化，$MLAI/LAI_{max}$ 值呈下降趋势，该比值达到 0.6 时群体结构最佳（图7-29）。

（三）高产田块与低产田块的管理水平差异

高产田块与低产田块管理水平的差异是造成农民现实产量与高产纪录之间差异的直接原因。高产田块通过选用优品品种，高产栽培技术创新与集成等措施获得高产，而农民低产田块因为高产技术到位率低，田间管理水平低而造成产量低。

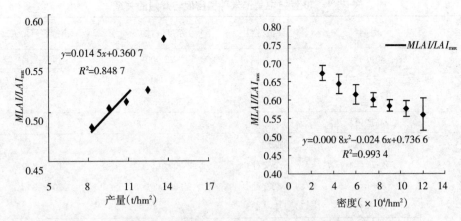

图7-29　高产群体 $MLAI/LAI_{max}$ 比值变化趋势

选用优良、抗逆、适用于当地生态条件的品种是获得高产的基础。近年来，随着我国育种水平的不断提高，培育出一大批广适、优质、抗逆的品种，品种增产潜力大。因此，应根据当地高产田块品种选育情况，选择适宜当地的高产品种。表7-8收集了2006年玉米亩产吨粮田典型品种，可作为区域高产品种选择的示范样板参考。

表7-8　2006年玉米亩产吨粮田典型品种一览表

产量水平（亩产）	典型（品种、面积、地点）
1 150.4kg	先玉335（0.1hm²），吉林省桦甸市红石乡小红石村
1 158.9kg	内单314（0.1hm²），土默川平原灌区内蒙古农业大学试验基地
1 145.02kg	郑单958（0.1hm²），新疆农四师62团4连4-4号高产试验田
1 012.75kg	京单28（0.37hm²），新疆农四师62团4连4-4号高产试验田
1 074.98kg	DH3719（0.14hm²），新疆农四师62团4连4-4号高产试验田
1 316.80kg	DH3719（0.078hm²），山东省莱州市
1 260.04kg	郑单958（0.2hm²），陕西省澄城县

"七分种，三分管"，可见播种质量好坏是获得高产的重要条件。播种时可进行土壤深松、深翻、平整土地等土壤耕作措施，根据土壤墒情浇足底墒水，选择合适的密度，提高出苗整齐度。提高群体整齐度，及时补苗，保障收获时小穗率低于5%。

增加种植密度是提高玉米产量的主要途径。由表7-9可知，我国玉米种植密度与美国高产田相比存在较大差距，并且美国这几十年来种植密度显著增加，而中国种植密度增幅却明显低于美国。中国玉米种植平均密度45 000株/hm²（Li et al.，2009）。随着种植密度的增加，玉米产量有显著提高，密度达到75 000株/hm²，产量增加10%～40%，增至85 000株/hm²时，产量提高20%～40%（Zhang et al.，2010）。玉米达到15 000kg/hm²的种植密度，主要集中在60 000～109 500株/hm²（陈国平，2009）。

表 7-9　20 世纪中美玉米种植密度与产量的关系

国家	时期	种植材料	密度（株）	亩产量（kg）
美国	30 年代		＜2 000	100～200
	60～70 年代		3 000	300
	目前		4 500～5 000	＞600
	高产田		5 700～7 300	＞1 000
中国	50 年代	地方品种	＜2 000	＜100
	60～70 年代	杂交种	2 000～2 500	100～200
	80 年代	杂交种	2 500～3 000	200～300
	90 年代	紧凑杂交种	3 500～4 000	350
	高产田	耐密杂交种	5 000	800～1 000

通过提高种植密度的结构性增产途径，创造高产群体，对 10 000～13 500kg/hm² 水平下，不同生育阶段，春玉米密植高产群体叶层系统、茎系统与穗粒系统的结构与功能特点，尤其是吐丝后高产玉米群体结构与功能特征进行研究，同时利用产量性能方程对各品种进行耐密性比较，并对其光合性能参数与产量参数进行定量化分析，明确不同品种的最适种植密度以及获得高产的产量性能参数（表 7-10），探索玉米高产栽培配套技术，以期为春玉米栽培提供技术支撑和理论支持。

表 7-10　玉米不同密度产量性能参数

品种	密度 (×10⁴/hm²)	光合性能参数			产量构成参数				产量 (kg/hm²)
		$MLAI$	D (d)	$MNAR$ [g/(m²·d)]	HI	EN (穗/m²)	GN (粒/穗)	GW (g)	
先玉 335	6.0	3.19d	124	6.94a	0.45a	6.02d	516.53a	385.99a	11 995.37b
	7.5	3.63c	124	6.42b	0.44b	7.08c	480.06b	372.66b	12 373.99b
	9.0	4.06b	124	6.06c	0.43bc	8.64b	439.78c	358.54c	13 496.24a
	10.5	4.29a	124	5.94c	0.42c	9.69a	411.27d	342.84c	13 288.77a
郑单 958	6.0	3.33c	122	6.81a	0.44a	6.11d	507.41a	362.84a	11 661.78ab
	7.5	3.82b	122	6.44a	0.43a	7.26c	482.60a	354.01ab	12 310.78a
	9.0	4.35a	122	5.54b	0.43a	8.93b	424.39b	331.11bc	12 279.34a
	10.5	4.52a	122	5.38c	0.40b	9.89a	370.04c	316.21c	10 853.39b
吉单 209	6.0	3.27c	122	6.65a	0.43a	5.94d	540.12a	355.23a	10 638.62bc
	7.5	3.90b	122	6.11a	0.42ab	7.32c	493.84b	333.45ab	11 466.03ab
	9.0	4.52a	122	5.80ab	0.39bc	8.69b	448.09c	312.97bc	11 788.72a
	10.5	4.83a	122	5.25b	0.38c	9.78a	390.41d	296.33c	10 368.71c

注：不同字母表示在 0.05 水平上差异显著。

$MLAI$ 与 GN、GW 的不同变化体现了群体与个体的矛盾，HI 与 $MNAR$ 的变化体现了"源"、"库"的协调能力，不同品种之间由于群体与个体矛盾差异不同，源库协调能力不同，密度增加过程中产量表现不同。播期、生育期天数也对产量形成产生重要影响。生育期天数是产量性能的参数指标之一。根据气候生态条件适时调整播期。调整播种期为我国农业应对气候变化适应性对策的最优选择。小麦适时晚收、玉米适时晚播的双晚技术模式是黄淮海平原冬小麦—夏玉米种植系统的一项重要的高产栽培技术。因此，生育期天数的调控也是高产技术途径之一。

田间管理是低产田产量限制因子的主要组成。高产田一般采取科学施肥、精量灌溉、综合病虫害防治等科学田间管理模式。测土配方施肥、节水灌溉等高产田间栽培技术都是高产田块获得高产的技术支持。以土壤测试和肥料田间试验为基础，根据作物需肥规律、土壤供肥性能和肥料效应，在合理施用有机肥料的基础上，提出氮、磷、钾及中量、微量元素等肥料的施用数量、施肥时期和施用方法，科学合理施肥，调节和解决作物需肥与土壤供肥之间的矛盾。以最小限度的用水量获得最大的产量或收益，也就是最大限度地提高单位灌溉水量的农作物产量和产值的灌溉措施。主要措施有渠道防渗、低压管灌、喷灌、微灌和灌溉管理制度。

四、缩小作物产量层次差的产量性能分析

对三大作物主产区的分析表明，将当地光温生产潜力设定为 100%，高产纪录相当于 TPP 的 37.11%～97.00%，品种区试产量相当于 TPP 的 29.86%～68.30%，实际产量相当于 TPP 的 17.91%～36.79%，不同层次间产量差距很大，大田作物可实现产量仍相当低，说明作物增产的潜力非常大。与区试产量相比，近期潜力开发程度可提高 6.71%～27.92%；与高产纪录相比，中期潜力开发程度可提高 5.01%～35.96%。

假设目前耕地面积不变的前提下，加大科技和物资投入，增加粮食作物种植的科技含量，粮食产量短期内仍有较大幅度的提高。其中东北一熟区近期粮食产量会增加 38.72×10^6 t、中期粮食产量增加 64.93×10^6 t；黄淮海二熟区粮食总产量近期增加 59.38×10^6 t、中期增加 125.93×10^6 t；长江流域三熟区近期增加 17.42×10^6 t、中期增加 33.19×10^6 t。

（一）从产量层次差挖掘增产潜力

表 7-11 产量层次差异与产量性能分析

产量层次	层次间的差异（%）			缩小层次差异的产量性能分析 $MLAI×D×MNAR×HI=EN×GN×GW$
	东北春玉米区	黄淮海玉米区	西南玉米区	
第一层次：光温生产潜力	100	100	100	提高 $MNAR$ 和 HI，增加 EN、GN 和 GW
第二层次：高产纪录	65～70	80～85	70～75	通过密植，提高整齐度和成熟度来提高 $MLAI$ 和 $MNAR$，增加 GW
第三层次：区试产量	30～35	40～45	35～40	
第四层次：大田实际产量	20～25	20～25	20～25	通过密植，提高 $MLAI$，增加 EN，提高整齐度和成熟度来增加 D 值

产量性能的公式中 7 项指标是制定作物产量的最重要的指标，确定了 7 项参数就可按

照参数值和主要措施对参数的调节效应进行栽培技术的定量化确定（表7-11）。比较春玉米与夏玉米的高产，在同等产量水平条件下，产量构成主要参数基本相近，具有明显的相似性，但光合性能的主要参数，特别是生育期的 D 值和平均净同化率（$MNAR$）有明显的差异，主要表现在春玉米有较长的 D 值，而相对低的 $MNAR$，相反，夏玉米 D 值低，而 $MNAR$ 相对高。比较不同产量水平，不论是春玉米还是夏玉米随着产量提高平均叶面积系数（$MLAI$）和单位面积穗数（EN）不断提高，其他参数的变化相对不明显。明确产量目标，优化产量参数，可能有多种组合方式，还需要根据品种特性和栽培技术措施具体确定。春玉米实现超 15 000kg/hm² 要求的光合性能的主要参数为 $MLAI$ 3.8～4.0、D130～135d、$MNAR$ 5.5～6.0g/dm²、HI 为 0.52～0.53。

（二）协调花前花后物质分配

作物花前花后的物质分配比例对产量形成具有重要作用，是作物产量结构性挖潜的重要途径。花前通过叶面积调控、净同化率调节，花后通过库容拉动来增加花后干物质积累。花后干物质积累增加直接带来产量提高。分析现代高产品种发现，品种的花后干物质积累增加，花后/花前物质分配比例增加。因此，缩小产量差的一个主要举措，即协调作物花前花后物质分配，通过栽培措施增加花后物质分配比例（图7-30）。

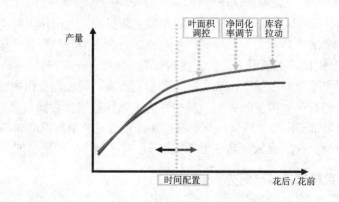

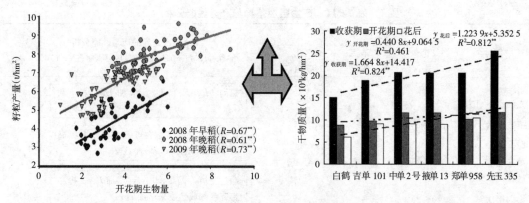

图 7-30　作物花前花后物质分配特点

比较不同产量层次的花前花后产量性能参数可知（表7-12），高产纪录与农民显示高产相比，花前 $MLAI$、$MNAR$ 与花后 $MLAI$、$MNAR$ 都有所提高。因此，缩小产量层次差，挖掘作物增产潜力，需要通过叶面积调控、净同化率调节技术手段。

表 7 - 12　不同产量层次花前花后产量性能参数

处理	花前 $MLAI$	花后 $MLAI$	花前 D	花后 D	花前 $MNAR$	花后 $MNAR$
农民现实产量	1.3	3.11	43	53	8	6.28
可实现高产	1.96	3.57	43	57	8.5	6.81
高产纪录	2.4	4.31	47	63	8.82	7.8

（三）发挥高产群体超补偿效应，缩小作物产量层次差

群体 $MLAI$ 的增产效应并不是无限增大的，具有一定的适宜范围，当超过适宜范围，产量会随 $MLAI$ 的增加而下降，可见，构建适宜的群体 $MLAI$ 是实现高产的基础，而提高群体的最适 $MLAI$ 是产量增加的基础途径。群体平均净同化率 $MNAR$ 对产量的贡献作用受其他因子的负效应影响较大，可见，提高群体平均净同化率、增强物质向籽粒的转化，是实现高产的有利途径。高产群体的叶面积系数与净同化率的变化存在超补偿效应，如随密度增加，伴随叶面积系数的增加，高产群体净同化率下降较低产群体下降缓慢（图7 - 31，图 7 - 32）。

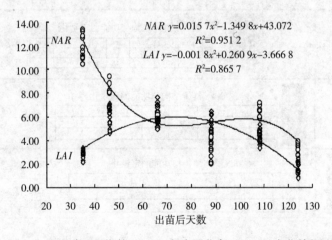

NAR $y=0.015\ 7x^2-1.349\ 8x+43.072$
$R^2=0.951\ 2$
LAI $y=-0.001\ 8x^2+0.260\ 9x-3.666\ 8$
$R^2=0.865\ 7$

图 7 - 31　叶面积指数（LAI）与净同化率（NAR）变化特征

群体平均叶面积系数对产量的作用受其他因子的负面影响较大，从群体光合参数到产量构成参数间，物质的转化是形成最终高产的关键。穗粒数对产量的直接正效应不足以补偿其他因子的负效应，可见穗粒数对产量形成具有重要作用，需要降低其他产量因子的负效应，才能实现其对产量的贡献。

（四）三大作物缩小产量差的产量性能设计

运用产量性能方程，设计了三大作物跨越产量层次差过程中产量性能参数的定量化，实现了不同产量层次结构与功能的定量化，使产量目标定量化，产量指标可设计，并对缩

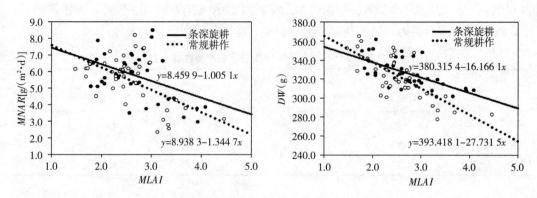

图7-32 平均叶面积与净同化率、千粒重的关系

小产量层次差各差距的高产栽培措施进行了创新与集成（图7-33）。

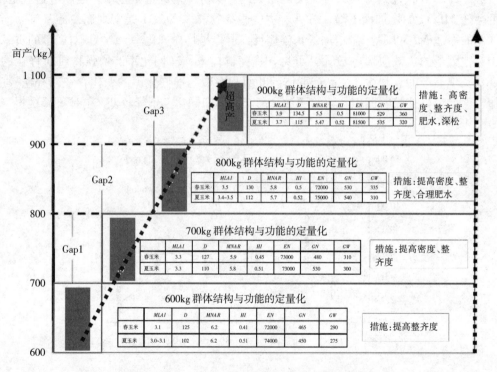

图7-33 玉米高产高效产量性能定量化设计

五、缩小产量层次差，保障粮食安全

我国的粮食生产任务相当艰巨，近期必须尽快恢复5亿t粮食生产能力，到2010年要达到5.4亿t（需比目前4.3亿t提高20%以上），到2020年要到6.4亿t（在2010年基础上再提高20%以上）。

未来进一步提升粮食生产能力，保证粮食安全供给，必须继续依靠作物科学技术不断创新和发展。特别是在资源限制条件下，如何实现产量新突破，将高产、超高产与水肥等资源高效利用相结合，是必须解决的重大现实问题。此外，我国不同地区粮食生产水平存在很大差别，缩小产量差距是提高粮食总产的重要途径，因此要求因地制宜寻找限制因素，寻求克服限制因子的栽培调控新手段与新技术。

今后解决世界粮食问题及食物安全的有效途径，就是推行一次建立在可持续发展基础之上的"新的绿色革命"（1996 年，在罗马世界粮食问题首脑会议）。根据世界权威部门分析，21 世纪初，世界粮食科技发展主要趋势中，指出了 7 项技术领域，其中与可持续超高产相关的就有 3 项。①充分利用生物的遗传潜力，采取现代生物技术和常规技术结合，培育高产、优质、抗逆性好的新品种或者超级品种。同时尤其重视种质资源的生物多样性的保护和研究，强化种质资源的搜集、保存、评价和利用工作。②开展作物"最大生物产量研究"和"最大经济效益产量"目标设计技术体系突破性研究，力求获得超常规的单位面积收获能力。③十分重视农田保持和提高土壤肥力。重点是通过土壤培肥和科学施肥，改善土壤物理化学性质，创造作物生产的最佳条件，提高土地生产力。

第八章

玉米产量性能优化与高产栽培

　　玉米是全球种植范围最广、产量最大的谷类作物，居三大粮食（玉米、小麦、大米）之首。我国是玉米生产和消费大国，播种面积、总产量、消费量仅次于美国，均居世界第二位。20世纪玉米产量的快速增长为中华民族的生存和发展做出了重大贡献。在21世纪，随着工业化、城镇化快速发展和人民生活水平的不断提高，我国已进入玉米消费快速增长阶段。玉米综合生产能力的提高是保障需求的有效途径，高产是永恒的主题。随着高产理论的研究不断取得进展，在玉米生产实践中，如何进行高产定量化分析，在理论指导下采取什么技术途径指导高产，是实现我国玉米大面积高产高效目标所亟待解决的问题。

第一节　玉米生产与增产途径

一、玉米分布

（一）世界玉米分布

　　玉米是世界分布最广的作物之一，从北纬58°到南纬35°～40°的地区均有大量种植，主要分布在北半球温带地区。北美洲种植面积最大，亚洲、非洲和中南美洲次之。主要分布的国家有美国、中国、巴西，这3个国家的总产量占全球总产的65％以上，其中美国占40％以上，中国占20％左右，形成了三足鼎立的玉米生产优势。世界最适于种植玉米的地区有3个：第一是美国玉米带，包括12个州；第二是中国玉米带，包括东北、华北两大平原和西南山区半山区；第三是欧洲玉米带，包括多瑙河流域的法国、罗马尼亚、南斯拉夫、德国和意大利等国家。这是世界三条优势玉米分布带。

（二）中国玉米分布

　　玉米在中国分布极广。东自台湾和沿海各省，西至新疆及西藏高原，南自北纬18°的海南岛，北至北纬53°的黑龙江黑河地区，都有栽培，但主要分布在从东北到西南的一个弧形玉米带，从黑龙江、吉林、辽宁、内蒙古，经河北、山东、河南、山西、陕西，延伸到四川、云南、贵州、广西，共13个省（自治区），分布于三大生态区，这13个玉米主产区面积占全国的85％左右，总产大于85％。东北和华北区域是在平原上种植玉米，其他约有65％的玉米分布在丘陵坡地。根据各地的自然条件、栽培制度等，中国玉米种植区可划分为 6 个玉米产区：北方春玉米区、黄淮海平原夏玉米区、西南山地玉米区、南方丘陵玉米区、西北灌溉玉米区、青藏高原玉米区。各区情况如图 8-1 所示，其中前 3 个区为玉米主产区，占全国玉米面积和总产量 80%，后 3 个为副产区，玉米种植面积和总产量均较少。

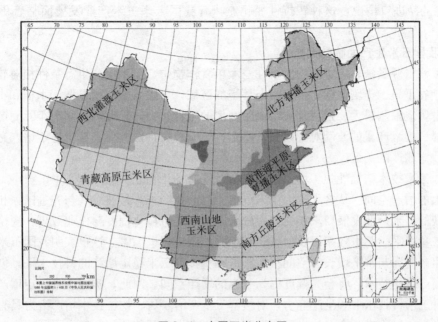

图 8-1 中国玉米分布图

二、玉米生产能力

玉米是世界上最重要的粮食作物之一，也是重要的饲料和工业原料，2011 年全世界玉米种植面积 1.599 亿 hm²，总产量达 8.724 亿 t，已超过水稻和小麦，位居粮食作物之首（USDA，2011）。其中，美国玉米播种面积 3 330 万 hm²，产量 3.294 亿 t，我国玉米种植面积达 3 295 万 hm²，产量 1.893 亿 t。我国是世界上仅次于美国的第二大玉米生产国和消费国，产量和消费量皆占世界的 1/5，近 20 年来，我国玉米播种面积增加 24.40%，总产量增长 58.6%，玉米总产增加对全国粮食增产贡献率达 44% 以上，位居各大粮食作物之首。

三、中国玉米生产形势与问题

（一）我国玉米生产形势

1. 玉米面积大，贡献率高 2007 年玉米成为我国种植面积最大的作物，2010 年面积达到 3 248 万 hm²，总产达到 1.78 亿 t，2011 年播种面积进一步增加。在连续 7 年增产中，玉米年增长率达到 7.52%，占三大作物之首（小麦 4.75%，水稻 2.86%），成为增产潜力最大的作物。在未来的粮食生产中，玉米地位更加突出，国家新增 500 亿 kg 粮食规划中，玉米计划份额达到 53.1%，超过小麦与水稻两作物之和，为我国粮食增产贡献率最大的作物。

2. 玉米消费增长快，产需矛盾大 由于畜牧业和玉米加工业的发展，我国玉米消费呈直线快速增长，2010 年生产总量创新高，但未能满足消费增长的需求，出现了 157 万 t 的净进口情况，这种转折性变化意味着我国未来玉米产业发展面临着更大的进口挑战。

3. 我国玉米生产面临的问题

（1）水资源紧缺，灾害制约大 在三大粮食作物中，玉米生产生态条件相对较差，大面积种植在干旱、土壤瘠薄、不良生态环境的区域，可灌溉面积明显低于水稻和小麦，成为受资源紧缺限制最大、逆境和灾害制约突出的粮食作物，导致区域间与年际间产量波动十分明显。玉米产量的波动对我国粮食稳定性影响较大，因此保证玉米稳定增产是实现我国粮食稳定增产的关键。

（2）玉米技术依赖性强，增产空间大 从主观原因分析，玉米是 C4 作物，品种自身具有很大的增产空间。从客观原因上来分析，目前我国玉米科技发展与先进国家相比，与更高更快的玉米产业发展要求相比差距较大，特别是机械化程度与作业效果、规模化生产水平、产量水平、肥水效率以及科技贡献率明显低于先进国家，这也表明我国玉米增产的空间和生产能力与水平增长的空间很大。进一步提高玉米稳定增产的科技水平，创新与集成玉米高产栽培技术，将会大幅度提高玉米的增产空间。因此，实施玉米稳定增产科技行动，提升玉米科技水平和生产能力，对缓解玉米产需矛盾、挖掘技术增产潜力具有重要意义。玉米生产过程是一个多技术配合过程，每一个生产环节的问题都会不同程度制约玉米生产。据玉米产业体系调查表明，目前玉米生产中主要技术制约因素是栽培与耕作、生态与气候变化、品种与种子、土壤条件和病虫草鼠害等问题，不同区域问题制约的程度不同。

（3）产量波动大，稳产性差 生产稳定性差是目前我国玉米生产中最突出的问题，主要表现为年际间产量波动大、区域间产量差异大。

玉米是我国粮食增产的重要贡献作物，同时也是造成粮食产量波动的主要作物。小麦、水稻产量增减主要在面积，而玉米产量增减主要在单产。近 11 年来，全国玉米单产 7 年增长、4 年下降，其中 2000 年减 12.6%，2003 年减 2.3%，2007 年减 3%，2009 年减 5.3%。在不同区域间玉米单产存在一定的差异，东北春玉米区的吉林亩产 439kg，比黄淮海夏玉米区最高单产的山东高 3kg。即使同一生态区的不同省际间玉米单产水平差异也很大，在东北春玉米区，吉林玉米亩产 439kg，比辽宁高 72kg，比黑龙江高 84kg。而在黄淮海夏玉米区，山东玉米亩产 436kg，比河南高 66kg，比河北高 102kg，比安徽高 162kg。

四、玉米产量性能优化与高产途径

（一）玉米产量性能形成与高产途径

玉米产量的形成是产量性能参数相互协调作用的结果。根据不同产量目标，定量化分析每个参数的动态特征，明确不同生育时期每个参数的相对化值，实时监测产量形成过程中产量性能参数的平衡状态，通过精确计算与产量目标一致的产量性能参数值，配合综合补偿栽培技术措施，实现玉米产量形成过程和高产技术的定量化设计，为玉米可持续高产提供理论和技术支撑（图 8-2）。

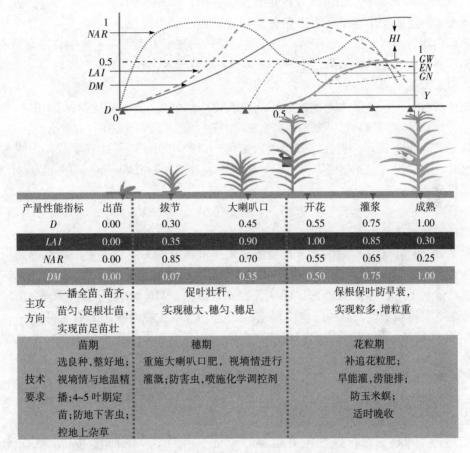

产量性能指标	出苗	拔节	大喇叭口	开花	灌浆	成熟
D	0.00	0.30	0.45	0.55	0.75	1.00
LAI	0.00	0.35	0.90	1.00	0.85	0.30
NAR	0.00	0.85	0.70	0.55	0.65	0.25
DM	0.00	0.07	0.35	0.50	0.75	1.00
主攻方向	一播全苗、苗齐、苗匀、促根壮苗，实现苗足苗壮	促叶壮秆，实现穗大、穗匀、穗足		保根保叶防早衰，实现粒多，增粒重		
技术要求	苗期 选良种，整好地；视墒情与地温精播；4~5 叶期定苗；防地下害虫；控地上杂草	穗期 重施大喇叭口肥，视墒情进行灌溉；防害虫，喷施化学调控剂		花粒期 补追花粒肥；旱能灌，涝能排；防玉米螟；适时晚收		

图 8-2　玉米产量性能形成及主要栽培技术

（二）不同产量水平的产量性能定量化

不同的生产水平其产量性能的构成不同，不同的种植方式在同一产量水平上构成特点也不同。同一种种植方式中，东北春玉米随着产量提高主要是平均叶面积系数（MLAI）和穗数（EN）的增长，实际上，密度是导致产量不断提升的主要因素。这意味着结构性挖潜仍然是目前玉米产量挖潜的主要途径。但随着产量水平不断提高，密度的增加，生产上出现一系列的问题，明显的是密植下的倒伏、早衰、穗性状不良等问题。超高产的实现实际上是在高密条件下这些问题得到有效控制，实质是产量性能的各项指标得到较好的配制。高产的获得是产量性能优化的结果。比较春玉米与夏玉米的高产，在同等产量水平条件下，产量构成主要参数基本相近，具有明显的相似性，但光合性能的主要参数特别是生育期的 D 值和平均净同化率（MNAR）有明显的差异，主要表现在春玉米有较长的 D

值，而相对低的 $MNAR$，相反，夏玉米 D 值低，而 $MNAR$ 相对高。比较不同产量水平，不论是春玉米还是夏玉米，随着产量提高平均叶面积系数（$MLAI$）和单位面积穗数（EN）不断提高，其他参数的变化相对不明显。不同产量水平群体产量性能定量化指标如图 8-2 所示。

1. 亩产 300kg 玉米产量性能方程参数变化　亩产 300kg 产量出现在土壤贫瘠、光照资源不足、涝洼或干旱等不利生态条件下，管理粗放的雨养玉米产区主要集中在西北干旱、西南山地与南方丘陵玉米产区；或者生态条件适宜玉米产区在玉米生育期遭受极端天气条件（如冰雹、台风、暴雨、干旱）的影响，导致玉米空秆、倒伏、授粉不充分，籽粒败育，引起产量下降。

该产量水平下，产量性能各参数在低值变化，D 缩短，$MLAI$、$MNAR$ 引起 $MCGR$ 降低，导致 GN、GW 降低。限制产量增加的主要因素是 EN 与 GW。

2. 亩产 400kg 玉米产量性能方程参数变化　亩产 400kg 产量代表了我国玉米生产的平均水平，主要出现在光热资源充足但管理水平粗放的雨养玉米产区，在各大玉米产区均有大面积分布。

该产量水平下，玉米能够正常成熟，但 $MLAI$、$MNAR$、GN、GW 均有小幅上升。限制产量增加的主要因素是 HI、GW。

3. 亩产 500kg 玉米产量性能方程参数变化　亩产 500kg 产量主要出现在光热资源丰富、品种选择适宜、管理稍精细的雨养玉米产区，如北方春玉米区、黄淮海夏玉米区。

该产量水平下，春夏玉米 $MLAI$ 明显提高，D 值、$MNAR$ 处于较高水平，EN 显著增加（这主要得益于耐密品种的选用）。限制产量增加的主要因素是 HI、GW。

4. 亩产 600kg 玉米产量性能方程参数变化　亩产 600kg 产量主要出现在光热资源丰富、土壤肥沃、品种选择适宜、管理较精细的雨养玉米产区或灌溉玉米区，如北方春玉米区、黄淮海夏玉米区与西北灌溉玉米区。

该产量水平下，春夏玉米 $MLAI$、D 值、$MNAR$ 处于较高水平，夏玉米 HI 显著提高，EN 显著增加。限制产量提高的主要因素是 HI。

5. 亩产 700kg 玉米产量性能方程参数变化　亩产 700kg 产量主要出现在光热资源丰富、土壤肥沃、品种选择适宜、管理精细、提高密度与整齐度以及高产栽培技术配套的雨养玉米产区或灌溉玉米区，如北方春玉米区、黄淮海夏玉米区与西北灌溉玉米区。

该产量水平下，春夏玉米 GN、GW、HI 显著增加，夏玉米 D 值显著增加。产量提高主要依赖于 GN、GW 与 HI 的增加。

6. 亩产 800kg 玉米产量性能方程参数变化　亩产 800kg 产量需要高产高效栽培方法，除对光、温有严格要求外，还需要合理的肥、水运筹，采用适宜的技术措施使各生态区提高种植密度、整齐度与叶片保绿性，例如配方施肥技术、地膜覆盖技术、化学调控技术、育苗移栽技术等，主要出现在各玉米产区的高产示范田内。

该产量水平下，春夏玉米 $MLAI$、GN 进一步提高，GW 在高密度条件下小幅上升，产量增加主要依赖于 $MLAI$、EN 的增加。

7. 亩产 900kg 以上玉米产量性能方程参数变化　亩产 900kg 产量对品种、地力、肥水运筹、种植密度，管理水平都有严格要求，需深松改善土壤耕层结构，并在高产的基础上，组装、集成现有栽培技术，主要出现在超高产创建田与高产示范田中。

该产量水平下，春夏玉米 *MLAI*、*MNAR*、*GN*、*GW* 显著增加、*EN* 大幅提高，主要依赖结构性与功能性并重的增产途径。

8. 亩产 1 000kg 玉米产量性能方程参数变化　亩产 1 000kg 产量对生态区气候条件要求尤其严格，在创建 900kg 产量的栽培技术基础上，需要更加精细的田间管理，主要出现在生态条件适宜、海拔较高、气候冷凉、昼夜温差较大的雨养玉米区高产创建田与具有灌溉条件，并且辅之以地膜覆盖与滴灌的干旱玉米区高产创建田。

该产量水平下，春夏玉米需在提高 *EN* 的基础上，保持高密条件下的 *MLAI*、*MNAR*、*HI*、*GN*、*GW* 水平，继续保持结构性与功能性并重的增产途径。

五、高产技术途径

明确产量目标，优化产量参数，根据障碍因素和产量性能的技术效应，决定增产的技术途径。

（一）产量目标的定量化与高产途径

不同产量水平高低其产量性能的变化特点与要求不同。一般随着产量水平提高，各项参数指标相对提高，但提高的顺序与程度不尽相同。产量越高对产量性能指标要求越高，指标的变幅变得越窄，如图 8-3 所示。通过此图可以快速而精确地查出产量水平与对应的参数值及其可变幅度。

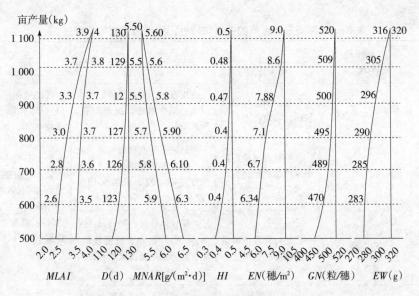

图 8-3　不同产量水平产量性能参数的变化特点

不同产量性能在优化中有多种组合方式，还需要根据品种特性和栽培技术措施具体确定。通过对多年多点研究结果进行归纳分析，总结出不同产量水平群体产量性能指标（图

8-3），实现了不同产量水平群体的定量设计、精准监测和精确预测。其中，春玉米实现亩产超 1 100kg 要求的光合性能的主要参数为 $MLAI$（平均叶面积指数）3.8～4.0、D（生育期天数）130～135d、$MNAR$（平均净同化率）5.5～6.0、HI（收获指数）0.52～0.53。产量构成 EN（收获穗数）81 000～85 000 穗/hm²、GN（穗粒数）530～550 粒/穗、GW（千粒重）330～350g。

（二）产量障碍因子与增产途径

不断提高玉米产量，实现不同层次的高产，最为重要的是明确影响产量提高的关键障碍因子。从玉米生产障碍性因素分析结果来看（图 8-4），三大区域生产障碍有不同的特点。东北春玉米区主要是早春低温干旱，耕层浅，保水能力差，种植密度低，耕作与管理粗放；黄淮海夏玉米区主要是玉米生长期相对短，种植密度低，苗不整齐，耕层浅，影响作物根系发育，还有区域性的干旱；西南山地玉米区主要是病虫害频繁发生，雨季易发涝灾，夏旱、伏旱也较严重，坡地瘠薄，多熟的套种套播耕作方式粗放。针对不同障碍因素采取相应栽培技术措施也有区别（表 8-1）。东北春玉米区围绕着充分利用自然降雨，应采取深松少耕、密植、精准机械化栽培技术；黄淮海夏玉米区围绕着充分利用夏秋季节水热同步，应采取直播晚收、密植、定量肥水、机械化简化栽培技术；西南山地玉米区围绕着抗逆和复种生产条件，应采取抗逆防灾、育苗覆盖的多熟制简化栽培技术。这些有效技术措施对高产产生的效应是综合的。首先是密植可有效地提高 $MLAI$、EN；同时深松少耕、精准肥水管理可保证结构性增产功能发挥，也促进功能性指标的提高，对增加 GN、GW 起重要作用；后期管理是保护叶片，提高光合强度，延长光合时间，促进 $MNAR$、GN、GW。

表 8-1　影响玉米生产的关键障碍性因素和高产技术保障措施

地区	关键障碍性因素	技术体系及内容		措施的产量性能效应分析
		技术体系	内容	
东北春玉米区	旱、浅、低、粗	深松少耕密植精准机械化栽培技术	深松改土、少耕免耕、蓄水保墒；缩株增密、抗倒防衰、配方施肥	通过增加密度，增加穗数（EN）和平均叶面积系数（$MLAI$）
黄淮海夏玉米区	短、低、浅、旱	直播晚收密植定量肥水简化机械化栽培技术	增加密度，改种耐密高产品种，改为麦后免耕直播，改为配方施肥，改为机械化作业（农业部"一增四改"技术）	通过选用良种，改良土壤耕作和肥水管理，抗倒防衰，提高整齐度和籽粒成熟度，提高净同化率（$MNAR$），提高收获指数（HI），穗粒数（GN）和粒重（GW）
西南山地玉米区	灾、坡、涝、粗	抗逆防灾育苗覆盖多熟制简化栽培技术	选用抗逆性强、稳产高产的品种；合理密植、规范栽培、配方施肥；地膜覆盖、秸秆覆盖、抗旱保水	
西北灌溉玉米区	旱、浅、低、粗	深松少耕密植精准机械化栽培技术	深松改土、少耕免耕、蓄水保墒；缩株增密、抗倒防衰、配方施肥	

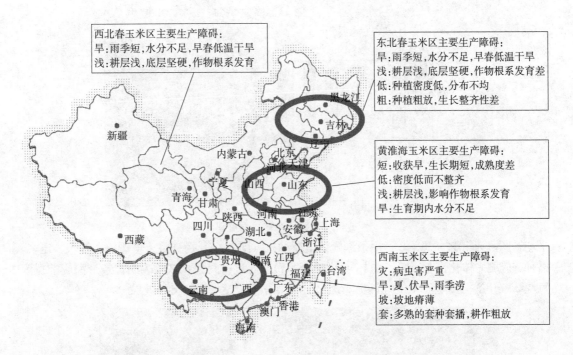

西北春玉米区主要生产障碍：
旱：雨季短，水分不足，早春低温干旱
浅：耕层浅，底层坚硬，作物根系发育

东北春玉米区主要生产障碍：
旱：雨季短，水分不足，早春低温干旱
浅：耕层浅，底层坚硬，作物根系发育差
低：种植密度低，分布不均
粗：种植粗放，生长整齐性差

黄淮海玉米区主要生产障碍：
短：收获早，生长期短，成熟度差
低：密度低而不整齐
浅：耕层浅，影响作物根系发育
旱：生育期内水分不足

西南玉米区主要生产障碍：
灾：病虫害严重
旱：夏、伏旱，雨季涝
坡：坡地瘠薄
套：多熟的套种套播，耕作粗放

图 8-4 我国玉米种植区主要生产障碍

六、玉米高产新技术

以产量性能优化与调节效应的理论为指导，中国农业科学院作物科学研究所针对玉米耕层质量差、密植倒伏早衰严重两大突出的瓶颈问题，采取以深旋为核心进行地下耕层优化，以新生型生长调节剂为核心进行植株形态与生理特性优化，以种植方式为核心进行冠层结构优化，突出关键技术创新与研发。

（一）土壤耕层优化立式条带深旋播种技术

基于在全国范围内玉米田间耕层实际调查，目前普遍存在耕层浅（全国平均15.6cm）、犁底层坚硬、容重高（$1.4 \sim 1.5 g/cm^3$）（图 8-5），严重限制玉米根系生长，影响产量进一步提高。以深旋为核心进行地下耕层优化，发明了立式条带深旋装置及其一体化播种技术。立式条带深旋装置主要结构包括连接杆变速变向箱、连接杆、旋耕轴变向箱（左箱和右箱）、半立式旋耕轴、组合旋耕刀。整体装置实现对滚半立式条式深旋耕作业，该装置旋耕深度深，消耗动力小，运行稳定性好，可用于保护性耕作条件下的条深松；该装置还可与施有机肥和化肥相结合，使肥料与土壤充分混合，提高肥料利用效率，也可与播种相结合，提高播种质量和效率；该装置也可进行单体不同组合配置，形成适应不同动力的组合式条深松，也克服了目前深松机动力消耗大，要求大功率动力造成的农机费用高，投资大等问题。

近几年在东北辽阳、内蒙古通辽、河南新乡、河北廊坊、陕西靖边、安徽临泉等多地多点

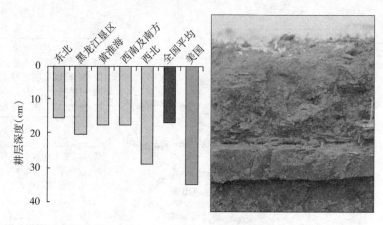

图 8-5　全国玉米耕层深度现状

平均增产率为 10%～15%，运用条深旋精量播种机（图 8-6）播种，土壤深松、补水、压实、播种、施肥一体化作业，增产效果明显（图 8-7）。通过田间大量试验表明，条带深旋的宽度每幅 20cm，深度可达 30cm，苗全、苗壮、苗均，根系发达，增产良好效果。

图 8-6　条深旋精量播种机及其构造

（专利：ZL200920160482.1；20092018640.1）

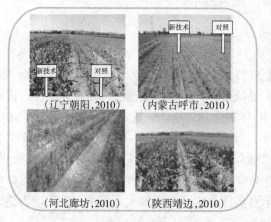

图 8-7　条深旋精量播种机播种的玉米田间长势

研究进一步明确了条带深旋对产量性能各指标的正向调节效应。深松同时增大夏玉米的 $MNAR$、穗数、穗粒数和千粒重，进而提高收获指数，增加产量。$MNAR$ 和千粒重随 $MLAI$ 增加而降低，深松减缓了这种降低的速率（图 8-8）

处理	$MLAI$	$MNAR$ $[g/(m^2 \cdot d)]$	$D(d)$	HI	EN	GN	$GW(g)$	产量 (kg/hm^2)
深松	2.61	8.03	104	0.50	69 000	485.5	344.7	11 553.3
铁茬	2.54	7.60	104	0.44	66 000	456.0	332.7	10 014.4
±Δ	2.8%	5.7%	0.0%	13.6%	4.5%	6.5%	3.6%	15.4%

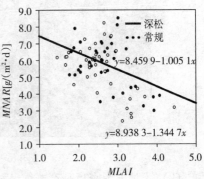

$y=8.459\ 9-1.005\ 1x$

$y=8.938\ 3-1.344\ 7x$

图 8-8　土壤深旋增产效果与产量性能调节效应

（二）玉米优化植株形态与生理特性的密植抗倒防衰化控技术

（1）针对玉米密植高产群体易倒伏早衰的问题　以 2-氯乙基膦酸为主成分，应用有机酸对植株碳代谢速率的调控作用，改善了 2-氯乙基膦酸对温度（18℃）和 pH（pH4）的响应特点，研制了玉米抗倒伏增产调节剂。有效控制了作物体内乙烯的生成速度和生成量，达到了促根、壮秆、抗倒伏、钝化穗密反应的效果（图 8-9）。

图 8-9　化学调控后的玉米田间长势

（2）针对东北地区春玉米低温延迟性冷害导致玉米生育期推迟、籽粒含水量高、成熟度差、早衰的问题　从促进抗逆蛋白产生、提高保护酶活性、提高玉米抗冷性的角度出发，以萘乙酸和天门冬氨酸（谷氨酸）为主成分，合成了储藏态酰胺，有效发挥了天门冬氨酸的抗冷性作用，达到了提高玉米叶片和根系 SOD、钙调素的活性，研发了玉米抗低温增产调节剂，实现了提高抗冷性、壮秆、促进穗发育、提高灌浆强度的多重效果（图 8-10）。

图 8-10 化学调控后的玉米长势

（3）针对玉米密植高产群体茎秆纤弱、雌穗细短、秃尖增长、玉米生育期推迟、籽粒含水量高、成熟度差、早衰的问题 以 2-氯乙基膦酸和赤霉素为主成分，通过调节内源激素的平衡，充分发挥了 2-氯乙基膦酸促根壮秆和赤霉素促进雌穗发育的作用，研发了玉米扩穗增粒抗倒伏增产调节剂，达到了玉米密植高产群体根系庞大、茎秆坚韧、穗大粒多的效果（图 8-11）。

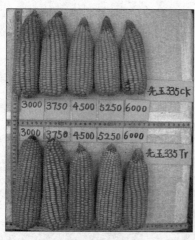

图 8-11 化学调控技术对玉米穗部的调节
（专利：ZL20080224420.2）

（三）优化玉米冠层结构的新型种植方式

1. 玉米"四穴成方"高密度种植方式 为了增加玉米冠层通风透光，便于集中管理和减少土壤耕作，设计发明了"四穴成方"新型栽培技术。该模式以 30～40cm 的四穴为单元，每穴 2～3 株，穴距 70～80cm，形成田间四穴成方的排列，适应于高密度种植（图 8-12）。多年试验表明与宽窄行模式相比，土壤扰动减少 89%，实现了土壤小面积精耕和大面积免耕。在高密度下可增产 10%～15%。进一步需要进行机械化配套技术研究。

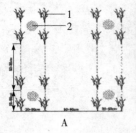

图 8-12 玉米"四穴成方"高密度种植模式

(ZL20070176943.X)

A. "四穴成方"种植模式图 B. 玉米"四穴成方"种植苗期长势

C. 开花期玉米长势 D. 收获期玉米长势

2. 玉米大小行季节交替种植 采取大小行双季交错的种植和条带深旋相结合，形成前后茬玉米两作大小行错位种植和隔季深旋，实现保护性耕作与精耕的交替，残茬自然腐烂还田，增加土壤有机质，培肥地力，形成可持续双季和单季连作物的高产高效技术体系。多点试验提高产量 8% 以上，成为省工简化的机械化玉米技术（图 8-13）。

图 8-13 玉米大小行季节交替

（发明专利 ZL201110021389.4）

A. 上季收获后下季出苗 B. 上季残茬与下季开花期

3. 品种耐密性鉴定渐密种植 针对玉米高产中对耐密性缺少评价定量标准，发明了一种田间从观测道向内种植密度逐渐增加的方法，行距固定设为 40cm×80cm（大小行），株距从 50cm 开始，5cm 一个梯度，至 10cm，且每一株距连续 3 株，形成了 9 个从外向内的密度梯度，对群体和个体产量、主要产量性能的指标进行动态分析，并通过模型分析确定耐密性定量标准。为耐密品种筛选和选育以及栽培密度确定提供了有效指导。

4. 新型地膜覆盖与滴灌技术 对我国玉米生产威胁最严重的灾害是旱灾，2000 年因旱灾导致全国玉米减产 221 亿 kg，对于雨养区玉米影响更大，东北玉米主产区 2000 年因旱导致玉米减产 171.5 亿 kg。为有效减缓干旱对玉米产量的影响程度，近几年从农艺节水和工程节水两个方面进行研发，创新了地膜和滴灌技术，在生产中表现出一定的稳产增产效果。

（1）膜下滴灌技术 把工程节水和覆膜栽培两项技术进行集成组装为膜下滴灌技术。这是一项农业节水综合栽培技术。玉米膜下滴灌利于保墒，提高地温，保证土壤水分供给。充分利用这些优势条件，合理利用空间和时间，可有效增加膜下滴灌的社会、经济和生态效益。玉米膜下滴灌主要技术内容为：①品种的选择。选用株型紧凑的喜水、喜肥、耐密植品种，合理密植。②栽培模式和覆膜方式的确定。栽培模式一般采用"大垄宽窄行栽培模式"、"两垄一平台模式"、"并垄宽窄行模式"。玉米膜下滴灌采用先播种后覆膜的方式播种。在大垄2小行玉米之间铺滴灌管带，随铺滴灌管带随覆膜。选用130cm宽的地膜，覆膜可以采用人工覆膜，也可采用机械覆膜，膜覆要求严、实、紧。③播期的确定。由于覆膜可以提高地温，因此可提前5d播种，一般在4月下旬播种。④土壤水肥运筹和科学管理。有机肥无机肥配施，培肥地力，在施足底肥的基础上，在玉米需肥关键期采取液体追肥，通过滴灌系统，随水施入。⑤清除地膜。采用人工清膜，也可以采取机械清膜。

（2）全膜双垄沟播栽培技术　全膜双垄沟播栽培技术集全膜侧沟播栽培、全膜平铺和传统的地膜栽培技术为一体，是旱作农业的一大技术创新。全膜双垄沟播栽培技术（图8-14）从根本上解决了自然降水的有效利用问题，通过秋季地膜全覆盖或早春顶凌地膜全覆盖，有效地抑制了水分蒸发，将全年所有的降水积蓄在土壤中，使年度不均、季节不均的降水变为作物全生育期可用的有效水分，从而保证了农作物生长对水分的需求。垄沟的集水作用又使10mm以下的无效降水变成了有效降水，保证了早春干旱时作物正常出苗，从而使被动抗旱的传统旱作农业变为主动抗旱的现代旱作农业，使依靠天然降水为主的风险农业变为连年丰收的保险农业。

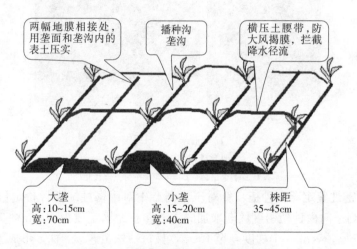

图8-14　玉米全膜双垄沟播栽培技术

七、玉米高产主要技术环节要求

针对玉米生产主要问题和不同产量目标的产量性能参数指标进行技术定量化和优化，形成以选用高产耐密品种、深松密植技术、化学调控技术、配方施肥技术为核心的关键技术环节。

（一）玉米超高产主要技术环节

1. 耐密高产品种的选用　2006—2010年以来在高产田中出现的杂交种有46个，这些杂交种具备的共同特点为：①株型紧凑、耐密，适宜密度可达 75 000～90 000 株/hm²，最大叶面积系数能达到 7～8；②在高密条件下具有高产性，具体表现为少空秆和少秃尖，穗部综合性状好，收获 82 500 穗/hm² 左右时，每穗结 542～580 粒，千粒重 360g 以上，穗粒重稳定在 190～200g；③具有茎秆坚韧、根系发达、抗倒或较抗倒伏的特点。具备上述特点的品种中出现频率最高的是郑单 958（36 块）和先玉 335（33 块），二者占高产田总数的 43.4%，其次是内单 314（13 块）、超试 1 号（10 块）、浚单 20（8 块）、京单 28（6 块），第三是京科 968、中单 909、农华 101 等新出现的品种。可见，耐密、高产、抗倒品种的选择是创高产的决定性因素之一。

2. 深松密植技术 玉米单产的提高，主要依靠在稳定穗粒重的基础上增加穗数，以扩大叶面积。早在 20 世纪 70 年代，Duncan 就指出，若要获得更高的产量，就必须把最大叶面积系数由 4 提高到 8。Childs 在 2002 年破纪录高产田的密度为 108 525 株/hm²。据 2006—2010 年的调查，159 块高产田的收获穗数为 63 300～124 965 穗/hm²，但合理密植因地而异，高寒干旱地区宜偏密，多雨的平原地区偏稀。新疆和宁夏高产田的密度都为 90 000～105 000 穗/hm²，而吉林多为 82 500～90 000 穗/hm²。

深厚的土壤耕层是形成高产的必要土壤条件。在我国玉米主产区进行的立式条带深旋精量播种技术效果试验表明，东北辽阳、内蒙古通辽、陕西靖边等多地多点平均增产率为 15% 左右，增产效果明显。

3. 应用生长调节剂的化学调控技术 针对玉米生产中存在的主要问题，东北春玉米区低温延迟性冷害导致玉米生育期推迟，籽粒成熟度差，春旱秋吊导致灌浆期脱水脱肥、早衰，玉米密植高产群体出现的个体间光热水肥竞争激烈，根系、茎秆、叶片发育差，群体郁闭，冠层通透性差、易倒伏、早衰等问题，以建构理想株型、改善光合产物分配、提高作物自身素质和抗逆性为目标，应用植物激素类似物、高分子蛋白复合物、微量元素络合物、有机酸等，从改善机体碳氮代谢、促进根系发育、改善植株形态、改善冠层光热分布和改善光合产物分配方向的角度出发，研制了新型玉米专用调节剂，并配套应用的技术，与品种、密度、种植方式和肥水运筹相结合，连续 5 年 6 地 9 点次培创下亩产 1 000kg 以上的高产田。

4. 测土配方施肥技术 土壤肥力是影响产量的重要因素，但不是创高产的决定性因素。据 2006—2010 年的测定，高产田之间的地力相差很大，土壤有机质含量最低的仅 0.40%，最高的达 4.79%，平均 1.75%；速效氮 19.4～138.0mg/kg，平均 79.7mg/kg；速效磷 4.3～71.4mg/kg，平均 16.2mg/kg；速效钾 60.0～620.0mg/kg，平均 239.9mg/kg。不管地力水平如何，通过配方施肥均可满足根系的实际营养需要实现高产。农业部提出的"一增四改"措施中把测土施肥列为重点之一。如陕西榆林市靖边县的高产田含有机质 0.72%～0.81%、速效磷 22.0～26.6mg/kg、速效钾 110.7～182.5mg/kg，通过施有机肥 75 000kg/hm²、氮肥（N）427.5kg/hm²、磷肥（P_2O_5）220.5kg/hm²、钾肥（K_2O）187.5kg/hm²，加上沙壤土通气性好，采用优良品种、合理密植、灌溉和地膜覆盖等措施，也能实现 18 510kg/hm²。

（二）玉米高产主要技术环节

玉米大面积高产重点基于产量性能主攻"四度"，即密度、整齐度、结实度和成熟度

（图 8-15）。按照生产过程，其主要技术环节包括以下 6 个方面：

1. 选育与推广耐密多抗高产品种　密植是玉米高产的途径，玉米密植高产育种成为玉米的主要目标。在高密条件下，品种首先必须是紧凑型；其次，品种应是茎坚根强，才能保证耐密不倒；第三，品种必须具备较强的抗病能力，高密群体造就一个湿度大、密不透风的环境，利于病菌的繁殖，不高抗病是不行的；最后，高密度条件下，单株获得的光、肥、水等资源减少，只有结实性较好的品种才能降低空秆率和秃尖度。

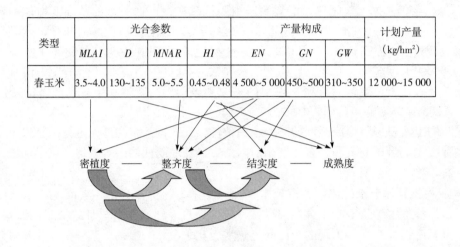

| 类型 | 光合参数 | | | | 产量构成 | | | 计划产量 |
	MLAI	D	MNAR	HI	EN	GN	GW	(kg/hm²)
春玉米	3.5~4.0	130~135	5.0~5.5	0.45~0.48	4 500~5 000	450~500	310~350	12 000~15 000

密植度　　整齐度　　结实度　　成熟度

图 8-15　产量性能与"四度"的关系

2. 以深松改土和培肥地力为核心的土壤耕作技术　我国玉米生产受土壤条件制约十分明显。赵明等（2010）根据玉米农田普遍存在的耕层浅、犁底层紧硬和有效土量少的实际情况，发明了条深旋精细播种技术，是一项增产效果明显的简化栽培技术。此外，振动式深松制土壤耕作方式的研究是解决土壤障碍的重要方法。近几年在东北辽阳、内蒙古通辽、河南新乡、河北廊坊、陕西靖边、安徽临泉等多地多点进行深松改土和培肥地力为主的土壤改良试验，试验结果表明平均增产率为 10%～15%。

3. 以保全苗为核心的高质量精播技术　玉米"七分种三分管"，以保苗为中心做好整地和播种十分重要。针对不同区域玉米出苗的障碍因素和保苗技术，形成以建立适宜的土壤环境核心的整地技术，以提高种子质量和确保种子活力为核心的种子技术，以确保密度和整齐度为核心实现苗齐、苗全、苗壮的高质量机械播种技术。此外，利用地膜覆盖能增加土壤积温，解决高纬度、高寒山区玉米不能成熟问题。玉米育苗移栽具有巧夺积温，抗御低温冷害，增产增收的效果。

4. 以高效肥水利用为主的田间管理技术　针对我国玉米生产水资源紧缺的现状和施肥不平衡，及时、充分地满足玉米各生育期对水分和养分的需要，提高肥水利用效率是肥水运筹应达到的目的。美国认为施肥量与产量之间不成正相关，主要取决于土壤肥力。2006 年美国高产竞赛第一名亩施氮肥（N）28.4kg，磷肥（P_2O_5）7.5kg，钾肥（K_2O）

3kg，第二名亩施氮肥（N）9kg，钾肥（K_2O）4.5kg，不施磷肥。他们很强调测土施肥，规定土壤含磷肥（P_2O_5）11～25mg/kg 的施磷肥（P_2O_5）6.6～9.9kg，含 26～50mg/kg 的施磷肥（P_2O_5）3.3～6.6kg，含钾肥（K_2O）81～160mg/kg 的施钾肥（K_2O）9.9～13.2kg，含 161～240mg/kg 的施钾肥（K_2O）3.3～9.9kg。我国地力低，故施肥量远高于美国。2007 年全国 6 块高产田平均追肥量是氮肥（N）30～35kg，磷肥（P_2O_5）10～15kg，钾肥（K_2O）0～15kg。笔者认为，高产田应该有机肥无机肥结合施用，施足底肥，拔节至孕穗期再追一次肥即可。

玉米在不同生育期有不同的要求，"两头少，中间多"，适时灌溉就是为了满足不同时期玉米对水分的需要。就我国多数情况而言，底墒、孕穗至开花和灌浆这"三水"是关键。据北京市农林科学院 1995 年 6 个点的联合试验，在底墒充足的条件下，浇拔节水增产 23％，浇灌浆水增产 19％，而浇拔节和灌浆两水者增产 39％。在年降水量≥350mm 的地区，灌水更是决定产量的关键。2007 年陕西榆林地区年降水 395.4mm，高产田又是沙土地，他们全生育期浇了 9 次水，内蒙古赤峰浇了 7 次，新疆伊犁一般也浇了 5 次以上。

5. 玉米灾害综合防控技术　为了提高玉米抗灾减灾能力，实现稳产，以降低干旱、低温、阴雨寡照、倒伏等非生物灾害对玉米生长的影响，形成新型抗灾减灾栽培耕作技术；完善和优化适合北方春玉米区以赤眼蜂释放结合白僵菌封垛为主的控制一代玉米螟的绿色防控技术体系，中后期叶斑病和穗期虫害防控新技术；形成适应不同玉米产区的以种子包衣、化学防治玉米病虫害为核心的综合防控技术体系。

6. 玉米机械化作业　我国农业生产方式已发生重大变革，机械化生产方式由原来的次要地位转化为主导地位，农业机械化已经站在新的历史起点上，将向更大规模、更广领域、更高水平方向发展。但玉米生产机械化程度比较低，机收水平目前只有 33％。为提升我国玉米生产机械化程度和作业性能，重点推广以下技术：机械化单粒播种技术、深松松耙联合整地技术、耕整播种联合作业技术；有机肥撒施、化肥追施的机械化作业技术；适应机械化的肥料产品和创新玉米高效低污染病虫害机械化防控技术；全液压驱动玉米联合收获机械化技术和收获籽粒的机械装备。

第二节　北方春玉米产量性能优化与高产技术

一、区域特点

本区包括黑龙江、吉林、辽宁和内蒙古 4 省（自治区），在我国玉米种植区划中属于北方春播玉米区。气候属于温带大陆性季风气候，无霜期 130～170d，≥0℃的积温 2 500～4 100℃，≥10℃积温 2 000～3 600℃。该区的主要熟制为一年一熟制，辽东半岛可一年两熟或两年三熟。水利条件以旱地为主。在种植业结构中，作物以玉米、水稻、大豆为主，其中玉米约占全国总产量的 40％，在全国占有十分重要的地位；本区玉米的播种面积 1 199.372 万 hm^2，总产量 6 944.591 万 t，分别占全国的 36.9％和 39.18％，是我国重要的粮食生产基地。本区也是我国最大的商品玉米产地（表 8 - 2）。

表 8-2 北方春玉米区区域特点

项　目	特　点
省（自治区）	黑龙江、吉林、辽宁、宁夏和内蒙古的全部，河北、陕西的北部，山西的大部及甘肃的一部分
面积（万 hm²）	1 286.7
主要种植制度	玉米单作，玉米与大豆间作，春小麦与玉米套种
气候特征	寒温、半干、半湿
热量　∑t≥0℃	2 500～4 100
∑t≥10℃	2 000～3 600
全年降水量（mm）	400～800
无霜期（d）	130～170
水利条件	旱地为主
主推品种	郑单 958、先玉 335、辽单 565、京单 28 和先锋 32D22 等
主推技术	1. 采用等行距或宽窄行（宽行距 80cm 与窄行距 40cm 交替）机械播种 2. 喷施玉米生长调节剂（壮丰灵或玉黄金等化学调控物质）（浓度为通常用量的1/3～1/2） 3. 科学运筹肥水，增施有机肥，重施基肥，减少拔节肥，重施穗肥，增施花粒肥，及时补水灌溉 4. 病虫草害综合防治 5. 适时收获

二、春玉米超高产产量性能优化与栽培技术

玉米超高产的实现，亩产超过 1 000kg，其共同特点是产量性能高度优化，产量性能各项指标参数间良好协调。在技术上关键技术到位和科学运筹，技术创新与集成。由于高产区具有不同的生态特点，技术基础和生产能力不同，呈现出多种技术类型。

（一）春玉米超高产产量性能动态变化特征

1. 春玉米超高产产量性能参数特征　通过东北春玉米区和西北内陆春玉米区超高产田的多年研究表明（表 8-3），亩产 1 000～1 300kg 的产量性能指标为：叶系统参数：$MLAI$（平均叶面积指数）4.5～5.0，D（生育期天数）134d 左右，$MNAR$ 5.0～5.7 $[g/(m^2 \cdot d)]$，HI 0.50～0.55；穗粒系统参数：EN（穗数）8.50～11.25 万株/hm²，GN（穗粒数）520～550 粒/穗，千粒重（GW）330～350g。

表 8-3 春玉米超高产产量性能参数

叶系统参数			穗粒系统参数				产量（kg/hm²）
$MLAI$	D	$MNAR$	HI	EN	GN	GW	Y
4.5～5.0	134	5.0～5.7	0.50～0.55	8.50～11.25	520～550	330～350	15 000～19 500

2. 春玉米超高产产量性能动态特征及主攻目标　在产量性能指标优化过程中，重点对叶面积系数的动态特征进行实时观察（图 8-16），超高产群体最大 LAI 为 7 左右，收获时叶面积系数约为 3。据 2009—2010 年调查的 159 块高产田，开花期的叶面积系数达到 7.28（6.04～8.79），且后期保绿性较好，花后 35d 仍保持 5.89（3.80～6.77）。平均生物学产量 34 170kg/hm² （29 191～37 239kg/hm²），经济系数 0.48（0.44～0.53）。以产量性能理论为指导，在不同生育时期采取不同的关键技术措施，通过不同关键技术措施的集成组装形成超高产技术模式，实现春玉米产量的突破（图 8-17）。

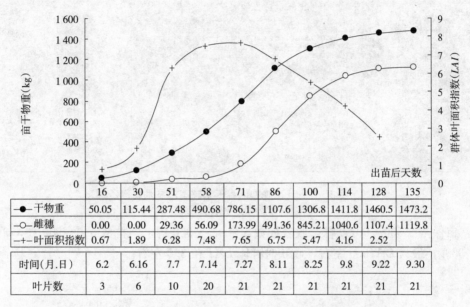

	16	30	51	58	71	86	100	114	128	135
●干物重	50.05	115.44	287.48	490.68	786.15	1107.6	1306.8	1411.8	1460.5	1473.2
○雌穗	0.00	0.00	29.36	56.09	173.99	491.36	845.21	1040.6	1107.4	1119.8
+叶面积指数	0.67	1.89	6.28	7.48	7.65	6.75	5.47	4.16	2.52	
时间（月.日）	6.2	6.16	7.7	7.14	7.27	8.11	8.25	9.8	9.22	9.30
叶片数	3	6	10	20	21	21	21	21	21	21

图 8-16　辽南晚熟区春玉米 15 000kg/hm² 的产量性能动态

（辽宁，2007）

（二）超高产类型与典型事例与技术特征

在 2006—2010 年出现的 159 块高产田中绝大多数分布在东起吉林桦甸和北京延庆，跨过内蒙古高原、黄土高原及甘肃河西走廊，西至新疆的奎屯和伊犁等地区，位居北纬 40°～43°，海拔 1 000～1 500m。其气候特点是光照充足和昼夜温差大，年日照 2 500～3 000h。白天高温和充足的光照有利于进行光合作用，而昼夜温差大（10～15℃）有利于减少呼吸消耗。上述区域由于存在不同的产量障碍因子，其关键栽培技术有所差异。因此，上述区域通过关键栽培技术的优化集成，创建了不同的春玉米可持续超高产模式。

1. 东北（吉林）湿润冷凉区春玉米可持续超高产模式　以"促苗—控秆—保穗—增粒—促早熟"为核心，集成缩株增密、覆盖增温保墒、化调控秆、保穗增粒、促早熟可持续超高产关键栽培技术，在吉林桦甸市金沙乡攻关基地、金沙乡千亩示范方、桦甸市万亩高产田实施应用。培肥结合深松显著提高土壤蓄水保墒能力和土壤水库总容量，保证玉米生育后期的水分需求和供水强度，促灌浆增粒。其中，金沙乡民隆村攻关基地的 0.33hm² 定位攻关田，连续 4 年实现亩产超吨粮的超高产目标（图 8-18）。超高产地块产量性能参

时期	10月中旬至11月	2-3月	4月 上旬 中旬 下旬	5月 上旬 中旬 下旬	6月 上旬 中旬 下旬	7月 上旬 中旬 下旬	8月 上旬 中旬 下旬	9月 上旬 中旬 下旬	10月 上旬
	选地与整地	选种与种子处理	播种	苗期	拔节期	大喇叭口期	抽雄吐丝期	灌浆期	成熟期
进程				叶面积指数					干物质积累
技术措施	选地 选择地势平坦、土壤肥沃的农田。灭茬、深松、旋耕；灭茬后隔年进行深松，深松≥25cm；深松后进行旋耕；旋耕深度≥13cm。起垄镇压：旋耕后马上起垄并于垄上镇压，减少土壤大孔隙比例，防止土壤水分散失。	品种选择 选择国家或省级审定推广的，生育期125d左右，抗旱、抗病、耐密高产型玉米品种。如，郑单958、北育288、辽单565、先玉335等。种子处理：精选后的种子于户外水泥地面晒种2-3d，晒种后，使用种子包衣剂进行种子包衣，防治病虫害。	播期确定 当地温稳定在10℃以上时播种，一般在4月下旬至5月中旬为宜。种植密度：每公顷67 500-75 000株。种植方式：大小行种或化控栽培。播种：穴播，播深3-4cm，穴播2-3粒种子，进行种子上镇压，覆土后垄上镇压。土壤干旱，要深开沟，浅覆土。种肥施用：每公顷施用N80kg、$P_2O_5$75kg、K_2O250kg、锌镁多元素复合肥30kg，种肥隔离。杂草防治：播种后及时使用用除草剂封闭。	定苗 在玉米三叶期及时间苗、四叶一心期及时定苗。除去分蘖后需尽早除去分蘖，防止养分无效消耗。	追肥量 每公顷施N160kg。追肥方法：于植株3-4cm处追施，追施深度8-10cm，追肥后立即中耕培土掩埋追肥料。	防治害虫 用辛硫磷颗粒剂心叶投施，每公顷投施3.75-4.50kg，防治玉米螟。			收获 当籽粒至蜡熟末期时及时收获。秸秆还田：收获时高留茬30-35cm，待灭茬旋耕或深松。

图 8‑17 辽南晚熟区春玉米超高产技术规程

(齐华，2011)

数为：亩保苗 5 500～6 000 株，收获穗数 5 000～5 500 穗，穗粒数 540～580 粒，千粒重 320～380g，最大 LAI6.5 左右，收获时群体 LAI 在 3.0 左右。

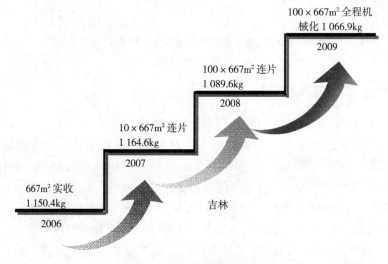

图 8‑18 吉林超高产典型

2. 东北（吉林）半干旱区雨养春玉米超高产栽培技术模式 筛选出适应半干旱区雨养条件下抗旱、高产品种，提出了地膜覆盖高产栽培土壤的量化指标，覆膜玉米高效群体调控技术和养分平衡调控技术。形成以构建抗旱群体为方向，集成以抗旱保苗、提高群体整齐度、缩株增密、促早延衰化控技术、深松改土和平衡深施肥、大小垄双行密植、地膜覆盖等关键技术的半干旱区雨养春玉米超高产栽培技术模式。应用该技术模式，大大降低了干旱灾害的影响，在乾安和双辽、通榆等县（市）示范取得良好成效。其中，吉林乾安县赞宇乡基地的 0.33hm² 旱地春玉米攻关田，虽遭受严重干旱，亩产仍达到 930kg，同比增产 8.1%。

3. 东北（辽南）晚熟春玉米超高产模式 针对耕层浅、肥料管理失调、品种密度搭配不合理、田间水平结构不当等问题，选用密植型品种，集成了以增密，合理的水平结构配置，氮、磷、钾配合，深松耕，关键时期补水为核心的辽南晚熟春玉米超高产栽培技术模式，以确保生育期中后期保持较高的叶面积指数，后期下降缓慢；较高的光合势，较长的光合产物高积累时间，吐丝后积累较多的干物质总量，籽粒快速灌浆，较早达到最大灌浆速率，后期下降速度较慢，以实现该地区春玉米超高产的突破。该模式 2008 年在朝阳县黑水镇实施，实现了 0.33hm² 单产 1 080kg 的产量，2009 年在朝阳县木头城子乡实现了 1hm² 单产 1 130kg 的产量（表 8-4）。

表 8-4 辽南晚熟春玉米超高产田面积和产量

（齐华，2009）

年份	地点	面积（×667m²）	平均亩产量（kg）
2008	朝阳县黑水镇	5	1 080
2009	朝阳县木头城子乡	15	1 130

4. 陕西省小面积超高产模式 采取选用优良品种、足墒播种、地膜覆盖、增加种植密度、增施有机肥、培肥地力、足量施肥、分次追肥等关键技术。2005—2006 年澄城县 7 户 2.07hm² 春玉米超高产田亩产超过 1 000kg，平均亩收获穗数 5 149.4 个，穗粒数 675.8 粒/穗，千粒重 374.9 克，平均亩产量 1 108.7kg。其中冯原镇迪家河村雷王伟 0.2hm² 郑单 958 经现场实收，亩产达到 1 260.04kg，创陕西省玉米单产最高纪录（表 8-5）。

表 8-5 陕西省澄城县超高产产量结构

（薛吉全，2006）

年份	面积（×667m²）	品种	亩穗数	穗粒数	千粒重	亩产量（kg）
2005	5	陕单 911	4 888.2	693	369.5	1 063.9
	3	郑单 958	5 735	647.5	400	1 260.04
	3	沈单 16	5 396	675.7	383.4	1 185
	1.5	陕单 8813	4 975	704.6	363	1 074
2006	3	沈单 16	5 345	686.5	380	1 180
	2.5	沈单 16	5 050	650.6	383.4	1 087
	5	沈单 16	4 756	680.6	370	1 013
	8	豫玉 22	5 050	668	350	1 001.5

5. 内蒙古松山区高产模式 选用耐密优良品种，增加种植密度，采用宽窄行穴播种植、地膜覆盖、配方施肥、增施农家肥、培肥地力、及时灌水等关键技术，2007 年松山区太平地镇河南营村和穆家营子镇衣家营村，1.87hm² 玉米加权平均亩产量达1 083.6kg。2008 年松山区 7 块高产田平均亩产 1 098.8kg，最高达 1 250.5kg（表 8-6）。

表8-6 内蒙古松山区超高产产量结构

(李少昆，2010)

年份	地点	面积 (×667m²)	品种	亩穗数	穗粒数	亩产量（kg）
2007	松山区太平地镇河南营村	8	内单 314	5 084	720	1 172.1
		5	京单 28	5 232	592	1 052.3
	穆家营子镇衣家营村	15	内单 314	5 600	576	1 046.8
2008	太平地镇两间房村	5	浚单 20	4 150	672	1 228.6
	太平地镇六分地村	5	内单 314	5 712	496	1 007.2
	夏家店乡三家村	5	先玉 335	6 208	432	1 007.9
	穆家营子镇大西牛村	5	KX 3564	6 002	528	1 250.5
	穆家营子镇丁家地村	5	内单 314	6 070	512	1 134.7
	穆家营子镇丁家地村	5	KX 1564	6 120	528	1 026.5
	安庆镇元茂隆村	5	浚单 20	4 510	608	1 036.5

三、大面积高产产量性能优化与栽培技术

（一）大面积高产关键技术特征

1. 以深松为主，松耙联合机械作业的整地技术　大面积高产玉米田块的土地耕作和培肥地力主要集中在收获后进行，为春季及时高质量播种和玉米生长发育创造了良好条件，耕作以深松为主，松耙联合机械作业。

2. 重视秸秆还田，施用有机肥，与豆科作物轮作等方式培肥地力　土壤培肥地力，除了与大豆轮作外，还应重视施用有机肥。据调查，美国大部分农场施用液态有机肥，每年有 10%～20% 的耕地增施腐熟有机肥，每亩 2 805～3 741L，与使用化肥相比较，成本低，产量高。此外，美国玉米主产区重视秸秆还田、深松和轮作，玉米田全部实现秸秆还田，其中有的全部还田，有的部分还田。CIMMYT 农学家 Ken Sayre 博士认为保护性耕作应以不降低产量为前提，因地制宜采用保护性耕作技术，如秸秆覆盖、少耕、条带耕作、免耕等。

3. 调节行株距配置，增加种植密度　为了增加种植密度、提高光能利用效率，采用大小行种植（大行距 80～90cm，小行距 30～40cm），但美国与我国的大小行种植概念不同，其大行距仍为 76cm，小行距 18cm，三角形错位播种，2 列小行距株数之和与等行距单行株数相同。其他的一些株行距配置为 65cm 等行距、大垄双行（大垄行距 90～110cm）、双株增密（行距 50～70cm）等。

（二）大面积高产典型事例与技术特征

1. 东北（吉林）半湿润区春玉米大面积高产栽培技术模式　以耐密品种的密植群体构建、有机肥无机肥配施、深松等关键技术为核心，以保证玉米生育后期的水分需求和供水强度，促灌浆增粒重，形成了东北（吉林）半湿润区春玉米大面积高产栽培技术模式。该模式的应用，在玉米中后期持续严重干旱的情况下，取得了明显的增产效果。其中，在

吉林梨树县王家桥基地的 1.33hm² 定位攻关田，平均亩产 924.5kg，同比当地平均亩产提高 32.1％；在公主岭莫小店和万发乡各建立千亩示范田，平均亩产分别为 850kg 和 800kg，较当地前 3 年平均亩产提高 21.4％和 14.3％。

2. 东北（吉林）湿润冷凉区春玉米大面积高产栽培技术模式 以高密群体二次施肥结合化控防倒防衰的关键技术，集成缩株增密、覆盖增温保墒、化调控秆、保穗增粒、促早熟等关键技术的湿润冷凉区春玉米大面积可持续高产栽培技术模式。在吉林桦甸市金沙乡的千亩（76.67hm²）高产示范田，平均亩产 883kg，比前 3 年春玉米平均亩产（620kg）增 42.4％；在桦甸市的万亩高产示范田 866.7hm²，平均亩产 653kg，同比当地前 3 年春玉米平均（620kg）每亩提高 18.3％。该技术模式已在桦甸市扩大推广 3.33 万，获得大面积的增产增收，比该市平均亩产（514kg）提高了 15.5％。

3. 东北平原春玉米大面积高产栽培与化学调控技术模式 以促根壮株抗倒伏、扩穗延衰增强抗逆性的角度出发，应用植物激素类似物、细胞渗透调节物和高分子蛋白模拟金属酶为主剂，研创了新型绿色植物生长调节剂 3 种。根据化控剂对玉米生长发育和产量形成的调控效果，进一步改善调节剂的组分、比例和浓度，优化调节剂的使用时期和剂量，形成了调节剂应用技术体系。建立了以化学调控技术为核心，品种、施肥、耕作、化控一体化的春玉米超高产栽培技术模式。此模式在黑龙江省的双城、呼兰、甘南等 15 个县（市、区）进行示范推广，合计推广面积达 20 余万 hm²，平均亩产 771 kg，同比当地前 3 年平均亩产（450 kg）增产 71.2％。在吉林省低温冷凉玉米区，由吉林丰满玉米研究所牵头组织，在吉林市的 4 个县（区）推广 2 万 hm²，平均亩产 850 kg，同比前 3 年平均亩产提高 41.6％。

4. 东北平原干旱区和冷凉区春玉米大双覆栽培技术模式 玉米大双覆栽培模式的关键技术是增温保水、合理密植改善群体光照和 CO_2 浓度。①小垄改大垄。用七铧犁将 3 条常规的 65～67cm 垄，改成 2 条 97.5～100.5cm 的大垄，为改善玉米群体结构和提高光能利用率创造了良好的扩源、强流条件。②垄上双行。在 97.5～100.5cm 大垄上种植双行玉米，大行距 67.5～70.5cm，小行距 30cm，比 65～67cm 垄增加了 1/3 玉米植株，为实现扩源和增库创造了良好的群体结构。③覆膜保护栽培。玉米播种和化学药剂封闭灭草后，用 80cm 幅宽地膜覆盖垄体进行保护栽培。覆膜增温保水，为实现玉米扩源、强流和增库提供了保证。为确保玉米大双覆栽培模式增产潜力的充分发挥，在生产实践中形成了标准化的综合配套栽培技术措施。该套栽培技术模式在生产实践中可实现 40％以上的大幅度增产，已成为东北平原干旱冷凉区玉米亩产超过 800kg 的标准化栽培技术模式。

第三节 黄淮海区域夏玉米产量性能优化与高产技术

一、区域特点

黄淮海夏播玉米区（表 8-7）包括山东、河南的全部，河北、山西南部，陕西中部，江苏、安徽北部，属于暖温带大陆性季风气候，光热资源丰富，降水量偏少，但主要集中在玉米生长季内，由于季风气候降水不稳定的原因，旱涝灾害较频繁，无霜期 170～

240d，≥0℃积温 4 100～5 200℃，≥10℃积温 3 600～4 700℃。主要种植制度是冬小麦—夏玉米一年两熟，水利条件是水浇地和旱地并重。本区玉米播种面积 922.85 万 hm²，总产量 5 252.48 万 t，分别占全国的 28.40％和 29.64％，是我国重要的玉米生产基地。

表 8-7　黄淮海夏玉米区区域特点

项　目	特　点
省（区）	山东、河南的全部，河北、山西南部，陕西中部，江苏、安徽北部
面积（万 hm²）	1 011.8
主要种植制度	小麦玉米套种或复种，玉米大豆间作，旱地多为春玉米
气候特征	暖温，半干、半湿
热量　∑t≥0℃	4 100～5 200
∑t≥10℃	3 600～4 700
全年降水量（mm）	400～800
无霜期（d）	170～240
水利条件	水浇地和旱地并重
主推品种	郑单 958、浚单 20、鲁单 981、金海 601 和登海系列品种等
主推技术	1. 小麦收获后及时抢茬夏直播，采用等行或大小行足墒机械播种 2. 合理密植：紧凑型品种留苗密度为每亩 5 000～6 000 株，紧凑大穗型品种为 4 000～4 500 株 3. 科学肥水运筹：可选用含硫玉米缓控专用肥，于苗期一次性施入；也可分苗肥、穗肥和花粒肥 3 次施用；及时灌水 4. 病虫草害综合防治 5. 适时收获，秸秆还田，培肥地力

二、夏玉米超高产产量性能优化与栽培技术

（一）夏玉米超高产产量性能特征

1. 夏玉米超高产产量性能参数　黄淮海夏玉米区超高产田的多年研究表明（表 8-8），亩产量 1 000kg 左右时的产量性能指标为：叶系统参数：$MLAI$（平均叶面积指数）3.8～4.5，D（生育期天数）113d 左右，$MNAR$6.2～6.5，HI 0.50～0.52；穗粒系统参数：EN（穗数）7.5 万～8.0 万株/hm²，GN（穗粒数）530～580，千粒（GW）重330～360g。

表 8-8　夏玉米超高产产量性能参数

叶系统参数				穗粒系统参数			产量（kg/hm²）
$MLAI$	D (d)	$MNAR$ [g/（m²·d）]	HI	EN （穗/m²）	GN （粒/穗）	GW (g)	Y
3.8～4.5	113	6.2～6.5	0.5～0.52	7.5～8.0	530～580	330～360	15 000～16 500

2. 夏玉米超高产产量性能动态特征及主攻目标　在产量性能指标优化过程中，重点对 *LAI* 动态特征进行实时观测，研究了超高产田叶片光合能力（图 8-19）。结果表明，超高产玉米 *LAI* 在各个时期均比常规栽培的 *LAI* 大，下降较慢，最大 *LAI* 比常规田提高了 3.68%。最大 *LAI* 在 6.0~6.5 时产量最高。在吐丝期前，超高产田玉米叶片叶绿素含量并没有优势，但吐丝期后叶绿素含量一直高于常规田，这为延长花后光合高值持续期、增加灌浆物质提供了有力保障；两种栽培措施下玉米各生育期的光合速率差别不大，但在灌浆期后超高产田比常规田光合速率下降慢些；虽然超高产田和常规田栽培技术条件下光合速率差异不大，但由于超高产田 *LAI* 显著高于常规田，因此超高产田玉米群体光合能力得到显著提高。超高产田玉米的光合能力在开花后各个时期均高于常规田玉米。同时，超高产田玉米叶片光合能力的持续期比常规田玉米延长 3~5d。

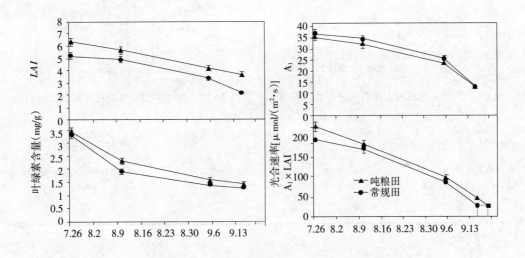

图 8-19　超高产田与常规田玉米叶片光合能力比较

在产量性能参数协调过程中，重点研究了超高产田的干物质积累动态特征以及产量性能等式两端参数的相互协调关系（图 8-20，图 8-21）。从两种栽培技术条件下玉米单株和单位面积干物质积累的动态变化情况可以看出，7 月 17 日前，由于个体较小，植株受到群体生态条件的影响较小，两种措施下玉米的干物质积累以同样的速度增长，8 月 3 日之后，虽然超高产田单株干物质积累低于常规田植株，但由于超高产田玉米植株密度增加，单位面积生物产量显著高于常规田玉米。

超高产田的群体粒叶比比常规田的群体粒叶比高 6.84%。超高产田玉米源扩大较显著，但从群体粒叶比的分析看，超高产田的库容量扩大更显著。

在产量性能参数优化过程中，结合不同的关键栽培技术措施，明确了夏玉米超高产的主要技术途径及主攻目标，形成了夏玉米超高产技术规程，为夏玉米超高产的实现提供了技术指导（图 8-22）。

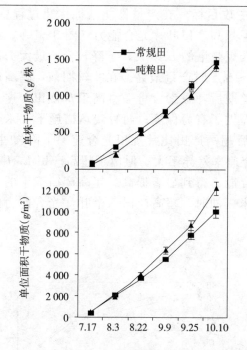

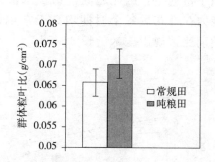

图 8-20　超高产田与常规田玉米干物质积累　　图 8-21　超高产田与常规田玉米群体粒叶比

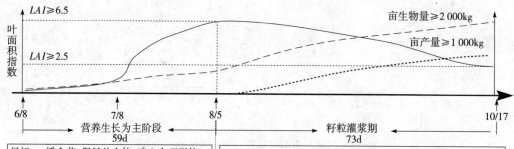

目标:一播全苗,促健壮个体,建立合理群体
措施:足墒播种;选用坚秆中穗保绿性好的杂
　　交种;大小行对角错株播种;亩密度不低
　　于 5 200 株;施足底肥(35%),轻施苗肥
　　(10%),推荐施用缓控释肥料;3 叶期
　　间苗,5 叶期定苗,定向留苗,小喇叭口
　　期拔除小弱病株;及时防治地老虎、蓟
　　马、玉米螟、黏虫等;以中耕除草为主;保
　　证充足水分供应

目标:延缓衰老,改善光合性能,促籽粒灌浆
措施:开花散粉前隔行去雄,辅助授粉;重施花粒肥(55%以
　　上),推荐施用速效肥料;保证充足水分供应;发病初期
　　用 25%粉锈宁可湿性粉剂 800~1 000 倍液,间隔 7d,连
　　喷 2 次防治锈病;用 50%多菌录可湿性粉剂 500 倍液,或
　　70%甲基硫菌灵(甲基托布津)可湿性粉剂 800 倍液喷
　　雾,隔 7~10d 再喷 1 次防治大小叶斑病;籽粒乳线消失、
　　基部黑层出现,完全成熟后收获

设计指标:亩收获密度≥5 000 株;单株生产力≥200g;千粒重(14%水分)≥360g;籽粒密度≥2.86×10^6 粒;
　　LAI_{max}≥6.5;LAI_{min}≥2.5;叶面积高值持续期≥50d;光合高值持续期≥45d;粒叶比≥0.25kg/m^2;收获指
　　数≥0.50;群体整齐度(1/CV)≥25。
目标产量:亩产 1 000kg 以上。

图 8-22　夏玉米超高产技术规程

(引自山东粮食丰产工程)

（二）超高产类型与典型事例与技术特征

1. 华北平原南部（河南）夏玉米可持续性超高产模式　在明确夏玉米垄作的土壤调控效应，玉米对氮、磷、钾营养吸收积累特征及其运筹的基础上，采用密植与株行距配置技术，构建高产高效群体结构，优化完善了华北平原南部夏玉米"深松起垄，调土强根促穗重"超高产栽培技术，采用"深松起垄，后期控水，乳线消失收获"的核心技术，提高根系活力和叶面积指数，实现了穗粒数、千粒重和产量的同步提高。该模式在河南浚县农科所攻关基地的 0.33hm² 定位攻关田实施，创造了连续 6 年亩产接近或突破 1 000kg 的可持续超高产典型（表 8 - 9）。

表 8 - 9　2004—2009 年夏玉米超高产攻关田面积和产量

年份	面积（×667m²）	亩产（kg）
2004	5.8	830.60
2005	15	1 006.85
2006	15	916.34
2007	15	1 064.78
2008	15	975.69
2009	15	1 036.83

2. 华北平原东部（山东）夏玉米可持续超高产模式　针对该区域周年两作土地利用率高，高产田水肥投入大且利用效率不高等问题，通过采用玉米超高产群体结构与质量控制技术、抗旱保苗技术、优化施肥与专用控释肥技术等超高产关键技术环节，提出了超高产的立地条件、水肥高效耦合、缓控一次性施肥技术和免（少）耕＋秸秆覆盖培肥保水调温保护性耕作技术，集成了夏玉米大小行对角错株播种保障密度，定向间苗留苗，改善小环境，全程提高整齐度，构建合理群体的栽培技术模式，在山东登海种业公司基地实施，0.6hm² 夏玉米定位攻关田，创造了连续 6 年亩产突破 1 000 kg 的可持续超高产典型（表 8 - 10）。

表 8 - 10　2004—2009 年夏玉米超高产攻关田面积和产量

年份	亩产（kg）
2004	1 028.5
2005	1 023.42
2006	1 298.6
2007	1 036.0
2008	942.9
2009	1 041.82

三、大面积高产产量性能优化与栽培技术

（一）大面积高产关键技术特征

1. 玉米免耕覆盖高质量机械化播种技术 一是小麦采用宽窄行播种结构协调，麦收后麦秸切碎覆盖地面并及时浇水，喷洒除草剂。二是麦收后用秸秆粉碎机将麦秸切为4～5cm的碎段平铺地面，然后用玉米播种机播种，播后及时浇蒙头水。

2. 夏玉米垄作覆盖栽培技术 实行"早、晚品种搭配"，充分利用光热资源；改平播种植为垄作种植，利于抗旱防涝；改单施氮肥为平衡施肥，实施秸秆覆盖还田，不断培肥地力；以自行研制的"起垄播种机"为载体，实现了起垄、播种、施肥一体化作业。配合玉米机收、机械化秸秆还田技术。

3. 夏玉米"一增四改"高产栽培技术 增加种植密度；改种耐密型品种；改套种为直播；改粗放用肥为配方施肥。

4. 夏玉米直播晚收高产栽培技术 采用中晚熟高产紧凑型玉米品种，抢茬直播，适当密植，适时晚收增粒重（图8-23）。

图8-23 直播晚收高产栽培技术田间长势

（二）大面积高产典型事例与技术特征

1. 华北平原资源节约高效型夏玉米大面积高产栽培技术模式 资源节约高效型高产栽培技术模式以夏玉米凹形冠层群体的构建和灌浆中后期适度水分亏缺（控水）为核心，提出了高产夏玉米的形态、生理和产量构成及其水肥运筹的指标体系。该技术模式在河北吴桥中国农业大学试验基地实施，$1hm^2$ 定位试验示范田夏玉米亩产 748.9 kg，百亩示范方，平均亩产夏玉米 710.7 kg；万亩高产示范片，小麦—玉米两作平均亩产达 1 249.8 kg。百亩示范方和万亩示范片的产量较当地前3年亩产分别提高29.6%和20%，水肥利用率显著提高，连续5年实现同地两作超吨粮和水肥高效的统一。

2. 华北平原南部（河南）夏玉米大面积高产栽培技术模式 以玉米免耕覆盖高质量机械化播种技术为核心，实施秸秆覆盖还田，不断培肥地力，通过密植与株行距配置构建高产高效群体，明确了夏玉米垄作的土壤调控效应，夏玉米对氮、磷、钾营养吸收积累特征及其运筹的效应。进一步优化和完善了华北平原南部夏玉米高产栽培技术模式。该技术模式在浚县的 $0.13hm^2$ 高产示范片，玉米平均亩产 850 kg，同比当地前3年平均亩产提高 10.4%～15.6%。

第四节 其他区域玉米超高产典型与技术特征

一、西北内陆春玉米区超高产典型与技术特征

1. 新疆春玉米超高产模式　以"增穗，稳粒数，挖粒重"，增加花后物质生产与高效分配，培育高质量抗倒群体为核心的高产技术路线。2009 年选用高产耐密品种郑单 958，集成增密种植、地膜覆盖、精细播种、行株距优化配置、水分前控后促、化学调控、病虫防治、适时晚收等关键技术，强化田间管理，挖掘良种、良法与光温资源的增产潜力，实现了玉米高产的突破。0.67hm² 连片玉米高产示范田平均亩产达到 1 342.85kg，其中最高的 0.33hm² 单产达 1 360.10kg，高产田产量构成为：每亩有效穗 8 125 穗，单穗重 165.27g（图 8-24）。

图 8-24　新疆农 4 师 71 团 8 连玉米高产田

（李少昆，2011）

2. 甘肃凉州区春玉米超高产模式　选用紧凑型耐密品种武科 2 号，以增密种植、地膜覆盖、科学施肥、培肥地力、化学调控为关键技术，2008 年在甘肃凉州区实现了 0.1hm² 单产 1 167.17kg 的产量。产量结构为，收获亩穗数 6 207 穗、穗粒数 463 粒、千粒重 385g。

二、西南山地丘陵玉米区超高产模式与技术特征

四川宣汉盆周山区超高产模式：选用耐密型品种登海 605；采用缩行增密、增温育苗、地膜覆盖、肥团育苗、沟底施肥、补施穗肥、化学调控、及时补灌、人工辅助授粉、病虫害综合防治的关键技术。2008 年在四川宣汉实现了亩产 1 181.6kg 的产量。产量结构：收获亩穗数 7 229 穗、穗粒数 533.01 粒、千粒重 328.3g。

三、西北内陆春玉米区大面积高产模式与技术特征

甘肃凉州区大面积高产模式：选用株型紧凑、耐密、中晚熟、抗病抗倒、产量潜力大的优良品种，主要包括沈单 16 号、武科 2 号、金穗 9 号和郑单 958 等；采用覆膜栽培、施足底肥、合理追肥、科学节水灌溉的密植高产栽培技术。2008 年在甘肃武威市凉州区实现 800hm²，30 点平均亩产量 970.52kg，其中 13 个样点亩产达 1 000kg 以上。凉州区高产创建玉米主栽品种以大穗大粒品种为主，一般亩保苗 4 500 株。

第九章

水稻产量性能优化与高产栽培

第一节 水稻生产与增产途径

水稻（*Oryza sativa* L.）是全球约半数人口的主食，在粮食作物生产中占有举足轻重的地位。从1950年以来，世界水稻生产有了很大发展，水稻的播种面积、单产和总产都显著增加。2007年世界水稻种植面积15 695.3万 hm²，比1950年的10 306.2万 hm²增加了52.3%，单产则由每公顷1.58t增加到4.152t，提高了162.8%，总产由16 318.6万t增加到65 174.3万t，增加了299.4%。水稻也是我国的主要粮食作物，我国稻作面积仅次于印度，但稻谷产量居世界产稻国之首。2007年我国稻谷总产量高达18 704万t，约占全世界稻谷总产量的28.7%。

一、水稻生产现状

（一）水稻的分布

1. 世界水稻分布　全世界各大洲均有水稻栽培，以亚洲最多。亚洲水稻的播种面积占世界90%以上，美洲约占4%，非洲约占3%，欧洲与大洋洲约占1%。集中产区主要在亚洲东部和南部季风气候地带，特别是该气候带的大河三角洲、江河冲积平原和沿海平原，如中国的长江三角洲地区、印度的恒河流域及东南亚一些国家。世界上种植水稻面积较大的国家有：印度4 450万 hm²，中国2 858.7万 hm²，印度尼西亚1 170 hm²，孟加拉国1 070hm²，泰国1 050hm²，其次是墨西哥沿岸、密西西比河下游地区。另外，中南美洲部分地区、非洲和地中海地区亦有水稻种植。

2. 中国水稻分布　我国水稻分布区域辽阔，除青海省外，北自黑龙江，南至海南岛，东起台湾，西迄新疆，全国各个省（自治区、直辖市）都有水稻栽培。大体上可以秦岭—淮河为界，分为南方和北方两个稻区。但从分布密度看，90%以上的稻田集中地分布在秦岭—淮河以南地区，这些地区的总产量也占全国总产量的90%以上。秦岭—淮河一线以北比重不大。根据我国稻作区域的自然条件、品种类型、耕作制度以及行政区域等特点，将全国划分为六个稻作带，大致情况如图9-1所示。

（二）水稻生产能力

1. 世界水稻生产能力　世界水稻播种面积和总产量仅次于麦类作物。近年来，世界

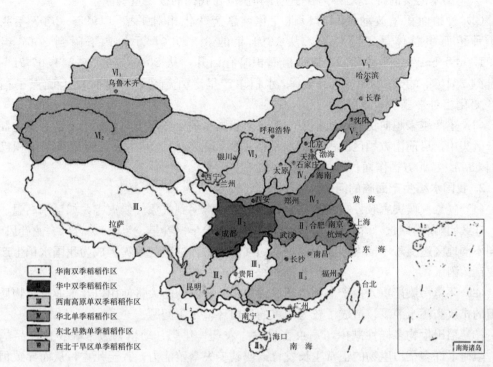

图 9-1　中国水稻种植区划

水稻生产能力有了很大发展。2007 年世界水稻种植面积 15 695.3 万 hm²，比 1950 年的 10 306.2 万 hm² 增加 52.3%，而单产则由每公顷 1.58t 增加到 4.152t，提高了 162.8%，总产由 16 318.6 万 t 增加到 65 174.3 万 t，增加了 299.4%。从 20 世纪 60 年代后期起，世界水稻播种面积的增加趋于缓慢，但由于采用现代品种和先进技术，单产迅速增加，使稻谷总产的增加比以前加快。据分析，近 40 年中，播种面积扩大对总产增加的作用占 20% 左右，单产提高的作用占 80%。

2. 中国水稻生产能力　水稻是我国播种面积最大、总产最多、单产最高的粮食作物，在我国粮食生产和消费中历来处于主导地位。水稻常年种植面积约 3 000 万 hm²，占全国谷物种植面积的 27% 左右，占世界水稻种植面积的 23%；稻谷总产量近 20 000 万 t，占全国粮食总产的 37% 左右，占世界稻谷总产的 35%；稻谷平均单产 6.212t/hm²，是单产最高的粮食作物，比粮食作物平均单产高 40%。2007 年全国稻谷种植面积 2 923 万 hm²，约占全国粮食播种面积的 28%；稻谷总产量 1.83 亿 t，约占粮食总产量的 36.7%。

（三）中国水稻生产形势与面临的问题

1. 我国水稻生产形势

（1）水稻产量高，消费量大　在过去 30 年中，水稻面积占我国粮食总面积的 30% 左右，稻谷产量占粮食总产的 40% 左右，占谷物总产量的 45% 左右，占商品粮的 50% 左右。我国每年消费稻谷 2 亿 t，占粮食消费量的 35% 左右，其中口粮消费占我国稻谷消费的 86%，稻米消费的特点决定了稻谷生产和供应在我国的极端重要性。

（2）种植面积呈波动性和阶段性变化，总产变化相对平稳 1991—2007 年我国水稻种植面积总体呈下降趋势，从 1991 年的 3 259.01 万 hm^2 下降到 2007 年的 2 891.90 万 hm^2，2008—2010 年种植面积略有回升，从 2008 年的 29 241.07 万 hm^2 上升到 2010 年的 29 873.36 万 hm^2。水稻单产呈上升趋势，一定程度上确保了稻谷总产变化相对平稳。

（3）生产越来越向优势区域集中 近年来我国水稻生产逐步向长江中下游和黑龙江水稻产区集中，目前南方稻区约占我国水稻播种面积的 94%，其中长江流域水稻面积已占全国 65.7%，北方稻作面积约占全国的 6%。

2. 我国水稻生产面临的问题

（1）气象气候灾害频发 在水稻生产过程中经常遇到气象气候灾害，如夏季高温、低温、连续阴雨和寡照、暴雨和洪涝、冰雹、季节性干旱（春旱、夏旱）、台风、龙卷风等。我国不同地区遭受着不同类型和不同程度的气象灾害，这些气象灾害成为我国水稻生产的重要制约因素。

（2）环境污染严重 由于水稻生产过程中化肥和农药的大量使用以及工业三废物质向农田的排放和污水灌溉，造成了较为严重的稻田环境污染问题。

（3）稻田生物多样性减少与病虫害暴发 农药、化肥、动植物激素等农化产品的使用，阻碍了许多稻田生物的正常生长发育，使其丧失繁殖能力，甚至死亡，从而导致稻田物种多样性的减少。害虫失去天敌的控制，导致施药后再度暴发。

（4）稻米质量安全问题 目前，重金属、农药、污水等对稻米品质的影响已经引起人们的广泛关注。据报道，目前我国受 Cd、As、Cr、Pb 等重金属污染的耕地面积近 2 000 万 hm^2，约占总耕地面积的 1/5，其中受 Cd 污染的耕地面积近 1.33 万 hm^2，导致每年粮食减产 1 000 多万 t。长江流域水稻主产省除湖北外，均为中度或重度污染区。因此，重金属和农药污染在我国水稻安全生产中必须予以充分关注。

二、水稻产量性能优化与高产技术途径

（一）不同产量水平的产量性能优化

目前，我国稻区实际农民单产、品种单产和高产示范的产量存在一定差距，早、中、晚稻的品种产量分别比实际单产高 44%、26% 和 37%，而示范产量分别比实际单产高 109%、83% 和 107%。

作物产量的形成是一个非常复杂的过程，而产量性能的公式中 7 项参数可全面反映产量形成过程，是制订水稻产量最重要的指标，各指标之间存在着可定量的互作关系。高产的获得实质上是产量性能各项指标得到较好的配置、产量性能的优化结果。不同的生产水平其产量性能构成不同，不同的种植方式在同一产量水平上构成的特点也不同。

以双季稻为例，随着早稻产量提高主要是平均叶面积系数 MLAI 和千粒重的增长，因此早稻产量的增加主要通过提高栽培密度有效提高群体茎蘖数和结实率；而晚稻随着产量提高主要是穗粒数的增长，所以在稳定穗数的基础上增加每穗粒数，是挖掘早稻产量潜力和实现高产的重要途径。比较早稻和晚稻的高产，在同等产量水平条件下，穗粒数和千粒重等产量构成参数有显著差异，晚稻的 GN 值明显高于早稻，早稻的 GW 值明显高于晚稻；光合性能主要参数的生育期 D 值也有明显的差异，主要表现在晚稻有较长的 D 值，而相对低的 $MNAR$。不同产量水平群体产量性能定量化指标如表 9-1 所示。

表 9-1　水稻不同产量层次产量性能参数变化

产量水平		叶系统参数			穗粒系统参数				亩产量 (kg)
		$MLAI$	D	$MNAR$	HI	EN	GN	GW	
早稻	超高产	3.9	115	4.2	0.53	320	120	28	700
	高产	3.5	115	4.3	0.52	290	115	27	600
	中产	3.2	115	4.5	0.50	280	110	26	550
	低产	3	115	4.3	0.48	280	110	24	450
晚稻	超高产	4.0	130	4.2	0.52	300	150	25	750
	高产	3.7	130	4.2	0.50	280	140	25	650
	中产	3.2	125	4.3	0.48	280	110	25	550
	低产	3.3	115	4.0	0.45	280	100	24	450

（二）高产技术途径

1. 产量性能定量化与高产途径　不同产量水平高低其产量性能的变化特点与要求不同。一般随着产量水平提高，各项参数指标相对提高，但提高了的顺序与程度不尽相同。产量越高对产量性能指标要求越高，指标的变幅变得越窄。利用产量性能理论进行分析，确定了产量性能公式的 7 项参数就可按照参数值和主要措施对参数的调节效应进行栽培技术的定量化确定（图 9-2）。

明确产量目标，优化产量参数，可能有多种组合方式，还需要根据品种特性和栽培技术措施具体确定。通过对多年多点研究结果进行归纳分析，总结出了不同产量水平群体产量性能指标，实现了不同产量水平群体的定量设计、精准监测和精确预测。其中，长江中下游双季稻实现周年亩产超 1 400kg 要求早稻光合性能的主要参数平均为 $MLAI$3.0～3.5，D115～120d，$MNAR$4.0～4.5g/（m^2・d），HI0.52～0.55；产量构成为 EN300 万～330 万/hm^2，GN125～130/穗，GW25～26g；晚稻光合性能的主要参数平均为 $MLAI$ 3.5～4.0，D130～135d，$MNAR$4.0～4.2g/（m^2・d），HI0.50～0.54；产量构成为 EN300 万～330 万/hm^2，GN145～150/穗，GW25～26g；长江中下游稻玉两熟种植模式实现超高产，中稻产量超过 800kg，要求的产量性能参数为 $MLAI$4.0～4.5，D150～155d，$MNAR$3.5～4.0g/（m^2・d），HI0.50～0.52；产量构成为 EN300 万～350 万/hm^2，GN 145～150/穗，GW26～27g（表 9-2）。

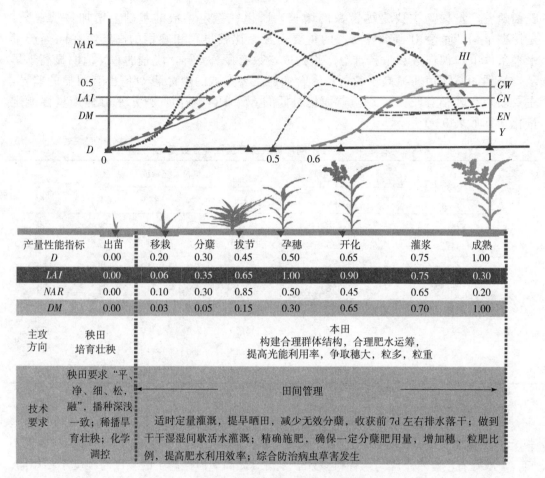

图9-2 水稻产量性能形成及主要栽培技术示意图

产量性能指标 D	出苗 0.00	移栽 0.20	分蘖 0.30	拔节 0.45	孕穗 0.50	开化 0.65	灌浆 0.75	成熟 1.00
LAI	0.00	0.06	0.35	0.65	1.00	0.90	0.75	0.30
NAR	0.00	0.10	0.30	0.85	0.50	0.45	0.65	0.20
DM	0.00	0.03	0.05	0.15	0.30	0.65	0.70	1.00

主攻方向	秧田 培育壮秧	本田 构建合理群体结构，合理肥水运筹，提高光能利用率，争取穗大，粒多，粒重
技术要求	秧田要求"平、净、细、松、融"，播种深浅一致；稀播旱育壮秧；化学调控	田间管理：适时定量灌溉，提早晒田，减少无效分蘖，收获前7d左右排水落干；做到干干湿湿间歇活水灌溉；精确施肥，确保一定分蘖肥用量，增加穗、粒肥比例，提高肥水利用效率；综合防治病虫草害发生

表9-2 超高产水稻产量性能参数

作物	叶系统参数			穗粒系统参数				产量 (kg/hm²)
	MLAI	D	MNAR	HI	EN	GN	GW	
早稻	3.0～3.5	115～120	4.0～4.5	0.52～0.55	300～330	125～130	25～26	9 500～10 500
晚稻	3.5～4.0	130～135	4.0～4.2	0.50～0.54	300～330	145～150	25～26	10 000～11 000
中稻	4.0～4.5	150～155	3.5～4.0	0.50～0.52	300～350	145～150	26～27	12 000～13 000

2. 产量障碍因子与高产途径 不断提高水稻产量，实现不同层次的高产，最为重要的是明确影响产量提高的关键障碍因子。对水稻高产的制约因素进行分析发现，各个区域生产障碍有不同特点。长江中下游平原稻作区气候与光热资源分布多样性，低温、高温、寡照等逆境突出、长期水稻连作土壤理化性状不良、双季晚稻产量不稳定等；四川地区低温寡照，夏旱频繁，高温伏旱，致使水稻成穗率低，籽粒灌浆期高温逼熟以及洪涝灾害等；北方稻区水资源不足，且降水主要集中在7～8月份，常出现干旱缺水的局面，低温冷害频繁，水田多年连作，地力消耗严重。针对不同障碍因素采取相应栽培技术措施。长

江中下游平原应以合理优化周年光热资源配置，提高结实率促高穗粒数和高粒重为核心，采用稀播旱育壮秧、适时适地精量施肥、精确定量灌溉、水稻结实期促灌浆技术、稻茬玉米双控（控湿控倒）双增（增穗增粒）技术、再生稻促头季茎生腋芽成穗技术和再生稻化控技术；北方稻区采用旱育苗、稀插稀植、节水灌溉、配方施肥等技术。这些有效技术措施对高产产生的效应是综合的。如稀播有利于提高结实率促高穗粒数和高粒重；精确施肥灌溉有利于促进有效分蘖，控制无效分蘖，提高结实率，增加粒重。

三、水稻高产新技术

（一）嫩秧早栽，稀植壮株技术

该技术由四川农业大学水稻研究所组织有关单位的科技人员提出，适用于四川稻作生态区及类似生态区的水稻强化栽培体系中。该技术要点：在冬水田地区可移栽 2～3 叶龄的秧苗，在两季田地区可移栽 3～5 叶龄的秧苗，与传统技术相比，移栽秧苗减少了 2～4 片叶，有利于早生快发，提高分蘖成穗率；本田稀植，每亩栽插 6 000～9 000 窝，比传统技术少栽 5 000～7 000 窝，有利于分蘖的发生和单株生长，形成有利于高产的群体结构，促进穗大粒多。

（二）稀播旱育壮秧技术

1. 苗床培育　选择肥沃疏松田块做苗床，在播种前 15～20d，每平方米施入腐熟家畜肥 2～3kg、过磷酸钙 100～150g、硫酸铵 50～100g、氯化钾 20～40g，均匀拌入 10～15cm 表土层。

2. 育秧技术　旱育秧播种作业流程：整畦→平板镇压→浇水（使 10cm 土层湿透）→土壤消毒（每平方米用 2.5g 敌克松配成 800～1 000 倍液喷施）→播种→压种→喷水→盖土（盖土厚度 0.5～0.8cm，以不露种子为度）→补喷水和补盖种→喷除草剂→盖膜（遮阳物）→毒鼠。

3. 大田管理　旱育秧前期生长旺盛，应比水育秧稍早搁田。一般在苗数达到预定穗数的 80％时，开始排水搁田。

（三）适时适地精量施肥技术

1. 适宜氮肥总量的确定　用斯坦福（standford）差值法公式，确定氮肥的每亩施用总量：氮（kg）＝［目标产量的吸氮量（kg）－土壤供氮量（kg）］/氮肥当季利用率（％）。

2. 基蘖肥的施用　基肥一般应占基蘖肥总量的 70％～80％，分蘖肥占 20％～30％，以减少氮素损失。基肥在整地时施入土中，部分用做面肥。分蘖肥在秧苗长出新根后及早施用，一般在移栽后 1 个叶龄施用，小苗机插的在移栽后长出第二、第三叶龄时分 1 次或 2 次集中施用。分蘖肥一般只施用 1 次，切忌在分蘖中后期施肥，以免导致无效分蘖期旺长，群体不能正常落"黄"。如遇分蘖后期群体不足，宁可通过穗肥补救，也不能在分蘖后期补肥。

3. 穗肥精确施用与调节 ①群体苗情正常。有效分蘖临界叶龄期（$N-n$ 或 $N-n+1$）够苗后叶色开始褪淡落黄，顶 4 叶叶色淡于顶 3 叶，可按原设计的穗肥总量，分促花肥（倒 4 叶露尖）、保花肥（倒 2 叶露尖）2 次施用。促花肥占穗肥总量的 60%～70%，保花肥占 30%～40%。4 个伸长节间的品种，穗肥以倒 3 叶露尖 1 次施用为宜。施用穗肥，田间不宜保持水层，以湿润或浅水为好，施后第二天，肥料即被土壤吸收，再灌浅水层，有利提高肥效。②群体不足或叶色落黄较早。在 $N-n$（4 个节间品种 $N-n+1$）叶龄期不够苗或群体落黄早，出现在 $N-n$ 叶龄期（或 $N-n+1$ 叶龄期），在此情况下，5 个伸长节间的品种应提早在倒 5 叶露尖开始施穗肥，并于倒 4 叶，倒 2 叶分三次施用，氮肥数量比原计划增加 10% 左右，三次的比例为 3∶4∶3。4 个伸长节间的品种遇此情况，可提前在倒 4 叶施用穗肥，倒 2 叶施保花肥；施穗肥总量可增加 5%～10%，促花、保花肥的比例以 7∶3 为宜。③群体过大，叶色过深。如 $N-n$ 叶龄期以后顶 4 叶＞顶 3 叶，穗肥一定要推迟到群体叶色落黄后才能施用，只需施 1 次，数量要减少。

（四）精确定量灌溉技术

1. 活棵分蘖阶段

（1）中大苗移栽的　移入大田后需要水层护理，浅水勤灌。

（2）小苗移栽的　移栽后的水分管理应以通氧促根为主。在南方稻区，机插稻一般不宜建立水层，宜采用湿润灌溉方式，待长出一个叶龄发根活棵后断水露田，进一步促进发根，待长出第二片叶时才采用浅水层结合断水露田的方式。

穴盘育苗抛秧发根力强，移栽后阴天可不上水，晴天上薄水。2～3d 后断水落干促进扎根，活棵后浅水勤灌。

2. 控制无效分蘖的搁田技术

（1）精确确定搁田时间　控制无效分蘖的发生，必须在它发生前 2 个叶龄提早搁田。例如欲控制 $N-n+1$ 叶位无效分蘖的发生，必须提前在 $N-n-1$ 叶龄期当群体苗数达到预期穗数的 80% 左右时断水搁田。土壤产生水分亏缺的搁田效应在 $N-n$ 叶龄期，但对够苗没有影响，被控制的是 $N-n+1$ 叶位对水分最敏感的分蘖芽，使其受到抑制，在 $N-n+1$ 叶龄时不能发生。搁田效应持续 2 个叶龄，同时也使 $N-n+2$ 叶龄无效分蘖被抑制。

（2）搁田的标准　土壤的形态以板实、有裂缝、行走不陷脚为度；稻株形态以叶色落黄为主要指标，在基蘖肥用量合理时，往往搁田 1～2 次即可达到目的。

在多雨地区，搁田常需排水，但在少雨地区，可通过计划灌水来实施，灌 1 次水，待进入 $N-n-1$ 叶龄时，田间恰好断水。

3. 长穗期浅湿交替的灌水技术　水稻长穗期（枝梗分化期到抽穗）既是地上部生长最旺盛、生理需水最旺盛的时期，又是水稻一生中根系生长发育的高峰期，既要有足够的灌水量满足稻株生长的需要，又要满足土壤通气对根系生长的需要。浅湿交替的灌溉技术，一方面满足了水稻生理需水的要求，同时促进了根系的生长和代谢活力，增加了根系中细胞分裂素的合成，从而促进了大穗的形成。

浅湿交替灌溉方法：长穗期田间经常处于无水层状态，灌 2～3cm 水层，待水落干后数日（3～5d），再灌 2～3cm，如此周而复始，形成浅水层与湿润交替的灌溉方式。这种灌溉方式能使土壤板实而不软浮，有利于防止倒伏。

4. 结实期采用浅湿交替的灌溉方式　能显著提高根系的活力和稻株的光合功能，提高结实率和粒重（与长期灌水比较）。

四、主要技术环节

1. 适时精量播种　秧龄控制在 25～30d，亩播种量一般 7kg 左右，用种量 0.6～0.8kg，配合浅水灌溉、早施分蘖肥、化学调控、病虫草防治等措施，达到苗匀、苗壮，秧田在 4 叶期左右看苗施 1 次平衡肥，并在移栽前 3～4d 施起身肥。

2. 宽行稀植，定量控苗　密度 19～20 丛/米^2，株距 20cm，行距 27cm 左右。如单株带蘖少的可插双本，确保每丛 5 个茎蘖。

3. 好气灌溉，发根促蘖　在整个水稻生长期间，除水分敏感期和用药施肥时采用间歇浅水灌溉外，一般以无水层或湿润灌溉为主。做到浅水插秧活棵，薄露发根促蘖，到施分蘖肥时要求田面无水，结合施肥灌浅水，达到以水带肥的目的。当茎蘖数达到每亩 16 万时（约每丛 12 个茎蘖）开始多次轻搁田，每亩最高苗控制在 25 万左右，营养生长过旺的可适当重搁田。倒 2 叶龄期后采用干湿交替灌溉，以协调根系对水气的需求，直至成熟。

4. 精确施肥，提高肥料利用率　一般亩施 750～1 000kg 有机肥、8～9kg 尿素、30kg 过磷酸钙、8～10kg 氯化钾做基肥。栽后 5～6d 每亩施 20kg 复合肥加 3～4kg 尿素、8～10kg 氯化钾做分蘖肥。根据品种生育期的长短和土壤保肥状况，分蘖肥可 1 次施，也可 2 次施。穗肥可在倒 2 叶出生过程中施用，一般亩施 10kg 复合肥。

5. 综合防治，降低病虫草发生　以农业防治为基础，化学防治为关键，辅以生物防治。主要对象为稻瘟病、纹枯病、稻曲病、二化螟、稻纵卷叶螟等。采用化学除草和人工除草相结合的除草方法。

第二节　长江中下游稻区双季稻产量性能优化与高产技术

一、区域特点

该区域包括江苏、安徽、浙江、江西、湖北和湖南 6 省以及上海市在内的长江中下游稻区，其中位于研究区域内的长江中下游平原是中国三大平原之一，面积约 $20 \times 10^4 km^2$，水稻种植面积约占平原总面积的 78%。气候属亚热带温暖湿润季风气候。年平均气温 14～18℃，最冷月平均气温 0～5.5℃，最热月平均气温 27～28℃，无霜期 210～270d，≥10℃ 积温 4 500～6 500℃，日照时数 700～1 500h，年降水量 800～1 400mm，集中于春、夏两季。大致情况如表 9-3。

表9-3 长江中下游稻双季稻区区域特点

省（区）	安徽，江苏，浙江，江西，湖南，湖北
主要种植制度	双季稻，稻—麦，稻—玉，再生稻
气候特征	亚热带温暖湿润季风气候
热量（℃）	4 500～6 500
全年降水量（mm）	800～1 400
稻作生长季（d）	220～240
主推品种	早稻（陵两优268、陆两优996、中嘉早17，鄂早18，金优458），晚稻（金优299，天优华占，C两优396，中九优288，天优998）
主推技术	1. 旱地安全直播，双季抛秧技术 2. 宽窄行栽插 3. 半旱式灌溉，间歇灌溉

二、双季稻超高产产量性能优化与栽培技术

（一）双季稻超高产产量性能动态变化特征

水稻超高产的实现是产量性能高度优化，各项参数间良好协调的结果。确定了这7项参数就可按照参数值和主要措施对参数的调节效应进行栽培技术的定量化确定。

通过对长江中下游双季稻超高产田分析发现（表9-4），早稻亩产700kg左右时要求的光合性能主要参数为 $MLAI3.0～3.5$、$D130～135d$、$MNAR3.5～4.0g/(m^2 \cdot d)$、$HI0.45～0.50$；产量构成为 $EN250～300$ 万/hm^2，$GN120～125/$穗、$GW25～26g$。晚稻实现亩产700kg左右时要求同样的产量性能参数。根据双季稻产量形成特点可以看出，实现早稻的高产要做好培育壮秧，促进早发，提高分蘖成穗率，以增加每亩有效穗数和每穗总粒数；实现晚稻高产主要改善植株后期营养条件，以提高结实率和千粒重。

表9-4 双季稻超高产产量性能

作物	叶系统参数			穗粒系统参数				产量
	$MLAI$	D	$MNAR$	HI	EN	GN	GW	（kg/hm^2）
早稻	3.0～3.5	115～120	4.0～4.5	0.52～0.55	300～330	125～130	25～26	9 500～10 500
晚稻	3.5～4.0	130～135	4.0～4.2	0.50～0.54	300～330	145～150	25～26	10 000～11 000

（二）双季稻超高产典型与技术模式

1. 长江中游双季稻"垄厢式栽培、半旱式灌溉、实地氮肥管理、增穗防衰"超高产栽培技术模式（引自湖北省粮食丰产科技工程） 采用垄厢式栽培，通过半旱式管理并结合以实地氮肥管理技术为核心的养分综合管理措施，在湖北省武穴市大金镇从2005年起连续定位，探索超高产定位攻关田与相邻农民习惯田块的可持续高产稳产特性。2005—2009年连续5年定位试验中，超高产田块早稻产量9.12～10.20t/hm^2，平均9.78t/hm^2；

晚稻产量 9.03～10.01t/hm²，平均 9.40t/hm²；同田周年产量 18.27～19.94t/hm²，平均 19.18t/hm²。采用超高产栽培技术模式 5 年平均产量比农民习惯栽培模式早稻、晚稻和周年产量平均增产幅度分别为 55.48%、42.21% 和 49.20%，表现出显著的增产效应和较好的高产稳定性，实现了预期目标（表 9-5）。

表 9-5　长江中游双季稻不同栽培模式产量比较

年份	早稻（t/hm²）		晚稻（t/hm²）		周年（t/hm²）		年增产率（%）
	超高产	习惯	超高产	习惯	超高产	习惯	
2005	9.59	6.20	9.99	6.22	19.58	12.42	57.60
2006	10.20	7.03	9.03	7.26	19.23	14.29	34.60
2007	9.12	5.75	9.15	6.17	18.27	11.92	53.30
2008	9.93	6.14	10.01	7.38	19.94	13.52	47.40
2009	10.06	6.32	8.83	6.02	18.89	12.34	53.08
平均	9.78	6.29	9.40	6.61	19.18	12.90	49.20
CV（%）	4.42	7.42	5.93	9.89	3.35	7.58	18.15

2. 长江下游"多元培肥、垄畦高密、干湿交替、扩库强源增穗增粒"双季稻—冬油菜（绿肥）栽培技术模式（引自浙江省粮食丰产科技工程）　对已构建的双季稻垄畦高密、控湿增氧、扩库强源、增穗增粒超高产栽培模式进行优化再创新，形成了双季稻—油菜（绿肥）栽培模式。在江山市长台镇华峰村基地实施，0.56hm² 攻关田，双季稻亩产 1 253.5 kg；8.67hm² 定位示范田，平均亩产 1 157.2kg；江山市枫林镇的千亩示范片，平均亩产 1 034.6 kg。超高产地块产量性能参数为 MLAI 为 3.0～3.5、D130～135d、MNAR 3.5～4.0g/（m²·d）、HI0.45～0.50、EN250 万～300 万/hm²，GN 120～125/穗，GW25～26g（图 9-3）。

3. 湘中双季稻高产区"双超"栽培技术体系（引自湖南省粮食丰产科技工程）　针对湘中高产区双季稻产量高，同时氮肥用量过高、高产稻田倒伏现象重、双季稻田持续增产难度大等问题，以超级杂交稻品种为基础，结合早稻软盘旱育、晚稻稀播壮秧、节氮施肥、湿润灌溉及病虫无害化控制技术，创新形成了"双超"节氮抗倒栽培关键技术。应用该技术体系，2007 年在浏阳核心试验区 1.39hm² 超高产攻关田实现了亩产 1 200kg 的高产目标（图 9-4），2008 年"双超"早稻陆两优 996 经专家测产亩产高达 595.9kg，千亩"双超"早稻陆两优 996 平均亩产 550kg 以上。

4. 双季稻"三高一保"综合技术模式（引自江西省粮食丰产科技工程）　针对江西省水稻生产上成穗率低，结实率低及充实度差等特点，采用水稻栽培前期的培育壮秧技术，生长中期的控制无效分蘖技术和优化施肥技术及后期防早衰技术，每年建设超高产公关试验田 3.33hm²，2006—2009 年双季稻亩产达到 1 290.77kg，比项目实施的前三年平均亩增产 10.95%，超过了双季稻亩产 1 250.0kg 的指标，增产总量 22.8t；2010 年早稻平均亩产 601.6kg，增产较前 3 年总量为 1.89t。产量的显著提高主要体现在单位面积有效穗增加，结实率提高，充实度较高（表 9-6）。

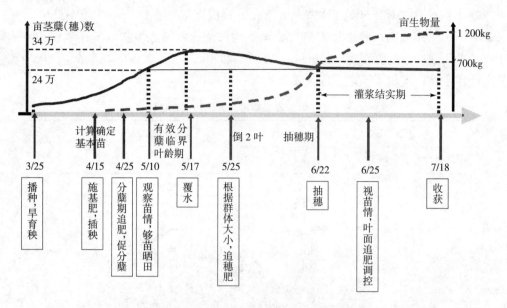

图 9-3 超级稻高产栽培模式及群体结构指标

图 9-4 湖南浏阳双季稻超高产田

（湖南粮食丰产科技工程项目，2010）

表 9-6 两种栽培方式产量及考种结果

季别	年份	处理	株高（cm）	有效穗数（万/hm²）	每穗粒数（粒）	结实率（%）	充实度（%）	千粒重（g）	实收产量（kg/hm²）
早稻	2009	三高一保	100.9	402	93.43	84.97	87.53	24.86	7 665.00
		常规栽培	99.4	340	96.30	82.59	87.03	24.71	6 495.00
	2010	三高一保	92.9	360	109.60	80.06	84.72	23.38	7 070.00
		常规栽培	90.9	300	115.19	76.77	83.83	23.14	6 300.00
晚稻	2008	三高一保	96.3	341.67	152.80	73.53	92.96	23.20	9 070.83
		常规栽培	94.5	285.00	150.02	71.28	90.71	22.47	7 575.00
	2009	三高一保	108.2	365	165.5	81.0	95.82	22.14	9 350.00
		常规栽培	102.8	330	158.3	76.1	93.88	21.63	8 300.00

三、双季稻大面积高产典型与技术模式

(一) 双季稻 "早直晚抛" 简化栽培模式 (引自湖北省粮食丰产科技工程)

在早稻鄂早18与晚稻中九优288搭配、茬口安排、适宜直播播量、旱育保苗旱育秧、抛秧密度、配方施肥、病虫草害综防等轻简高效技术的基础上,组装集成 "双季稻早直晚抛轻简高效技术" 体系 (表9-7),2007年千亩示范片平均亩产达到了1 099.4kg,2006—2009年4年累计推广5万 hm²,具有明显的经济和社会效益。

表9-7 双季稻周年高产栽培参数

栽培技术参数	早稻 (两优287)	晚稻 (T优207)
每亩栽插密度	2.5万蔸	2.5万蔸
每亩基本苗	5万	7.5万
移栽秧龄	20d	30d
亩有效穗	22万	22万
每穗粒数	130粒	155粒
结实率	90%	80%
千粒重	25g	25g
全生育期	110d	135d
预期理论亩产量	700kg	750kg
实收亩产量	649kg (2007年)	690kg (2007年)
	662.5kg (2008年)	666.7kg (2007年)

(二) 吉泰盆地双季稻轻简栽培标准化技术模式 (引自江西省粮食丰产科技工程)

针对吉泰盆地中低产区劳动力紧张、产量低和效益差的现状,以水稻抛秧技术、直播技术、免少耕栽培技术、机械化生产技术等轻简技术为基础,结合合理密植、配方施肥、地力培育、防早衰等技术的应用,建立双季稻持续平衡增产的调控技术。在泰和、吉安、吉水、永新、兴国、万安、峡江7个县辐射面积25.18万 hm²,2006—2010年双季平均亩产794.46kg,比前三年增产3.69%,达到计划面积23.33万 hm² 和亩产790kg的指标要求,总增产425 425.1t;2010年早稻平均亩产386.0kg,较前三年增产总量达36 500.5t。

(三) 鄱阳湖平原双季稻高产标准化生产技术 (引自江西省粮食丰产科技工程)

以高产性、稳产性、抗病性品种为基础,将盘旱育秧、宽行窄株、间歇灌溉、优化施肥、综合防治病虫害、育秧肥育秧、精确施肥、浅湿十循环灌溉、高效低毒农药、稻草还田、绿肥冬壮春发等技术进行组装配套,在鄱阳湖平原双季稻区进行示范推广,实现持续丰产。在南昌、进贤、南城、余干、都昌、临川、星子、永修、丰城、高安、渝水11个县 (市、区) 辐射面积38.16万 hm²,2006—2009年,双季稻平均亩产825.6kg,比前三

年增产 5.08%，超过了计划面积 36.67 万 hm² 和亩产 810kg 的指标，总增产 902 046.3t；2010 年早稻平均亩产 402.5kg，较前三年增产总量达 77 682.6t。

第三节 南方再生稻产量性能优化与高产技术

一、区域特点

南方适宜种植再生稻的区域为北纬 32°以南的低山丘陵平原区，包括西南丘陵平原区、四川盆地东南部丘陵河谷，长江中下游以南的低山丘陵、平原及湖区，华南丘陵平原区，云南南部低纬中海拔的河谷，贵州低海拔河谷等。

本区域属中亚热带至南亚热带气候，光温丰富，雨水充沛，水稻安全生长季 210d 以上，生长季内积温 5 000℃以上，日照 1 000～1 500h，降水 900～1 500mm。3～6 月为雨季，常绵雨寡照，气温较低，"断梅"后转为晴热天气。光温以 7～8 月份最丰富，9 月份次之。7 月下旬至 8 月中下旬间有伏旱高温出现，沿海地区 7～9 月份还时有台风暴雨袭击，引发平原低地涝害。中亚热带地区从 9 月中下旬起，开始出现危害再生稻开花受精的秋寒（表 9-8）。

表 9-8 南方再生稻区区域特点

地 区	西南丘陵平原区、四川盆地东南部丘陵河谷，长江中下游以南的低山丘陵、平原及湖区，华南丘陵平原区，云南南部低纬中海拔的河谷，贵州低海拔河谷
主要种植制度	双季稻，单季稻，再生稻
气候特征	中亚热带至南亚热带气候
热量（℃）（∑t≥10℃）	>5 000
全年降水量（mm）	900～1 500
稻作生长季（d）	>210
主推品种	汕优 63，威优 63，特优 63，d 优 63，d297 优 63，协优 72，汕优 72，汕优 64，威优 64，汕优桂 32
主推技术	1. 畦栽沟灌：稻田耕耙拉平后四周开环沟，畦厢上种稻；长期保持土壤湿润透气状态 2. 再生稻促头季茎生腋芽成穗技术 3. 再生稻化控技术 4. 间歇灌溉，精量施肥

二、再生稻超高产产量性能优化与栽培技术

（一）再生稻超高产产量性能动态变化特征

为研究超高产栽培提供明确的调控目标，整理分析了一批超高产田的库源结构数据，从中分析超高产库源主要构成因素的量化指标特征规律（表 9-9）。

表 9-9　再生稻超高产田的产量构成

季别	杂交组合	稻谷产量 （kg/hm²）	每平方米 穗数（穗）	每穗粒数 （粒）	每平方米总 粒数（粒）	结实率 （%）	千粒重 （g）
头季	油优明 86	13 562±336	325.8±21.1	150.6±8.1	48 923±1 097	93.8±1.1	29.6±0.4
	Ⅱ优明 86	12 633±593	253.9±19.1	189.1±10.1	47 899±2 550	91.7±2.7	29.0±0.2
	Ⅱ优航 1	13 079±858	257.5±17.5	187.2±11.5	48 142±3 620	94.5±1.9	29.0±0.4
再生季	油优明 86	8 025±705	596.1±0.1	53.1±4.3	31 650±2 560	93.7±0.9	27.0±0.4
	Ⅱ优明 86	7 835±547	495.2±26.6	64.9±5.7	32 048±2 357	92.9±1.6	26.3±0.3
	Ⅱ优航 1	8 296±410	481.8±55.4	72.5±8.4	34 506±1 822	92.4±2.2	26.3±0.7

表 9-9 列出 3 个再生稻品种超高产库构成因素的量化指标：头季每亩产量 800～900kg 的库容量，为每平方米 4.5 万～5.2 万粒，千粒重 28.6～29.6g，其穗粒组合，中穗型的油优明 86，穗数较多（每平方米 300～350 穗），每穗粒数较少（140～160 粒）；大穗型的Ⅱ优明 86 和Ⅱ优航 1 号，穗数较少（每平方米 240～270 穗），每穗粒数较多（180～200 粒）。

再生季每亩产量 500～580kg 的库容量为每平方米 3.0 万～3.6 万粒，千粒重 26～27g，其穗粒组合，中穗型的油优明 86，穗数较多（每平方米 600 穗左右），每穗粒数较少（50～57 粒）；大穗型的Ⅱ优明 86 和Ⅱ优航 1 号，穗数较少（每平方米 430～530 穗），每穗粒数较多（60～80 粒）。

再生季与头季相比，每穗粒数减少 60%～65%，千粒重减轻 10% 左右，穗数增加 80%～100%。看来，大力提高腋芽萌发率，形成比头季多 1 倍的穗数，是再生季实现超高产的关键所在。

（二）再生稻超高产典型及技术模式

1. 再生稻（双季）**超高产栽培技术模式**（引自福建省粮食丰产科技工程）　采用"头季稻大库丰源，再生季促腋芽高成穗"为核心的再生稻（双季）超高产栽培技术模式，其干物质积累运转和叶面积动态如图 9-5 所示。在福建省尤溪县麻阳村基地实施，0.67hm² 定位攻关田的头季平均亩产 976.2kg，再生季亩产 572.5kg，同地两季合计亩产 1 548.7kg。连续 7 年双季亩产突破 1.5t，创世界和我国再生稻高产纪录。

2. 再生稻超高产栽培技术要点

（1）因地制宜，选用良种　选用头季产量高、再生力也高的杂交水稻晚熟组合作再生稻栽培。

（2）适时播种，培育壮秧　在春季旬平均气温升达 12℃ 的初旬抢晴播种。采用旱育秧技术，稀播匀播。每 100m² 播种 4kg，播后覆盖塑料薄膜保温，2～3 叶期趁晴暖天气揭膜炼苗，每 100m² 秧田用 5% 多效唑 15g 对水稀释喷洒，促进分蘖，控制苗高。5～6 叶龄移栽。

（3）畦厢式栽培，间歇性沟灌　稻田耕耙拉平后，按 1.8m 幅距开一条沟，沟深 20 cm，沟宽 30cm，畦宽 150cm。田四周开环沟。畦厢上种稻，每畦栽 9 行，株距

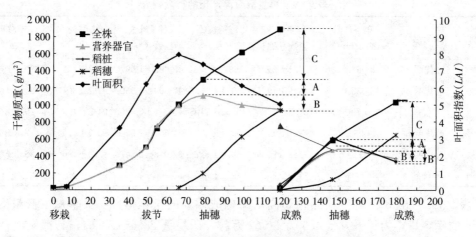

图 9-5 再生稻干物质积累运转和叶面积动态

16.7cm，或者每畦栽 7 行，株距 13.3cm。移栽后 20～25d 有效分蘖期内浅水淹灌。每丛水稻萌发 8～10 个茎蘖时排水烤田，烤至畦面微裂、足踏有印不陷泥为度。烤田后实行间歇性沟灌，每次只灌半沟水，渗干后晾田 2～3d 再灌 1 次半沟水，如此周而复始，至再生季收割前 10d 排水干田。长期保持土壤湿润透气状态。

（4）平衡施肥，重施催芽肥和壮苗肥　一般再生稻头季稻每 100kg 稻谷需施纯氮量 1.8～2.0kg、五氧化二磷 0.8kg、氧化钾 1.8kg，氮、磷、钾比为 1：0.42：1。磷肥作基肥施用，钾肥作分蘖肥和穗肥分施。氮肥按基肥占 35%，促蘖肥占 25%，烤田后接力肥占 10%，穗肥占 20%，粒肥占 10% 分施，从而达到氮磷钾配比适宜、前中后期营养平衡。再生季则要求重施催芽肥和壮苗肥，即在头季稻齐穗后 15～20d，每亩施尿素 15～20kg 为催芽肥。为防止高浓度肥料对腋芽造成损伤，一般采取分两次隔日施下。在收割留桩后 3d 内，结合灌溉，再施尿素 5kg 为壮苗肥，促进再生芽生长，出苗整齐，达到按时抽穗扬花，提高结实率。

（5）适时收割头季稻，掌握留茬高度　头季稻十成黄熟时收割，充分利用成熟末期的光合产物哺育待机萌发的腋芽。在倒 2 节间中部（或倒 3 叶枕处）平割，留桩 40～45cm，以保留具有生理优势的倒 2 节位腋芽，并保留尽量多份额的稻桩贮藏性干物质，收割后源源输向再生分蘖。

（6）再生季管理　在再生季抽穗 60%～70% 时，每亩用赤霉素 2g 对水稀释喷雾，促进基部分蘖的穗颈抽长，提高抽穗整齐度和籽粒充实度。

三、再生稻大面积高产典型与技术模式（引自福建省粮食丰产科技工程）

针对再生季产量不稳定、再生腋芽幼穗分化诊断难、芽肥施用难掌握等难点问题，集成了以"头季稻大库丰源、再生季促腋芽高成穗"为核心的再生稻（双季）超高产栽培技术模式。该模式在福建省尤溪县西城镇麻洋村实施，0.67hm² 攻关田头季稻亩产多超过 900kg，再生季稻亩产多超过 550kg，3.33～6.67hm² 示范片头季亩产多超过 800kg，再生稻亩产多超过 500kg。由于再生稻超高产示范片的辐射带动，尤溪县辐射推广每年 5 333～6 667hm² 万，头季稻亩产 600kg 左右，再生稻亩产 300kg 左右，年亩产 900kg，比当地单季稻平均亩产 556kg 增产 60％（表 9 - 10）。

表 9 - 10　再生稻研究基点及辐射推广田历年亩产量

| 年份 | 攻关田 | | | | 示范片 | | | | 辐射推广田 | | | | |
	面积 (×667m²)	头季产量 (kg)	再生季产量 (kg)	年产量 (kg)	面积 (×667m²)	头季产量 (kg)	再生季产量 (kg)	年产量 (kg)	头季面积 (×667万 m²)	头季产量 (kg)	再生季面积 (×667万 m²)	再生季产量 (kg)	年产量 (kg)
2003	10	904.3	582.8	1 487.1	100	815.4	559.6	1 375.0	8.33	579	7.16	296	875
2004	10	971.9	543.6	1 575.5	100	928.3	521.4	1 449.7	10.05	587	7.93	298	885
2005	10	826.4	585.0	1 411.4	100	731.2	500.4	1 231.6	9.39	602	8.29	300	902
2006	10	880.8	521.2	1 402.0	100	820.0	506.0	1 326.0	9.38	603	8.32	298	901
2007	10	955.6	571.5	1 527.1	50	824.7	511.4	1 354.1	9.68	604	8.53	267	871
2008	10	960.2	576.8	1 537.0	50	871.5	524.4	1 395.9	9.85	605	8.67	303	908
2009	10	976.2	572.5	1 548.7	50	845.9	477.5	1 323.4	10.00	603	6.76	287	890
平均	10	925.1	564.8	1 498.4	78.57	833.9	514.4	1 350.2	9.53	598	7.95	293	890

第四节　南方单季中稻产量性能优化与高产技术

一、区域特点

以秦岭—淮河一线为界，我国稻区可以分为南方和北方 2 个稻区，南方稻区集中了 90％以上的稻田。根据稻作区域的自然条件、品种类型、耕作制度以及行政区域等特点，南方稻区又可划分为 3 个稻带：华南湿热双季稻作带，华中湿润单、双季稻作带和西南高原湿润单季稻作带。其中以一季稻栽培为主的区域包括华中湿润单、双季稻作带和西南高原湿润单季稻作带。这两个区域的大致情况如表 9 - 11 所示。

表 9 - 11　华中湿润单、双季稻作带和西南高原湿润单季稻作带区域特点

名　称	华中湿润单双季稻作带	西南高原湿润单季稻作带
地区	江苏、上海、浙江、安徽、江西、湖南、湖北、四川及陕西、河南两省南部	云南、贵州、青海、西藏和四川甘孜藏族自治州
主要种植制度	单季稻，双季稻	单季稻
气候特征	中亚热带和北亚热带气候，温暖、湿润	亚热带温带湿润和半湿润高原季风气候
热量(℃)($\sum t \geq 10℃$)	4 500～6 000	3 000～6 500
全年降水量（mm）	>1 000	1 000 左右
稻作生长季（d）	200～260	190～220

（续）

名　称	华中湿润单双季稻作带	西南高原湿润单季稻作带
主推品种	陆两优996，扬两优6号，Ⅱ优838，川香优2号，徐稻3号，武运粳21，南粳44	准两优527，两优2186、云光17号、川香优2058、D优527、Ⅱ优838、Ⅱ优63、岗优725
主推技术	1. 畦栽沟灌：稻田耕耙拉平后四周开环沟，畦厢上种稻；长期保持土壤湿润透气状态 2. 宽窄行栽插 3. 半旱式灌溉，间歇灌溉 4. 间歇灌溉；精量施肥	1. 壮秧稀植技术 2. 精确灌溉技术 3. 精确施肥技术

二、南方单季中稻超高产产量性能优化与栽培技术

（一）南方单季中稻超高产产量性能动态变化特征

水稻高产超高产的形成是产量性能参数高度协调的结果，确定了这7项参数就可按照参数值和主要措施对参数的调节效应进行栽培技术的定量化确定（表9-12）。

表9-12　单季稻超高产产量性能

作物	叶系统参数			穗粒系统参数				产量 （kg/hm²）
	MLAI	*D*	*MNAR*	*HI*	*EN*	*GN*	*GW*	
水稻	3.5～4.0	151	3.5～4.0	0.5～0.52	280～320	130～160	25～30	12 000～13 500

通过对单季中稻超高产田分析发现，亩产 800～900kg 时要求的光合性能主要参数为 $MLAI$ 3.5～4.0，D1151d，$MNAR$ 3.5～4.0g/（m² · d），HI 0.50～0.52；产量构成为 EN 280 万～320 万/hm²，GN 130～160/穗，GW 25～30g。根据单季中稻产量形成特点可以看出，实现中稻的高产要做好培育壮秧，促进早发，提高分蘖成穗率，增加每亩有效穗数和每穗总粒数；改善植株后期营养条件，以提高结实率和千粒重。

（二）南方单季中稻超高产典型及技术模式

1. 长江中游超级杂交中稻超高产栽培技术模式（引自湖南、湖北省粮食丰产科技工程）　针对超级杂交稻超高产实现要求土壤肥力高和生态条件较优的特点，超高产的生态障碍因素多、栽培管理较复杂等问题，采用"水稻精量穴直播、施肥、起垄机"等多项关键技术，分别在湖南回隆基地、浏阳基地和湖北荆州基地实施，获得显著增产效果。其中：湖南回隆县牛形嘴基地的 0.3hm² 攻关田，平均亩产 849.3kg，同比当地平均亩产提高 64％；浏阳永安基地 0.37hm² 定位攻关田，亩产 737.6kg，同比当地超级杂交中稻亩产提高 14.3％；湖北荆州基地 0.2hm² 定位攻关田亩产 736.6kg，同比当地超级杂交中稻亩产提高 22％。在以上 3 个基地县进行 6.67hm² 以上高产示范片和 333.3hm² 以上大面

积应用均取得显著成效。

2. 四川盆地麦（油）茬杂交中稻超高产强化栽培技术（引自四川省粮食丰产科技工程）　采用中、大苗三角形强化栽培，适当降低群体起点，促蘖早发，优化群体质量，塑造超高产理想株型，扩"库"增"源"的密、肥、水核心调控技术，形成了"嫩秧早栽、稀植壮株、湿润强根、控苗壮秆、足肥高产"的强化栽培技术模式。2006—2010 年在广汉、郫县、东坡和泸县 4 个核心区累计建设 49.67hm² 超高产攻关田（图 9-6）。超高产攻关田验收产量全部超过目标产量，其中，2008 年广汉核心区超高产攻关田一季中稻现场验收亩产 853.51kg，创造了四川盆地水稻高产新纪录。

图 9-6　四川盆地杂交中稻超高产田

3. 特殊生态区（云南）水稻超高产精确定量设计栽培技术模式　通过在云南涛源基地的定位试验和涛源、南京两地的定位比较试验研究，完善和优化了已建立的特殊生态区水稻超高产精确定量设计栽培技术模式。通过该技术模式应用，水稻生产取得了显著的增产节本增收的效果。其中，涛源攻关基地的 0.67hm² 定位超高产田，平均亩产 1 300kg，比当地高产田提高 44.4%，实现连续 4 年亩产突破 1 200kg 的超高产典型；在云南期纳等 6 县建立的 1 347hm² 示范片，平均亩产 823.26kg，同比当地前 3 年亩产提高 13%～21%；在保山县等 8 县大面积应用 2.54 万 hm²，平均 772.06kg，同地当地平均亩产水平提高 8.0%～12.9%。

4. 长江下游稻麦可持续性超高产（引自江苏省粮食丰产科技工程）　采用"增粒"（增加每穗粒数）、"促储"（促进花前茎鞘物质的储存）、"攻弱"［攻弱势花（粒）灌浆］、"调根"（调控根系激素信号产生）的超高产栽培模式，在东海农场稻麦周年超高产攻关田（＞1.33hm²），经专家验收，冬小麦亩产 662.8kg，同地麦茬水稻亩产 856.2kg，同地稻麦两作亩产 1 519kg，实现了 2007—2009 年连续 3 年稻麦周年亩产突破 1 500kg 的典型（表 9-13）。与当地平均水平比较，超高产攻关田 4 年增产 31.6%，经济效益提高 73%，每亩增收 564.5 元，氮肥农学利用效率（施用每千克氮所增加的籽粒产量）提高了 63%；灌溉水利用效率（灌溉每吨水所生产的籽粒产量）提高 73%；太阳辐射利用效率（作物生长期内有效太阳辐射量所生产的籽粒产量）提高 32%。

表 9 - 13　长江下游水稻小麦超高产创建历年产量情况

年份	水稻亩产（kg）	小麦亩产（kg）	水稻＋小麦亩产（kg）
2005	744	624	1 368
2006	783	642	1 425
2007	851	643	1 494
2008	852	650	1 502
2009	856	662	1 518

三、南方单季中稻大面积高产典型及技术模式

1. 中稻"壮足大"高产栽培技术模式（引自湖北省粮食丰产科技工程）　采用沙床旱育、抛寄、化控调节等技术培育壮秧，插足基本苗，控制最高苗，保证足穗，通过精量施肥及适当的调控保证大穗大粒。2009 年 9 月 24 日在湖北专家组现场验收，经过实地收割，脱粒，除杂，含水量测定，实地称重，两块试验田实收稻谷平均亩产达 907.8kg（表 9 - 14）。2007—2009 年分别在粮食丰产工程实施县示范推广，平均亩产 660.0kg，推广总面积 8.55 万 hm²，总增加产量 8 017.0 万 kg，新增纯收入 14 478.1 万元。

表 9 - 14　单季中稻高产栽培产量构成参数

品　种	总穗数（万穗/hm²）	总粒数（粒/穗）	结实率（%）	千粒重（g）	实际亩产量（kg）
扬两优 6 号	18.64	210.00	90.00	29.00	907.80
珞优 8 号	19.50	177.80	89.80	29.00	855.00
天两优 2 号	17.10	197.00	88.20	29.00	811.60
两优 234 号	17.80	186.00	91.70	29.00	828.50

2. 全程地膜覆盖水稻高产栽培模式（引自湖北省粮食丰产科技工程）　选用大穗型高产品种Ⅱ优 084、Ⅱ优 838，以地膜覆盖技术和全层施肥技术为核心技术，配合直播、稀植；水肥调控，后期防早衰，病虫综合防治技术；节水灌溉技术，2006—2009 年示范800hm²，平均亩产 669.3kg，增 17.9%，亩增收 132.2 元，累积增收 158.64 万元；4 年辐射累计 1.33 万 hm²，平均亩产 517.8kg，增加 20.7%，亩增收 88.8 元，累积增收1 776万元（图 9 - 7）。

3. 川中丘陵水稻抗逆丰产关键技术模式（引自四川省粮食丰产科技工程）　针对川中丘陵区水稻生产季节性干旱、前期低温、后期阴雨等逆境危害问题，通过筛选抗逆品种，以地膜覆盖为核心技术，集成旱育秧、厢式免耕、强化栽培和测土配方施肥技术的模式。在四川、广西、云南、广西、河南等省（自治区）示范推广水稻覆膜节水综合高产技术超过 6.67 万 hm²（图 9 - 8）。据统计，在干旱年份普遍亩增产 100～150kg，具有显著的经济效益。

图 9-7　湖北省全程地膜覆盖水稻高产栽培模式

图 9-8　川中丘陵水稻水稻覆膜节水综合高产技术模式

第十章

小麦产量性能优化与高产栽培

小麦生产在粮食作物生产中占有举足轻重的地位，全世界有 1/3 以上的人口以小麦为主粮。小麦的营养价值较高，用途广，籽粒中富含人体必需的多种营养物质。籽粒中碳水化合物（主要是淀粉）含量 60%～80%，蛋白质 8%～15%（有些品种高达 17%～18%），脂肪 1.5%～2.0%，矿物质 1.5%～2.0%。此外，籽粒还含有多种维生素。小麦在作物种植制度中占有重要地位。小麦可利用冬季低温季节生长发育，可和多种作物间、混、套作提高复种指数。小麦适应性广，增产潜力大，在世界粮食贸易中占有突出的地位，因此发展小麦生产成为世界粮食作物生产的重点。小麦在我国粮食发展中也占有突出地位。

第一节 小麦的生产现状与高产途径

一、小麦分布

1. 世界小麦分布 世界小麦分布极广。小麦的种植主要集中在北纬 25°～55°和南纬 25°～40°的温带地区。主要分布在 5 个大地带，其中北半球 4 个：一是自西欧平原向东，经中欧平原、东欧平原南部到西西伯利亚平原南部；二是西起地中海沿岸，向东经土耳其、伊朗到印度河—恒河平原；三是北起中国的东北平原，向南经华北平原、黄土高原，到长江中下游平原；四是北美洲中部的大草原，自加拿大中南部至美国中部。4 个大地带占世界小麦总产量的 90%以上，其中亚欧大陆小麦产量占世界 3/4。南半球的小麦带包括南非，向东经澳大利亚南部、新西兰坎特伯里平原到南美阿根廷潘帕斯草原，呈一个不连续的生产地带，占世界小麦总产不足 10%。小麦生产大国是中国、俄罗斯、美国，约占世界总产量的 50%。

2. 中国小麦分布 小麦分布遍及全国各省（自治区、直辖市）。全国冬小麦面积约占小麦总面积的 90%以上，主要分布在长城以南，主产省份有河南、山东、河北、江苏、安徽等省。春小麦播种面积不足 10%，主要分布在长城以北。根据各地域的气候特征、地势地形、土壤类型、品种生态类型、种植制度以及栽培特点和播种、成熟期早晚等，将小麦种植区划分为十大生态区，即：东北春麦区、北部春麦区、西北春麦区、新疆冬春麦区、青藏春麦冬麦区、北部冬麦区、黄淮海冬麦区、长江中下游冬麦区、西南冬麦区、华南冬麦区（图 10 - 1）。

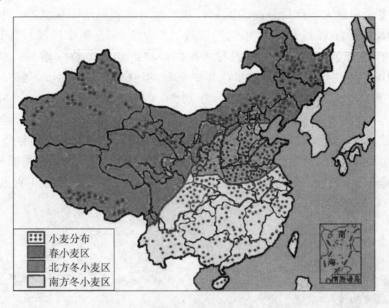

图 10 - 1　中国小麦分区

二、小麦生产能力

1. 世界小麦生产能力　目前世界小麦播种面积 2 亿多 hm^2，总产 5 亿多 t，居世界各种作物之首。小麦的种植面积大约 22 556 万 hm^2。20 世纪 60 年代以来，世界小麦总产持续增长。总产增加主要是由于单产大幅度提高，其中 70 年代比 60 年代、80 年代比 70 年代平均分别提高 30% 左右，90 年代比 80 年代约提高 17%。21 世纪最初几年的平均数比 20 世纪 90 年代约提高 7%。目前，世界小麦单产较高的国家主要有法国、德国、英国、荷兰、比利时、丹麦等，单产水平在 6 500～8 200kg/hm^2，是世界平均单产的 2.5～3.0 倍。就世界小麦收获面积而言，20 世纪 60 年代以来，一直稳定在 2.1 亿～2.3 亿 hm^2。在中国、俄罗斯、美国主要产麦国 10%～40% 的耕地用于发展小麦生产（图 10 - 2）。

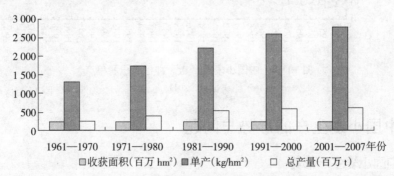

图 10 - 2　世界小麦种植面积、产量和单产

（贺德先，2008）

2. 中国小麦生产能力　小麦在我国的种植面积和总产仅次于水稻，居第二位，是世界种植小麦面积最大、产量最高的国家，其产量的发展经历了从低产—中产—高产 3 个阶段，大体时间为 1949—1980 年低产阶段、1980—1995 年中产阶段、1995 至今高产阶段。新中国成立以来，小麦面积有所扩大，单产和总产持续增长。从 1949 年至 2007 年，中国小麦生产取得长足进步，其中 1997 年前小麦生产稳步向前发展，1997 年面积、总产和单产创历史最高水平，分别为 3 005.708 万 hm²，12 328.68 万 t，4 101kg/hm²，1998 年后由于农业结构调整，种植面积减少，总产呈下滑趋势，2004 年后由于国内粮食供求偏紧、粮食直补政策与免农业税等，播种面积有所恢复。2011 年中国小麦达到历史最高，总产 11 518.1 万 t，占全球总产量的 17.8%，种植面积为 2 425.6 万 hm²，亩产 316.567kg。其中小麦生产大省河南、山东、河北、安徽 4 省占全国小麦产量的 65.8%（图 10-3）。

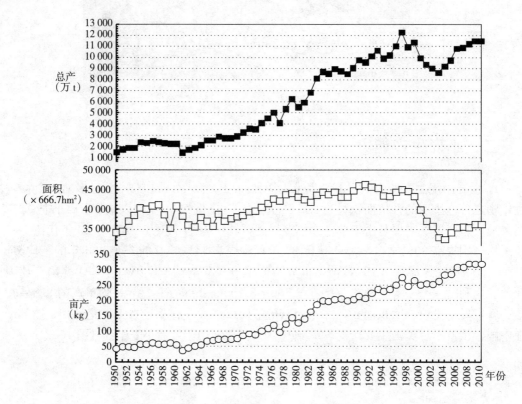

图 10-3　中国小麦总产量、种植面积和单产

（王振林，2011）

三、中国小麦生产的形势与问题

（一）中国小麦生产形势

1. 小麦总产量高，消费量大　小麦种植面积占我国粮食作物总面积的 22% 左右，产量占粮食总产量的 20% 以上，是我国主要的粮食作物和重要的商品粮、战略储备粮品

种，在粮食生产、流通和消费中具有重要地位。

2. 小麦种植面积不断下降，单产水平不高　近几年，小麦面积由 20 世纪 90 年代中后期的 2 665 万～3 094 万 hm^2 减少到 2 400 万 hm^2 上下，总产由 20 世纪 90 年代中后期的 1.000～1.233 亿 t 下降到 0.86 亿～0.97 亿 t，面积和总产均下降 10% 以上。而全国小麦年消耗量 1.05 亿 t，这也就形成了 20 世纪 90 年代中后期"丰年有余，库存积压，粮价下跌"和近年"动用库存，粮价上涨"形势。随着耕地面积的不断减少，小麦的种植面积也在相应减少，因此提高小麦的产量，单产的提高作用重大。人多地少是我国的国情，解决我国粮食安全和不断满足人民对小麦产品日益增长的需求根本出路在于不断提高小麦的单产，在主攻单产的同时必须兼顾优质、高效、生态和食品安全问题。我国的小麦种植面积一直在减少，1998 年播种面积 0.298 亿 hm^2，总产 1.097 3 亿 kg；2008 年播种面积 0.236 亿 hm^2，总产 1.124 6 亿 kg。全国 10 年小麦播种面积减少 20.7%（近一亿亩），而单产增长 29.2%，总产增长 2.5%。

（二）小麦生产存在的问题

1. 自然灾害多，抗灾能力差　我国小麦主产区自然灾害多且频繁发生，同时抗灾能力相对较弱，严重影响了小麦的产量形成，是我国小麦稳定增产的限制性因素之一。在 2008 年和 2010 年小麦越冬和返青期间，河南省接连 2 次发生严重干旱，小麦生长受到了极大影响，一些耐旱能力差的品种甚至出现了死苗现象。冬季温度升降幅度加大、倒春寒发生频率增加，常常导致小麦冬季旺长，冬春易发生冻害。而且，倒春寒对小麦的危害往往是难以修复和补偿的，因此比一般的冬季冻害更容易造成减产减收。

2. 良种良法不配套，技术成本高　目前，小麦生产条件发生了根本性变化。品种更新速度加快，3～5 年更新 1 次。但生产技术不配套，管理措施不规范，不能充分挖掘良种的产量潜力，造成了高投入和资源浪费的局面，导致了高投入、低效益现象。加快与良种相配套的栽培管理措施创新是改善现状的有效途径。

3. 技术创新滞后，难以满足生产的需要　目前我国小麦生产技术含量较高。优质高产良种、机械匀播技术、测土配方技术、适期播种技术、氮肥后移技术、一喷三防技术、保优节本增效技术、应变栽培技术等在生产中得到广泛应用，提升了小麦的技术含量。但与更高的小麦产业发展要求还有一定差距，特别是规模化生产水平、肥水高效利用、标准化生产等技术明显低于现代小麦产业发展要求，缺乏先进技术创新，与现代小麦产业发展需求不相符合。

四、小麦产量性能优化与高产技术途径

（一）小麦产量性能形成与高产途径

小麦的产量是产量性能参数在综合栽培管理措施调控下通过相互补偿作用形成的。图 10-4 为小麦的定量设计栽培提供了具体指标及相对应的关键栽培技术措施。将产量性能 7 项指标的最大值定为 1，每个参数均进行归一化处理。在不同产量水平条件下，每个参数的相对最大值"1"代表的实际最大值有所不同，在亩产 500kg 产量水平下，LAI、

NAR、D、EN、GN、GW、Y 的相对最大值"1"分别等于实际的 4.5、8.5、157、706 万/hm^2、45 粒、40g、500kg，HI（收获指数）约为 0.5，在亩产 700kg 产量水平下，LAI、NAR、D、EN、GN、GW、Y 的相对最大值"1"分别等于实际的 5.0、8.3、157、600 万/hm^2、56 粒、42g，收获指数为 0.5 左右。通过图 10-4 中的相对最大值可以对产量形成过程中的产量性能参数进行定量设计和实时定量监测。

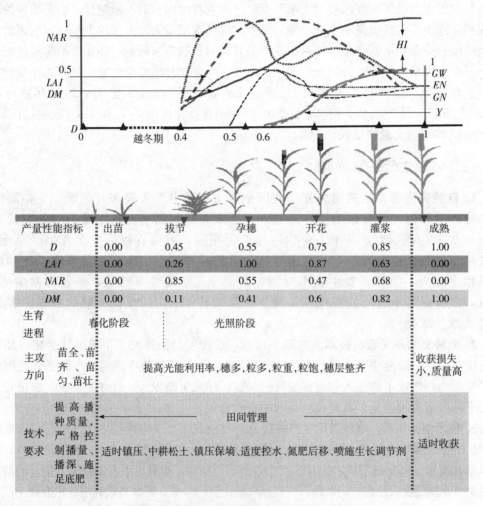

产量性能指标	出苗	拔节	孕穗	开花	灌浆	成熟
D	0.00	0.45	0.55	0.75	0.85	1.00
LAI	0.00	0.26	1.00	0.87	0.63	0.00
NAR	0.00	0.85	0.55	0.47	0.68	0.00
DM	0.00	0.11	0.41	0.6	0.82	1.00

生育进程	春化阶段	光照阶段				
主攻方向	苗全、苗齐、苗匀、苗壮	提高光能利用率，穗多、粒多、粒重、粒饱、穗层整齐				收获损失小、质量高
技术要求	提高播种质量，严格控制播量、播深、施足底肥	适时镇压、中耕松土、镇压保墒、适度控水、氮肥后移、喷施生长调节剂（田间管理）				适时收获

图 10-4 小麦产量性能形成及主要栽培技术

（二）不同产量水平产量性能优化及定量化

小麦产量形成过程是营养生长和生殖生长共同作用的结果，在生长过程中，叶源系统参数间相互协调优化，不同参数间通过相互补偿达到高度协调一致，为穗粒系统的形成奠定物质基础。在生殖生产过程中，叶源系统参数和穗粒系统参数间通过补偿效应机制，使得光合性能参数和产量构成参数达到动态协调，最终实现小麦高产和超高产。

表 10-1 小麦不同产量水平的产量性能参数

叶系统参数			穗粒系统参数				产量（kg/hm²）
MLAI	D (d)	MNAR	HI	EN（穗/m²）	GN（粒/穗）	GW (g)	Y
2.9	151	5.0	0.43	700	39	35	9 500
2.9	152	5.3	0.46	730	40	37	10 500

注：表中的生育期天数指的是有效生育期天数，除去越冬期后的天数，其他指标的计算也做了相应含水量的换算。

产量性能参数间的组合方式不一样，其群体的产量水平也就有所不同（表 10-1），在营养生长和生殖生长过程中产量性能参数的动态特征存在明显差异。赵广才研究提出超高产小麦基本苗每公顷 180 万～225 万，越冬总茎数 900 万～1 200 万，春季最高总茎数 1 350 万～1 650 万，成穗数 675 万～750 万的群体动态结构，其中最高叶面积系数为 7～8，花期有效叶面积率在 90% 左右，高效叶面积率在 75% 左右，抽穗期生物产量在 12 000kg/hm² 左右，收获期在 20 250kg/hm² 以上，经济系数在 0.45 左右。

即使在同一超高产产量水平下，不同栽培技术措施对产量性能参数的动态调控效应不尽一致。在超高产条件下，不同施肥处理的生物量的动态变化，起身拔节期各处理的平均生物量为每公顷 3 465～4 125kg，拔节中后期（ZGS34，即可见第四节间）7 710～8 460kg，抽穗期（ZGS59，即全部花序出现）11 505～12 105kg，收获期 20 100～21 930kg，其中单产超过 9 000kg/hm² 的处理成熟期的生物产量均在 20 250kg/hm² 以上，经济系数均在 0.44 以上。

（三）高产技术途径

1. 产量目标的定量化与高产途径 产量性能参数是定量设计小麦产量的重要指标，不同产量水平群体的产量性能参数构成各不相同，针对不同产量水平产量性能构成特征，采用相应的栽培技术措施，实现预定产量目标。

小麦产量由农民水平上升到超高产水平过程中，产量性能各项指标均有不同程度的提高，其中，MLAI（平均叶面积系数）和 GN（穗粒数）提高程度最大，可见冬小麦在目前产量水平下增大叶面积系数和增加穗粒数是实现产量大幅突破的主要技术途径。

不同产量水平群体在不同栽培措施下产量性能构成表现出不同的特征。王志敏研究，在冬小麦节水省肥高产群体构建中，光合性能参数为：上 3 叶高效叶面积系数 3.5～4.0，旗叶节以上非叶面积系数 4.5～5.0，产量构成参数为：总穗数 50 万～55 万/hm²，产量构成参数和光合性能参数协调指标为："穗数上 3 叶面积 200～250m²。

总之，不同栽培技术措施培创的不同产量水平群体具有各不相同的产量性能构成，通过多年多点试验的结果验证，实现冬小麦不同产量水平群体的精确化定量设计指标（图 10-5）。其中，冬小麦实现 10 000～10 500kg/hm² 产量的产量性能指标为：MLAI（平均叶面积指数）2.75～2.99、D（生育期天数）157d、MNAR（平均净同化率）4.82～5.34、HI（收获指数）0.46～0.48、EN（收获穗数）481 万～527 万穗/hm²、GN（穗粒数）46～53 粒、GW（千粒重）38～46g。

2. 克服障碍因素的高产技术途径

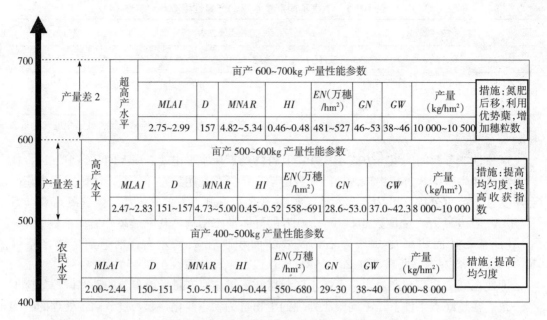

图 10-5　冬小麦不同产量水平群体产量性能优化

实现小麦产量的不断突破，关键在于明确限制小麦产量提高的障碍因子，从小麦限制因子分析来看（表 10-2），在小麦生产中主要存在水分胁迫、土壤贫瘠、栽培管理粗放、肥水利用效率低等问题。

针对水资源匮乏问题，积极蓄水保墒，促根节水，采用节水栽培管理方式，控制单茎叶面积，扩大群体，增加群体中非叶光合面积，形成小叶、多穗、高光效冠层结构，其中，亩穗数 45 万～55 万，旗叶面积 10～15cm²/株，旗叶节以上非叶面积 60～70cm²/株。针对小麦生产中肥水利用效率不高的问题，通过节水省肥、氮肥后移延衰栽培技术措施，促根调水，促进根系发育，延缓根系早衰及地上部增加粒重，提高肥水利用效率，有效提高 $MLAI$、EN、GN、GW。实现节水省肥小麦群体产量的突破。

表 10-2　小麦生产障碍性因素、产生原因及解决途径

障碍因素	产生原因	解决途径
水分胁迫	土壤干旱	蓄水保墒、促根调水
土壤瘠薄	土壤肥力不足	合理施肥
粗种粗管	播种质量不高，栽培管理措施粗放	选用良种，科学管理

五、小麦高产新技术

1. 氮肥后移延衰超高产技术模式　在较高土壤肥力水平条件下，调控优化群体结构的基础上，依据品种分蘖及成穗类型，实行氮肥后移，改传统的返青期或起身期追施氮肥为拔节至拔节后期追肥（雌雄蕊原基分化期至药隔形成期），可以有效地控制无效分蘖过

多增生，控制旗叶和倒 2 叶过长，建立小麦旗叶较挺较短厚的株型；能够促进根系下扎，提高土壤深层根系的比重，提高生育后期的根系活力，有利于延缓衰老提高粒重；能够控制营养生长和生殖生长并进阶段植株生长，有利于干物质稳健积累，减少碳水化合物消耗，促进单株个体健壮，有利于小穗小花发育，增加穗粒数；能够促进开花后光合产物积累和光合产物向产品器官运转，有利于较大幅度地提高生物产量和经济系数，是超高产栽培的关键措施。

2. 以优势蘖利用为核心的"三优二促一控一稳"超高产栽培技术模式 [*]

（1）"三优"　选用具有超高产潜力优质品种，合理利用优势蘖组，优化了产量性能参数，提出了超高产小麦的产量性能定量化指标：每公顷基本苗 180 万～225 万，冬前总茎数 900 万～1 200 万，春季最高总茎数 1 350 万～1 650 万，成穗数 675 万～750 万。最高叶面积系数 7～8，开花期有效叶面积率 90％左右，高效叶面积率 75％左右，抽穗期干物质累积量 12 000kg/hm^2 左右，收获期群体总干物质在 20 250kg/hm^2 以上，花后干物质积累量占籽粒产量的比例 80％左右。

（2）"二促"　一促冬前壮苗，打好高产基础；二促穗多穗大粒重，高产优质。根据超高产小麦对多种营养元素的吸收利用的特点，在施足底肥的基础上，每公顷施纯氮 240～270kg，五氧化二磷 135～165kg，氧化钾 120～135kg，锌、硼肥各 15kg 左右，实现冬前一促，保证冬前壮苗和底肥春用。根据超高产小麦形态生理指标确定氮肥的合理运筹，即为促进冬前分蘖和保证早春壮长，底施氮肥应占计划总施氮量的 40％～50％，雌、雄蕊分化期是小麦生长发育需氮的高峰和关键期，施入计划总施氮量的 40％～50％，扬花期施入计划总施氮量的 5％～10％，既可提高产量，又可改善品质。

（3）"一控"　合理控水控肥，控苗壮长。根据超高产小麦的吸氮特性和生长发育特征及超高产栽培的要求，在返青至起身期严格控制肥水，控制旺长，控制无效分蘖，调节合理群体动态结构，促使植株健壮。结合肥水调控，针对品种特性和苗情，对于有旺长趋势的麦田，于起身期适当喷施植物生长延缓剂，以降低株高，防止倒伏。

（4）"一稳"　后期健株稳管，促粒防衰。根据超高产小麦生育中后期生长发育特点，后期管理以稳为主，适当施好开花肥水，一般可结合灌水每公顷追施 30kg 左右氮素，或结合一喷三防进行叶面喷肥，以促粒大、粒饱，提高粒重，改善品质。同时，做好防病治虫，保证生育后期稳健生长，正常成熟。

3. 节水、省肥、高产、简化栽培技术模式 [**]　基于植株"三体"（株体形态——体形、群体构建——体制、株群质量——体质）高效协调调控的技术指标，提出超高产冬小麦的产量性能参数及其水肥运筹的高产栽培技术模式。选用适应型品种，选用小叶多穗、容穗量大、早熟多花、灌浆速度快的品种。确保高质量播种，晚播情况下增加基本苗，以苗保穗，确保整地和播种质量，防止重播。全部肥料基施，稳氮，增磷，补锌钾，有机无机相结合。在浇足底墒水的情况下，拔节至开花进行限量灌溉，采用春 1 水（拔节或孕穗水）或春 2 水（拔节水＋开花水）。该模式在河北吴桥中国农业大学试验基地实施，连续

---

　[*]　赵广才，2010
　[**]　王志敏，2009

5 年实现同地冬小麦亩产 500kg 以上，实现了冬小麦高产和水肥的高效统一（表 10-3）。

表 10-3　节水、省肥、高产、简化栽培技术模式历年产量

(河北吴桥，2009)

年度	面积（×666.7m²）	冬小麦亩产量（kg）
2004	16（12）	648.2
2005	16	554.3
2006	16	560
2007	16（5.5）	658.6
2008	16（7.6）	600.3
2009	16（5.5）	612.3

注：括号内为验收面积。

4. 冬小麦垄作高产栽培技术模式　针对冬小麦高产田水肥投入大且利用效率不高等问题，山东省农业科学院基于垄作栽培对土壤理化性状，水肥利用，群体内田间湿度及透光率，基部一、二节间性状，旗叶叶绿素含量，籽粒灌浆强度，产量构成因素及产量的影响，对根系发育及活力的影响，对土壤热状况的影响，对光能利用率的影响，对干物质积累的影响，对冬小麦产量性能参数的调控效应，创新性地提出了冬小麦垄作高产栽培技术模式。该模式在高肥水麦田实行起垄种植，把小麦播在垄上，耕层相对加深，通透性提高，革新地面灌水方式，提高水分利用效率，比传统方式节水 30%～40%。革新施肥方式，提高肥料利用率。革新种植方式，增加光能截获量，提高光能利用率。群体内通风透光好。良好的地下、地上生态环境，确保了平原水浇高产小麦的健壮生长发育，旺长、病害、倒伏和早衰四大高产超高产障碍因素得到同步缓解。垄作栽培提高了小麦的经济系数和经济产量等产量性能参数，优化了小麦产量性能指标，垄作栽培优化小麦群体结构与个体功能的关系，最大限度地发挥小麦的边行优势，达到群体适宜、个体健壮、穗足、穗大、粒重之目的，实现了产量性能参数的动态协调，增产 10% 左右。该模式在山东登海种业公司基地实施，连续 6 年实现了同地冬小麦亩产 600kg 以上（表 10-4）。

表 10-4　冬小麦垄作高产栽培技术模式历年产量

(山东莱州)

年份	亩产量（kg）
2003—2004	554.8
2004—2005	702.6
2005—2006	603.1
2006—2007	590
2007—2008	678.47
2008—2009	643.68

六、主要技术环节

1. 选育高抗逆、高产品种，重视各项产量性能指标的选择　高抗、高产、广适品种

的选育是保障小麦高产稳产的重要基础。根据调查，2008年在黄淮海麦区生产上推广种植面积比较大的品种主要有矮抗58、周麦16、周麦18、西农979、新麦19，这5大品种占生产中所有品种的比例达51.9%。2009年在黄淮海麦区生产上应用面积较大的品种主要有矮抗58、周麦16、西农979、衡观35、丰舞981，这5大品种所占比例达64.2%。只有选择高产稳产品种，配合科学的栽培管理措施，才能使产量性能各项指标均达到高水平的优化，为实现产量突破打下基础。

2. 合理密植，适时播种　　播期和密度是影响小麦产量性能参数的两个重要因素。小麦适期播种可以充分利用冬前的光热资源，培育壮苗。密度适宜有利于缓冲个体与群体的矛盾，建立合理的群体结构，利于协调产量构成参数。播期对穗数、穗粒数和产量的影响不大，对千粒重有显著影响，对群体 LAI 的动态过程有一定的影响作用。密度对 $MLAI$、$MNAR$ 均有较大的调控效应，对千粒重影响不大，但对收获穗数和产量有较大的调控作用，而小麦晚播对密度的要求更为严格。调整播期、播量，提高小麦旗叶的净光合速率，延长叶片光合功能期，促进同化物积累，最终实现小麦产量的形成。因此，在适时播种的情况下，合理密植是优化产量性能参数的最有效途径，是小麦产量形成的主要技术环节。

3. 科学肥水运筹　　传统小麦生产中向来重视肥水的高投入，造成了大量肥水的浪费和肥水利用效率的降低。合理的肥水运筹可以获得最大的产出投入比。科学肥水运筹的核心是"以土定产，以产定肥水，因缺补缺，有机无机相结合，氮、磷、钾平衡施用，节水灌溉相结合"，其中测土配方施肥技术在国内外已得到广泛的推广应用。张强等（2000）研究了测土施肥技术在冬小麦上的应用效果，系统测土施肥比农民习惯施肥每公顷平均增产小麦649.5 kg，平均增产率9.4%；同时还可以改善小麦品质，保持了土壤养分平衡，维持了地力水平。王志敏等（2006）指出，冬小麦播后生育期内浇拔节水和开花水，免浇冻水和灌浆水，可提高土壤水利用率45%～50%，明显减少土壤氮素损失。可见，合理的肥水运筹可以明显调控小麦产量形成过程，最终影响小麦产量的形成和肥水资源的利用效率。

第二节　黄淮海冬小麦产量性能优化与高产技术

一、区域特点

黄淮海冬麦区包括山东全省、河南除信阳地区以外全部、河北中南部、江苏和安徽两省的淮河以北地区、陕西关中平原、山西西南以及甘肃天水地区。小麦面积及总产分别占全国的45%及51%以上，为我国最主要麦区。灌溉地区以一年两熟为主，旱地及丘陵地区多为两年三熟，部分地区为一年一熟。品种多为冬性或弱冬性，生育期230d左右。播种期一般为10月上旬，但部分地区常由于各种原因不能适时播种，致使晚茬面积增大，产量降低，故合理安排茬口和播种期，是小麦生产的关键，全区小麦成熟在5月下旬至6月初。此区为强筋小麦、中筋小麦的栽培适宜区。黄淮海平原是我国的小麦主要产区，其播种面积、总产和单产分别占全国相应指标的63.9%、73.3%和114.66%。因此，黄淮海地区的小麦生产决定着全国小麦的生产形势，在我国小麦生产中有举足轻重的作用（表10-5）。

表 10-5　黄淮海冬麦区区域特点

项　　目		特　　点
地区		山东、河南（信阳除外）、河北中南部、山西西南部，陕西关中平原，江苏安徽两省的淮河以北，甘肃天水地区
面积（万 hm²）		1 143
主要种植制度		冬小麦夏玉米一年两熟
气候特征		暖温，半干、半湿
热量℃	$\sum t \geqslant 0℃$	4 100～5 200
	$\sum t \geqslant 10℃$	3600～4700
全年降水量（mm）		400～800
无霜期（d）		170～240
水利条件		水浇地和旱地并重
主推品种		济麦 22、百农 AK58、西农 979、周麦 22、烟农 19、烟农 21、石麦 15 等高抗逆性、高产品种
主推技术		1. 精选种子、药剂拌种、适期播种、播后镇压 2. 防治病虫、适时灌好冻水、冬前化学除草 3. 适时镇压、麦田严禁放牧、中耕松土镇压保墒 4. 蹲苗、控节、除草 5. 重施肥水，防治病虫，浇开花、灌浆水，防治病虫，一喷三防 6. 适时收获

二、黄淮海超高产产量性能优化与技术

(一) 小麦超高产产量性能优化

1. 小麦超高产产量性能参数

通过多年多点试验研究结果，对 10 500kg/hm² 的超高产群体产量性能参数进行了定量化分析，为超高产群体的设计、构建和栽培技术措施的采用提供了定量化的指标（表 10-6）。产量超过 10 500kg/hm² 的群体，*MLAI*（平均叶面积系数）2.92 左右、*D*（有效生育期天数）152d 左右、*MNAR*（平均净同化率）5.3 左右、*HI*（收获指数）0.46 左右、*EN*（收获穗数）730 万穗/hm² 左右、*GN*（穗粒数）40 粒左右、*GW*（千粒重）37g 左右。以上述定量化指标为标准，对冬小麦超高产实施定量设计、精确监测、精准诊断，从理论和栽培技术上实现冬小麦的可持续超高产。

表 10-6　冬小麦超高产产量性能参数

叶系统参数			穗粒系统参数				产量 (kg/hm²)
MLAI	*D*	*MNAR*	*HI*	*EN*	*GN*	*GW*	*Y*
2.92±0.05	152±3	5.3±0.4	0.46±0.03	730±60	40±5	37±3	10 500±500

2. 冬小麦超高产产量性能参数动态特征及主攻目标

在对冬小麦超高产群体产量性能指标定量化过程中，重点分析了超高产群体花后物质

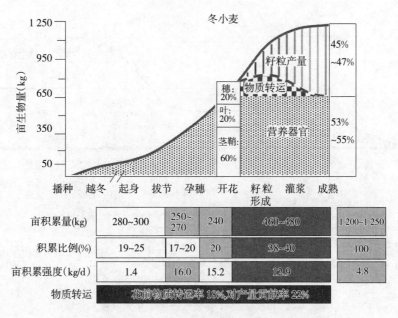

图 10-6　冬小麦超高产群体花后物质运转示意图

（王志敏，2008）

积累、分配与运转特征（图 10-6）。明确了超高产群体花后物质运转与分配规律，定量化分析了花后物质生产对籽粒产量的贡献率约为 78%，花前干物质运转率约为 18%，对籽粒贡献率约为 22%。不同生育时期不同器官干物质积累量明显不同，开花期茎鞘干物质积累量占整株干物质的 60% 以上，而穗子和叶片各占 20%。在成熟期，营养器官的干物质量占整株干物质的 53%～55%，而收获的籽粒部分只占整株干物重的 45%～47%。不同生育时期不同器官干物质积累量、干物质运转与分配特性为产量性能指标的定量化提供了必要的基础，在此基础之上，以超高产群体产量性能参数为指导，在不同的产量形成关键期采用不同的关键技术措施，以其他综合管理措施进行集成组装，形成了冬小麦超高产栽培技术规程（图 10-7），以实现冬小麦产量的突破。

3. 超高产类型与典型事例的技术特征

（1）长江下游（江苏）稻麦系统"增粒、促储、攻弱、调根"超高产栽培技术模式　采用"增粒"（增加每穗粒数）、"促储"（促进花前茎鞘物质的储存）、"攻弱"（攻弱势花（粒）灌浆）、"调根"（调控根系激素信号产生）的超高产栽培模式，在东海农场稻麦周年超高产攻关田（＞1.33hm²）2005—2009 年连续 5 年实现同地稻茬麦亩产量接近 650 kg（表 10-7）。与当地平均水平比较，经济效益提高 73%；氮肥农学利用效率（施用每千克氮所增加的籽粒产量）提高了 63%；灌溉水利用效率（灌溉每吨水所生产的籽粒产量）提高 73%；太阳辐射利用效率（作物生长期内有效太阳辐射量所生产的籽粒产量）提高 32%。

（2）华北平原（河南、山东）冬小麦垄作超高产栽培技术模式　在高肥水麦田实行起垄种植，把小麦播种在垄上，耕层相对加深，通透性提高，改善了小麦次生根的生长环境，促进小麦次生根的生长发育，增大植株干物质积累，利于干物质向籽粒的分配，利于冬小麦高产的形成。提高冬小麦收获指数和经济产量，提高了光、温、肥、水等资源的利

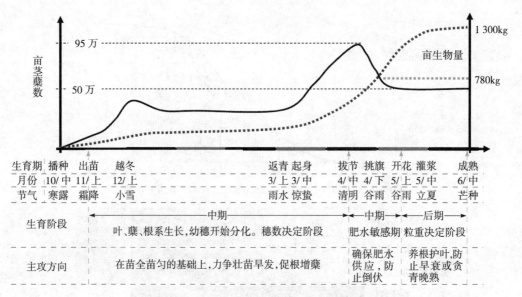

图 10-7 冬小麦超高产栽培技术规程

(于振文，2006)

用效率。该模式在山东登海种业公司基地实施，连续 6 年实现了同地冬小麦亩产 600kg 以上，在河南浚县农科所超高产田上小麦平均亩产达到 751.94kg，在 0.33hm² 定位攻关田上亩产 656.0kg。

表 10-7　长江下游（江苏）稻麦系统冬小麦超高产产量

年份	亩产量（kg）
2005	624
2006	642
2007	643
2008	650
2009	662

（3）华北平原资源节约型（河北）冬小麦节水、省肥、高产、简化栽培技术模式（王志敏）　基于植株"三体"（株体形态——体形、群体构建——体制、株群质量——体质）高效协调调控的技术指标，提出超高产冬小麦产量性能参数定量指标及其水肥运筹的高产栽培技术模式。该模式在河北吴桥中国农业大学试验基地实施，2007—2009 年连续 3 年实现同地冬小麦亩产 600kg 以上，实现了冬小麦高产和水肥的高效统一。

（4）华北平原（河北）冬小麦节水调肥保优高产高效栽培技术模式　利用小麦优势蘗调控理论与指标，节水省水生理依据的指标，建立了根据气温变化调播期、根据优势蘗理论定基本苗，形成了以水氮效应定肥水运筹为核心的冬小麦"两调（调播期调基本苗）两省（省水省肥）"优质高产高效应变栽培技术模式。该模式分别在河北任丘基地和赵县基地实施，各 0.33hm² 定位攻关田小麦亩产 626.4 kg，品质达部颁优质小麦二级标准，攻关田连续 7 年实现可持续高产、优质达标。

三、黄淮海大面积高产产量性能优化与技术

(一)大面积高产关键技术特征

1. 晚播密植 气候变暖对冬小麦生产不利。不同学者对于不同地区的小麦最佳播期做了大量研究,认为小麦最佳播期应在传统播期基础上适当向后推迟,但播期的推迟,必须要与密植相结合。从产量性能角度分析,晚播缩短了小麦的有效生育期天数,只有通过增大 $MLAI$、$MNAR$、HI 中的一个或几个才能补偿生育期天数对产量形成的负效应,而通过晚播密植增加穗数、扩大群体库容,是补偿生育期天数的最有效途径,同时,通过关键时期补充灌溉稳定库容,增大穗粒数,实现晚播小麦的高产。

2. 适度控水 提高水分利用效率是小麦节水栽培的有效途径。旱作条件下,免耕覆盖有利于提高小麦的水分利用效率,增加小麦生产的经济效益。适度控水也是提高小麦水分利用效率的有效技术途径,通过拔节前适度水分亏缺,减少整个生育时期的灌溉用水量。通过生育前期的水分亏缺,对小麦产量性能参数有不同程度的调控效应。缩小上部叶型,改善株体形态,提高叶茎质量,提高群体穗/叶比,增加非叶光合面积,稳定增加花后物质生产。通过生育后期(孕穗期、开花期)适度控水,提高库活性,加快储藏物质再转运,提高收获指数。总之,通过适度控水技术,在综合技术的补偿调节作用下,使得小麦产量性能参数达到高水平的动态协调,是冬小麦适度控水高产技术的理论基础。

3. 氮肥后移优化施肥技术 在传统冬小麦栽培中,氮肥一般分为 2 次施用:第一次为小麦播种前的底肥,第二次为春季追肥。追肥时间一般在返青期至起身期;还有的在小麦越冬前浇冬水时增加 1 次追肥。上述施肥比例和时间使氮素肥料重施在小麦生育前期,在高产田中,会造成小麦生育前期群体过大,无效分蘖增多,中期田间郁蔽,倒伏危险增大,后期易早衰,影响产量和品质,氮肥利用效率低。

氮肥后移技术将春季追肥时间后移至拔节期,土壤肥力高的地片采用分蘖成穗率高的品种可移至拔节后期旗叶露尖时。此项技术通过优化产量性能参数的 $MLAI$、$MNAR$、HI、EN、GW 等指标,实现氮肥后移栽培条件下的小麦高产。通过本技术可以有效地控制无效分蘖过多增生,塑造旗叶和倒 2 叶健挺的株型;建立开花后光合产物积累多、向籽粒分配比例大的合理群体结构;提高生育后期的根系活力,有利于延缓衰老,提高粒重;有利于较大幅度地提高生物产量和经济系数,最终可显著提高籽粒产量,较传统施肥增产 10%~15%;减少氮肥的损失,提高氮肥利用率 10% 以上,减轻了氮素对环境的污染。

(二)大面积高产典型事例与技术特征

1. 华北平原(河南)冬小麦垄作大面积高产栽培技术模式 小麦垄作是在麦田实行起垄种植,把小麦播种在垄上,相对加深耕层厚度,提高土壤通透性。通过明确垄作小麦对其次生根生长、植株干物质积累分配的影响,垄作栽培对群体冠层内 CO_2 浓度、温度与湿度及小麦旗叶光合速率等影响效应,构建了高产高效群体结构技术指标,研创了小麦起垄成形板和小麦起垄播种机、氮肥后移优化施肥技术两项专利技术及产品,应用效果显著。该技术模式在河南浚县区桥镇的 13.33hm² 示范田达到小麦亩产 632.0 kg,比当地高

产田产量提高 15%；在浚县的 0.13hm² 高产示范片，平均小麦亩产 578 kg，比当地前 3 年平均亩产提高 10.4%～15.6%。

2. 华北平原（河北）资源节约高效型冬小麦大面积高产栽培技术模式 在典型资源限制型麦区，通过晚播密植增加穗数，扩大群体库容，并通过关键时期补充灌溉稳定库容。通过拔节前适度水分亏缺缩小上部叶型，改善株体形态，提高叶茎质量，提高群体穗/叶比，增加非叶光合面积，稳定增加花后物质生产。通过后期适度水分胁迫提高库活性，加快贮藏物质再转运；通过限水灌溉、限氮基施提高深层土壤根系活力和土壤酶活性，进而提高土壤水肥利用效率。形成了以"三体"（株体形态——体形、群体构建——体制、株群质量——体质）高效协调调控为核心的冬小麦大面积高产栽培技术模式。该技术模式在河北吴桥中国农业大学实验基地实施，1hm² 定位试验示范田的冬小麦亩产 612.3 kg，百亩示范方平均亩产小麦 575.2 kg，万亩高产示范片冬小麦—夏玉米平均亩产达 1 249.8 kg。百亩示范方和万亩示范片的产量较当地前 3 年亩产分别提高 29.6% 和 20%，水肥利用率显著提高，连续 5 年实现同地两作超吨粮和水肥高效的统一。

第三节 其他区域春小麦超高产产量性能特征和超高产典型

一、柴达木盆地小麦高产和超高产典型

（一）春小麦超高产群体产量性能参数

在超高产栽培条件下，主要采取以主茎成穗和分蘖成穗并重的途径。重穗型品种高原 338 一般保苗 480 万～525 万/hm²，最高茎数 1 200 万～1 440 万/hm²，分蘖成穗率 20%～25%、成穗 675 万～720 万/hm²、穗粒数 35～37 粒、千粒重 56～60g。苗期叶面积系数 0.04～0.07、分蘖期 0.76～0.89、拔节期 3.93～4.97、孕穗期 8.73～10.56、抽穗期 7.33～8.83、灌浆期 4.78～5.77、成熟期 0.70～1.22。小麦单产在 13.5t/hm² 以上，成熟期地上部干物质积累一般在 25.5～33.0t/hm²。其中，拔节前 36～38d，干物重 2.25～2.55t/hm²，占 8%～9%；拔节后干物质急剧上升，从拔节到抽穗 27～29d，干物重 7.5～10.5t/hm²，占 29.4%～31.8%；抽穗到成熟 67～70d，干物重 16.0～19.5t/hm²，占 59.1%～62.6%，主要是籽粒干物质的增加。

（二）超高产关键技术特征

1. 生态条件特征 太阳辐射强烈，光温条件优越。光辐射量大，光照时间长，光温生产潜力大，有利于春小麦的光合作用和光合产物的形成，昼夜温差大，呼吸消耗少，有助于春小麦的干物质积累。气候极端干旱，尽管降水量稀少，但在一些热量条件好的绿洲，只要有灌溉，小麦就能获得较高产量。海拔高，气候较寒冷，热量不足。

2. 品种的选用 柴达木盆地春小麦属于春性、弱冬性品种。由于盆地春小麦生育期温度偏低，生长期长，特别是生育后期生长时间长，籽粒灌浆期长达 60d 以上，因此单穗

生产力高，籽粒大，千粒重高达 50g 以上，高的可达 70g 以上。因此，在盆地春小麦栽培品种中，大多选用千粒重高的重穗型品种。

3. 田间综合管理措施　由于柴达木盆地特殊的生态条件，春小麦节水灌溉栽培是其高产的主要技术途径，加强农田基本建设，提高整地质量，是春小麦获得高产的物质基础。通过适期播种、提高播种质量、合理密植、科学合理的肥水运筹构建春小麦超高产群体，实现春小麦超高产。

（三）春小麦超高产典型

柴达木盆地利用当地的气候生态条件，配合适当品种，在其他田间综合管理措施的补偿调节下，20 世纪 60 年代香日德农场引用意大利小麦品种阿勃，在 0.17hm² 面积上创造了平均单产 11 278.5kg/hm² 的高产纪录，1978 年在都兰县香日德镇沱海村创造了当时的高产纪录，0.26hm² 面积上单产 15 195.75kg/hm²，以后几十年陆续创造了小麦单产高产纪录（表 10-8）。

表 10-8　柴达木盆地春小麦高产和超高产典型

（陈志国等，2004）

年份	地点	品种（系）	面积（hm²）	产量（kg/hm²）	备注
1965	香日德农场	阿勃	0.17	11 278.5	
1973	诺木洪农场	青春 5 号	0.23	11 889.75	
1974	诺木洪农场	阿勃	0.99	10 532.25	
1975	赛什克农场	他诺瑞	0.27	12 631.95	
1976	诺木洪农场	青春 26	1	10 995	
1977	香日德农场	波塔姆	0.07	13 241.25	
1978	都兰县香日德镇沱海村	高原 338	0.26	15 195.75	单季吨粮
1984	都兰县香日德镇沱海村	高原 338	0.15	15 102.3	单季吨粮
1987	都兰县香日德镇沱海村	高原 338	0.15	15 217.5	单季吨粮
1997	乌兰县希里沟镇西庄村	柴春 901	1.05	12 769.35	
2002	都兰县香日德镇沱海村	高原 338 高原 465	6.83	11 689.65	青海省海西蒙古族藏族自治州科技局组织专家验收，其中 1.85hm² 产量 12 374.25kg

二、小麦超高产的启示

（一）有利的生态条件是形成超高产的前提

小麦超高产形成的生态自然环境需满足几个条件：①相对较多的降水量，夏季比较湿润。②温暖而光照丰富。③具充裕而稳定的灌溉条件。④土壤较肥厚，有机质含量高。⑤昼夜温差大，利用小麦积累更多的同化产物。温凉半干旱气候和光照充足条件最适于小麦生长，夏季气候温冷，利于小麦生育期的延长，特别是拔节期日照充足，太阳辐射强，温凉少雨气候有利于株型紧凑，穗数增多及经济系数提高。

（二）适宜当地生态条件的高产品种是形成超高产的基础

适宜超高产生态条件的超高产小麦具有的特征：叶片直立，利于光能的利用，可以承受较大的种植密度，形成具有较大叶面积系数的群体，为小麦高产提供条件。主要依靠主茎成穗，争取部分分蘖（11%～12%）成穗。拔节至抽穗和抽穗至成熟积累干物质多，为小麦超高产的形成奠定物质基础。单穗生产力高，籽粒大，籽粒灌浆期长，千粒重高。

（三）田间综合管理措施是形成超高产的关键

1. 合理密植　密植是增产关键技术之一。用精确播种量控制种群适宜密度，通过精确播种量控制合理密植达到高产又不倒伏。同时，适当密植下，通风良好的群体结构有利于光补偿点降低，因生长在下部遮阴下的叶子比上部阳生叶的呼吸弱，也可在相当低的光照度下达到光补偿点。因此，适当密植可使上、下叶片皆能积累光合作用产物。

2. 灌溉　根据降水量满足程度决定量化补灌的原则，在小麦全生长季灌水 8～9 次的情况下，每次灌溉数量不一，既要根据旱情，又要视不同生育期灌水数量不同，进行合理灌溉。

3. 肥料运筹　选择关键施肥期以提高肥效，每公顷施农家肥 90 m^3，在春天土壤返青期与磷酸二铵 750 kg/hm^2，一起施下，然后在浇头水、2 水时再追化肥。追肥量：磷酸二铵、尿素每次分别为 $225\text{kg}/\text{hm}^2$、$150 \text{ kg}/\text{hm}^2$，之后不再施肥。超高产的形成是根据小麦不同生育期需求与吸收肥料效率来确定施肥的时期与数量。

4. 延长灌浆持续期　延长灌浆期是产量形成的要素之一，通过延长灌浆期可达到千粒重增高的目的。从而实现小麦超高产的形成。

第十一章

作物产量性能信息化与高产决策

作物产量性能的公式为 $MLAI \times D \times MNAR \times HI = EN \times GN \times GW$，产量性能构成因素中有其内在的变化规律，也受品种、生态因子、土壤环境和栽培技术的影响。明确这些过程是进行信息化和高产高效决策管理的重要基础。

一、作物产量性能构成

产量性能是"三合模式"定量化过程形成的计算公式，具有可定量监测的特点。可以将作物生长分析相关的主要参数做定量分析。可定量分析的指标包括平均叶面积指数（$MLAI$）、平均净同化率（$MNAR$）、有效生育期（D）、收获系数（HI）、穗数（EN）、穗粒数（GN）、粒重（GW）。通过关系分析可进一步获得平均作物生长率（$MCGR$）、光合势（LAD）、总籽粒数（TGN）、生物产量（BIO）、籽粒产量（Y）等重要指标。

二、基于作物产量性能主要参数的动态特征

在作物生长模拟的信息化中，其中干物质积累、叶面积指数以及净同化率动态变化模型是十分重要的。

（一）叶面积动态模型

通过对春玉米、水稻和冬小麦的 LAI 进行动态模拟，分别建立了其相对化 LAI 动态分式方程的动态模型：

春玉米　$y = (-0.042\,5 + 0.490\,0x) / (1 - 3.396\,5x + 3.592\,6x2)$　　（$r = 0.991\,5$）

水　稻　$y = (0.077\,7 + 0.020\,5x) / (1 - 2.737\,44x + 2.048\,4x2)$　　（$r = 0.986\,5$）

冬小麦　$y = (0.013\,1 + 0.003\,5x) / (1 - 2.451\,5x + 1.527\,3x2)$　　（$r = 0.971\,9$）

从模型模拟结果的精确度与准确度来看，利用作物生育前期（拔节期）和生育后期（蜡熟期）的观测数值所得 LAI 的动态模拟结果能够较准确地反映群体的动态变化。表明相对化 LAI 模型能够较准确地反映和预测作物群体的动态变化规律。

（二）净同化率（NAR）动态变化模型

就产量性能的分析平均净同化率（MNAR）由总干重（GDW）除以平均叶面积系数（MLAI）和全生育天数（D）可得。但净同化率的动态特征是较为复杂的变化过程。以玉米为例，春玉米呈双峰曲线变化，且前期峰值相对较高，因此将前期 NAR 的最大值设定为1。以吐丝期为界，建立吐丝前期相对化 NAR 动态模拟模型为 $y = a + bx + cx^2 + dx^3$，$x \in [0, 0.503\ 8]$，吐丝后相对化 NAR 动态模拟模型为 $y = (a + bx) / (1 + cx + dx^2)$，$x \in [0.503\ 8, 1]$。春玉米高产群体具体模拟模型为：

吐丝前期　　$y = 0.004\ 9 + 9.386\ 6x - 25.442\ 9x^2 + 17.168\ 1x^3$　$x \in [0, 0.503\ 8]$
$r = 0.998\ 5^{**}$

吐丝后期　　$y = (0.023\ 7 + 0.049\ 8x) / (1 - 2.941\ 2x + 2.311\ 7x^2)$　$x \in [0.503\ 8, 1]$
$r = 0.994\ 4^{**}$

鉴于分段模型的复杂性，在建立的分段模型基础上，对整个生育期的 NAR 动态进行数学模型的重新筛选，得到一元四次方程数学模型，能够合理、全面解释春玉米群体生长发育过程。具体模型如下：

$$NAR_R = -0.01 + 10.54 \times (T_R) - 39.72 \times (T_R)^2 + 52.81 \times (T_R)^3 - 23.37 \times (T_R)^4$$
$T_R \in [0, 1]$　$(r = 0.946\ 1^{**})$

利用该模型对 2006 年吉林桦甸的密度试验以及河北廊坊的品密试验进行检验，相关系数分别在 0.91～0.93 以及 0.83～0.88 之间，均达到极显著相关水平，说明该模型符合东北平原以及黄淮海流域变化规律。

（三）干物质积累（DMA）动态变化模型

干物质积累（DMA）模型为 $y = a / (1 + be^{(-\alpha)})$。不同品种模型的形成相同，但模型参数差异较大。以春玉米为例，不同品种的相对化 DMA 动态变化模型：

四密25　　$y = 1.065\ 0 / [1 + 71.588\ 3e(-6.697\ 2x)]$

郑单958　　$y = 1.062\ 9 / [1 + 90.424\ 9e(-7.064\ 0x)]$

先玉335　　$y = 1.051\ 9 / [1 + 132.982\ 1e(-7.798\ 4x)]$

3 个品种的相关性均在 0.98 以上，并达到极显著水平。通过其他作物对模型验证，早稻、晚稻以及冬小麦的相对化干物质积累动态变化趋势同样符合 Logistic 模型，且复相关系数均在 0.96 以上，说明相对化的干物质积累模型 $y = a / (1 + be^{(-\alpha)})$ 可作为作物群体干物质积累动态模拟的共性模型。表 11-1 为作物产量性能主要参数动态模型汇集。

三、产量性能与生态因素的关系

作物产量性能与环境关系是信息化的重要基础。精确量化作物产量性能主要参数与生态的特定关系是准确模拟作物生长的核心。温度的变化直接影响着作物生育时期、叶面积变化和净同化率，光照度对净同化率以及叶面积形成和物质分配有着重要的影响。这些生态因素的变化与产量性能参数的定量是模拟的基础。此外，高产潜力大小取决于生态环境对作物的可适程度，光合生产潜力、光温生产潜力以及气象产量值也是在作物产量估计与实现的决策中更加重要的考虑因素，是实时对作物进行生态因素诊断分析的重要依据。因此，结合作物生产性能与生态相关模型，特别是作物生态生产潜力分析，可更好地实现生态环境自动监测、作物生长动态分析以及管理决策的信息化。

表 11 - 1　作物产量性能主要参数动态模型汇集表

系统名称	主要参数	动态特征	作　　物	精确程度
叶系统构成	MLAI	$y = (a+bx)/(1+cx+dx^2)$	玉米、小麦、水稻	$r = 0.97$
	D	$y = \dfrac{abx + cxd}{b + xd}$	玉米	
	MNAR	$y = \dfrac{EN \times GN \times GW}{MLAI \times D \times HI}$	玉米、小麦、水稻	$r > 0.95$
叶穗协调	HI			
穗粒系统构成	EN	$y = ax\,e^{bx}$	玉米、小麦	$r > 0.95$
	GN	$y = ax^2 + bx + c$	玉米、小麦	$r > 0.90$
	GW	$y = a/(1 + be^{-cx})$	玉米、小麦	$r > 0.98$

四、基于栽培技术对产量性能的调节效应

栽培技术措施对产量性能具有正负调节效应，当正效应大于负效应时（超补偿）表现为增产。以玉米为例调控耕层、植株及冠层是明显的正效应大于负效应，有些技术表现出全为正效应的结果（图 11 - 1）。效应分析对创新关键技术、集成技术体系、优化产量性能、管理决策有着重要指导意义。

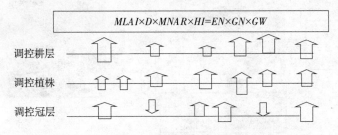

$$MLAI \times D \times MNAR \times HI = EN \times GN \times GW$$

图 11 - 1　栽培技术对产量性能各参数的调节效应

五、作物与产量水平的产量性能的定量指标

不同作物不同产量水平的产量性能构成的指标化不同（表 11 - 2），进行产量性能优化与高产高效栽培决策，根据作物类型和产量水平确定产量构成的指标。一般 C4 作物玉米净同化率高于 C3 作物水稻与小麦。在作物产量性能信息化与高产决策中，主要动态特征也因作物与产量水平不同而有明显差异。

表 11-2　不同作物的产量性能定量指标

| 作物 | 叶系统参数 | | | 穗粒系统参数 | | | | 产量 |
	MLAI	D (d)	MNAR	HI	EN (穗/m²)	GN (粒/穗)	GW (g)	(kg/hm²)
春玉米	4.0～4.2	134	5.0～5.5	0.5～0.55	8.5～9.0	500～550	300～350	12 000～15 000
夏玉米	3.8～4.0	113	6.0～6.5	0.5～0.52	7.5～8.0	530～580	330～360	12 000～15 000
水稻	3.5～4.0	151	3.5～4.0	0.5～0.52	280～320	130～160	25～30	10 000～12 000
冬小麦	2.0～2.5	151	4.5～5.2	0.45～0.50	650～750	25～30	42～45	8 000～10 000

　　不同产量水平的产量性能的构成特点是产量水平从低向高的提高过程中产量性能的主要参数也相应提高，而变幅也变小，即技术的精准性也相应提高。

第二节　作物产量性能信息化技术构成与应用

一、三大作物田间数字化管理及其高产高效决策系统总体设计

　　环境传感和图像信息采集，远程通信至处理中心，通过作物生长与环境的模型建立，实现生育时期物质生产、资源效率等多性能的实时模拟与分析，为指导生产提供有效手段。以三大平原小麦、玉米和水稻高产高效为主要目标，实现了作物生产过程中的数字化表达，并可对生产过程进行设计、监测、控制、管理和可视化表达（图 11-2）。

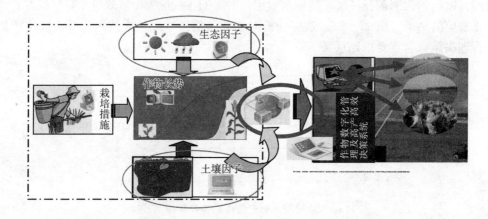

图 11-2　作物田间数字化管理及其高产高效决策系统总体设计

二、农田生态环境数据自动采集系统及其信息化过程

　　利用现代新型高精度传感器技术、单片机和远程通信等技术，研发了农田自动生态采集仪，通过计算机技术实现数字化的过程。该采集系统主要由硬件和软件两部分组成。硬件主要由包括温度传感器、湿度传感器、雨量传感器、土壤含水量传感器、光量子传感

器、风速传感器以及风向传感器以及主机等部件构成，软件则包括实时数据采集与接收软件与数据分析软件。采集系统运行后，各个传感器开始采集农田生态信息，经过串口发送到主机，经过单片机（图 11-3）CPU 程序转化将数据读取、转录、储存到内储卡，用读卡器在电脑上读取数据，也可通过主机屏幕上读取临时数据。

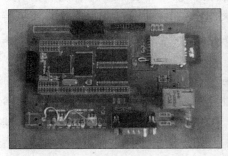 

图 11-3 农田生态采集仪传感器单片机

农田生态采集仪整个硬件系统包括 8 个模块：电源模块、单片机、存储卡、无线 MODEM、系统时钟电路、A/D 转换电路、LCD 显示器、键盘。农田生态环境数据自动采集系统与远距离传输见图 11-4。使用 C8051F 系列单片机是完全集成的混合信号系统级芯片，具有与 8051 兼容的微控制器内核，与 MCS-51 指令集完全兼容。除了具有标准 8052 的数字外设部件之外，片内还集成了数据采集和控制系统中常用的模拟部件和其他数字外设及功能部件。在电路设计方面，选择了标准化、模块化的典型电梯，提高了结构的灵活性；选择功能强、集成度高的电路和芯片，增加系统的可靠性。采用了 SD 卡存储技术。近年来，以 Flash Memory 为存储体的 SD 卡因具备体积小、功耗低、可擦写以及非易失性等特点而被广泛地应用。适用于数据采集系统长时间采集、记录海量数据。SD 卡存储技术具有存储容量大、接口简单、非易失、功耗低等显著优点。充分考虑了应用系统各部分驱动能力和抗阻匹配，使系统驱动能力增强，保证系统的正常运行。利用模块化程序设计软件，并尽量使用现成的子程序，用来减轻工作量，同时在软件中加入了抗干扰措施，如数字滤波、软件陷阱等，并融入自检功能，以便调试、纠错。

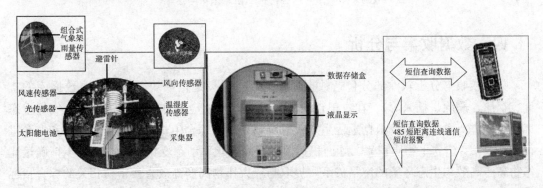

图 11-4 农田生态环境数据自动采集系统与远距离传输

三、作物冠层特征的信息采集与送输

针对作物冠层的形态、生理、营养等长势信息的快速准确获取和数字化管理的需要，分别利用现代新型高精度的图像识别技术、传感器技术、近地面光谱技术和单片机等技术，研制了冠层综合分析系统仪，可获取三大作物在生长过程中群体与个体形态特征（秸秆强度、密度、叶面积系数、冠层高度的结构特征）等信息，并通过计算机技术实现数字化过程。

冠层综合分析系统仪主要由机械支架、运动控制与传感器信息采集模块、实时数据接收与分析软件组成。机械支架的运动信息由计算机端软件设定后，通过串口发送给运动控制模块进行解码，在运动控制模块的控制下，机械支架的横向与纵向机械臂运动到特定位置后，安装在横向机械臂前端的集成传感器盒开始采集数据，数据采集模块处理后经串口发送给计算机端软件。计算机端数据分析软件结合所测定点的空间位置信息、生理生态信息、图像信息，分析光照、温度、湿度、二氧化碳浓度等指标在冠层内不同层次的时空分布（图 11 - 5）。

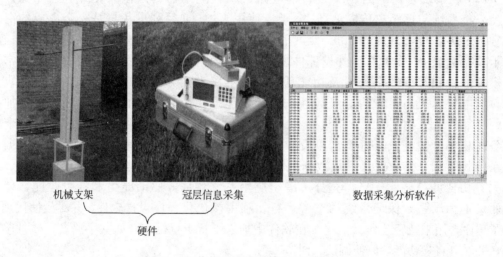

机械支架　　　　　　冠层信息采集　　　　　　数据采集分析软件

硬件

图 11 - 5　作物冠层特征的信息采集与送输

四、数据收集与分析

数据接收与分析软件部分包括数据通信协议，串口通信模块，数据库（数据库的查询、存储、删除、插入等）。在农田自动生态采集仪及相应软件对光、热、水、气等生态气象因子进行自动获取，根据远程生态信息资料和作物综合生长资料对作物生长和发育进行动态模拟，建立干物质积累、叶面积指数以及净同化率动态变化模型，进一步精确量化作物高产高效与生态环境的定量关系，提取与三大作物高产高效直接密切相关的综合指标（图 11 - 6）。

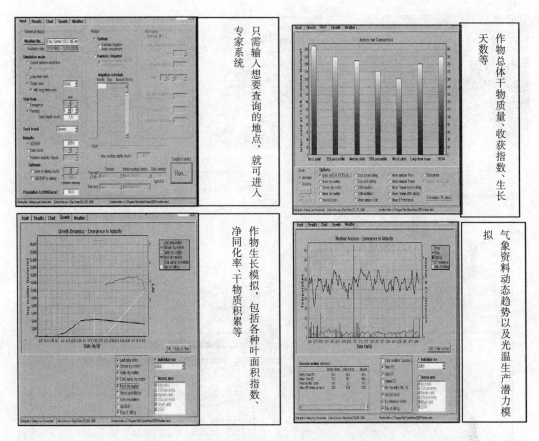

图 11-6　数据收集与分析图

第三节　依据产量性能的高产决策

一、监测站的建立

选择观察的地点建立监测站。如国家粮食丰产工程项目三大粮食作物超高产理论与技术模式研究课题在全国不同主产区进行了观测站的安装。在长江中下游选择了武汉、江山、长沙、扬州，在华北平原选择了浚县、焦作、吴桥、莱州、北京、廊坊，在东北平原选择了沈阳、桦甸、公主岭、阿城。各观测站通过统一标定、分地安装。利用GSM网络实现了气象数据的远程传输，通过计算机软件可接收各个观测站点的农田生态信息，并建立数据库分别对各站点的气象数据与作物生长信息数据进行统一管理和应用。远程通信全处理中心基本上实现了气象数据的远程传输，并在异地进行数字化处理（图 11-7）。

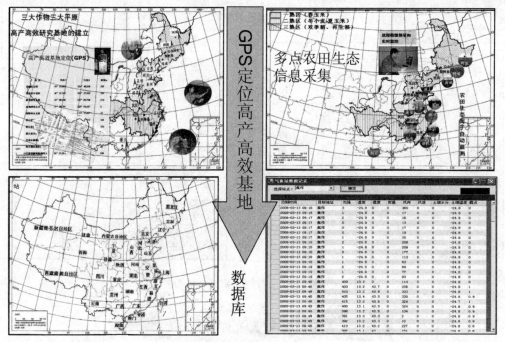

图 11-7　建立多点农田生态信息的采集与数据库系统，保证数据不间断地传送到使用中心

二、建立完善的数据库

　　为了更加准确地进行产量性能模拟，建立完善和准确的数据库（图 11-8），这是产量性能信息化与决策的关键。在实际应用时，只需输入查询地区，就可出现该地区整个生育期的气象资料和作物生长综合信息资料。气象资料主要包括日最高气温（最高平均气温）、日最低气温（最低平均气温）、日平均气温、日平均光合有效辐射、日降水量、日空气相对湿度以及土壤含水量等基本信息；作物生长信息资料主要包括叶面积指数、干物质积累与分配、净同化率、籽粒灌浆速率、同化速率与呼吸速率等；数据库中还包括各地区多年光温生产潜力以及实际最高、最低及平均产量。以上信息均以动态曲线表示，通过该曲线可看出整个生育期生态资料和作物生长资料的变化趋势。如玉米高产分析时，可以分析吐丝期为界，分别获得吐丝前和吐丝后期的气象资料以及作物生长综合信息等资料的动态

变化。

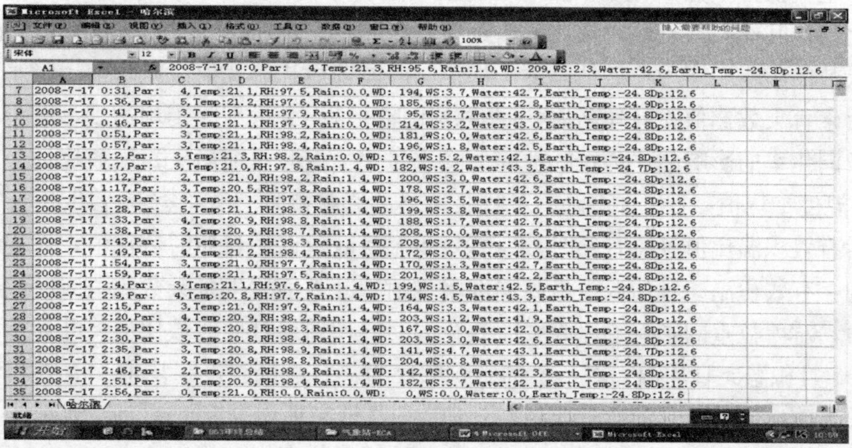

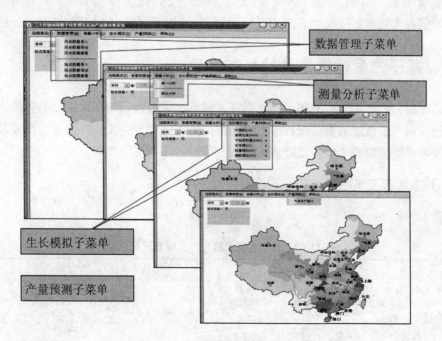

图 11-8　作物农田生态条件数据库

三、基于产量性能信息化的分析

目前，作物产量进一步提高的难度越来越大。高产目标下的作物群体通过精确的调控措施实现物质生产因素与产量构成因素间的高效协调，而精确的调控则需要相应的理论来指导。利用软件在不同分析系统进行全面分析（图 11-9）。

图 11-9　产量性能模拟系统操作界面

根据产量性能等式方程 $MLAI \times D \times MNAR \times HI = EN \times GN \times GW$ 对东北地区春玉

米多年的试验数据进行分析，在方程的 7 个指标中，生态因子对叶面积指数的影响按照偏回归系数绝对值排序为：有效积温＞7 月最高温度平均值＞吐丝前后降水量比值＞吐丝前后积温比值＞吐丝前后日照时数比值，其中有效积温对叶面积指数的影响达到显著水平；对生长天数的影响顺序为：最低温度平均值＞吐丝前后积温比值＞吐丝前后降水量比值＞吐丝前后生育天数比值＞吐丝前后日照时数比值，且 5 个生态因子均达到显著与极显著水平；对净同化率的影响顺序为：吐丝前后降水量比值＞吐丝前后生长天数比值＞均日照＞7 月最高温度平均值＞7 月日均温；对收获指数的影响顺序为：吐丝前后生长天数比值＞吐丝前后有效积温比值＞总日照时数＞有效积温＞吐丝前后日照时数比值；对穗粒数的影响顺序为：有效积温＞日均温＞最高温度平均值＞吐丝前后生育天数比值＞吐丝前后日照时数比值；对穗粒重的影响顺序为：有效积温＞吐丝前后日照时数比值＞吐丝前后生育天数比值＞7 月积温＞日均温；对产量的影响顺序为：日最低温度平均值＞有效积温＞吐丝前后生长天数比值＞吐丝前后日照时数比值＞7 月最高平均温度。

从两个角度出发考虑生态因子对产量的影响。首先通过逐步回归方法确定对产量影响较大的生态因子；其次确定产量性能方程中对产量影响较大的指标，为平均叶面积指数、生长天数、穗粒数以及穗粒重 4 个指标；确定对以上 4 个指标影响较大的生态因子；然后筛选出共同影响产量的生态因子，分别为生育期内有效积温、日平均最低温度、花前与花后有效积温和日照时数的分配比率等 4 个生态因子。主要为栽培实践中开发利用气候资源，提高产量提供理论指导与技术支撑。

对吉林桦甸 2006 年玉米超高产（15 499.86kg/hm²）水平的生态因子分配规律分析发现，生育天数、有效积温、降水量以及日照时数的比值分别为 1.43、1.41、1.44、1.40，说明在东北地区气候生态因子在吐丝前后分配比率为 1.4 时可获得高产、超高产。

四、基于产量性能信息的高产指导

确定种植方式产量目标的产量性能指标。根据产量目标确定产量性能的各项指标，根据生态条件与产量性能的主要指标动态特征进行措施管理与决策，并指导生产实践，取得了良好效果。举例说明 4 种种植方式的产量性能定量化与实际效果。

（一）东北春玉米超高产实现的产量性能

见表 11 - 3。

表 11 - 3　东北春玉米超高产实现的产量性能

| 类型 | 品种 | 光合性能参数 | | | | 产量构成参数 | | | 产量(kg/hm²) | 地点 |
		MLAI	D (d)	MNAR	HI	EN(穗/m²)	GN(粒/穗)	GW(g)		
春玉米	先玉 335	4.22	134	5.23	0.52	89 600	520	330	15 450	桦甸
春玉米	超试 1	4.01	149	5.01	0.51	91 800	528	385	18 474	张家口

（二）黄淮海冬小麦—夏玉米种植模式超高产实现的产量性能

见表 11-4。

表 11-4 黄淮海冬小麦夏玉米种植模式超高产实现的产量性能

类型	光合参数			产量构成				计划产量
	MLAI	D (d)	MNAR	HI	EN （穗/m²）	GN （粒/穗）	GW （g）	（kg/hm²）
冬小麦	2.0~2.5	230~235	4.0~45	0.45~0.8	475~480	40~45	40~45	10 100~10 200
夏玉米	4.0~4.5	110~115	6.0~6.5	0.48~0.52	8.0~8.5	500~550	310~350	1 450~1 500

实施小麦晚播玉米晚收获的双晚免耕直播技术，在不额外投入的情况下，玉米产量提高了 20%，实现了产量和资源效率的同步提高，2007—2008 年河南焦作冬小麦亩产 625kg，夏玉米亩产 920kg，同年同地实现了周年亩产超 1 500kg

（三）长江中下游双季稻种植模式超高产实现的产量性能

见表 11-5。

表 11-5 长江中下游双季稻种植模式超高产实现的产量性能

类型	光合参数			产量构成				计划产量
	MLAI	D (d)	MNAR	HI	EN （穗/m²）	GN （粒/穗）	GW （g）	（kg/hm²）
早稻	3.0~3.5	130~135	3.5~4.0	0.45~5.00	250~300	120~125	25~26	10 000~11 000
晚稻	3.0~3.5	130~135	3.5~4.0	0.45~5.00	250~300	120~125	25~26	10 000~11 000

双季稻创造了周年亩产超过 1 400kg 的高产纪录：浙江江山双季稻早稻亩产 698.5kg，晚稻 710.4kg(2008)

（四）长江中下游稻玉两熟种植模式超高产实现的产量性能

见表 11-6。

表 11-6　长江中下游稻玉两熟种植模式超高产实现的产量性能

类型	光合参数			产量构成				计划产量
	MLAI	*D* (d)	*MNAR*	*HI*	*EN* （穗/m²）	*GN* （粒/穗）	*GW* (g)	(kg/hm²)
春玉米	4.0～4.5	110～115	5.5～6.0	0.48～0.50	7.50～8.05	450～500	300～330	13 500～14 000
中　稻	3.5～4.0	145～150	3.5～4.0	0.45～5.00	300～350	140～145	26～27	12 000～13 000

稻玉系统创造了周年亩产超过 1 500 kg 的高产纪录：湖南醴陵春玉米亩产 810kg，晚稻 692kg

第十二章

作物产量性能参数测定与计算方法

第一节 产量性能参数测定与计算

作物产量性能的公式为 $MLAI \times D \times MNAR \times HI = EN \times GN \times GW$，主要包括叶系统的平均叶面积系数（$MLAI$）和平均净同化率（$MNAR$）的测定，生育期天数（$D$）和穗系统构成的穗数（$EN$）、穗粒数（$EG$）和粒重（$GW$）不同参数测定。各参数实际上是以生长分析为主体的具体测定。产量性能等式两边均是以干物重为基础进行计算，因此等式右边的粒重是干基粒重，即不含标准水的粒重。

一、平均叶面积系数

（一）测定关键时期的叶面积指数

平均叶面积系数（LAI）是指全生育期过程中的叶面积系数平均值。因此，首先要对叶面积指数的动态进行测定。在作物生长关键时期，如玉米的拔节期、大口期、吐丝开花期、灌浆中期、收获前进行叶面积的测定。叶面积指数统一采用长宽系数法进行计算，测定各叶位叶长（叶片中脉长度）和最大叶宽，玉米和水稻叶面积等于长（cm）×宽（cm）×0.75，冬小麦按长（cm）×宽（cm）×0.83 计算。

（二）平均叶面积指数的计算

步骤一：相对化 LAI 模型的建立与筛选

利用 Curve expert 软件对作物的群体 LAI 及出苗至成熟的天数进行归一化处理，分别将最大 LAI 和出苗至成熟天数定为 1，以相对 LAI（0~1）和相对时间（0~1）为参数进行 LAI 动态模拟，筛选、建立作物相对化 LAI 动态模拟模型 $y = (a+bx)/(1+cx+dx^2)$，利用该模型，自拔节期起就能够较准确地进行 LAI 的动态预测（图 12-1）。

步骤二：相对化平均 LAI 的计算

对相对 LAI 动态模型曲线从 0 到 1 进行积分获得作物整个生育期总的相对 LAD［公式（1）］，相对 LAD 的计算方法见图 12-3。由于整个生育期的相对时间为 1，总的相对 LAD 值即为全生育期的平均相对 LAI 值［公式（2）］。

相对 *LAI* 模拟

（Curve Expert 1.38）

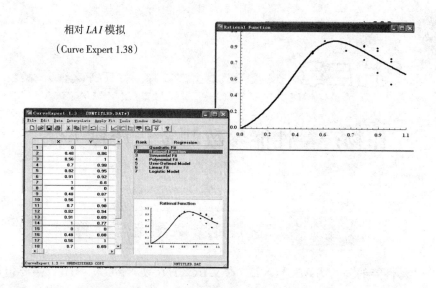

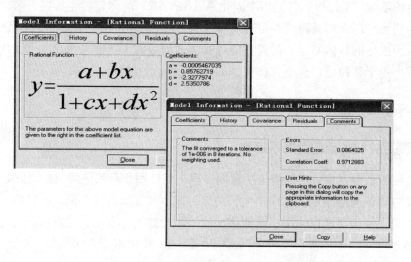

图 12-1　相对化 *LAI* 模型的建立与筛选

$$\text{相对}\atop{LAD} = \int_{t_1}^{t_2}\left(\frac{a+bx}{1+cx+dx^2}\right) = \frac{b}{2d}\ln\left(x^2+\frac{c}{d}x+\frac{1}{d}\right) + \frac{2ab-bc}{d\ \sqrt{4d-c^2}}\arctan\frac{2dx+c}{\sqrt{4d-c^2}} \quad (1)$$

$$平均相对 LAI = 相对 LAD/(t_2-t_1) \quad (2)$$

当 $t_1=0$、$t_2=1$ 时，即得到整个生育期内的总相对 *LAD*，平均相对 *LAI* 与最大叶面积指数（LAI_{max}）的乘积则为生育期间的实际平均 *LAI*；总相对 *LAD*、LAI_{max} 及全生育期天数（*D*）三者的乘积即为实际的总 *LAD*（图 12-2、图 12-3）。

二、作物生育期及其相对值

在产量性能的公式中 *D* 为全生育期的时间长度，以天数表示，一般是指出苗至成熟期的总天数。但在相对叶面积 *MLAI* 计算时，取样时间 *D* 值也必须是相对值，即 *D*（全

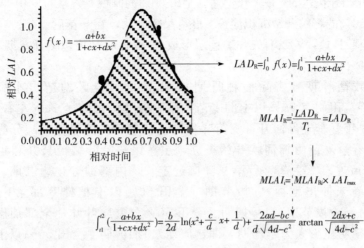

$$f(x)=\frac{a+bx}{1+cx+dx^2}$$

$$LAD_R=\int_0^1 f(x)=\int_0^1 \frac{a+bx}{1+cx+dx^2}$$

$$MLAI_R=\frac{LAD_R}{T_t}=LAD_R$$

$$MLAI=MLAI_{Ri}\times LAI_{max}$$

$$\int_{t1}^{t2}\left(\frac{a+bx}{1+cx+dx^2}\right)=\frac{b}{2d}\ln\left(x^2+\frac{c}{d}x+\frac{1}{d}\right)+\frac{2ad-bc}{d\sqrt{4d-c^2}}\arctan\frac{2dx+c}{\sqrt{4d-c^2}}$$

图 12-2　相对化平均 LAI 的计算步骤

```
data new;
input a b c d;
Z 成熟 =b/(2*d)*log(1+c/d+1/d)+(2*a*d-b*c)/(d*sqrt(4*d-c*c))*atan((2*d+c)/sqrt(4*d-c*c));
Z 出苗 =b/(2*d)*log(1/d)+(2*a*d-b*c)/(d*sprt(4*d-c*c))*atan(c/sqrt(4*d-c*c));
………………
Z 开花 =b/(2*d)*log(x*x+c/d*x+1/d)+(2*a*d-b*c)/(d*sqrt(4*d-c*c))*atan((2*d*x+c)/sqrt(4*d-c*c));
Z_n=b/(2*d)*log(n*n+c/d*n+1/d)+(2*a*d-b*c)/(d*sqrt(4*d-c*c))*atan((2*d*n+c)/sqrt(4*d-c*c));
sT=z-z0;
sB=z5-z0;
sA=z-z5;
cards;
a bc d
ods html file='.xls';
proc print;
run;
ods html close;
```

图 12-3　相对 LAD 的计算程序

$Z_{成熟}$、$Z_{出苗}$、$Z_{开花}$ 分别为成熟期、出苗期和开花期的积分值；Z_n 为其他取样时期的积分值；ST 为出苗
—成熟期的相对 LAD；SB 为开花前相对 LAD；SA 为开花后相对 LAD.

生育期）为 1，各取样时的时间长度占全生育期的比值为该取样时间的相对生育期。如在玉米吐丝开花期是从出苗历时 80d，全生育期为 125d，此期取样的叶面积对应的 D 值为 0.64＝80/125，此时是最大面积出现的时期，该期的叶面积系数的值也归为 1，其他时期的叶面积系数的值均与此时的值进行相对化处理。将生育期的天数与叶面积系数均进行归一化处理的数据，可用平均叶面积的分式方程进行计算，求出分式方程的 a，b，c，d 的各项系数值，计算出相对面积系数值，再乘以最大叶面积值，就是全生育期的平均叶面积系数，再乘以生育天数即是全生育期的光合势。同样方法可求解出任意生育时期叶面积系数和光合势。不同时期测定叶面积时最好按关键生育时期的标准进行测定时间与测定次数的安排。各作物生育时期记载如下：

玉米：记载播种期（实际播种日期）、出苗期（全区幼苗出土高 2～3cm 达 50%）、拔节期（全田 50% 的植株茎基部第一节伸出地面 1～2 cm）、大喇叭口期（全区 50% 以上植株的叶龄指数为 60%）、抽雄期（全田 50% 的雄穗顶端小穗露出）、开花期（全田 50% 的雄穗主轴小穗开始开花达 50％）、吐丝期（全田 50％的雌穗花丝从苞叶中伸出 2～3 cm）、乳熟期（全田 50％的籽粒开始沉积淀粉、胚乳呈炼乳状，在开花后 10 天左右）和完熟期（全田 50％的苞叶枯黄，乳线消失，黑色层形成）。取样时必须包括开花期，且取样时花前花后均不能少于 2 次。

小麦：记载播种期（实际播种日期）、出苗期（全区幼苗出土高 2～3cm 达 50％）、分蘖期（田间有 50％以上的麦苗，第一分蘖露出叶鞘 2cm 左右时）、返青期（北方冬麦区翌年春季气温回升，麦苗叶片由青紫色转为鲜绿色，部分心叶露头时）、起身期（翌年春季麦苗由匍匐状开始挺立，主茎第一叶叶鞘拉长并和年前最后叶叶耳距相差 1.5cm 左右，主茎年后第二叶接近定长，内部穗分化达二期、基部第一节开始伸长，但尚未伸出地面）、拔节期（全田 50％以上植株茎部第一节露出地面 1.5～2.0cm 时，为拔节期）、孕穗期（全田 50％分蘖旗叶叶片全部抽出叶鞘，旗叶叶鞘包着的幼穗明显膨大为孕穗期，即挑旗期）、抽穗期〔全田 50％以上麦穗（不包括芒）由叶鞘中露出的 1/2 时〕、开花期（全田 50％以上麦穗中上部小花的内外颖张开、花药散粉时）、乳熟期（籽粒开始沉积淀粉、胚乳呈炼乳状，在开花后 10d 左右）、成熟期（胚乳呈蜡状，籽粒开始变硬时为成熟期，此时为最适收获期。接着籽粒很快变硬）。取样时必须包括开花期，且取样时花前花后均不能少于 2 次。

水稻：记载播种期（实际播种日期）、出苗期（全区幼苗出土高 2～3cm 达 50％）、返青期（叶片由浅绿色转为鲜绿色，部分心叶露头时）、分蘖期（田间有 50％以上的麦苗，第一分蘖露出叶鞘 2cm 左右时）、拔节期（全田 50％以上植株茎部第一节露出地面 1.5～2.0cm 时，为拔节期）、孕穗期（全田 50％分蘖旗叶叶片全部抽出叶鞘，旗叶叶鞘包着的幼穗明显膨大为孕穗期，即挑旗期）、抽穗期（全田 50％以上稻穗由叶鞘中露出的 1/2 时）、开花期（全田 50％以上稻穗中上部小花的内外颖张开、花药散粉时）、乳熟期（籽粒开始沉积淀粉、胚乳呈炼乳状，在开花后 10d 左右）、成熟期（胚乳呈蜡状，籽粒开始变硬时为成熟期，此时为最适收获期。接着籽粒很快变硬）。取样时必须包括开花期，且取样时花前花后均不能少于 2 次。

三、平均净同化率

按照作物产量性能公式 $MLAI×D×MNAR×HI=EN×GN×GW$ 和净同化率的实际概念，$MNAR=DW/MLAI/D$，$DW=EN×GN×GW/HI$（DW 为收获时的总干物重），净同化率 $MNAR$ 的动态研究也可与叶面积的调查进行干物质的同步调查，即可求出，但其动态特征变化难以模拟，玉米多数研究表明，净同化率呈现出 M 形，模拟难度大，实际变化大。但全生育期的平均值相对简单和准确。

四、收获指数

收获指数是经济产量与生物产量比值，实际计算过程中均是以干物重为基础，即，经济产量此时为籽粒干重，不含水分。可以用 $HI=DW/DY$（DY 为籽粒干重产量，不含水分的产量），$DY= EN×GN×GW$，此时的粒重是不含水分的干基粒重，实际计算中将标准含量水的粒重再乘以（1－标准含量水率）就是干基粒重。

五、穗数

穗数（EN）是在收获前的实际调查数值，玉米是在收获前测定 11 行之间的长度，求平均行距，数 50 株求穗数，计算出单位面积的穗数，以亩或公顷计算。小麦和水稻收获时，每小区按固定的标点取 $1m^2$ 测定穗数。

六、穗粒数测定

随机抽取 20 穗进行考种。小区收获籽粒自然风干，在含水量为 14％时称量，折合成公顷产量。玉米收获每小区中间的两行穗（$24m^2$），并随机抽取 20 穗进行考种，待水分降低后，约含水量为 14％时进行脱粒，数量每穗粒数。

七、粒重

收获穗全部脱粒后经自然风干，待取样粒含水量为 14％时进行称量。取 500 粒或 1 000 粒进行称量千粒重测量，一般需要 3～5 次的重复，求平均千粒重；或者用高精度的水分测量仪（谷物水分测量仪 PM‑8188New，Kett，Japan）测定后，折合成标准水进行计算粒重，通过标准收获后的考种，计算出的穗数、穗粒数和粒重可计算出籽粒产量，但在产量性能的计算中，粒重是不含水的干基粒重；或者将考种的粒重减含量水的重量就是干基粒重。

第二节 作物高产验收方法

高产验收是通过组织有关专家对具有高产水平的项目进行认定，特别是国家粮食丰产科技工程和高创建的项目中，对产量水平的现场实际验收成为完成任务指标的主要要求之一。不同的项目对验收的要求不同，但都以客观真实、公平公开、科学公正作为基本要求。不同的项目对测产的要求和方法有所不同，以下是主要项目的测产方法和要求。

一、科技部粮食丰产科技工程的超高产验收条例

第一条 为了统一各课题产量验收方法，提高不同年份不同课题产量结果的可比性，科学评价各课题任务完成情况，特制订水稻、小麦和玉米产量验收办法。

第二条 本办法适用于示范性课题攻关田和核心区的产量验收。共性课题攻关田、示范基地和示范性课题示范区、辐射区的产量验收可参照本办法由各课题自行制定验收办法。

第三条 各课题攻关田、核心区产量验收须由课题主管部门预先提出申请，经"粮丰工程"联合办公室批准后，方可组织验收活动。

第四条 攻关田、核心区产量验收形式为实打验收，由验收专家组独立开展验收活动。

第五条 验收专家组由 5～7 名技术专家和管理专家组成，其中"粮丰工程"联合办公室选派专家 1～2 名，其余专家由课题主管部门选派。验收专家组设组长 1 名，副组长 1～2 名，组长由"粮丰工程"联合办公室选派专家担任。

第六条 产量验收的具体程序和要求

1. 验收点数及面积要求 攻关田取 2～3 个点，核心区 3～5 个点。每点实收面积：水稻≥1 亩、小麦≥1 亩、玉米≥2 亩。

2. 选点及面积测量 在被验收田块选择生长均匀一致的作为验收点，尽量在田块中间进行取样，避免边行优势对产量的影响。如靠近边行进行，为消除边际效应的影响，水稻、小麦要在两端各去掉 1m，边行去掉 4 行；玉米要在边行去掉 4 个边行，两端各去掉 2m 以上。测量验收点面积时，要按照长方形准确量取 4 个边的长度进行划线标记取样区，长宽比在 1～10 之间。

3. 收获、脱粒 在标记的取样区内进行区内的全部收获。在取样区不能以任何理由进行产量补偿。水稻、小麦收获后及时脱粒。收获之后，水稻、小麦应取 $2m^2$ 地块检取漏收穗、粒，脱粒后计算每亩收获损失产量 Y_2（kg）。

4. 称量鲜重 水稻和小麦脱粒后、玉米收穗后及时用磅秤称取鲜重（水稻为稻谷鲜重，小麦为籽粒鲜重，玉米为果穗鲜重），专人记载鲜重和装具重量，计算每亩鲜重 Y_1（kg）。称重前需检查磅秤的准确性，并校零。

玉米在称取鲜穗重后，选取 30～40kg 果穗，计算平均鲜穗重，再选取接近平均鲜穗重的 20 个代表穗称其鲜重 X_1（kg），进行脱粒，测定鲜粒重 X_2（kg）。

5. 取样、测定杂质 称取鲜重，及时采取多点取样法抽取鲜重样品 2kg，用塑料袋密封，作水分和杂质测定用。将塑料袋装样品放置在阴凉处，称取 500g 检出所含杂质，计算杂质率 Y_3（%）。

6. 测定含水量 采用国标 GB/T 5497—85 的定温定时烘干法测定含水量。试样用量按铝盒底面积每平方厘米×0.126g 计，如用直径 4.5cm 的铝盒，试样用量为 2g 左右；用直径 5.5cm 的铝盒试样用量为 3g 左右。用已烘至恒重的铝盒称取定量试样（准确至 0.001g），待烘箱温度升至 135～145℃时，将盛有试样的铝盒送入烘箱内温度计周围的烘网上，在 5min 内，将烘箱温度调到 130±2℃开始计时，烘 40min 后取出放干燥器内冷却，称重。含水量（%）按公式（3）计算：

$$含水量（M, \%）= \frac{W_0 - W_1}{W_0 - W} \times 100 \tag{3}$$

公式（3）中，M 为含水量（%），W 为铝盒质量（g），W_0 为烘前试样和铝盒质量（g），W_1 为烘后试样和铝盒质量（g）。也可用高精度的谷物水分测定仪（如 PM1000，以上高精度）进行直接测定，要求测定 7 次，删去最大与最小值，5 值平均为认定的含水率。如果水分含量超过 30%，可适当晒干再进行测定，但晒前与晒后的重量变化要进行校正计算。

7. 产量折算 标准含水量（M_0）：水稻和小麦按 13% 含水量计算，玉米按 14% 含水量计算。

（1）实际鲜重的计算（每亩）

水稻、小麦 实际鲜重 Y_0（kg）$= Y_1 \times (1 - Y_3) + Y_2$ （4）

玉米 实际鲜粒重 Y_0（kg）$= Y_1 \times \dfrac{X_2}{X_1}$ （5）

（2）标准产量折算（每亩）

$$标准产量\ Y（kg）= \frac{Y_0 \times (1 - M)}{1 - M_0}$$ （6）

公式（6）中，Y 为标准产量（kg），Y_0 为实际鲜重（kg），M_0 为标准含水量（%），M 为实测含水量（%）。

8. 平均产量 将各点测定产量求其平均，作为该攻关田或核心区的实打产量。

第七条 验收活动结束后，形成验收报告。验收报告内容包括：课题名称、验收组织单位、验收时间、地点、品种及技术措施、验收方法、验收结果等。验收报告须由验收专家组组长、副组长签字，并附专家组名单。

第八条 验收报告及原始记录（经办人须签字）为重要的技术档案，须归档妥善保管。同时，将验收结果报"粮丰工程"联合办公室备案。

第九条 本办法由"粮丰工程"联合办公室负责解释。

第十条 本办法自发布之日起施行。

<u>　　　　　　　</u>现场验收测产结果

地点：　　　　　　　　　　　　　　　　　　　　　　　　　　时间：

编号	种植品种	验收点面积（长×宽=面积）（m²）	验收点实收穗数	验收点实测粒重（kg）	验收点平均穗重（kg）	20样品穗重（kg）	20样品穗鲜籽粒重（kg）	出籽率（%）	籽粒含水量（%）	亩产量（14%含水，kg）

验收组组长：

副组长：

二、农业部全国粮食高产创建测产办法（试行，2008 年）

第一章 总 则

第一条 主要目的：为了规范粮食作物高产创建万亩示范点测产程序、测产方法和信息发布工作，推动高产创建活动健康发展，特制定本办法。

第二条 适用范围：本办法适用于全国水稻、小麦、玉米、马铃薯等粮食作物高产创建万亩示范点测产验收工作。

第二章 指导思想和工作原则

第三条 指导思想：按照科学规范、公开透明、客观公正、严格公平的要求，突出标准化和可操作性，遵循县级自测、省级复测、部级抽测的程序，统一标准，逐级把关，阳光操作，确保粮食高产创建万亩示范点测产验收顺利开展。

第四条 工作原则：全国粮食作物高产创建万亩示范点测产验收遵循以下原则：

1. 以省为主 县、省、部三级分时间、分层次进行测产，由省（区、市）农业行政主管部门统一组织本地测产验收工作，并对测产结果负责。

2. 科学选点 县、省、部三级测产选择万亩示范点有代表性的区域、有代表性的地块和有代表性样点进行测产，确保选点科学有效。

3. 统一标准 实行理论测产和实收测产相结合，统一标准，规范运作。

第三章 测产程序

第五条 县级自测：水稻、小麦、玉米高产创建示范点在成熟前 15～20d 组织技术人员进行理论测产，马铃薯示范点在收获前 15～20d 进行产量预估，并将测产和预估结果及时上报省（区、市）农业行政主管部门。同时报送万亩示范点基本情况，包括：①示范点所在乡（镇）、村、组、农户及村组分布简图；②高产创建示范点技术实施方案；③高产创建示范点工作总结。

部级高产创建示范点县在作物收获前，均要按照本办法对示范点产量进行实收测产，并保存测产资料备验。

第六条 省级复测：各省（区、市）农业行政主管部门对高产创建示范点自测和预估的结果进行汇总、排序，组织专家对产量水平较高的示范点进行复测，并保存测产资料备验。同时，在示范点作物收获前 10d 推荐 1～3 个示范点申请部级抽测。

第七条 部级抽测：根据各地推荐，农业部组织专家采取实收测产的办法抽测省（区、市）1～2 个示范点。

第八条 结果认定：农业部组织专家对各省（区、市）高产创建示范点测产验收结果进行最终评估认定。

第九条 信息发布：各地粮食作物高产创建万亩示范点测产验收结果由农业部统一对外发布。

第四章 专家组成和测产步骤

第十条 专家组成

1. 专家条件 测产验收专家组由 7 名以上具有副高以上职称的从事相关作物科研、教学、推广的专家组成，专家成员实行回避制。

2. 责任分工 专家组设正副组长各一名，组长由农业部粮食作物专家指导组成员担任，测产验收实行组长负责制。

3. 工作要求 专家组坚持实事求是、客观公正、科学规范的原则，独立开展测产验收工作。

第十一条　测产步骤

1. 前期准备　专家组首先听取高产创建示范点县农业部门汇报高产创建、测产组织、自测结果等方面情况，然后查阅高产创建有关档案。

2. 制订方案　根据汇报情况和档案记载，专家组制订测产验收工作方案，确认取样方法、测产程序和人员分工。

3. 实地测产　根据专家组制订的测产验收工作方案，专家组进行实地测产验收，并计算结果。

4. 汇总评估　专家组对测产结果进行汇总，并进行评估认定。

5. 出具报告　测产结束后，专家组向农业部提交测产验收报告。

第五章　水稻测产方法

第十二条　理论测产

1. 取样方法　根据自然生态区（畈、片），选取区域内分布均匀、有代表性的 50 个田块进行理论测产。每块田对角线 3 点取样。移栽稻每点量取 21 行，测量行距；量取 21 株，测定株距，计算每亩穴数；顺序选取 20 穴计算穗数。直播和抛秧稻每点取 $1m^2$ 以上调查有效穗数；取平均穗数左右的稻株 2～3 穴（不少于 50 穗）调查穗粒数、结实粒。千粒重以品种区试平均千粒重计算。

2. 计算公式　亩产（kg）＝有效穗（万）×穗粒数（粒）×结实率（％）×千粒重（g）$\times 10^{-6} \times 85\%$

第十三条　实收测产

1. 取样方法　根据自然生态区（畈、片）将万亩示范点划分为 5～10 个片，随机选择 3 个片，在每个片随机选取 3 块田进行实收测产，每块田实收 1 亩以上。收割前由专家组对收割机进行清仓检查；田间落粒不计算重量。

2. 田间实收　用机械收获后装袋并称重，计算总重量（单位：kg，用 W 表示）；专家组对实收面积进行测量（单位：m^2，用 S 表示）；随机抽取实收数量的 1/10 左右进行称重、去杂，测定杂质含量（％，用 I 表示）；取去杂后的稻谷 1kg 测定水分和空瘪率，烘干到含水量 20％以下，剔出空瘪粒，测定空瘪率（％，用 E 表示）；用谷物水分速测仪测定含水率，重复 10 次取平均值（％，用 M 表示）。

3. 计算公式　$Y = (666.7 \div S) \times W \times (1-I) \times (1-E) \times [(1-M)/(1-M_o)]$，平均产量＝$\sum Y \div 9$，

M_o 为标准干重含水率：籼稻＝13.5％，粳稻＝14.5％。

第六章　小麦测产方法

第十四条　理论测产

1. 取样方法　将万亩示范点平均划分为 50 个单元，每个单元随机取 1 块田，每块田 3 点，每点取 $1m^2$ 调查亩穗数，并从中随机取 20 个穗调查穗粒数。

2. 计算公式　理论产量（kg）＝每亩穗数×每穗粒数×千粒重（前 3 年平均值）×85％。

第十五条　实收测产

1. 取样方法 在省级理论测产的单元中随机抽取 3 个单元，每个单元随机用联合收割机实收 3 亩以上连片田块，除去麦糠杂质后称重并计算产量。实收面积内不去除田间灌溉沟面积，但去除坟地、灌溉主渠道面积；收割前由专家组对联合收割机进行清仓检查；田间落粒不计算重量。

2. 测定含水率 用谷物水分测定仪测定籽粒含水率，10 次重复，取平均数。

3. 计算公式 实收产量（kg）＝每亩籽粒鲜重（kg）×［1－鲜籽粒含水量（％）］÷（1－13％）。

第七章　玉米测产方法

第十六条 理论测产

1. 取样方法 根据地块的自然分布将万亩示范点划分为 10 个左右的自然片，每片随机取 3 个地块，每个地块随机取 3 个样点，每个样点量 10 个行距计算平均行距，在 10 行之中选取有代表性的 20m 双行，计数株数和穗数，并计算亩穗数；在每个测定样段内每隔 5 穗收取 1 个果穗，共计收获 20 穗作为样本测定穗粒数。

2. 产量计算 理论产量（kg）＝亩穗数×穗粒数×百粒重（被测品种前 3 年平均数）×85％。

第十七条 实收测产

1. 取样方法 根据地块自然分布将万亩示范点划分为 10 片左右，每片随机取 3 个地块，每个地块在远离边际的位置取有代表性的样点 6 行，面积（S，单位：m^2）≥67m^2。

2. 田间实收 每个样点收获全部果穗，计数果穗数目后，称取鲜果穗重 Y_1（kg），按平均穗重法取 20 个果穗作为标准样本测定鲜穗出籽率和含水率，并准确丈量收获样点实际面积。

3. 计算公式 每亩鲜果穗重 Y（kg）＝（Y_1/S）×666.7；出籽率 L（％）＝X_2（样品鲜籽粒重）/X_1（样品鲜果穗重）；籽粒含水率 M（％）：用国家认定并经校正后的种子水分测定仪测定籽粒含水量，每点重复测定 10 次，求平均值（M）。样品留存，备查或等自然风干后再校正；实测产量（kg）＝亩鲜穗重（kg）×出籽率（％）×［1－籽粒含水率（％）］÷（1－14％）。

（本办法由农业部种植业管理司负责解释，自发布之日起试行。）

三、农业部与中国作物学会联合制定玉米超高与高产验收方法

第一条 玉米高产、超高产田产量验收是对当地玉米生产状况及良种良法配套技术的综合评价，是评价技术成果产量效应的重要手段之一，是一项严肃认真的工作，必须达到真实、准确、科学的要求。根据多年来田间测产的经验和存在问题，为了统一各地玉米高产创建活动的产量验收方法，提高不同年份、不同地方产量结果的科学性和可比性，特制订以下测产方法和标准。

第二条 本办法适用于不同数量级别高产创建活动的高产、超高产试验田、示范田和大面积推广田块的产量验收。

第三条　各地应由省（市）以上管理部门组织有关专家进行现场测产验收。玉米高产创建活动的产量验收须由高产创建活动的单位提出，由当地省级农业主管部门批准后，方可组织验收活动。申报由农业部组织的验收，须在省级预验收的基础上，向农业部主管部门提出，经审核批准后组织验收。

第四条　所有高产创建活动的高产、超高产试验田、示范田和大面积推广田的产量验收形式为随机取样实测；小于 3 亩的田块的高产、超高产试验田全部实测。

第五条　验收专家组由 5~7 名专家组成，专家组中至少有 2 名农业部玉米专家指导组成员。验收专家组设组长 1 名，副组长 1~2 名。验收活动由农业行政部门组织，验收专家组独立开展验收活动。

第六条　产量验收的具体程序和要求

1. 验收点数及面积要求　大于 $0.2hm^2$ 小于 $0.67hm^2$ 的田块取 3 个点；大于 $0.67hm^2$ 小于 $6.67hm^2$ 的取 10 个点；大于 $6.67hm^2$ 小于 $66.67hm^2$ 的取 20 个点；大于 $66.67hm^2$ 小于 $666.67hm^2$ 的取 30 个点。每点实收面积：不低于 0.1 亩（$66.67m^2$）。

2. 选点及面积测量　在对所验收田块进行实地勘查的基础上，随机选择均匀分布（尽量覆盖所涉及的乡镇村组农户）、远离边行（为消除边际效应的影响，要在边行去掉 4 个边行，两端各去掉 2m 以上）、有代表性（反映所有田块的产量水平和品种类型）的田块作为验收点。每个验收点取 6 行玉米，按照不低于 $66.67m^2$ 长方形准确量取 4 个边的长度进行划线标记取样区，计算验收点的面积（S）。

3. 收获、计数、称量鲜重　把标记的取样区内的全部果穗收获。在取样区不能以任何理由进行产量补偿。所有验收点的果穗计数后及时用磅秤称取果穗鲜重 Y_1（kg），专人记载鲜重和装具重量，计算每亩鲜重 Y_0（kg）。称重前需检查磅秤的准确性，并校零。

4. 计算鲜籽粒出籽粒率（%）　通过验收点的全部穗鲜重和全部穗数，计算出平均单鲜穗重。每点至少取 3 个样品，每个样品 20 穗，每个样品应包括各种类型的果穗，同时使样品重（X_1）＝平均穗重×20 穗。及时脱粒后用小盘秤（计量范围不大于 10kg）称出样品的湿籽粒重（X_2），根据样品重（X_1）和湿籽粒重（X_2）计算鲜籽粒出籽粒率（L）（%）。

5. 计算鲜籽粒含水量（%）　用国家认定并经校正的种子水分测定仪测定（PM-1888）。每个验收点的籽粒含水量，重复测定 3~5 次，取其平均值（M），样品留存，备查或等自然风干后再校正。

6. 计算产量（kg）　产量（kg）＝每亩果穗鲜重（kg）×鲜籽粒出籽粒率（%）×[1－鲜籽粒含水量（%）]÷[1－籽粒标准含水量（%）]

（1）单位面积果穗鲜重的计算　亩果穗鲜重 Y_0（kg）＝Y_1/S

（2）鲜籽粒出籽粒率的计算（%）　出籽粒率（L）＝X_2/X_1

（3）标准产量折算　标准产量 Y（kg）＝$Y_0×L×（1-M）÷（1-M_0）$

公式中，Y 为标准亩产量（kg），Y_0 为亩实际鲜重（kg），M_0 为玉米籽粒标准含水量，按 14%，M 为实测含水量（%）。

7. 平均产量　将各验收点的产量求其平均，作为验收地块的产量。

第七条　验收活动结束后，形成验收报告。验收报告内容包括：验收组织单位、验收时间、地点、品种及技术措施、验收方法、验收结果等。验收报告须由验收专家组组长、副组长签字，并附验收结果汇总表和专家组名单。

第八条 验收报告、验收结果汇总表及原始记录（经办人须签字）为重要的技术档案，须归档妥善保管。

第九条 测产验收注意事项：

（1）测产验收是一项严肃的评估工作，必须做到科学、公正、真实、可靠，克服主观性和随意性。

（2）选择验收点和样品必须具有代表性，切忌偏高。测产各项数据准确无误，资料记录详尽准确。

（3）验收组成员要亲自参与到每个验收环节。验收做到"三准确"，即测产称准确，验收所用磅秤和小样本用盘秤，必须经过技术监督部门校验；面积丈量要准确；数据准确。

四、农业部东北"玉米王"挑战赛测产方法

2012年农业部在东北玉米"双增二百"科技行动中，设立了中化杯"玉米王"挑战赛对高产典型进行了相应的规定。为客观反映玉米高产竞赛实施成效，更好地完成"双增二百"工作任务，规范测产工作，特制定"双增二百"测产方案，望各实施单位按照方案认真执行，确保测产结果真实可靠。测产工作按照参赛者自我估产、省（县）专家测产和"双增二百"专家组现场验收三个层次进行。具体实施方案如下：

第一层次　自我估产规程

1. 估产时间　收获前。

2. 估产人员　技术指导员指导参赛者进行自我估产。

3. 估产范围　全部参赛者。

4. 估产规程　采取对角线五点取样法，即在田块四角和中央各随机取一个点，每个样点离地头5m以上，随机选点。在样点中连续测量11行的距离，分别除以10，计算出平均行距（m）。连续测量50m，数株数和有效穗数，计算出平均株距（m）、空秆率和双穗率，随机连续测定20株的穗粒数，取平均数。

5. 估产结果处理　以该品种常年千（百）粒重计算理论产量，乘以0.85后即为估产产量。以5点的平均产量为该户的平均产量，填报估产统计表（见附表）。产量计算方法为：玉米理论产量（kg）＝［种植密度×双穗率×穗（株）粒数×千粒重（g）］/10^6。其中，玉米种植密度（株）＝666.7m²/（平均行距×平均株距）

第二层次　省（县）专家测产规程

1. 测产时间　估产后，收获前。

2. 参与人员　省（县）专家组成员、特邀专家等。

3. 测产范围　根据上报的参赛者估产统计表，每个类型区选择一定比例产量高的农户田块进行测产。

4. 测产规程　与估产相同。

5. 测产结果处理　省（县）专家进行的测产结果与参赛者自我估产结果相差不超过5%，承认估产结果有效；结果相差5%～10%，采用两者平均数；相差10%以上时，以

专家测产结果为准。根据测产结果申请现场验收。

测产结果填入汇总表，进行统计和产量分析。

第三层次　现场验收规程

1. 验收时间　成熟期。

2. 参与人员　农业部东北地区玉米"双增二百"科技行动专家组成员、特约专家及有关管理人员。

3. 验收范围　根据省（县）上报的测产结果和当地高产田块验收申请，由"双增二百"科技行动专家组在每个类型区域选择一定比例农户参赛田块进行现场验收。

4. 验收方法

（1）取样方法　根据参赛田块面积，每个参赛地随机取 3 个以上（含 3 个）地块，每个地块在远离边际的位置取有代表性的样点 6 行，面积（S，单位：m^2）$\geqslant 67 m^2$。

（2）田间实收　每个样点收获全部果穗，计数果穗数目后，称取鲜果穗重 Y_1（kg），按平均穗重法取 20 个果穗作为标准样本测定鲜穗出籽率和含水率，并准确丈量收获样点实际面积。

（3）计算公式　每亩鲜果穗重 Y（kg）$=（Y_1/S）\times 666.7$；出籽率 L（％）$=X_2$（样品鲜籽粒重）$/X_1$（样品鲜果穗重）；籽粒含水率 M（％）：用国家认定并经校正后的种子水分测定仪测定籽粒含水量，每点重复测定 10 次，求平均值（M）。样品留存，备查或等自然风干后再校正；实测产量（kg）$=$ 亩鲜穗重（kg）$\times$ 出籽率（％）$\times$［$1-$籽粒含水率（％）］$\div$（$1-14\%$）。

5. 验收意见　产量计算核实后，验收委员会形成验收意见，按照有关规定填写报表，签字盖章后上报有关部门。

"玉米王"挑战者估产统计表

(＿＿＿＿省（市）区＿＿＿＿县（市）＿＿＿＿乡（镇）＿＿＿＿村＿＿＿＿社)

参赛者	种植品种	测产面积（亩）	行距（m）	株距（m）	亩密度（株）	双穗率（％）	空秆率（％）	穗粒数（粒）	千粒重（g）	估测亩产量（kg）	备 注

第三节 作物根系研究分析方法

根系的研究在作物栽培生理、土壤营养等研究工作中一直占有重要的地位。以禾本科玉米为例，玉米具有强大的根系，吸收水分和养分的能力很强，不仅根系总重量和入土深度超过其他禾谷类作物，而且有比其他禾谷类作物根系更为发达的气腔。玉米的主体根系分布在 0~40cm 土层中，随着生育期的推迟，后期入土深度增加，深层根量随之增加，入土深度能达到 180cm。玉米的根系不仅具有强大的主体根系，还具有发达的细根毛根充满整个土体，为玉米生长发育提供充足的营养与水分。

人们对玉米根系的研究已做了不少工作。但由于根系生长在地下，入土深范围广，肉眼观察不到，加上土壤及地上部分的影响，使得根系研究比较困难。各地科研工作者一直对根系的研究方法不断探索改进，加上现代仪器设备的应用，使得人们对玉米根系的研究向着更快速、更准确的方向推进。

目前，玉米根系的研究方法有水培法、根箱法、挖掘法、土钻法及 Minirfizotrons 法。但以上几种方法都有其局限性，对玉米根系的研究有一定的束缚性，不能很好地对玉米根系的形态特征及空间分布做出全面的分析。玉米根系生长在土壤中，具有一定的紧实度和阻力，所以说水培法不具有单表性；生长在根箱中的根系由于受根箱大小的限制，其伸展范围受到一定的束缚，不能代表正常环境中的根系特征；挖掘法是一种破坏性的取根方法，在挖掘中损失大量的细根毛根，而这些根是作物根系发挥吸收功能的主要部分，影响对根系吸收功能的研究；土钻法是一种局部性的研究方法，只是通过对部分的研究推断整体的特征，在这个过程中误差比较大。Minirhizotrons 是一种非破坏性、定点原位直接观察和研究植物根系的新方法，广泛运用于农作物和天然植物群落细根生长动态和功能的研究。但由于受仪器、研究方法及环境条件的限制，不能获得整个根系分布层的根系数据，推广应用性不强。

一、小立方原位根土取样器

小立方原位取根器长度为 100cm，整体分为三部分：第一部分为最底层的取土结构，其构造是下部开的空心立方钢体，内部为 10cm×10cm×10cm。下面四条棱均有钢印，用于切割土块与切断根系。此部分是取根器最为重要的部分。第二部分为推土结构，位于取土结构的上部，当取完土块后，将土块与根系一起推出。此结构置于钢柱的内部。第三部分是长为 100cm 的长方体钢柱，构成取根器的主要骨架（图 12-4）。

为了对大田作物的根系做到原位原状取样，在取样过程中保持作物根系原有的空间分布特点，减少漏根、掉根的现象，应用小立方原位取根器对作物根系的研究是一种新型的根系取样研究方法（图 12-5）。该方法取土成型，10cm×10cm×10cm 的小立方土块代表性更强，更直观；无需挖土壤剖面，破坏小，操作较简易、快捷、省力；地上部、土壤、根系样品可一次同时获得，保持根系原有的空间分布特征。对大田中正常生长的作物的根系取样，并不对土壤造成较大的破坏，对其他非取样植株不会造成损害。

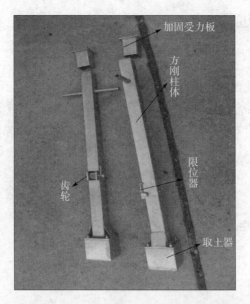

图 12 - 4 小立方原位根土取样器构造

图 12 - 5 小立方原位根土取样器田间取样过程

二、取样分析过程

（一）作物根系的取样

根据田间玉米群体的密度及植株所处的生育时期确定取根范围，用小立方原位取根器，以植株为中心，挖取土体总体积一般为 50cm×50cm×50cm 的土壤剖面，每个土壤剖面共挖取 125 块土块，每个土块为 10cm×10cm×10cm 的正立方体。挖取土体的深度可以根据玉米的不同生育时期而定，生育前期可浅一些，生育后期可达到 100cm 的深度（图 12 - 6）。

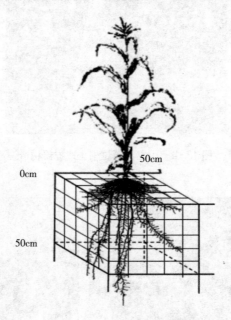

图 12 - 6　取样示意图

对取出的土块进行标号，以植株为中心，按顺时针方向进行数字标号，不同土层之间

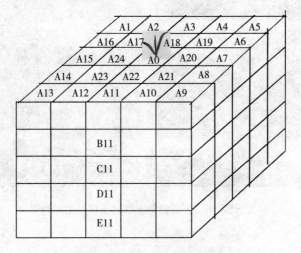

图 12 - 7　取样土块编号图

用英文字母标号。对采集的根系进行命名：处理-层次-样块号，如 SS‐A‐2，表示深松处理的第一层的第二个样块（图 12‐7）。

对用取根器取出的每个 10cm×10cm×10cm 见方的土块（图 12‐8）进行手动粉碎，仔细捡出每个土块中的全部根系，做到不漏根不掉根，随后用水冲洗干净，用吸水纸洗净根系表面的水分，放入自封袋中并标记号码，低温下保存，防止根系的腐烂。取出的土壤可保留，进行土壤性质的测定。

图 12‐8　田间取样土块

（二）根系扫描处理

对取出的根系进行扫描处理。将每个根系样品分别均匀平铺于透射扫描仪上，对根系进行扫描，做到不重叠不交叉。并保存为 JPG 图像文件，适宜的图像分辨率为 300bpi（图 12‐9）。

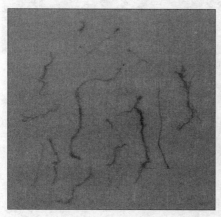

图 12‐9　根系扫描

（三）根系特征参数的分析

用 WinRhizo 软件（Regent Instruments Inc.，Canada）（图 12‐10）对扫描得到的根系图片进行分析，可以迅速得到根系长度、根系直径与根表面积等根系特征参数，结果如图 12‐11 所示。根据根系参数，可以对根系的特征及空间分布进行更深入的分析。

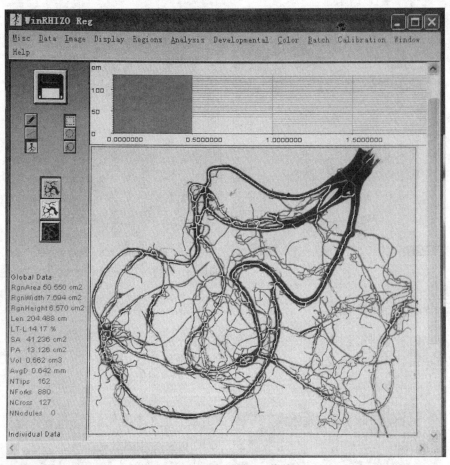

图 12‐10　WinRhizo 软件

RHIZ0 2004b	Length（cm）	SurfArea（cm²）
SampleId	Father	Baby
958‐1‐A12. jpg	62. 105 3	10. 982 8
958‐1‐C21. jpg	151. 965 7	33. 915 7

图 12‐11　根系图像分析结果示例

【主要参考文献】

鲍巨松，薛吉全，杨成书，等.1994.不同株型玉米品种高产潜力及特征的研究［J］.玉米科学，2
　（2）：48-51.

鲍艳松，王纪华，刘良云，等.2007.不同尺度冬小麦氮素遥感监测方法及其应用研究［J］.农业工程
　学报，22（2）：139-145.

蔡奇生，师长俭，陈家旺，等.1985.自然生态因子对小麦产量效应和产量潜力的分析［J］.中国农业
　科学（2）：24-33.

曹国军，任军，王宇.2003.吉林省玉米高产土壤肥力特性研究［J］.吉林农业大学学报，25（3）：
　307-310，314.

曹卫星，周治国，周勇，等.2005.农业信息学［M］.北京：中国农业出版社.

曹卫星，朱艳，田永超，等.2006.数字农作技术研究的若干进展与发展方向［J］.中国农业科学，39
　（2）：281-288.

曹显祖，朱庆森.1987.水稻品种的源库特征及其类型划分的研究［J］.作物学报，13（4）：265-272.

曾建军，时明芝.2004.植物涝害生理研究进展［J］.聊城大学学报：自然科学版，17（3）：54-56.

陈传永，侯玉虹，孙锐，等.2010.密植对不同玉米品种产量性能的影响及其耐密性分析［J］.作物学
　报，36（7）：1153-1160.

陈国平，高聚林，赵明，等.2012.近年我国玉米超高产田的分布、产量构成及关键技术［J］.作物学
　报，38（1）：80-85.

陈国平.1992.美国的玉米生产及考察后的反思［J］.作物杂志（2）：1-4.

陈国平.1998.玉米库源关系的研究［J］.玉米科学，6（4）：36-38.

陈立军，唐启源.2008.玉米高产群体质量指标及其影响因素［J］.作物研究，22（5）：428-434.

陈荣振.1995.淮北地区小麦超高产育种问题的探讨［J］.国外农学—麦类作物（2）：45-47.

陈蓉蓉，周治国，曹卫星，等.2004.农田精确施肥决策支持系统的设计与实现［J］.中国农业科学
　（37）：516-521.

楚爱香.2001.玉米单株产量与主要农艺性状的相关分析［J］.河南农业科学（1）：12-14.

邓根云，冯雪华.1980.我国光温资源与气候生产潜力［J］.自然资源（4）：11-16.

邓根云，刘中丽.1992.玉米潜在产量与积温关系模型及其应用［J］.气象，18（8）：7-12.

邓环，万素琴，曹凑贵，等.2008.江汉平原盛夏低温过程对中稻结实的影响［J］.华中农业大学学报，
　27（5）：676-679.

邓巍，丁为民.2006.多传感器信息融合及其在农业中的应用［J］.农机化研究（5）：164-168.

邓振镛，王强，张强，等.2010.中国北方气候暖干化对粮食作物的影响及应对措施［J］.生态学报，
　30（22）：6278-6288.

丁声俊，朱立志.2003.世界粮食安全问题现状［J］.中国农村经济（3）：71-80.

丁寿康，黄铁城，侯景和.1961.减少小麦不孕小穗，争取穗大粒多问题的初步探讨［J］.中国农业科
　学（12）：26-36.

董桂春，居静，于小凤，等.2010.不同穗重类型常规籼稻品种产量形成的差异研究［J］.扬州大学学报，30（1）：49-54.

董剑，赵万春，陈其皎，等.2010.陕西关中地区不同冬小麦品种晚播高产的适宜播期和密度［J］.西北农业学报，19（3）：66-69.

杜军.2002.气候生态因子对春小麦不孕小穗率影响规律的探讨［J］.干旱地区农业研究（2）：10-12.

范兰，吕昌河，陈朝.2011.作物产量差及其形成原因综述［J］.自然资源学报，26（12）：2155-2166.

封超年，郭文善，施劲松，等.2000.小麦花后高温对籽粒胚乳细胞发育及粒重的影响［J］.作物学报，26（4）：399-405.

冯冬霞，施生锦.2005.叶面积测定方法的研究效果初报［J］.中国农学通报，21（6）：150-152，155.

伏军.1997.水稻收获指数的形成与遗传改良［J］.作物研究（2）：1-3.

付雪丽.2009.冬小麦—夏玉米产量性能动态特征及其主要栽培措施效［D］.北京：中国农业科学院.

高金成，王润芳，沈玉华，等.2001.小麦粒重形成的气象条件研究Ⅰ粒花乳熟期适宜灌浆的气象条件分析［J］.中国农业气象，22（3）：44-49.

高兰阳，李洪泉，陈涛，等.2010.植物对涝渍响应的研究进展［J］.草业与畜牧（2）：1-5.

高亮之，郭鹏，张立中，等.1984.中国水稻的光温资源与生产力［J］.中国农业科学，17（1）：17-23.

关义新，戴俊英，林艳，等.1994.沈阳地区玉米的光热生产潜力及增产途径［J］.沈阳农业大学学报，25（1）：23-27.

郭绍铮，陈秀瑾，张继林.1980.江苏淮南地区千斤小麦栽培技术原理与应用［J］.中国农业科学（1）：30-38.

郭文善，封超年，严六零，等.1995.小麦开花后源库关系分析［J］.作物学报，21（3）：334-340.

何华，康绍忠.2002.灌溉施肥深度对玉米同化物分配和水分利用效率的影响［J］.植物生态学报，26（4）：454-458.

何维勋.1990.玉米展开叶增加速率与温度和叶龄的关系［J］.中国农业气象，11（8）：30-33.

洪植蕃，林菲，庄宝华，等.1992.两系杂交稻栽培生理生态特性结实特性与库源特征［J］.福建农学院学报，21（3）：251-258.

侯光良，李继由，张谊光.1989.中国农业气候资源［M］.北京：中国人民大学出版社.

胡昌浩，董树亭，王空军，等.1998.我国不同年代玉米品种生育特性演进规律研究Ⅱ物质生产特性的演进［J］玉米科学，6（3）：49-53.

胡承霖，罗春梅.1985.小麦不同部位小穗的花、粒发育特点与单穗生产力［J］.安徽农业科学（3）：14-20.

胡承霖.1983.氮素营养条件对小麦小花发育成花和结实的影响［J］.南京农学院学报（1）：27-35.

胡萌.2009.密度对春玉米光合与衰老生理及产量的影响［D］.哈尔滨：东北农业大学.

胡廷积，李九星，王化臣，等.1981.小麦幼穗发育规律及外部形态相关性的研究［J］.河南农学院学报（2）：14-25.

胡文新，彭少兵，高荣孚，等.2005.新株型水稻的光合效率［J］.中国农业科学，38（11）：2205-2210.

胡延吉，赵檀方.1995.小麦高产育种中粒重的作用研究［J］.作物学报，21（6）：671-678.

黄丕生，王夫玉.1997.水稻群体源库质量特征及高产栽培策略［J］.江苏农业科学（4）：5-8.

黄升谋，邹应斌，敖和军.2007.植物激素与谷类作物籽粒发育［J］.植物生理学通讯，43（1）：184-188.

黄升谋，邹应斌.2002.亚种间杂交水稻54605/广抗粳2号充实度的研究［J］.中国农学通讯（5）：47.

黄升谋 . 2003. 水稻强弱势粒结实生理及其调控途径研究 [D]. 长沙：湖南农业大学 .

黄文江，黄木易，刘良云，等 . 2005. 利用高光谱指数进行冬小麦条锈病严重度的反演研究 [J]. 农业工程学报，21（4）：97-103.

霍中洋，叶全宝，李华，等 . 2002. 水稻源库关系研究进展 [J]. 中国农学通报，18（6）：72-78.

纪凤奎，高爱红，周元明 . 2004. 产量与源库的关系及其在作物高产中的意义 [J]. 垦殖与稻作（增刊）：9-10.

江龙 . 1998. 不同水稻品种的源库特性与产量形成的关系 [J]. 山地农业生物学报，17（6）：318-322.

蒋阿宁，刘克礼，赵春江，等 . 2006. 基于遥感数据和作物生长模型的小麦变量施肥研究进展 [J]. 遥感技术与应用，21（6）：601-606.

蒋军民，蒋建国，奚茂兴 . 2001. 单季晚粳品种（系）间产量差异原因剖析 [J]. 江苏农业研究，22（2）：20-23.

蒋彭炎，冯来定，史济林，等 . 1992. 水稻"三高一稳"栽培法的理论与技术 [J]. 山东农业大学学报，22（增刊）：18-24.

康国章，王永华，郭天财，等 . 2003. 氮素施用对超高产小麦生育后期光合特性及产量的影响 [J]. 作物学报，29（1）：82-86.

兰华雄，王建明，杨居钿 . 2005. 水稻高产气象生态分析 [J]. 亚热带农业研究，1（3）：49-54.

兰进好，张宝石 . 不同年代冬小麦品种光合特性差异的研究 [J]. 沈阳农业大学学报，2003，34（1）：12-15.

李朝霞，赵世杰，孟庆伟，等 . 2002. 高粒叶比小麦群体生理基础以及进展 [J]. 麦类作物学报，22（4）：79-83.

李潮海，苏新宏，谢瑞芝，等 . 2001. 超高产栽培条件下夏玉米产量与气候生态条件关系研究 [J]. 中国农业科学，34（3）：311-316.

李光正，侯远玉，杨文钰 . 1993. 温度与小麦穗花发育及结实的关系 [J]. 四川农业大学学报，11（1）：46-55.

李建军，曾桂芳，尚志梅，等 . 2005. 农区耕地土壤退化原因及治理对策 [J]. 新疆农业科学，42（增）：203-204.

李全胜，杨忠恩 . 2000. 作物光能和光温生产潜力计算模式及其应用——以杭州市早稻和晚稻生产为例 [J]. 生物数学学报，15（2）：139-144.

李少昆，王崇桃 . 2010. 玉米高产潜力途径 [M]. 北京：科学出版社 .

李祥洲，任昌福，陈晓玲 . 1996. 水稻亚种间杂种一代子粒充实的气温条件研究 [J]，作物学报，22（2）：246-249.

李翔，潘瑜春，马景宇，等 . 2007. 基于多种土壤养分的精准管理分区方法研究 [J]. 土壤学报，44（1）：14-20.

梁嘉陵 . 1996. 三江平原地区影响玉米产量因素及调节措施初探 [J]. 玉米科学，4（2）：58-61.

梁建生，曹显祖，徐更生，等 . 1994. 水稻籽粒库强与其淀粉积累之间关系的研究 [J]. 作物学报，20（6）：685-691.

林鹿 . 1992. 杂交早稻库源关系特征与其调控途径研究 [J]. 江西农业大学学报，14（3）：235-245.

凌碧莹 . 2000. 春玉米超高产群体"源""库"关系研究 [J]. 华北农学报（15）：71-77.

凌启鸿，张洪程，蔡建中，等 . 1993. 水稻高产群体质量及其优化控制探讨 [J]. 中国农业科学，26（6）：1-11.

凌启鸿 . 1991. 稻麦研究新进展 [M]. 南京：东南大学出版社 .

刘东海，陈立勇，霍世荣 . 1992. 光温条件与冬小麦干物质积累及粒重关系的研究 [J]. 中国农业气象，

13 (4)：1-7.

刘可群，赵建辉，杨红青 .1994. 冬小麦产量形成过程与气象条件关系的模拟研究 [J]，中国农业科学，15 (4)：1-4.

刘良梧，龚子同 .1994. 全球土壤退化评价 [J]．自然资源 (1)：10-15

刘淑云，董树亭，胡昌浩 .2002. 生态环境因素对玉米子粒品质影响的研究进展 [J]．玉米科学，10 (1)：41-45.

刘晚苟，山仑 .2003. 不同土壤水分条件下容重对玉米生长的影响 [J]．应用生态学报，14 (11)：1906-1910.

刘志全，李万良，路立平，等 .2007.2006 年美国玉米高产竞赛的启示 [J]．玉米科学 (6)：144-145.

刘志全，路立平，沈海波，等 .2004. 美国高产竞赛简介 [J]．玉米科学，12 (4)：111-113.

鲁如坤 .2000. 土壤农业化学分析方法 [M]．北京：中国农业科技出版社 .

陆卫平，陈国平，郭景伦，等 .1997. 不同生态条件下玉米产量源库关系的研究 [J]．作物学报，23 (6)：727-733.

罗继春，叶修棋 .1992. 山东省玉米产量和气候生态条件初析 [J]．中国农业气象，13 (1)：40.

罗锡文，臧英，周志艳 .2006. 精细农业中农情信息采集技术的研究进展 [J]．农业工程学报，22 (1)：167-173.

骆东奇，白洁，谢德体 .2002. 论土壤肥力评价指标和方法 [J]．土壤与环境，11 (2)：202-205.

吕凤山，刘克礼，高聚林 .1998. 郭新宇春玉米茎杆维管束与叶片光合性状和果穗发育的关系 [J]．内蒙古农牧学院学报，19 (3)：42-46.

马国胜，薛吉全，路海东，等 .2007. 播种时期与密度对关中灌区夏玉米群体生理指标的影响 [J]．应用生态学报，18 (6)：1247-1253.

马林，胡玲 .1998. 青海省诺木洪地区气象条件对春小麦生长发育影响的动态分析 [J]．中国农业气象，19 (5)：17-20，25.

马树庆，王琪，罗新兰，等 .2008. 基于分期播种的气候变化对东北地区玉米生长发育和产量的影响 [J]．生态学报，5 (28)：2131-2139.

慕美财，单玉珊，韩守良，等 .2000. 有关小麦超高产栽培的若干问题 [J]．中国农业科技导报，2 (3)：38-42.

南纪琴，肖俊夫，刘战东 .2010. 黄淮海夏玉米高产栽培技术研究 [J]．中国农学通报，26 (21)：106-110.

聂振邦，刘韧，王正友，等 . 世界粮食供求现状、趋势和对策研究 [J]．中国稻米 (5)：1-5.

潘庆民，于振文，王月福，等 .1999. 公顷 9 000kg 小麦氮素吸收分配的研究 [J]．作物学报，25 (5)：541-547.

潘瑜春，黄兴荣，马景宇，等 .2006. 面向精准农业的农田地块更新地理信息系统 [J]．农机化研究 (8)：77-81.

齐志 .1977. 作物光能生产潜力探讨 [J]．自然资源 (2)：5-9.

邱新法，曾燕，黄翠银 .2000. 影响我国水稻产量的主要气象因子的研究 [J]．南京气象学院学报，23 (3)：356-360.

邱新法，曾燕 .2000. 影响我国冬小麦产量的气象因子研究 [J]．南京气象学院学报，23 (4)：575-578.

邱新法，曾燕 .2001. 影响我国冬小麦产量的气象要素研究 [J]．中国农业气象，22 (4)：11-15.

屈会娟，李金才，魏凤珍，等 .2007. 不同播期对冬小麦碳氮运转和产量的影响 [J]．安徽农业科学，35 (14)：4161-4162.

山仑，陈国良．1993．黄土高原旱地农业的理论与实践［M］．北京：科技出版社．

宋文卿，张卫星，于隆严，等．2010．不同年代早籼稻品种的植株形态及其演变研究［J］．江西农业大学学报，32（6）：1097-1102．

孙道杰，王辉．2002．小麦品种产量改良的限制因素分析［J］．西南农业学报，15（13）：13-16．

孙庆泉，胡昌浩，董树亭，等．1999．我国玉米品种叶源和籽粒库等生理特性研究进展［J］．山东农业大学学报，30（4）：484-489．

孙锐．2009．春玉米产量性能密度效应及其定量化分析［D］．中国农业大学．

孙世贤．2003．2002年美国玉米高产竞赛简介［J］．玉米科学，11（3）：102．

谭昌伟，王纪华，陆建飞，等．2007．基于红边参数的夏玉米长势监测及其营养诊断研究［J］．中国生态农业学报，15（1）：82-86．

唐华俊，叶立明，周清波，等．1997．土地生产潜力方法论比较研究［M］．北京：中国农业科技出版社．

陶毓汾，王立祥，韩仕峰，等．1993．中国北方旱农地区水分生产潜力及开发［M］．北京：气象出版社．

田永超，朱艳，曹卫星，等．2004．利用冠层反射光谱和叶片Spad值预测小麦籽粒蛋白质和淀粉的积累［J］．中国农业科学，37（6）：808-813．

田永超，朱艳，曹卫星，等．2004．小麦冠层反射光谱与植株水分状况的关系［J］．应用生态学报，15（11）：2072-2076．

屠曾平，林秀珍，蔡惟涓，等．1995．水稻高光效育种的再探索［J］．植物学报，37（8）：641-651．

屠乃美，官春云．1999．光周期对水稻源库关系的影响［J］．作物学报，25（5）：596-601．

王崇桃，李少昆．2010．作物产量差与玉米高产设计［J］．科技导报，30（7）：48-53．

王纪华，王树安，赵冬梅，等．1994．玉米穗轴维管解剖结构及含水率对籽粒发育的影响［J］．玉米科学，2（4）：41-43．

王纪华，王树安，赵冬梅，等．1996．玉米籽粒发育的调控研究Ⅲ．离体条件下的化学调控机理探讨［J］．作物学报，22（2）：208-213．

王纪华，赵春江．2000．利用遥感方法诊断小麦叶片含水量的研究［J］．华北农学报，15（4）：68-72．

王空军，董树亭，胡昌浩，等．2002．我国玉米品种更替过程中根系生理特性的演进Ⅱ．根系保护酶活性及膜脂过氧化作用的变化［J］．作物学报，28（3）：384-388．

王空军，胡昌浩，董树亭，等．1999．我国不同年代玉米品种开花后叶片保护酶活性及膜质过氧化作用的演进［J］．作物学报，25（6）：700-706．

王立春，边少锋，任军，等．2004．吉林省玉米超高产研究进展与产量潜力分析［J］．中国农业科技导报，6（4）：33-36．

王满意，薛吉全，梁宗锁，等．2004．源库比改变对玉米生育后期茎鞘贮存物质含量及产量的影响［J］．西北植物学报，24（6）：1072-1076．

王绍美，金胜利，王刚．2010．半干旱区全覆膜双垄沟播技术对玉米产量和水分利用效率的影响［J］．甘肃农业大学学报（45）：100-106．

王士红，荆奇，戴廷波，等．2008．不同年代冬小麦品种旗叶光合特性和产量的演变特征［J］应用生态学报，19（6）：1255-1260．

王勋，戴廷波，姜东，等．2005．不同生态环境下水稻基因型产量形成与源库特性的比较研究［J］．应用生态学报，16（4）：615-619．

王沅，田正国，邱泽生，等．1981．小麦小花发育不同时期遮光对穗粒数的影响［J］．作物学报，7（3）：157-163．

王志芬，朱连先，范仲学，等．2001．山东省年际与地区间气象因素变化与高产小麦产量形成的研究［J］．山东农业科学（2）：3-7，24．

魏树和，陈温福，徐正进，等．2001．水稻收获指数研究的回顾与展望［J］．垦殖与稻作（增刊）：1-3．

魏燮中，吴兆苏．1983．小麦植株高度的结构分析［J］．南京农学院学报（1）：14-21．

翁笃鸣．1964．试论总辐射的气候学计算方法［J］．气象学报，34（3）：304-315．

吴伟明，程式华．2005．水稻根系育种的意义与前景［J］．中国水稻科学，19（2）：174-180．

夏仲炎，谢元璋．1998．水稻群体的个体质量与产量关系分析［J］．生物数学学报，13（2）：230-233．

熊洪，唐玉明，任道群，等．2004．不同土壤类型、不同气候条件与水稻产量的关系［J］．西南农业学报，17（3）：305-309．

徐庆章，王庆成，牛玉贞，等．1995．玉米株型与群体光合作用的关系研究［J］．作物学报，21（4）：492-496．

徐正进，陈温福，周洪飞，等．1996．直立穗型水稻群体生理生态特性及其利用前景［J］．科学通报，41（12）：1123-1126．

薛吉全，詹道润，鲍巨松，等．1995．不同株型玉米物质生产和群体库源特征的研究［J］．西北植物学报，15（3）：234-239．

薛利红，曹卫星，罗卫红，等．2004．光谱植被指数与水稻叶面积指数相关性的研究［J］．植物生态学报，28（1）：47-52．

薛利红，曹卫星．2003．基于冠层反射光谱的水稻群体叶片氮素状况监测［J］．中国农业科学，36（7）：807-812．

严威凯．1988．小麦茎秆运输能力对籽粒产量限制作用的研究［J］．陕西农业科学（3）：6-8．

杨建昌，刘立军，王志琴．1999．稻穗颖花开花时间对胚乳发育的影响其生理机制［J］．中国农业科学，2（3）：44-51．

杨建昌，王志琴，朱庆森．1993．水稻产量源库关系的研究［J］．江苏农学院学报，14（3）：47-53．

杨守仁．1980．水稻源与坑的辩证关系［M］．北京：农业出版社．

叶永印，张时龙，罗洪发，等．2003．水稻生长中期群体结构对产量及构成因素的影响［J］．安徽农业科学，31（1）：87-89．

于沪宁，赵丰收．1982．光热资源和农作物的光热生产潜力——以河北省亲城县为例［J］．气象学报，40（3）：327-334．

于振文，潘庆民，姜东，等．2003．9 000kg/公顷小麦施氮量与生理特性分析［J］．作物学报，29（1）：37-43．

于振文，田奇卓，潘庆民，等．2002．黄淮麦区冬小麦超高产栽培的理论与实践［J］．作物学报，28（5）：577-585．

喻朝庆，张谊光，周允华，等．1998．青藏高原小麦高产原因的农田生态环境因素探讨［J］．自然资源学报，13（2）：97-103．

翟利剑．2002．春小麦群体库源比及其与产量的关系［J］．西南农业大学学报，24（2）：151-154．

张邦琨，张璐，陈官文．1998．水稻田间小气候特征与生产潜力关系研究［J］．贵州气象，22（5）：13-17．

张宾，赵明，董志强，等．2007．作物产量"三合结构"定量方程及高产分析［J］．作物学报，33（10）：1674-1681．

张宾，赵明，董志强．2007．作物高产群体动态模拟模型的建立与检验［J］．作物学报，33（4）：612-619．

张宾.2007.三大粮食作物产量形成定量化分析及其高产途径研究［D］.北京：中国农业大学.

张凤路,王志敏,赵明,等.1999.多胺与玉米籽粒败育关系研究［J］.作物学报,25（5）：565-568.

张凤路,赵明,王志敏,等.1997.玉米籽粒发育与乙烯的释放［J］.中国农业大学学报,2（3）：
85-89.

张港新.1997.冬小麦稳产高产的关键气象问题［J］.山东气象,17（3）：41-43.

张镜湖.1982.玉米产量与光周期、间温度以及太阳辐射的关系［J］.国外农学——农业气象（2）：
5-8.

张俊国.1990.不同粳稻品种源库关系的研究不同粳稻品种源库特征及类型划分［J］.吉林农业科学,
（2）：35~41.

张力,张保华.2004.冬小麦气象产量分析［J］.中国农业气象,25（1）：22-24.

张荣铣,方志伟.1994.不同夜间温度对小麦旗叶光合作用和单株产量的影响［J］.作物学报,20（6）：
710-715.

张荣铣,高忠.1994.小麦种和品种间叶片展开后光合特性的差异及其机理——作物高产高效生理学研
究进展［M］.北京：科学技术出版社.

张上守,卓传营,姜召伟,等.2003.超高产再生稻产量形成和栽培技术分析［J］.福建农业学报,18
（1）：1-6.

张文,高阳华,罗凤菊,等.1992.小麦小穗数和不孕小穗率与气象条件［J］.四川气象（4）：51-54.

张祖建,朱庆森,王志琴,等.1988.水稻品种源库特性与胚乳细胞增殖和充实的关系［J］.作物学报,
24（1）：21-26.

赵春江,薛绪掌,王秀,等.2003.精准农业技术体系的研究进展与展望［J］.农业工程学报,19（4）：
7-12.

赵明,李建国,张宾,等.2006.论作物高产挖潜的补偿机制［J］.作物学报,32（10）：1566-1573.

赵强基,郑建初,赵剑宏,等.1995.水稻超高产栽培的双层源库关系的研究［J］.中国水稻科学,9
（4）：205-210.

赵全志,高尔明,黄丕生,等.1999.源库质量与作物超高产栽培及育种［J］.河南农业大学学报,33
（3）：226-230.

赵世平.1988.小麦生态研究 V 气候生态因素对不同生态类型小麦品种穗粒数、千粒重、不孕小穗率的
效应［J］.西藏农业科技（1）：28-32.

赵致,张荣达,吴盛黎,等.2001.紧凑型玉米高产栽培理论与技术研究［J］.中国农业科学,34（5）：
465-468.

郑广华.1980.植物栽培生理［M］.济南：山东科学技术出版社.

郑洪建,董树亭,王空军,等.2001.生态因素对玉米品种产量影响及调控的研究［J］.作物学报,27
（6）：862-868.

郑洪建,董树亭,王空军.2001.生态因素对玉米品种产量影响的试验研究［J］.作物杂志（5）：
14-16.

郑丕尧,傅天明.1988.试论提高作物光合机能研究的现状与前景［J］.作物研究,2（4）：1-5.

朱德峰,亢亚军.1996.水稻叶面积测定方法探讨［J］.上海农业学报,12（3）：82-85.

朱庆森,曹显祖,杨建昌.1991.江苏中籼品种产量源库关系与株型演进特征的研究,稻麦研究新进展
［M］.南京：东南大学出版社.

朱文江,康素珍.1978.柴达木盆地春小麦高产的气候因素［J］.中国农业科学（2）：51-56.

竺可桢.1964.论我国气候的几个特点及其与粮食作物生产的关系［J］.地理学报,30（1）：1-13.

邹应斌.1997.双季稻超高产栽培的理论与技术策略——兼论壮秆重穗栽培法［J］.农业现代化研究,

17 (1): 31-35.

邹应斌. 2006. 赤霉素和脱落酸对水稻籽粒灌浆及结实的影响黄升谋 [J]. 安徽农业大学学报, 33 (3): 293-296.

ARNHOLDT-SCHMITT B. 2005. Functional Markers and a 'Systemic Strategy': Convergency Between Plant Breeding, Plant Nutrition and Molecular Biology [J]. Plant Physiology and Biochemistry, 43 (9): 817-820.

ARORA V K, GAJRI P R. 2000. Assessment of a Crop Growth-Water Balance Model for Predicting Maize Growth and Yield in a Subtropical Environment [J]. Agricultural Water Management, 46 (2): 157-166.

AUSTIN R B, BINGHAM J, BLACKWELL R D, et al. 1980. Genetic Improvement in Winter Wheat Yields Since 1900 and Associated Physiological Changes [J]. Journal of Agricultural Science, 94 (3): 675-689.

AUSTIN R B. 1999. Yield of Wheat in the United Kingdom: Recent Advances and Prospects [J]. Crop Sci, (39): 1604-1610.

BRANCOURT-HULMEL M, DOUSSINAULT G, LECOMTE C, et al. 2003. Genetic Improvement of Agronomic Traits of Winter Wheat Cultivars Released in France From 1946 to 1992 [J]. Crop Sci, 43 (1): 37-45.

CHARLES C MANN. 1999. Future Food: Bioengineering: Genetic Engineering Aim to Soup Up Crop Photosynthesis [J]. Science, 283 (5400): 314-316.

COOK R J, VESETH R J. 1991. Wheat Health Management [M]. St Paul: APS Press.

DE DATTA S K. 1981. Principles and Practices of Rice Production [M]. New York, USA: Wiley-Interscience Publications.

DE VRIES F W T P, JANSEN D M, BERGE H F M T, et al. 1989. Simulation of Ecophysiological Processes of Growth in Several Annual Crops [M]. Wageningen, the Netherlands: Centre for Agricultural Publishing and Documentation.

DUNCAN W G. 1971. Leaf Angles, Leaf Area, and Canopy Photosynthesis [J]. Crop Sci, 11 (4): 482-485.

DUVICK D N, CASSMAN K G. 1999. Post-Green Revolution Trends in Yield Potential of Temperate Maize in the North-Central United States [J]. Crop Sci, 39 (6): 1622-1630.

ENGLEDOW F L, WADHAM S M. 1923. Investigation on Yield in the Cereals. Part I [J]. J Agric. Sci, 13 (4): 390-439.

EVANS J R. 1993. Phsynthetic Asslimation and Nitrogen Partitioning Within a Lucerne Canopy. I. Canopy Characteristics [J]. Australian Journal of Plant Physiology, 20 (1): 55-67.

EVANS L T, FISHER R A. 1999. Yield Potential: Its Definition, Measurements, and Significance [J]. Crop Sci, 39 (6): 1544-1551.

EVANS L T, VISPERAS R M, VERGARA B S. 1984. Morphological and Physiological Changes Among Rice Varieties Used in the Philippines Over the Last Seventy Years [J]. Field Crops Research (8): 105-125.

EVANS L T. 1993. Crop Evolution, Adaptation and Yield [M]. Cambridge: Cambridge University Press.

FLEISHER D H, TIMLIN D. 2006. Modeling Expansion of Individual Leaves in the Potato Canopy [J]. Agricultural and Forest Meteorology, 139 (1~2): 84-93.

Food and Agriculture Organization of the United Nations. 1979. Fao Irrigation and Drainage Paper，Yield Response to Water ［M］. Rome，Italy：Via Delle Terme Di Caracalla.

GOWER S T，KUCHARIK C J，NORMAN J M. 1999. Direct and Indirect Estimation of Leaf Area Index，Fapar and Net Primary Production of Terrestrial Ecosystems ［J］. Remote Sensing of Environment（70）：29‐51.

HEISEY P W，MAXIMINA A LANTICAN，H. J. DUBIN. 2002. Impacts of International Wheat Breeding Research in Developing Countries，1966‐97 ［M］. Mexico，D. F：CIMMYT.

IRRI. 1989. IRRI Towards 2000 and Beyond ［M］. Los Baños Philippines：IRRI.

JIANG G M，SUN J Z，LIU H Q，et al. 2003. Changes in the Rate of Photosynthesis in the Yield Increase in Wheat Cultivars Released in the Past 50 Years ［J］. J. Plant Res，116（5）：347‐354.

JING M C，BLACK T A. 1992. Defining Leaf Area Index for Non‐Flat Leaves ［J］. Plant Cell Environ（15）：421‐429.

JONES J W，HOOGENBOOM G，PORTER C H，et al. 2003. The DSSAT Cropping System Model［J］. European Journal of Agronomy，18（3～4）：235‐265.

JORGE BOLAÑOS. 1995. Physiological Bases for Yield Differences in Selected Maize Cultivars From Central America ［J］. Field Crops Research，42（2～3）：69‐80.

KOCH B，KHOSLA R，FRASIER W M，et al. 2004. Economic Feasibility of Variable‐Rate Nitrogen Application Utilizing Site‐Specific Management Zones ［J］. Agronomy Journal，96（6）：1572‐1580.

LAFITTE H R，TRAVIS R S. 1984. Photosynthesis and Assimilate Partitioning in Closely Related Lines of Rice Exhibiting Different Sink：Source Relationships ［J］. Crop Sci，24（3）：447‐452.

LANG A R，GMCMURTRIE R E，BENSON M L. 1991. Validity of Surface Area Indices of Pinus Radiate Estimated From Transmitance of the Sun's Beam ［J］. Agricultural and Forest Meteorology，57（1～3）：157‐170.

LI FENGMIN，GAO ANHONG，WEI HONG. 1999. Effects of Clear Plastic Film Mulch on Yield of Spring Wheat ［J］. Field Crops Res，63：79‐86.

LI SHAOKUN，WANG CHONGTAO. 2010. Potential and Ways to High Yield in Maize ［M］. Beijing：Science Press.

Li Xipeng. 2005. Preliminary Studies on "More Seedling，Smaller Top Leaves and Higher Later Matter Accumulation" Super‐High Yielding Technological Index in Winter Wheat ［D］. China Agriculture University Master Dissertation.

LICKER R，JOHNSTON M，FOLEY J A，et al. 2010. Mind the Gap：How do Climate and Agricultural Management Explain the "Yield Gap" of Croplands around the World? ［J］. Global Ecology and Biogeography，19（6）：769‐782.

LIN Y F. 1998. Rice Production Constraints in China，Sustainability of Rice in The Global Food System ［M］. Manila Philippines：IRRI.

LIU J. 2007. Modelling the Role of Irrigation in Winter Wheat Yield，Crop Water Productivity，and Production in China ［J］. Irrigation Science（26）：21‐33.

LOOMIS R S，AMTHOR J S. 1999. Yield Potential，Plant Assimilatory Capacity，And Metabolic Efficiencies ［J］. Crop Sci，39（6）：1584‐1596.

LOOMIS R S，WILLIAMS W A. 1963. Maximum Crop Productivity：An Estimate ［J］. Cropsci，3（1）：67‐72.

MCDONALD D J，STANSEL J W，GILMORE E C. 1971. Photosynthesis Studies ［J］. Rice J，74

(6): 55.

MENZ K M, MOSS D M, CANNELL R Q, et al. 1969. Screening for Photosynthetic Efficiency [J] . Crop Sci, 9 (6): 692 - 694.

MURCHIE E H, YANG J C, HUBBART S, et al. 2002. Are There Associations Between Grain - Filling Rate and Photosynthesis in the Flag Leaves of Field - Grown Rice [J] . J Exp Bot, 53 (378): 2217 - 2224.

PARK W I, SINCLAIR T R. 1993. Consequences of Climate and Crop Yield Limits on the Distribution of Corn Yield [J] . Review of Agricultural Economics, 15 (3): 483 - 493.

PENG S, LAZA R C, VISPERAS R M, et al. 2000. Grain Yield of Rice Cultivars and Lines Developed in Philippines Since 1996 [J] . Crop Sci, 40 (2): 307 - 314.

PRONK A A, HEUVELINK E, CHALLA H. 2003. Dry Mass Production and Leaf Area Development of Field - Grown Ornamental Conifers: Measurements and Simulation [J] . Agric Syst, 78 (3): 337 - 353.

RABBINGE R. 1993. The Ecological Background of Food Production [J] . Crop Protection and Sustainable Agriculture (177): 2 - 22.

RAYMOND E. E. JONGSCHAAP. 2006. Run - Time Calibration of Simulation Models by Integrating Remote Sensing Estimates of Leaf Area Index and Canopy Nitrogen [J] . Europ J Agron, 24 (4): 316 - 324.

RICHARDS R A. 2000. Selectable Traits to Increase Crop Photosynthesis and Yield of Grain Crops [J] . J Exp Bot. Gmp Special Issue. 51 (1): 447 - 458.

RUSSELL W A. 1991. Genetic Improvement of Maize Yields [J] . Advances in Agronomy, 46: 245 - 298.

SILLEOS N, PERAKIS K, PETSANIS G. 2002. Assessment of Crop Damage Using Space Remote Sensing and Gis [J] . International Journal of Remote Sensing, 23 (3): 417 - 427.

SINCLAIR T R, BAI Q. 1997. Analysis of High Wheat Yields in Northwest China [J] . Agri Systems, 53 (4): 373 - 385.

SINCLAIR T R, PURCELL L C, SNELLER C H. 2004. Crop Transformation and the Challenge to Increase Yield Potential [J] . Trends in Plant Science, 9 (2): 70 - 75.

SMITH A M, ENYER K, MARTIN C R. 1995. What Controls the Amount and Structure of Starch Instorage Organs [J] . Plant Physiol, 107: 673 - 677.

SMITH W, JR HAIMON H, JR HARRELL, et al. 1976. Ontogenetic Model of Cotton Yield [J] . Crop Sci, 16 (1): 30 - 36.

SOLIE J B, WHITNEY R W, BRODER M F. 1994. Dynamic Pattern Analysis of Two Pneumatic Granular Fertilizer Applicators [J] . Applied Engr Agr, 10 (3): 335 - 340.

STOOKSBURY D E, MICHAELS P J. 1994. Climate Change and Large - Area Corn Yield in the Southeastern US [J] . Agron. J, 86 (3): 564 - 569.

THOMAS H, HOWARTH C J. 2000. Five Ways to Stay Green [J] . J. Exp. Bot, 51 (1): 329 - 337.

TOKATILIDS I S, KOUTROUBAS S D. 2004. A Review of Maize Hybrids' Dependence on High Plant Populations and Its Implications for Crop Yield Stability [J] . Field Crops Research, 88 (2~3): 103 - 114.

TOLLENAAR M, AHMADZADEH A, LEE E A. 2004. Physiological Basis of Heterosis for Grain Yield in Maize [J] . Crop Sci, 44 (6): 2086 - 2094.

TOLLENAAR M. , LEE E A. 2002. Yield Potential, Yield Stability and Stress Tolerance in Maize [J] .

Field Crops Res，75（2~3）：161‐169.

TOLLENAAR M. 1991. Physiological Basis of Genetic Improvement of Maize Hybrids in Ontario From 1959 to 1988 ［J］. Crop Sci，31（1）：119‐124.

Virk P S，Khush G S，Peng S. 2004. Breeding to Enhance Yield Potential of Rice At Irri：The Ideotype Approach ［J］. Irrn，29（1）：5‐9.

WATSON D J. 1958. The Dependence of Net Assimilation Rate on Leaf Area Index ［J］. Ann. Bot. N. S. 1958，22（1）：37‐54.

WIM VAN CAMP. 2005. Yield Enhancement Genes：Seeds for Growth ［J］. Current Opinion in Biotechnology，16（2）：147‐153.

WOLLENWEBER B，PORTER J R，LüBBERSTEDT T. 2005. Need for Multidisciplinary Research Towards a Second Green Revolution ［J］. Current Opinion in Plant Biology，8（3）：337‐341.

YING J F，PENG S B，HE Q R，et al. 1998. Comparison of High‐Yield Rice in Tropical and Subtropical Environments I. Determinants of Grain and Dry Matter Yields ［J］. Field Crops Res，57（1）：71‐84.

YOSHIDA S. 1981. Fundamentals of Rice ［M］. Los Baños，Philippines：IRRI.

YOSHIDA S. 1973. Effects of CO_2 Enrichment At Differents Tages Panicle Development on Yield Components and Yield of Rice ［J］. Soil Sci P. I. Nutr. Tokyo（19）：311‐316.

图书在版编目（CIP）数据

作物产量性能与高产技术/赵明等著.—北京：
中国农业出版社，2013.11
　（现代农业科技专著大系）
　ISBN　978-7-109-18512-8

　Ⅰ.①作…　Ⅱ.①赵…　Ⅲ.①作物－产量－研究②作
物－高产栽培－栽培技术　Ⅳ.①S31

中国版本图书馆 CIP 数据核字（2013）第 255458 号

中国农业出版社出版
（北京市朝阳区农展馆北路 2 号）
（邮政编码 100125）
责任编辑　杨天桥　舒　薇　廖　宁
————————
北京通州皇家印刷厂印刷　新华书店北京发行所发行
2013 年 12 月第 1 版　　2013 年 12 月北京第 1 次印刷
————————
开本：787mm×1092mm　1/16　印张：20.75
字数：472 千字
定价：98.00 元
（凡本版图书出现印刷、装订错误，请向出版社发行部调换）